U0270334

"十二五"国家重点图书规划项目
国家科学技术学术著作出版基金资助
上海科技专著出版基金

大飞机出版工程

总主编　顾诵芬

民机空气动力设计先进技术

Advanced Technology of Aerodynamic Design for Commercial Aircraft

朱自强　吴宗成　陈迎春　王晓璐　著

上海交通大学出版社
SHANGHAI JIAO TONG UNIVERSITY PRESS

内容提要

本书探讨了民机未来的发展及民机空气动力设计可应用的新概念和新技术,详细介绍了几种先进气动布局的概念和设计方法,讨论了未来可能应用的先进技术,如层流流动控制、主动流动控制、机体/发动机的有利干扰及一体化设计,多学科分析和优化设计等,以及各种抑制噪声和音爆的技术。希望本书能对民机气动设计提供有益的帮助。

本书可供从事民机设计和相关领域研究的工程师、高等学校教师、研究生和本科生使用,也可供相关研究人员参考。

图书在版编目(CIP)数据

民机空气动力设计先进技术/朱自强等著.—上海:上海交通
大学出版社,2013
(大飞机出版工程)
ISBN 978 - 7 - 313 - 09865 - 8

Ⅰ.①民…　Ⅱ.①朱…　Ⅲ.①民用飞机-空气动力学-设计
Ⅳ.①V271

中国版本图书馆 CIP 数据核字(2013)第 121634 号

民机空气动力设计先进技术

著　　者:朱自强　吴宗成　陈迎春　王晓璐
出版发行:上海交通大学出版社　　　　　地　　址:上海市番禺路 951 号
邮政编码:200030　　　　　　　　　　　电　　话:021 - 64071208
出 版 人:韩建民
印　　制:浙江云广印业有限公司　　　　经　　销:全国新华书店
开　　本:787mm×1092mm　1/16　　　　印　　张:32.25
字　　数:637 千字
版　　次:2013 年 11 月第 1 版　　　　　印　　次:2013 年 11 月第 1 次印刷
书　　号:ISBN 978 - 7 - 313 - 09865 - 8/V
定　　价:135.00 元

出 版 说 明

科学技术是第一生产力。21 世纪,科学技术和生产力必将发生新的革命性突破。

为贯彻落实"科教兴国"和"科教兴市"战略,上海市科学技术委员会和上海市新闻出版局于 2000 年设立"上海科技专著出版资金",资助优秀科技著作在上海出版。

本书出版受"上海科技专著出版资金"资助。

上海科技专著出版资金管理委员会

大飞机出版工程

丛书编委会

总主编

顾诵芬（中国航空工业集团公司科技委副主任、两院院士）

副总主编

金壮龙（中国商用飞机有限责任公司董事长）

马德秀（上海交通大学党委书记、教授）

编　委(按姓氏笔画排序)

王礼恒（中国航天科技集团公司科技委主任、院士）

王宗光（上海交通大学原党委书记、教授）

刘　洪（上海交通大学航空航天学院教授）

许金泉（上海交通大学船舶海洋与建筑工程学院工程力学系主任、教授）

杨育中（中国航空工业集团公司原副总经理、研究员）

吴光辉（中国商用飞机有限责任公司副总经理、总设计师、研究员）

汪　海（上海交通大学航空航天学院副院长、研究员）

沈元康（中国民用航空局原副局长、研究员）

陈　刚（上海交通大学副校长、教授）

陈迎春（中国商用飞机有限责任公司常务副总设计师、研究员）

林忠钦（上海交通大学常务副校长、院士）

金兴明（上海市经济与信息化委副主任、研究员）

金德琨（中国航空工业集团公司科技委委员、研究员）

崔德刚（中国航空工业集团公司科技委委员、研究员）

敬忠良（上海交通大学航空航天学院常务副院长、教授）

傅　山（上海交通大学航空航天学院研究员）

总　序

　　国务院在 2007 年 2 月底批准了大型飞机研制重大科技专项正式立项,得到全国上下各方面的关注。"大型飞机"工程项目作为创新型国家的标志工程重新燃起我们国家和人民共同承载着"航空报国梦"的巨大热情。对于所有从事航空事业的工作者,这是历史赋予的使命和挑战。

　　1903 年 12 月 17 日,美国莱特兄弟制作的世界第一架有动力、可操纵、重于空气的载人飞行器试飞成功,标志着人类飞行的梦想变成了现实。飞机作为 20 世纪最重大的科技成果之一,是人类科技创新能力与工业化生产形式相结合的产物,也是现代科学技术的集大成者。军事和民生对飞机的需求促进了飞机迅速而不间断的发展,应用和体现了当代科学技术的最新成果;而航空领域的持续探索和不断创新,为诸多学科的发展和相关技术的突破提供了强劲动力。航空工业已经成为知识密集、技术密集、高附加值、低消耗的产业。

　　从大型飞机工程项目开始论证到确定为《国家中长期科学和技术发展规划纲要》的十六个重大专项之一,直至立项通过,不仅使全国上下重视起我国自主航空事业,而且使我们的人民、政府理解了我国航空事业半个世纪发展的艰辛和成绩。大型飞机重大专项正式立项和启动使我们的民用航空进入新纪元。经过 50 多年的风雨历程,当今中国的航空工业已经步入了科学、理性的发展轨道。大型客机项目其产业链长、辐射面宽、对国家综合实力带动性强,在国民经济发展和科学技术进步中发挥着重要作用,我国的航空工业迎来了新的发展机遇。

　　大型飞机的研制承载着中国几代航空人的梦想,在 2016 年造出与波音 B737 和空客 A320 改进型一样先进的"国产大飞机"已经成为每个航空人心中奋斗的目标。然而,大型飞机覆盖了机械、电子、材料、冶金、仪器仪表、化工等几乎所有工业门类,集成了数学、空气动力学、材料学、人机工程学、自动控制学等多种学科,是一个复杂的科技创新系统。为了迎接新形势下理论、技术和工程等方面的严峻挑战,迫切需要引入、借鉴国外的优秀出版物和数据资料,总结、巩固我们的经验和成果,编著一套以"大飞机"为主题的丛书,借以推动服务"大型飞机"作为推动服务整个航空科学的切入点,同时对于促进我国航空事业的发展和加快航空紧缺人才的培养,具有十分重要的现实意义和深远的历史意义。

2008 年 5 月,中国商用飞机有限公司成立之初,上海交通大学出版社就开始酝酿"大飞机出版工程",这是一项非常适合"大飞机"研制工作时宜的事业。新中国第一位飞机设计宗师——徐舜寿同志在领导我们研制中国第一架喷气式歼击教练机——歼教 1 时,亲自撰写了《飞机性能捷算法》,及时编译了第一部《英汉航空工程名词字典》,翻译出版了《飞机构造学》、《飞机强度学》,从理论上保证了我们飞机研制工作。我本人作为航空事业发展 50 年的见证人,欣然接受了上海交通大学出版社的邀请担任该丛书的主编,希望为我国的"大型飞机"研制发展出一份力。出版社同时也邀请了王礼恒院士、金德琨研究员、吴光辉总设计师、陈迎春副总设计师等航空领域专家撰写专著、精选书目,承担翻译、审校等工作,以确保这套"大飞机"丛书具有高品质和重大的社会价值,为我国的大飞机研制以及学科发展提供参考和智力支持。

编著这套丛书,一是总结整理 50 多年来航空科学技术的重要成果及宝贵经验;二是优化航空专业技术教材体系,为飞机设计技术人员培养提供一套系统、全面的教科书,满足人才培养对教材的迫切需求;三是为大飞机研制提供有力的技术保障;四是将许多专家、教授、学者广博的学识见解和丰富的实践经验总结继承下来,旨在从系统性、完整性和实用性角度出发,把丰富的实践经验进一步理论化、科学化,形成具有我国特色的"大飞机"理论与实践相结合的知识体系。

"大飞机"丛书主要涵盖了总体气动、航空发动机、结构强度、航电、制造等专业方向,知识领域覆盖我国国产大飞机的关键技术。图书类别分为译著、专著、教材、工具书等几个模块；其内容既包括领域内专家们最先进的理论方法和技术成果，也包括来自飞机设计第一线的理论和实践成果。如：2009 年出版的荷兰原福克飞机公司总师撰写的 *Aerodynamic Design of Transport Aircraft*（《运输类飞机的空气动力设计》），由美国堪萨斯大学 2008 年出版的 *Aircraft Propulsion*（《飞机推进》）等国外最新科技的结晶；国内《民用飞机总体设计》等总体阐述之作和《涡量动力学》、《民用飞机气动设计》等专业细分的著作；也有《民机设计 1000 问》、《英汉航空双向词典》等工具类图书。

　　该套图书得到国家出版基金资助，体现了国家对"大型飞机项目"以及"大飞机出版工程"这套丛书的高度重视。这套丛书承担着记载与弘扬科技成就、积累和传播科技知识的使命，凝结了国内外航空领域专业人士的智慧和成果，具有较强的系统性、完整性、实用性和技术前瞻性，既可作为实际工作指导用书，亦可作为相关专业人员的学习参考用书。期望这套丛书能够有益于航空领域里人才的培养，有益于航空工业的发展，有益于大飞机的成功研制。同时，希望能为大飞机工程吸引更多的读者来关心航空、支持航空和热爱航空，并投身于中国航空事业做出一点贡献。

2009 年 12 月 15 日

前　　言

　　随着世界人口的增加、现代经济的增长、国际交往的频繁以及旅游事业的兴旺，民用航空持续高速地发展着，国内外对民机的数量和质量要求都在不断提高。除传统的安全、经济、高性能和舒适等要求外，对未来民用飞机(民机)还提出了更高的减少排污、抑制噪声等环保性能指标要求。未来民机的设计和制造面临着高难度的挑战。

　　国际商业的剧烈竞争及国外大型民机制造商的垄断，迫使我国必须重视发展自己的先进民机。我国将自主研制大型民机列为"国家中长期科学和技术发展纲要(2006—2020)"确定的16个重大专项之一，这个决定极大地推动着我国民机走上自主创新的发展道路。而目前我们的设计、制造水平和已有的技术储备与国际先进水平还有相当的差距，因此，我们必须更加重视科研投入，特别是对新概念和新技术的探索，做出科学的规划，组织相应的研究队伍，严格科学管理，总结和发展具有自主知识产权的科研成果和专利；必须认真积累经过飞行实践考验过的设计经验，通过现有型号的实践，大力提高设计和制造人员的素质和工程实践能力；必须努力缩小我们与国际先进水平的差距，使我国民机事业尽快地步入健康、快速、有效发展的道路。

　　研究民机空气动力设计先进技术，使我们深感未来民机对此的要求是非常高的。虽然市场具有灿烂的前景，但竞争也十分激烈。因而民机制造大国纷纷加大投资，积极开展科学研究，积累技术储备，不断探索新的概念和新的技术来应对巨大的挑战和竞争。例如美国首先从国家层面制订了NextGen计划，根据空中交通运输可能的发展前景，提出近期和远期民机发展的N＋1、N＋2和N＋3代规划。NASA据此制定了基础研究和技术开发及验证的规划，组织了相应的研究队伍，有条不紊地开展研究工作。显然他们是希望在未来民机设计和制造技术上获得领先优势，在市场上占有先机和更大的份额。

　　理论探讨及数值计算(CFD)、地面实验和飞行试验是研究中三个相辅相成的主要手段。地面实验仍然是获得必需数据库的主要手段,经过验证的 CFD 方法可以大量缩减地面实验的工作,因此在研究中应继续加强 CFD 与地面实验的有机结合,以最小耗费获得最大成果。由于民机安全性的苛刻要求,飞行验证已成为能否将新概念和新技术应用于民机设计中的必要手段,尽管其代价昂贵,但仍是必须的。在探索新概念、新技术过程中应将三种研究手段有机地结合,充分发挥高等院校、科研机构和工业部门各自的优势,相互紧密支持和配合,尽快完成基础研究、应用研究到技术发展的全过程。

为了将多学科的新成果与新技术真正融合到未来民机的设计和制造中去,必须大力、深入地开展气动布局,特别是概念设计的研究工作。为应对空气动力设计的巨大挑战,需继续加强空气动力学的基础研究,探索各类复杂流动现象,特别是湍流流动和分离流动的机理和规律,并进一步实现对它们的控制和利用。

我国决定自主研制大型民机是对我国所有航空人的巨大鼓舞。在激烈竞争的世界民机市场中我们虽有巨大市场的优势,但目前我们的设计、制造水平和已有的技术储备与国际先进水平仍有相当的差距,急需我们加强规划,科学管理,埋头苦干,团结协作。市场经济规律和我国民机研制的经验与教训告诉我们,必须发展具有自主知识产权的高水平、高质量民机,才能使自己在世界民机市场中首先是有一席之地,再不断努力而处于不败的地位。

在民机研制中,空气动力设计始终起着先行的关键作用,空气动力设计的新概念和新方法将决定着未来民机可能实现的先进性能。为此,我们参考国外的经验,加上自己的思考,提出对空气动力设计先进技术的看法和意见。希望能抛砖引玉,推动中国民机设计的现代化。

本书第 1 章简要地概述了民机近期的发展和可能的未来。考虑到现代飞机新型的综合设计模式要求提高早期的设计知识和设计自由度,减少后期的改变,概念设计在未来民机产品的设计过程中将具有更为重要的地位,故本书以未来可能实现的新布局形式,如翼身融合体民机、高经济性静音中航程民机、支撑机翼跨声速民机等为例,分别在第 2,3,4 章介绍了它们的概念设计。增升减阻是民机设计中的重要原则之一,传统的民机都按完全湍流流动来设计,而层流化可以大大减小飞机的阻力,因此层流化设计也是飞机设计师追求的目标之一。第 5 章讨论了层流流动控制技术及应用。高升力系统的几何外形、绕流和支撑系统等都很复杂,其生产价格可能占到一架典型民机生产价格的 6%～11%,因此现代民机设计中高升力系统应在满足起降性能要求下尽可能简单。实现短距起降是未来民机的又一重要指标,现有的高升力系统能否实现? 如何改进? 第 6章讨论了高升力系统外形空气动力及流动分离的控制技术。随着跨洲越洋交往的增加,超声速民机早已成为民机设计者追求的目标之一,而迟迟未能实现的障碍之一是音爆的影响。低噪声是未来民机重要指标之一。第 7 章讨论了超声速民机和噪声的控制。最后一章为多学科综合和优化设计。

感谢顾诵芬院士、陈懋章院士和唐长红院士对本书的鼎力支持和提出的宝贵意见。

感谢国家科学技术学术著作出版基金委员会、上海科技专著出版基金管理委员会和上海交通大学出版社对本书的出版给予的大力支持。

感谢北京航空航天大学航空科学和工程学院的鼓励和支持。

由于时间仓促,加之我们自身水平有限,本书中存在的错误及不妥之处恳请读者批评指正。

作　者

2013 年 3 月

符 号 表

符号	量的名称	符号	量的名称
α	迎角	η_{p_1}，η_{p_2}	由 Stino 方程关连 η_p 与比
α_i	流向(空间)增长率		燃油消耗率之间关系
α_r	流向波速	θ	Kriging 模型计算中的一
β	多孔性参数		个参数
β_0	壁面流线和无黏流线之间	$\theta(x)$	边界层动量厚度的变化函数
	的夹角	$\theta(\infty)$	动量厚度
β_i	展向(空间)增长率	λ	波长
β_r	展向波数	Λ	后掠角
γ	间歇因子	$\Lambda_{1/4}$	1/4 弦线处的后掠角
$\gamma_{\min}$	最小强度因子	Λ_{LE}	前缘后掠角
$\gamma(S_q)$	转捩区流动长度	μ	有效黏性系数
Γ	间隙函数 $\begin{cases}\Gamma=0\ \text{层流};\\\Gamma=1\ \text{湍流}\end{cases}$	ρ	密度
		ρ'	脉动密度
δ	边界层厚度	ρ_e	边界层外缘密度
$\delta(x)$	位移厚度积分参数	σ	空间的增长率
δ_f	襟翼偏转角	σ_i	第 i 单元应力
δ_{flop}	襟翼偏度	$\sigma_{\min}^{\mathrm{upw}}$	数值格式中的加权因子
δ_{hood}	喷口安装的帽沿偏转角度	$\sigma_{剪切}$	剪切应力
δ_{LE}	前缘偏度	$\sigma_{拉力}$	拉伸应力
δ_{ro}	原分离流再附的角度	$\sigma_{压缩}$	压缩应力
δ_s	缝翼偏转角	τ_{ij}	应力张量
δ_{so}	无激振时出现分离的角度	φ	与飞行方向的夹角
δ_Z	横向流位移厚度	χ	尖削比
η	功率效率	ω	频率
η_p	Froude 推进效率	ω_i	时间增长率

ω_r	波频率	C_m	俯仰力矩系数
A	面积；e^n 计算中的放大扰动振幅	$C_{M\delta}$	舵面效率
A_0	层流面积；e^n 计算中的初始扰动振幅	C_n	偏航力矩系数
		C_p	压强系数
AOA	迎角	C_q	层流控制的吹气系数
AR	展弦比	C_T	推力系数
b/z	半翼展	C_V	变化系数
BF	轮档油量	$C_{V,\,C_D}$	阻力的变化系数
BPF	叶片通道频率	$C_{V,\,C_L}$	升力的变化系数
BPR	涵道比	$C_{V,\,C_m}$	俯仰力矩的变化系数
c	弦长	C_μ	动量系数
c_0	声速	$\langle c_\mu \rangle$	振荡动量系数
c_∞	来流声速	d	网格直径
c_p	剖面压强系数	D	喷口直径
C_d	剖面阻力系数	D	阻力
C_{dp}	压力阻力系数	D_{ewm}	故障发动机的阻力
C_D	阻力系数	DC_{60}	控制流场畸变的参数
C_{Dp6}	6°迎角时的型阻系数	DOC	直接运行成本
$C_{D波}$	波阻系数	e^N	N 因子法
$C_{D废}$	废阻系数	E	典型的运行重量
$C_{D摩}$	摩擦阻力系数	$EPNL$	有效感觉噪声水平
$C_{D压}$	压差阻力	f	频率
$C_{D总}$	总阻力系数	f_e	激振频率
C_E	输入功率系数	F^+	激振减缩频率
C_f	摩阻系数	$F_{F_1}^+$	多点激振中激振器 F_1 的激振减缩频率
$C_{f层}$	层流的摩阻系数		
$C_{f湍}$	湍流的摩阻系数	$F_{F_2}^+$	多点激振中激振器 F_2 的激振减缩频率
C_F	总摩擦阻力系数		
CI	成本指标	F_M^+	有效无因次频率
C_l	翼剖面升力系数	F_i	第 i 单元允许应力
C_L	升力系数	F_{xyz}	网格
$(C_L/C_D)_{巡航}$	巡航飞行的气动效率	FM	功率效率和动力效率之比
C_{L6}	6°迎角时的升力系数	FOM	（燃油效率）指标值
C_{Lmax}	最大升力系数	g	非定常激振的台阶高度
		g	重力加速度
$C_{L\alpha}$	升力线斜率	h	非定常激振的缝隙宽度

h/c	缝隙高度与弦长之比	$N\vert_{x^T}^{\mathrm{TS}}$	由 TS 波产生转捩点的 N
h/r	缝道高度与曲率半径之比		因子值
h_{ccw}	ccw 吹气缝隙高度	$OASPL$	总体声压水平
h_i	狭窄缝口	OEW	运行空重
H	飞行高度	p_{back}	进气道的反压
$H(=\delta^*/\theta)$	形状因子	p_{j}	喷口压强
H_i	不可压缩的边界层形状	p_{o}	总压
	因子	P	设计商载重量
$\boldsymbol{I}$	单位矢量	$PFEI$	商载燃油能量强度
$K\left(=\dfrac{L}{D}\right)$	空气动力效率	$PNLT$	单音修正感觉噪声水平
$K_{\max}$	最大空气动力效率	PSD	压强谱密度
K_{α}	翼型技术因子	$q(y)$	复振幅函数
l_{e}	发动机间的侧向距离	q'	脉动量
l_{ref}	平均气动弦长	$r(x)$	多维的相关矢量
L	分离区在垂直来流方向的	r_{O}	喷流出口半径
	长度尺度	R	航程
L	升力	$R(x^{(i)},x^{(j)})$	任意两点 $x^{(i)}$, $x^{(j)}$
L/D	升阻比		之间的相关函数
L_{f}	襟翼长度	Re	雷诺数
$\dot{m}_{\mathrm{f}}$	发动机燃油消耗速率	Re_{c}	基本弦长雷诺数
Ma	马赫数	Re_d	稳定性计算中给定的雷诺数
Ma_{∞}	自由来流马赫数	Re_{T}	转捩雷诺数
Ma_{crit}	临界马赫数	Re_{∞}	自由来流雷诺数
Ma_{dd}	阻力发散马赫数	Re_{δ}	黏性边界层厚度雷诺数
$M_{xy}F_z$	网格		以边界层动量厚度 θ 为单
M_{xyz}	网格	Re_{θ}	位的雷诺数
MAC	平均气动弦长	S	网格宽度
MFR	质量流量比	S_q	转捩区域长度
$MTOW$	最大起飞重量	S_{req}	参考面积
N	模拟波的周期数		斯特劳哈尔数（Strouhal
N	网格点数	Sr	number）
N_{CF}	横向流的 N 因子	S_{strip}	机翼上所取局部狭条面积
N_{clm}	转捩点数	$S_{浸润}$	浸润面积
$NPR_{次}$	次喷流压强比	S/R	相对弧长
$NPR_{主}$	主喷流压强比	SFC	比燃油消耗率
$N\vert_{x^T}^{\mathrm{CF}}$	由横向波产生转捩点的	SPL	声压水平
	N 因子值		

t	翼弦厚度	v	扰动的法向速度分量
t/c	翼型相对厚度	v_F	临界颤振速度
T	最大推力	v_T	风洞气流速度
T/W	推重比	v_{TE}	后缘缝道喷流速度
T_μ	来流的湍流度	V_c	进场速度
T_{inf}	无穷远处温度	V_∞	来流速度
T_j	喷口温度	w	平均流分量
$TOGW$	起飞总重	W	实际重量
u	扰动的平均流分量	W_i	输入功率
u'	动脉速度	W_∞	展向速度
u_j	射流的峰值	$W_{机身}$	机身重量
U^4	近地噪声速度率	$W_{机翼}$	机翼重量
$U^{5.5}$	高升力翼面组合噪声的速度率	$W_{零燃油,计算}$	零燃油时计算的重量
		$W_{最大机身重量}$	最大机身重量
U^5	远场噪声速度率	x/c	缝道位置
U^6	起落架和缝翼噪声的速度率	x_B	气泡长度
		x_j^T	转捩点的 x 值
U^8	襟翼噪声的速度率	x_m	无黏流线拐点的位置
U_∞	自由来流速度	x_t/c	转捩点位置
U_{CF}	飞行(外流)速度	x_{TE}	喷口主翼型后缘的距离
U_e	边界层外缘速度	Z/D	喷口离机翼表面的距离
U_j	射流速度		
$\overline{U}_j$	平均射流速度		

目　　录

第 1 章　灿烂的前景、白热化的竞争、高难度的挑战

1.1　对未来民机需求的不同预测

世界人口的增加、现代经济的增长、国际交往的频繁以及旅游事业的发展,使民用航空持续地高速发展。从 20 世纪 60 年代初期出现喷气航空技术后,全球航空旅客数差不多每隔 10 年就增加 3 亿～4 亿人次,1987—1988 年度的客流量首次突破了 10 亿人次。根据美国"新一代航空运输系统(NextGen)"规划的预测(见图 1-1),2025 年的全球航空运输量将比目前数量增长 2～3 倍,这不仅对民机的数量,还特别考虑燃油价格的上涨、排放污染和噪声等环保要求的严格而对民机的性能都提出了更高的要求。

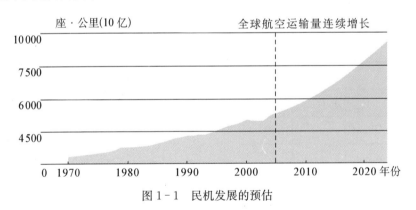

图 1-1　民机发展的预估

波音和空客是当前干线飞机的两个主要制造商,垄断着整个干线飞机的市场。波音凭借着自己悠久的历史、先进的技术和丰富的经验,长期控制着民机市场。波音认为新的市场动力是各航空公司力图降低运营成本来主宰民航市场。为此,波音致力于提供满足大多数航空公司需求的标准机型,它的 B717,B737,新一代的 B757,B767,B777-200X/300X,以及 B747 等一系列飞机覆盖了从 75/80 座至 400/500 座飞机的不同市场需求可供选择(见图 1-2)。空客是后起之秀,为从波音手中争夺市场,推出了一系列新机型与波音的相应机型抗衡:针对波音的 B767-300ER,有 A330-500;针对 B747-200,有加强超远程能力的 A340-500;针对

B777-200,有加强大容量运输能力的 A340-600 等。凭借不断引进新技术和新概念,空客 1970—2000 年所研制型号的主要技术指标不断提高,如巡航因子提高了40%,巡航时燃油消耗降低了 15%,每座每英里燃油消耗降低了 37%,每座每英里直接运营成本降低了 15% 等[1](见图 1-3)。这些因素使空客从开始的市场占有率不到 3%,而到 2003 年在新机交付量、储备订货和新订单等 3 项指标上开始全面超越原来独霸大型民机市场的波音公司。

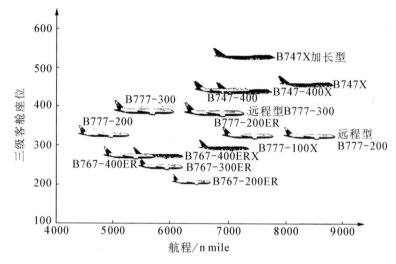

图 1-2　波音提供的双通道飞机方案

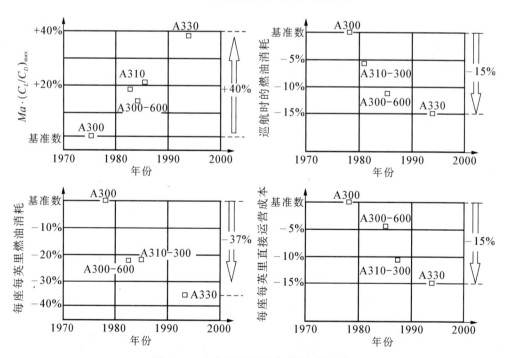

图 1-3　空客研制型号主要指标的提高

　　然而,直到 20 世纪 90 年代后期,两家公司对市场需求分析的各种预测数据——无论是世界各国国民生产总值(GDP)、人口数量还是全球空运数量——都差不多,他们竞争的焦点是谁的飞机更好。但后来,对新世纪未来 20 年市场需求的预测上,双方除了认为对新型民机将有巨大需求,全球各地的空运量都将增长外,对市场需求的预测分析和描述却发生了观点的巨大分歧,这时争论的焦点是到底谁的预测更准确[2]。

　　由于民用航空的迅速发展,传统的以枢纽机场为中心形成辐射航线的模式使枢纽机场拥塞现象越来越严重。空客认为,未来民航从枢纽到枢纽和从枢纽到辐射点两者的运量将以同样的速率增长;应对机场拥塞问题可发展超大型客机。事实上,枢纽机场使用大型飞机具有更高的效费比,再通过各航空公司的联合可提供最好的全球航线网络服务。为此,空客在 2005 年 5 月发表的市场趋势分析认为,到 2023 年全球民机市场如果不考虑支线飞机约需要 17 328 架客/货机,其中客机的单通道飞机 10 902 架;中型机约 4 049 架,并细分为 250 座 1 799 架,300 座 1 320 架,350 座 397 架,400 座 533 架;大型飞机的需求则是 450 座 239 架,500 座 517 架,600～1000 座 494 架,合计 1 250 架。

　　波音则认为,无论是公务或是因私旅行者都更乐意绕过繁忙的枢纽机场,选择高频点到点航线。以东京至欧洲维也纳的旅行(见图 1-4)为例,直飞方式要比传统的东京—法兰克福—维也纳的枢纽-辐射方式缩短 1.3 个飞行小时和 2.8 个旅行小时[3]。不仅如此,点对点直飞还可降低枢纽机场社区的噪声,减少排污。因此波音认为,对日益增长的航空运输量和枢纽机场的拥塞应大力发展能实现点对点直飞的先进客机和航线。波音引用的官方航班指南(OAG)数据(包含夏季旅行的高峰数据)显示,从伦敦希斯罗机场出发航班飞机的座位数 83% 少于 300 座,68% 少于 200 座。该数据显示,从 1996 年以来城市对的数量增加了 2 000 多个。波音在 2005—2024 年世界民机运输市场预测中,充分考虑了中国的重要性后更强调了点对点的飞行模式,他们认为中国进一步放宽对民航运输商的限制后,将会出现更多的直达航线连接的城市对,如 1990 年中国和日本之间只有 8 个这样的城市对,每周飞行 59 次,而 2004 年城市对达到 45 个,每周飞行 463 次。波音分析发现,中国拥有人口不低于 500 万的大城市 12 个,意味着存在极大的民航乘客数,与之相比,欧洲和美国都只拥有 5 个这样的大城市。他们预言,中国人将和欧洲人、美国人一样期待着有尽可能多的直接航线连接。据此,波音认为,未来 20 年市场总共需要 25 700 架客/货飞机,超过当前全球民机机队规模的 2 倍,其构成为:支线喷气机 3 900 架,单通道飞机 15 300 架,中型双通道飞机 5 600 架,B747 级别和更大型飞机 900 架(见图 1-5)。

　　基于不同的市场需求分析,空客推出了 555 座级超大型客机 A380,波音则推出了 250 座级的 B787 中型客机。

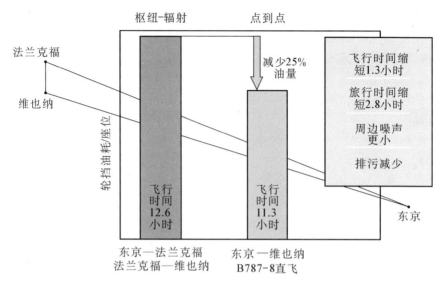

图 1-4　东京至维也纳的飞行时间比较

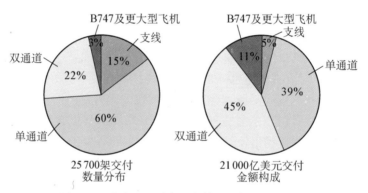

图 1-5　未来民机需求和交付的比例(波音预测)

1.2　A380 和 B787 之争

空客既预估到未来市场对超大型客机需求的数量很大,再加上要打破波音 B747 对超大型客机市场的垄断,于是推出了目前世界上最大的客机——A380"巨无霸"超大型客机。A380 系列的基本型 A380-800(见图 1-6)为三级客舱布局,可载客 555 人,航程 15 100 km,其加长型 A380-900 为 656 座,缩短型 A380-700 为 480 座。波音则推出了根据点对点飞行理念设计的 250 座级的"梦想飞机"B787(见图 1-7),目标是与空客 A330 竞争,成为 21 世纪包括 B757 和 B767 在内这一座级客机的更新换代产品。A380 比预计延迟两年和 B787 比预计延迟三年分别开始交付客户。

A380 的发展历程为:早在 1988 年 10 月就成立了一个非正式的称为"超大容量

图 1-6　A380 飞机

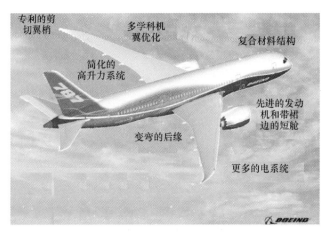

图 1-7　B787 飞机

飞机(UHCA)"的酝酿小组,并达成以下共识:①大于 500 座,打破 B747 对大型民机市场的垄断;②必须要有出色的经济效益;③低成本和低风险;④要设计一个全新的机翼,而其他部件应充分利用 A340 的诸多设计元素。1991 年 3 月,确定了将 UHCA 作为公司的一项发展战略,并由 BAE、法宇航、EADS 各提出一个方案。最后 BAE 胜出,其方案作为 UHCA 的基本方案。1993 年 10 月正式组建 A3XX 一体化联合小组,开始了从 A3XX 到 A380 的 12 年发展历程。A380 采用的先进技术有:新型复合材料的中央翼盒机翼结构,激光束焊接工艺,新型飞控系统,采用单独计算机和传感器的电传操纵系统,提高压力的液压系统,变频电源系统(这是首次在民机上采用),减轻尾涡的设计,驾驶舱的改进设计等。从而使 A380 具有低成本、低噪声、低污染、最充分地利用空间等先进特点,其运营成本可比目前使用的超大型客机(以 B747 为代表)低 15%～20%;航程增加 10%～20%;使用面积增加 49%,座位数却只增加 1/3,从而给每位乘客提供更大的空间,增强舒适性和客舱服务水平;

可明显降低噪声和耗油量。

B787 的发展经过了一个曲折和艰难的历程。波音最初认为市场对超大型飞机的需求尚未达到足以承受一种新机型的研制费用,采用较便宜的衍生发展方案更合理。于是曾提出 B747 - 400X 和 B747X 来应对空客在超大型客机方面的挑战,但遗憾的是没有获得任何客户订单。于是 2001 年 3 月宣布另启动一项"更快、更远、更舒适、更安全、更安静"的"声速巡航者"新机型项目。然而 2001 年"911"事件及其带来的世界经济衰退和对民用航空工业的重创,"声速巡航者"全新布局的高投资和高风险迫使波音宣布放弃该计划,而启动了一个常规布局的"点到点"的 200～250 座中型客机——B7E7 计划,后更名为 B787。B787 飞机一经推出就因为其采用的先进技术带来的长期经济价值而获得了用户的欢迎。它所采用的先进技术有:

(1) 大量使用复合材料。在民机设计中第一次使复合材料占整个结构材料的 50%,铝仅占 20%(见图 1 - 8),而 B777 中复合材料仅占 12%,铝占 50%。复合材料的大量使用不仅可减轻重量,还可减少维护时间和费用,使 B787 的外场维护间隔时间延长到 1000 小时,而 B767 和 A330 分别只有 500 和 700 小时。B787 的 D 检时间也由 B767 和 A330 的服役后 6 年推迟为 12 年。

图 1 - 8　B787 飞机材料的比重

(2) 使用高涵道比高性能的发动机(GEnx),优化其与机翼的低气动干扰的安装位置。

(3) 广泛使用先进的计算流体力学 CFD 方法,优化设计空气动力外形。

(4) 系统综合化程度大大提高,如 B787 上只有 30 个独立的计算机系统,而 B777 上大约有 80 个。大量使用电驱动技术,如采用电动机驱动客舱环控系统。B787 堪称商用飞机首架近乎"全电"飞机。

(5) 第一次按静音技术验证(QTD)设计(图 1 - 9 为 B787 降噪的设计措施),如采用波纹状的裙边喷口外形,降低喷流噪声,用镍钛诺材料(会随温度变化而改变形状的智能材料)制造裙边喷口,起飞时随着喷口温度的升高,喷口外形变成顺气流形状,巡航飞行时,周围温度为零下 46℃左右,喷口恢复原来外形,提高了发动机的工作效率。这种设计可降低外部噪声 2 dB,客舱噪声 6 dB;发动机短舱唇口加装了噪声吸收衬垫,使飞机前部听到的风扇噪声下降了 15 dB。

（a）　　　　　　　　　　　　　　　　　　　　　　（b）

图 1-9　B787 降噪设计措施

（a）裙边喷口；（b）起落架减噪

据分析,B787 燃油消耗降低 20% 的目标中分别由:发动机占 8%,复合材料占 3%,气动外形设计占 3%,系统整体设计占 3%,总体一体化和分系统的优化设计占 3%构成。

波音在 B787 研制中除采用先进技术,提高飞机性能外,还改变了延续多年的研制模式而可能对整个行业产生巨大影响,它与全球 40 多家顶尖供应商携手,制订了新的"设计与制造"全球供应链的合作模式。波音作为整机系统集成的核心,提供高层接口定义,把研发和制造任务更多地转移给一级供应商,让他们更多地变成不同综合系统的供应商/设计部门,尽可能多地担负起自行研究、设计和制造各综合系统的任务[4]。其结果是 B787 项目的供应商数目从 B777 项目的数百个减少到将近 50 个。虽然 B787 延迟了近三年才交付,但并不说明此模式在逐步完善后没有成为行业新标准的可能。

采用这种新的合作模式,加上 B787 大量使用复合材料使部件数量和紧固件数量大幅减少,三天之内即可完成飞机的总装。这种生产线的规划、管理和创新性的革新用于 B737 生产线改造,使总装线上的 B737 以 5 cm/h 的速度向机库大门移动,将原本需要 22 天完成的总装时间缩短为 10 天。

波音从各系统供应商处以规模采购的方式降低成本,再以合理价格将这些费用包含在 B787 总价中。这些可供选用的系统和设备无一例外已通过 FAA 的认证标准,也不用担心尺寸、材质、电流等兼容性问题,可以任意搭配选择。因此航空公司客户的采购人员只需在西雅图波音 B787"梦想飞机"样品商店中直观地浏览、触摸和感受 B787 目录中各种可选用的设备和系统,尝试其实际操作,再将公司的构想和乘客的要求排列组合,做出决策。无疑这可使航空公司节约大量人力、物力、金钱和时间。这种新型选购方式在不久的将来可能成为众多新机型销售竞相采用的样板或标准。

综合上述三个方面,B787项目从某种意义上,拉开了波音建立行业新标准的序幕。众所周知,"一流企业做标准、二流企业做品牌、三流企业做产品"。很显然,建立行业标准的企业很可能在今后相当一段时间内都可保持强势增长,成为引领行业发展的赢家。

面对B787推出后得到市场的热烈反应,空中客车不甘心在此座位级(200~250座)宽体机市场份额的损失,随后也推出了A350XWB(超宽体)计划。采用的先进技术有:利用CFD进行全新机翼(翼型、机翼、襟翼、整流罩、翼梢小翼等)的设计;沿用A380内段机翼前缘下垂技术;采用多种先进轻质的材料;全新功能的客舱技术和舒适性的新标准等。空客将A350XWB系列定位于B787和B777之间,与此两系列型号竞争。A350XWB包含800,900和1000三种型号(首先研制900),A350-900和A350-1000分别对阵B777-8X和B777-9X。据报道,2013年6月14日A350-900成功地进行了首飞,为随后长达2500h的飞行测试拉开了序幕。

波音利用在B787中采用的先进技术在大型飞机方向也针锋相对地提出了B747-8的发展计划。尽管B747-8计划不是一个与A380直面竞争的产品,而是填补B777的365座级和A380的555座级之间市场空档的产品,但确是以B747-8计划继续发展B747量级的民机,和B777-300ER,B787-8/9等3种机型一起构成涵盖210~450座级远程航线产品系列,和空客争夺大型飞机的市场份额。首先研制的货机(B747-8F)相比A380货机,波音认为其耗油率低25%,运营成本低20%,吨英里成本低23%。后研制的"洲际飞机"(B747-8I)与B747-400相比,机身长了约5.5m,正常三级座舱布局下载客人数多51人,达467人,油耗降低16%,每座每英里成本降低12%。目前B747-8F和B747-8I都已取证试飞完毕,可以分别交付用户。B747-8所采用的技术措施有:全新的机翼设计,增大了展弦比(翼展达68.5m)和机翼厚度,修改了机翼扭转分布,可提供更好的升力分布,采用B787风格的双缝内侧和单缝外侧襟翼系统、电传操纵的副翼和扰流板,剪切翼梢等。采用了先进的发动机(GEnx-2B67)。采用降噪技术,使最大起飞重量时的噪声足迹比B747-400的减小30%,图1-10为B747-8和B747-400起飞时噪声足迹的比较。

波音B777是目前对航空公司很有吸引力的双发运程客机,从开始进入市场至今的17年中,它的订单一直很好。为使该机的竞争优势得以延续,在波音自己产品的系列中不留有产品间的空挡,以及主要为应对即将到来的A350-1000的挑战,波音决定启动B777X项目,预计将于2019年中期开始服役。B777X项目将采用大量新技术和新材料,预计可实现油耗降低15%的目标。此系列中353座的8X,407座的9X和353座的8LX分别将替代301座的B777-200ER,365座的B777-300ER和301座的B777-200LR,8LX是9X的一个超远程缩小版,最大起飞重量与9X相同,航程为9480 n mile。研制的时间序列为9X,8X和8LX。表1-1给出了B777X和A350XWB机型的比较。

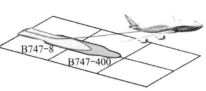

比B747-400减少30%以上的噪声足迹面积

图 1 - 10 B747 - 8 和 B747 - 400 起飞时噪声足迹的比较

表 1 - 1 **B777X 和 A350XWB 机型的比较**

	A350 - 900	B777 - 8X	A350 - 1000	B777 - 9X
发动机推力/kN	373.4	391.2	431.2	442.3
最大起飞重量/t	268	315	308	344
航程/n mile	8100	8000	8400	8000
座位数/三级布置	314	353	350	407
服役时间	2013	2019 年后	2017	2019

可见 A380 和 B787 之争不仅仅是发展理念之争,也是两家制造商在宽体远程飞机市场中近乎白热化的双雄的剧烈争夺。

1.3 单通道(窄体)客机的群雄竞争

由图 1 - 5 可见,单通道飞机的需求量在民机需求量中是最大的。波音 2010 年获得的 535 架订单中,B737 占 486 架。2010 年交付的 462 架中,B737 占 376 架,达总交付量的 81.4%。空客 2010 年获得的 621 架订单中,A320 占 463 架,2010 年交付的 510 架中,A320 占 401 架,达总交付量的 78.6%。这些数据表明单通道飞机的竞争是民机市场竞争的主要领域之一。

面对单通道飞机巨大市场的诱惑,以庞巴迪公司为首的一些商用飞机制造商,针对该市场中低端窄体飞机产品多年没有新机型出台这一薄弱环节,纷纷展开了攻势。率先挑战者为庞巴迪公司推出的 C 系列飞机,尽管在空客、波音的合力打压下,C 系列经历了几起几落的发展历程,最终还是步入了良好的发展轨道,获得了不少合同订单。随后俄罗斯联合飞机公司的 MC - 21 和中国商飞的 C919 相继启动。巴西航空工业公司也在考虑发展比其现有的最大产品——118 座的 E195 更大的飞机。这样波音、空客维持了近 15 年的"两强垄断"格局终被打破。

庞巴迪公司宣称,110～149 座的 C 系列飞机(见图 1 - 11)燃油效率将比现有机型(A320 或 B737)降低 20%。它选用普惠生产的齿轮涡扇(GTF)发动机(PW1000G)。C 系列飞机具有明显的价格优势,如载客 110 人的 CS100 目录价格为 5 500 万美元,载客 130 人的 CS300 目录价格为 6 300 万美元,而换发后 A320ENO 的目录价格为 0.839~1.059 亿美元。尽管目前 C 系列直接"抢夺"的只是 A320 与 B737 两系列中较小机型市场,但庞巴迪一旦成功,势必会向高端产品发出挑战。

图 1-11 庞巴迪 C 系列飞机

俄罗斯计划以"MC-21"(单通道飞机)和"超级喷气 100"(支线飞机)来满足其国内航空公司 80% 的新客机需求,并占据同类产品全球市场 10% 的份额,作为俄罗斯重返国际民机产品舞台的切入点。MC-21(见图 1-12)有 150 座、180 座、210 座三种机型,投入使用的时间分别为:150 座 2016 年,180 座 2018 年,210 座 2020 年。MC-21 依托先进的动力系统(可配装俄罗斯生产的 PD-14 发动机或普惠生产的齿轮涡扇 PW1400G 发动机)和先进的复合材料技术,可使燃油经济性提高 25%,维护费用减少 15%。其竞争力还体现在:优化的飞机布局及气动性能,完善的机体结构,电传飞控系统,机载设备集成系统和最新的自动监控系统[5]。其另一优势是价格比同类飞机低 1/3(价格初步定为 3 800 万美元)。

图 1-12 俄罗斯 MC-21 飞机

我国决定自主研制大型民机并列入"国家长期科学和技术发展规划纲要(2006—2020)"确定的 16 个重大专项之一。由中国商飞公司主持研制的 C919 是我国拥有自主知识产权的 150 座级中/短航程商用运输机。其目标要求比同座级及同座级改进型更加安全、经济、环保和舒适。它的巡航速度 $Ma = 0.785$，巡航高度 37 000 ft,基本型为 168 座,选用 LEAP-X1C 发动机为推进系统。计划于 2014 年首飞,2016 年完成适航取证并投放市场。目前已基本选定其系统设备的主要供应商,完成了 14 个主要系统(共 38 个工作包)的 LOI 签署及 34 份合作意向书的签订。图 1-13 表示了 C919 的机体部件及主要系统供应商[6]。面对目前窄体客机的激烈竞争,C919 具有的优势首先在于,我国的航空市场发展迅速,需求量大,而且国内三大航空公司对国产飞机都很重视。

图 1-13　C919 的机体部件及主要系统供应商

为应对众多后来者的强势挑战,继续保持领先优势,空客于 2010 年 12 月 1 日正式宣布启动 A320 的换发项目——A320ENO[7,8],两种可选装的发动机:普惠公司的 PW1100G 的 GTF 发动机和 CFM 国际公司的 LEAP-X1A 发动机。改进的特点主要包括:整机油耗可降低 15%,NO_x 排放降低 10% 以上,发动机噪声降低 10~15 dB。15% 节油的指标和选择在 2015 年 10 月投入市场明显是为了挤压 C 系列,MC-21 系列和 C919 的影响。再考虑到 A320 机队的庞大规模所带来的维修和培训等方面的优势,大大增强了 A320ENO 的市场竞争力。空客还表示继续换发项目后将于 2025—2027 年推出和投入使用下一代窄体客机(见表 1-2)——A30X,将在发动机、材料、气动和驾驶舱等方面采用具有突破性的新技术[9],包括:充分利用层流技术的常规双机翼布局的优化设计(见图 1-14);采用超高涵道比(超过 15)的先进涡扇发动机或开放式转子发动机;探索可用于 A30X 减小客舱内噪声的项目(LINFaN);无污染排放的燃料电池用来替代辅助动力装置(APU);以及先进材料的探索等。A30X 预计油耗降低 30%~40%,其中发动机和机体的作用各占一半,其投资规模将为 A320ENO 项目的 4 倍。

表1-2　空客对窄体客机发展的设想

机　型	预计服役时间/年份	每座油耗降低/%	每座成本降低/%
A320	—	参考基准	参考基准
A320装"鲨鳍"翼梢小翼	2012	−2.4～−3.5	−1～−2
A320ENO	2015	−13～−15	−5～−6
全新飞机	2020	−18～−20	−9～−11
采用开放式转子发动机的全新飞机	2025年后	−35～−40	−20～−25

图1-14　空客新窄体客机设想图

　　与空客高调应对新竞争者挑战的态度相比,波音在B737换发和换代项目方面的表态一直非常谨慎,但面对空客咄咄逼人的竞争态势,波音终于在2011年2月郑重宣布,直接推出将于2020年投入运营的新一代窄体客机,取代B737。这首先是因为已经两次换发的B737可挖潜力有限,且目前的普惠GTF和CFM的LEAP-X发动机的直径都较大,如果换发,整个飞机的改动太大[10]。而且调研结果表明随着国际油价的不断上涨,70%的客户更愿意购买全新设计的窄体客机。如美国RBC资本公司在一份分析报告中指出,B737最大的25家核心用户"大部分"并不希望B737换发,而希望推出全新客机。目前运营32架A320系列飞机的卡塔尔航空公司的CEO也表示,相比于A320ENO,公司更愿意选择波音即将推出的新一代窄体客机。

　　长期以来波音一直在研究可能应用于新一代窄体客机的先进技术("黄石"1计划[3]),在B787和B747-8都将于今年开始交付并投入运营后,波音更可有足够的精力来研发新机型。但尚未见到新机的方案,相信必然会充分吸取研制B787的经验教训,大量采用已运用于B787的先进技术。此外,波音还计划对光传飞控、陶瓷基复合材料等新技术进行评估。对于新机研制最为重要的发动机选择,波音准备与CFM、普惠和罗·罗三家发动机公司密切合作,但2011年8月30日波音又宣布决定采用B737换发改进方案,配备了新型发动机——Leap-X1B的B737飞机被命名为B737Max。波音认为"Max"比现有B737的燃油效率高12%,单座效率比A320NEO

高 4％,油耗比原 A320 低 16％,整体运营成本低 7％。这一决定表明波音放弃了原先表示要推出新一代窄体客机的意愿。分析其改变决定的原因是:

(1) 波音预测未来 20 年内,全球的航空公司将需要 33 500 架新飞机,总市场价值达到 4 万亿美元,无论从飞机的交付量,还是从市场价值来看,单通道(窄体)客机市场都是非常重要的大市场,而推出一款全新的机型,为它建立新的生产体系,尚不能保证满足所需的生产量。

(2) 另一个重大原因是美国航空公司 2011 年 7 月底宣布拟采购的 460 架单通道飞机订单将由波音和空客分享,宣告了该公司 1996 年与波音签署的专卖协议结束,这一份额的流失也促使波音抛弃风险巨大的新机型思路。

为了在新机型推出前尽可能多地占领市场,波音首先将提高 B737 的生产量,目前每月 31.5 架,到 2013 年提高至 38 架,随后有可能达到 42 架甚至更多。其次还会持续地改进现有的 B737,计划在 2011 年完成 CFM56‐7BE 发动机和一系列气动改进的取证,2012 年后计划对驾驶舱内饰进行一系列基于 B787 技术的改进,以提高飞机性能。

单通道(窄体)客机的群雄竞争体现了世界航空技术的进步和市场竞争的剧烈,在竞争中最终胜出的会是哪些制造商值得高度关注。

1.4　对未来民机的要求

美国正在开展的"新一代航空运输系统(NextGen)"计划,研究与部署未来先进飞机的发展。NASA 根据此计划正领导开展针对性的基础研究。在此发展中将亚声速固定翼民机的发展分为:计划于 2015 年投入使用的常规布局飞机——N+1 代,有望于 2020—2025 年间投入使用的常规和非常规布局的新构型飞机——N+2 代,预计于 2030—2035 年投入使用的先进飞机——N+3 代。要求在噪声、排污、油耗和起降跑道长度等性能上逐代均有大幅度的改善。具体评价标准如表1‐3 所示[11]。

表 1‐3　三代飞机评价标准

评价标准项目		N+1(2015 年)常规布局(参照 B737/CFM56)	N+2(2020—2025 年)常规或非常规布局(参照 B777/GE90)	N+3(2030—2035 年)先进飞机概念
噪声/dB		−32	−42	−71
排放(NO_x)/%	起降	−60	−75	好于−75～80(N+2)
	巡航	−55	−70	−80
油耗/%		−33	−50	好于−70～60(N+2)
跑道长度/%		−33	−50	新的起降概念

1.4.1　N+1 常规布局飞机

NASA 以 B737 为基准,将 N+1 代民用飞机设计目标中的噪声、NO_x 排放、油耗和跑道长度定为分别降低：32 dB，60%（−55%），33%和33%。实现这样的环保目标，目前已知应对策略：①采用超高涵道比先进涡扇（UHB）或齿轮涡扇（GTF）发动机[43]；②采用混合层流流动控制（HLFC）技术；③降低机体重量。综合用好此三项先进技术，有可能使油耗降低33.3%。至于噪声的降低，NASA寄希望于提高涵道比来实现。目前A320或B737使用的发动机涵道比约为5，若提高至15～20，即可使发动机降噪32 dB。

同时，美国FAA也正在开展一个为时5年的"持续更低能耗、排放、噪声（CLEEN）"项目，着重研究5年内技术成熟度（TRL）可达到6～7的飞机和发动机新技术。

针对NextGen的环保目标，FAA开展了与工业界合作的CLEEN项目[44]，目的是开发与验证满足适航要求的飞机/发动机技术，特别是评估改型的发动机型和新型发动机的技术可行性；探寻既不必改装飞机或燃油供给基础设施，又不影响安全和环境，且价格低廉的可再生的新航空燃料。该项目的技术指标与N+1代的相同，研究成果将综合应用于2015—2018年（N+1代）的飞机上。参与单位有：波者（Boeing），通用电气（GE），普惠（P&W），霍尼韦尔（Honeywell）和罗罗（RR）。项目期限为5年（2009—2014年）。费用由FAA与参与单位按1:1共同分担，总计2.5亿美元。

现以波音为例，简单介绍其CLEEN项目的具体内容[45]：

（1）验证机翼自适应后缘（ATE）和陶瓷基复合材料（CMC）的声学发动机喷管可降低油耗2%及噪声（波音承诺完成1架/年飞行验证试验，2012年由美国航空公司提供的B737 - 800NG做ATE的飞行验证，2013年完成CMC声学喷管试飞）。

（2）完成新燃料的研究。

为配合其承担的CLEEN项目，波音同时开展了"ecoDemonstor"项目，内容涵盖：研制自适应后缘；与CFM联合研制变几何的风扇涵道喷管；发动机振动的减小；研发可再生的氢燃料电池，和与NASA联合开发的更节油的iPAD飞行轨迹优化技术验证等。

波音从2010—2012年系统地对40种不同形状的后缘外形和位置做了计算、风洞实验、零部件制造等研究，筛选出了微型[占机翼后缘（3～5）%弦长]的开裂襟翼和简单襟翼两种ATE外形用于飞行试验。B737 - 800的ecoDemonstor试飞验证了ATE对飞机性能有很好的改善，所设计的制动系统能有效地制动和控制ATE系统。

通过试飞验证，波音发现石蜡煤油（SPK）和芳香化合物各占50%的混合燃料对燃油系统零件的影响最小。

陶瓷基复合材料CMC既能提高部件的耐高温性能，降低重量；又利于部件噪声的衰减和使用寿命的延长。波音采用2D N610/AS氧化物CMC材料制造了包括中心体、喷管、缸体三个子部件的喷管系统，用在RR的Trent 1000发动机中。2010—2012年之间系统地完成了设计、制造和声学实验，计划于2013年集成于B787 - 8进行飞行验证试验。

21世纪以来，波音已启动和即将启动的民机项目[46]，如表1 - 4所示。

表 1-4　波音已启动和即将启动的民机项目

系列	型号	启动时间	交付日期
B787	B787-8	2004 年 4 月	2011 年 9 月
	B787-9	2005 年 12 月	2014 年第二季度
	B787-10	2012 年底	2018 年
B747-8	B747-8F	2005 年 11 月	2011 年 10 月
	B747-8I	2005 年 11 月	2012 年 2 月
B737MAX	B737MAX7	2011 年 8 月	2017
	B737MAX8		
	B737MAX9		
B777X	B777-8X	2012 年底	2019 年中期
	B777-9X		
	B777-8LX		

表 1-4 反映了波音 N+1 代民机生产和发展的布局。上述 4 大系列 11 个型号中只有 B737MAX 的换发项目为单通道飞机,可见其发展的战略重心在宽体机上,这是因为宽体机的性能范围宽,能满足市场的多种需求。且其 2012 年所做的市场预测估计未来 20 年全球需求新机的总价值中,宽体机占约 53%。

波音的 3 个宽体机系列全面覆盖了 250~467 座,12000~16000km 航程的无缝衔接,将于 2019 年前构成完整的宽体机产品谱系。

在充分利用 CLEEN 成果基础上,上述型号共同采用的关键技术有:

1) 充分利用最先进的发动机技术

B787 选用 GEnx-1B 或 Trent 1000 发动机。GEnx-1B 的新技术为:外涵锯齿形喷口;复合材料风扇;3D 气动设计;TAPS 燃烧室;新型涡轮叶片。Trent 1000 的 BPR 为 11:1;总压比为 52:1(目前发动机中为最高);新型合金风扇叶片;外涵道内壁声学内衬;锯齿形喷口等。

B777X 选用 GE 下一代的 GE9X 发动机。该发动机将大量采用 GEnx-2B 和 GEnx-2BPIP 的新技术;CMC 涡轮;更大风扇直径等。预计可降低油耗 10%。

2) 综合多种先进技术的机翼

碳纤维增强塑料(carbon firbe reinforced plastic, CFRP)制造的超临界机翼;大翼展(B787:59m, B777-200LR:64.8m, B747:68.5m, B777X:71m);在水平和垂直尾翼上使用混合层流流动控制(HLFC)技术(B787-9 和 B777X);可减少 5.5% 阻力的斜削式翼梢装置。

3) 多电技术

力求次级功率系统均采用电动技术以降低重量、减少油耗、提高系统可靠性和维护性,如可使 B787 的平均维护间隔时间达 30 000 h,可靠性提高 3 倍。多电技术代表了飞机能源系统的一个发展方向。

1.4.2　两种布局并举的 N+2 代飞机

1) NASA 在 N+2 代亚声速固定翼民用飞机发展中提出了并行发展常规布局和非常规布局的思路

以 B777 为基准,设定了 N+2 代飞机油耗、噪声、NO_x 排放分别降低 50%,42 dB,75%(70%)的发展目标。

为论证 N+2 代噪声指标的合理性和可实现性,NASA 及其合作者做了大量研究,除研究降低机体和发动机各自产生的噪声外,还特别研究了机体和推进系统一体的气动声学(propulsion airframe aeroacoustics, PAA)[47~50]。研究的三个要素为:PAA 实验,高保真度的系统噪声估计方法,系统噪声的评估。研究经历了三个阶段:探索性研究(2003—2005 年),关键研究(2008—2010 年),高保真研究(2010—2012 年)。

以 HWB 的研究为例,探索阶段在无外流和点噪声源条件下的大量实验结果表明,HWB 可实现比第四阶段的噪声水平再降低 22 dB[48]。在关键阶段的 2009 年,研究者在波音的低速声学风洞中做了自由射流测量实验[49]。所用的几何模型包括:通气短舱、机翼前缘缝翼、升降副翼等;发动机为 $BPR = 7$ 的 4.7% 缩比模型;实验中采用的宽频带噪声源可近似模拟短舱内的噪声;实验条件包括:发动机的静止和前飞状态,卦架的不同安装位置等。最终获得了遮挡噪声源的基本数据库。同一阶段的 2010 年 Thomas 等完成了对 HWB 外形系统噪声评估的实验[50],结果为:将发动机位置前移 2 倍短舱直径的距离(实验中的外形 2),可获得比第四阶段的要求还低 31.6 dB 噪声水平的降噪效果。再采用先进设计的 Chevron 和卦架的 PAA 正确安装(外形 7),更可获得低 40 dB 噪声水平的降噪效果。若进一步采用更先进的 Chevron 和卦架技术,及低噪声的起落架(外形 11),则可获得低 42.4 dB 噪声水平的降噪效果。而当代飞机最优的(SOA)外形只能获得比第四阶段的要求再降低 10.3 dB噪声水平的效果;实际上,圆筒机身+机翼这种外形,即使装有 $BPR=16$ 的先进发动机,也只能获得再低 29.0 dB 噪声水平的降噪效果。这些结果验证了 N+2 代民机的降噪目标(比第四阶段低 42 dB)是可以通过改善 HWB 的外形实现的。

研究者在高保真研究阶段则致力于:

(1) 研究高保真度系统噪声计算方法和程序 ANOPP2。

要求该方法中的噪声源不再作近似处理,且方法中包括两种选择:估算推进系统和机体噪声的经验方法或高阶方法——包括自适应的预估方法,传播算法,流场解等。且两种选择应均可估算 HWB 等非常规外形的系统噪声。

(2) 完成 HWB 的 14 ft×22 ft 高保真风洞实验。

为此,在 NASA 资助下,波音牵头组成的团队须完成下述任务:

(1) 波音完成基于 SAX40 的 N2A 和 N2B 两种 HWB 的概念设计。

(2) MIT,UCI 和 United Technologies Research Center 组成的团队主要研究

和发展模拟并估算喷流及发动机噪声的遮挡方法。

（3）NASA 和波音于 2011 年完成 N2A 的 5.5% 缩比全翼展模型，并在 Langley 的 14 ft×22 ft 风洞中完成基础空气动力特性的风洞实验，2012 年完成深入的气动声学实验并验证 N2A 的低噪特性。实验结果还将被用来验证所发展的上述新估算方法。

稍后再进行 N2B 的实验。

NASA 正通过对环境负责的航空 ERA（Environmentally Responsible Aviation）项目来发展 N＋2 代先进气动布局外形的飞机及同时达到上述指标所需的关键技术，并争取在 2025 年前达到 5～6 级的技术成熟度。该项目的专家们提出了如下的关键技术领域及挑战（technical challenges，TC）[12]：

（1）减小阻力的新流动控制概念，要求维护难度低且降低油耗 6%。

（2）先进的复合材料，要求其能在保持飞机系统级安全裕度下比采用现有复合材料减小飞机重量 10%。

（3）减小比燃料消耗和噪声的超高涵道比涡扇（UHB）发动机设计，要求在降低发动机系统噪声的同时，仍能降低 20% 燃油消耗。

（4）降低起降（landing and take off，LTO）状态下 NO_x 排放的先进燃烧室设计，要求在飞机系统级的燃油消耗降低 50% 条件下 LTO 的 NO_x 排放减少 75%。

（5）降低机场周围噪声的机体/发动机的一体化设计，要求减小 42 有效感觉噪声 EPNdB。

2）项目组要求第一阶段在下列方面进行研究[12]

（1）通过层流流动化减小阻力。

（2）采用拉挤棒缝合高效组合结构（pultruded rod stitched efficient unitized structure，PRSEUS）实现减重。

（3）实现零安装阻力的先进 UHB 发动机与机体的组合，以减小油耗/噪声。

（4）减小机体（高升力系统和起落架）的噪声。

（5）减小风扇，核心机和喷流的噪声。

（6）减小综合噪声的机体/发动机的一体化和遮挡。

3）选择波音，洛马和格鲁门三个集成系统商

要求其各自提出未来先进系统的概念（preferred system concept，PSC）及缩比模型的试验机方案（subscale tested vehicle，STV）。优选者将进入进一步研究的项目。三个团队针对：

（1）客机：224 座/50 000 lbs 商载，巡航 $Ma = 0.85$，8 000 n mile 航程；

（2）货机：100 000 lb 商载，巡航 $Ma = 0.85$，6 500 n mile 航程；

提出各自采用的方案[13~15]：

a. 1998 年技术水平的飞机。

b. 2025 年水平的常规机身＋机翼的飞机。

c. 2025 年先进的 PSC 飞机。

　　以波音为首（成员包括 Pratt & Whitney，R-R 北美分部，MIT，Cranfield Aerospace）的团队做了多种组合外形的研究（见表 1-5），图 1-15 表示了几个典型飞机的外形（其中翼身融合体 BWB 布局形式的已有研究表明，可比现有常规机身＋机翼外形每座油耗降低 32%[16,17]。剑桥大学与 MIT 也曾提出过 SAX-40 的 BWB 外形的设计[18~20]）。表 1-6 表示了采用不同水平的代表性技术。图 1-16 表示了 BWB 所采用的可望同时满足多目标要求的先进技术。表 1-7 给出了 BWB 重点发展的先进技术。

表 1-5　不同组合客机的外形

外形	技术水平	飞机外形	发动机	说明
0001	1998	T&W	P&W TF	客机
0003	1998	T&W	R-R TF	客机
0005	2025	T&W	P&W GTF	客机
0007	2025	T&W	R-R ATF	客机
0009A	2025	BWB	P&W GTF	客机
0011	2025	BWB	P&W 3GTF	客机
0013	2025	BWB	R-R 3 OR	客机
0015	2025	BWB	R-R 3 OR	$Ma=0.80$，客机
0027A	2025	AT&W	R-R ATF	客机
003X	2025	BWB	GTR 或 OR	大翼展

注：飞机外形 T&W 为圆柱机身＋机翼，BWB 为翼身融合体；发动机 TF 为涡扇，ATF 为先进涡扇，GTF 为齿轮涡扇，OR 为开式转子。

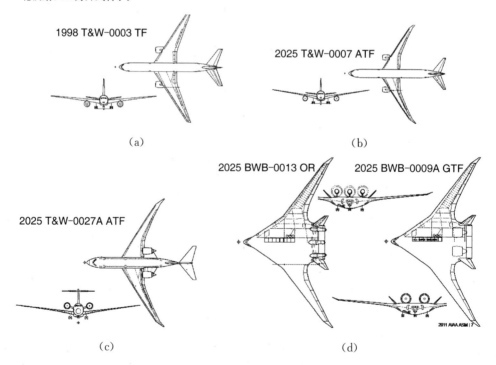

图 1-15　各种典型外形

表 1-6　代表性的技术

	1998	2025 T&W	2025 BWB
高速空气动力学	超临界翼型	混合层流流动 小肋 大展弦比	混合层流流动 小肋 大展弦比
低速空气动力学	多缝襟翼 前缘缝翼	多缝襟翼 低噪声 Krueger 襟翼	简单襟翼 低噪声 Krueger 襟翼
发动机	高涵道比涡扇	齿轮涡扇 开式转子	齿轮涡扇 开式转子
机身结构	铝合金	复合材料（PRSEUS）	复合材料（PRSEUS）
机翼结构	铝合金	复合材料	复合材料
尾翼结构	复合材料	复合材料	复合材料
系统	—	（电子控制） 先进 APU	（电子控制） 先进 APU
声学	—	前缘声学处理 起落架声学处理 发动机声学处理	遮挡 前缘声学处理 起落架声学处理 发动机声学处理

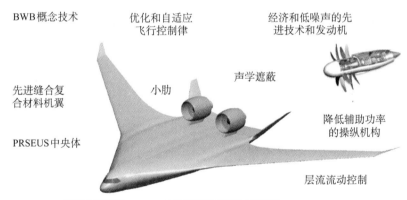

图 1-16　BWB 使用的可望同时满足 NASA 目标要求的先进技术

表 1-7　BWB 采用的先进技术

技术	重点发展	技术	重点发展
层流流动	减小阻力和油耗 实现层流流动的外形设计 流动控制系统 减少故障的影响	闪电防护	先进的防护措施

（续表）

技术	重点发展	技术	重点发展
PRSEUS	低的机体重量和成本	先进的辅助电源 （APU）	减少地面排污
声学	声学遮挡 低噪声前缘 起落架声学处理	小肋	阻力和油耗的减小 应用和维护
开式转子	减少油耗 与机体的结合 减小噪声	变弯度后缘	改善空气动力效率 改变外形的机构
齿轮涡扇	减少油耗 与机体的结合 减小噪声		

　　图 1-17 给出了预估的各种外形飞机噪声和油耗降低水平的比较，由图可知，BWB-0009A GTF 可以取得 52% 的油耗减少和 34 dB 的噪声降低，在 GTF 中达到了两者之间的最佳平衡；BWB-0009A NG（NextGen）AAT（先进的声学处理）可以实现 41.6 dB 的噪声降低，以及超目标要求的 53.7% 油耗减少，性能最好；BWB-0015A OR 在 $Ma = 0.80$ 实现了最佳的油耗减少（54.5%）；装备开式转子的 BWB 比 GTF 的噪声高 8 dB；AT&W-0027A ATF 比其他的 T&W 噪声减小最多。

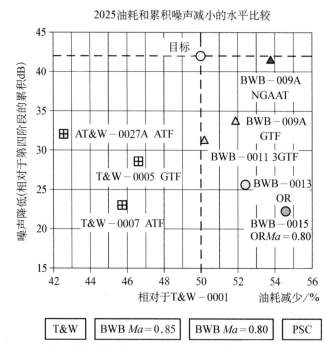

图 1-17　不同布局外形的噪声和油耗相对于 T&W 0001 外形的降低水平

　　图 1-18(a)表示了不同发动机 LTO NO$_x$ 排放的比较,图 1-18(b)表示了噪声的比较,可见 BWB-0009A 的噪声最小,图 1-19 表示了对 PSC 机体结构采用先进的声学处理可以满足 NASA 噪声降低 42 dB 的目标。图 1-20 表示了采取 BWB 布局形式及各种先进技术可带来的好处。图 1-21 给出了 PSC 的缩比 65% 尺度试验机(STV)的外形和主要的系统。通过 STV 的设计制造和试飞,可以验证采用先进复合材料机体的材料、结构和工艺,发动机—空气动力—声学的一体化设计,全尺寸的噪声特性,整个飞行剖面的性能和飞行力学,各种子系统的集成和综合设计。

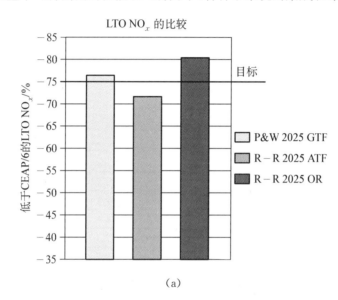

(a)

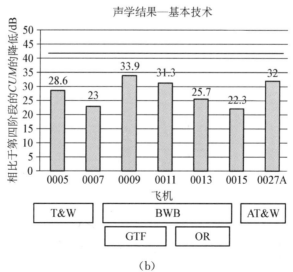

(b)

图 1-18　不同发动机 LTO NO$_x$ 排放的比较和噪声的比较

(a) LTO NO$_x$ 排放的比较;(b) 噪声的比较

具有低噪声措施的PSC

进场倾角/°

进场速度的降低 / kn	3	4	5	6	7
0	33.9	36.4	38.4	39.9	41.3
2	34.3	36.8	38.8	40.3	41.7
4	34.6	37.1	39.1	40.6	42.0
6	35.0	37.5	39.5	41.0	42.4
8	35.3	37.8	39.8	41.3	42.7
10	35.7	38.2	40.2	41.7	43.1
12	36.1	38.6	40.6	42.1	43.5

相比于第四阶段的*CUM* EPNL的降低
NASA N+2目标：42 dB
进场速度：144.4 kn

前缘缝翼的降低量/dB

起落架的降低量 / dB	0	1	2	3	4
0	33.9	35.2	36.3	37.4	38.2
1	34.7	36.1	37.2	38.4	39.3
2	35.5	36.9	38.0	39.2	40.2
3	36.3	37.8	38.9	40.1	41.1
4	39.0	38.6	39.7	41.0	42.0
5	37.5	39.1	40.4	41.6	42.7
6	37.9	39.6	40.9	42.3	43.3

相比于第四阶段*CUM* EPNL
NASA N+2目标：42 dB

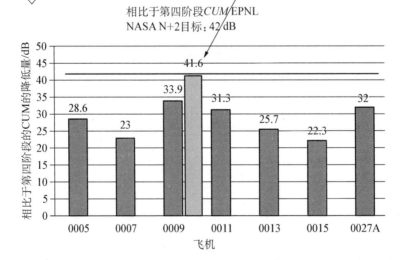

图 1-19　对起落架和前缘缝翼进行先进声学处理可达到 NASA 的目标要求

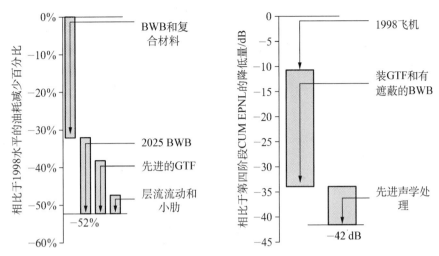

图 1 - 20　各种先进技术可能对 BWB 外形布局带来的好处

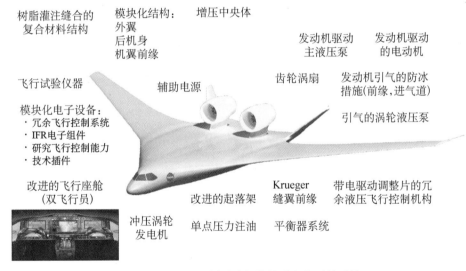

图 1 - 21　缩比 65% 试验机的外形和主要的系统

Lockheed Martin 为首（成员有 Rolls-Royce，Georgia Tech，Metron，Middle Georgia College 等）的团队提出的联翼机布局方案示意，如图 1 - 22 所示。图 1 - 23 给出了三种水平飞机的基本数据比较。其中"发动机"被认为是关键技术。图 1 - 24(a)给出了 2025 年水平的先进涡扇发动机和超大涵道比涡扇发动机的比较，图 1 - 24(b)为三种发动机巡航推力的比较。其中 1998 基本型发动机为 Trent800，它的 *BPR* 为 6。图 1 - 25 表示了各种技术措施带来的噪声降低，其中 UHB 发动机起一半作用，重量减少、大着陆倾角和抑制机体噪声的措施等起另一半作用。研究团队认为：减少 42 dB 的目标是很大的挑战，装超大涵道比涡扇发动机的 PSC，以 6°进场可以实现 -39 dB 的目标。团队也提供了缩比尺度的试验机方案。

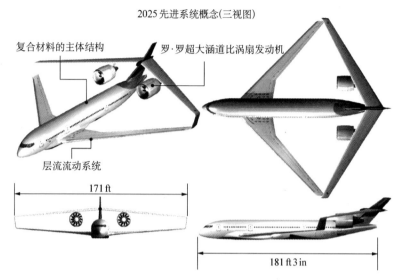

图 1 - 22　联翼机布局方案示意图

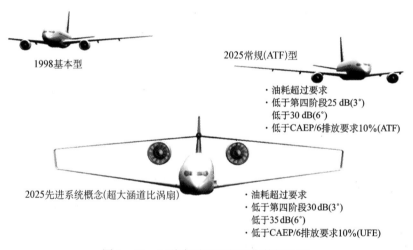

图 1 - 23　三种水平飞机的基本数据比较

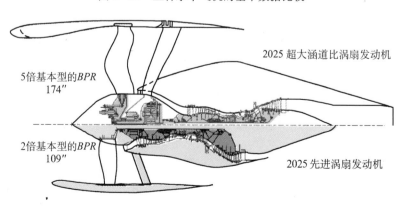

(a)

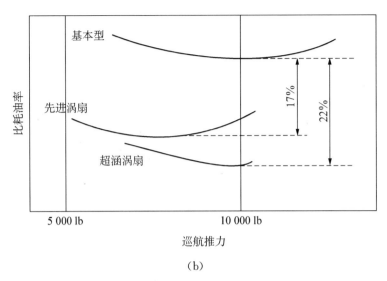

（b）

图 1-24 2025 年水平的先进涡扇发动机和超大涵道比涡扇发动机比较

（a）外形的比较；（b）巡航推力的比较

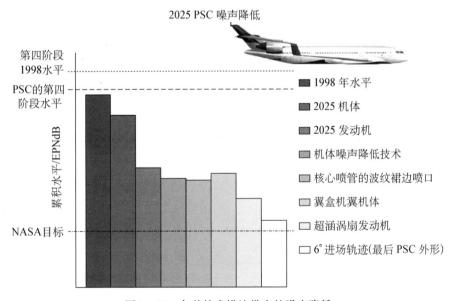

图 1-25 各种技术措施带来的噪声降低

Northrop 为首（成员有 Rolls-Royce，Wyle Lab，Iowa State University）的团队基于原来 B-2 飞翼式飞机经验，提出了一种飞翼式的 PSC 方案（见图 1-26）。表 1-8 给出了 PSC 客机的参数。表 1-9 给出了应用的先进技术。

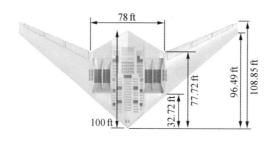

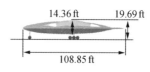

参数	2025客机
机翼参考面积	8 522 ft²
机翼翼展	230 ft
前缘后掠角	40°
机翼展弦比	5.28
梢根比	0.20
起飞总重量	427 100 lb
空重	225 409 lb
商载	50 000 lb
每台发动机最大推力	37 442 lb
发动机数	4

图 1-26   一种飞翼的 PSC 方案

表 1-8   PSC 客机的参数

参数	2025 年 PSC	参数	2025 年 PSC
机翼参考面积/ft²	8 522	起飞总重量/lb	427 100
机翼展长/ft	230	空重/lb	225 409
前缘后掠角/(°)	40	商载/lb	50 000
机翼展弦比	5.28	发动机数	4
梢根比	0.20	每台发动机的最大推力/lb	37 442

表 1-9   应用于 2025 年的先进技术

技术	2025 年常规型飞机	2025 年 PSC 飞机
先进发动机*	改进比燃油消耗	改进比燃油消耗
后掠机翼层流流动控制	降低摩擦阻力	降低摩擦阻力
复合材料机翼结构	减轻重量	减轻重量
埋入式高涵道比发动机	无	减小进气道长度
机身的先进结构	减轻重量	减轻重量
小肋	降低湍流摩阻	降低湍流摩阻
电子环控系统	减轻子系统重量	减轻子系统重量
机动载荷的减小	减轻结构重量	减轻结构重量
碳纳米管的数据通道	减轻子系统重量	减轻子系统重量
埋入式 IP 电动机	减轻发动机重量	减轻发动机重量

* 包含 32 种不同的先进技术。

表 1-10 给出了团队估计的 PSC 方案(客机)的油耗、噪声和排污性能,由表可见,团队认为基本上达到或超过了给定的目标。图 1-27 给出了油耗和噪声减少的

估计结果,以及 PSC 的客机和货机所处的位置,表 1 - 11 给出了各种先进技术对油耗减少的作用。团队同样也给出了缩比试验机的方案及设计。

表 1 - 10　不同水平的客机油耗、噪声和排污数据的比较

参数	N+2 目标值	1998	2025 常规型	2025 PSC
油耗减少/%	比 1998 年参考机种降低 50%	0	-37.8	-41.5
噪声降低/dB	-42 EPNdB	-1.6	-23.6	-74.7
排污减少/%	比 CAEP6 减少 75	-9	-72	-88

所有机种的起飞平衡距离小于 10 500 ft。

2025 PSC 飞行器
—基本上满足油耗目标
—超过声学目标(同样满足 N+3 目标)
—超过排放目标

2025 三种飞机的油耗、噪声和排污的比较

参数	N+2 目标	1998 参考客机	1998 参考货机	2025 BL 客机	2025 BL 货机	2025 PSC 客机	2025 PSC 货机
油耗	比 1998 参考值低 50%	0%	0%	37.8%	34.3%	41.5%	37.3%
声学	小于第四阶段 42CUM EPNdB	相比于第四阶段值 -1.6 dB	相比于第四阶段值 +7.3 dB	相比于第四阶段值 -23.6 dB	相比于第四阶段值 -20.8 dB	小于第四阶段 74.7 dB	小于第四阶段 79.5 dB
排放	低于 CAEP/6 75%	低于 CAEP/6 9%	低于 CAEP/6 9%	低于 CAEP/6 72%	低于 CAEP/6 72%	低于 CAEP/6 88%	低于 CAEP/6 88%

注:所有飞机满足起飞场地长度≤10 500 ft。

图 1 - 27　油耗和噪声降低的估计曲线

表 1 - 11　应用的先进技术对油耗减少的作用

技术	2025 年货机 PSC 油耗的减少/%	2025 年客机 PSC 油耗的减少/%	2025 年发展的风险
先进发动机	18.1	20.6	低
后掠机翼层流流动控制	9.7	8.3	高
复合材料结构	5.2	4.7	低
埋入式高涵道比发动机	0.1	4.5	中等
机身先进结构	1.8	2.0	低
小肋	1.1	0.7	低

（续表）

技术	2025 年货机 PSC 油耗的减少/%	2025 年客机 PSC 油耗的减少/%	2025 年发展的风险
电子环控系统	0.9	0.4	低
机动载荷的减小	0.1	0.1	低
碳纳米管的数据通道	0.2	0.1	中等
埋入式 IP 电动机	0.1	0.1	中等

NASA 曾要求设计一款 170 座的高效巡航短距起降飞机（CESTOL）（见图 1-28），商载 18 000 kg，航程 5 550 km，至少能在 13 000 m 高空以 $Ma = 0.8$ 飞行，起降滑跑距离 1 500 m。波音和 NASA 格林研究中心都提出了采用由 12 台发动机组成的分布式嵌入发动机推进系统和内吹气式襟翼动力增升系统[11, 21]。波音还提出用固定式叶片涡流发生器和振动式主动流动控制技术对引气的进气道流场畸变进行补偿，使进气道畸变指标绝对值小于 0.05。设计结果达到了 NASA 提出的指标。

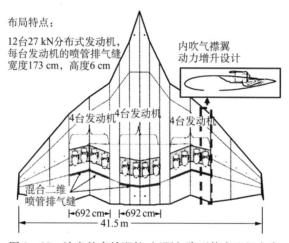

图 1-28 波音的高效巡航、短距起降型静音飞机方案

1.4.3 N+3 代先进民用飞机

要满足 N+3 代的要求，必须改进飞机和发动机的基本结构。早在 2008 年，NASA 即在其内部并通过研究公告向工业界及高校寻求概念设计方案，包括连接机翼、拉杆支撑机翼（SBW）等。目前 NASA 正通过亚声速固定翼（subsonic fixed wing，SFW）项目重点研究 N+3 代民用飞机所需的先进技术。

开展 SFW 计划的战略指导思想是：通过减少油耗和提高能源效率实现减少对能源的需求；通过降低排放和减小噪声对环境的影响。为此，项目组专家提出了如下 6 方面的技术挑战及相应的研究方向和课题[22~29]：

（1）减少机身结构重量和浸润面积。

通过：

a. 改进结构受力概念和设计方法。

b. 采用多功能级配金属。

c. 采用碳纳米管 CNT 复合材料。

d. 实施流动控制方法减少湍流流动面积和减阻等对机身作优化设计，期望机身结构重量减少 25％和机身湍流边界层阻力减小 10％。

（2）探索和研制轻质大展弦比弹性机翼。

通过主动结构控制，气动外形的优化设计和弹性飞行控制等手段，期望机翼结构重量减少 25％，同时展弦比增大 30％～40％（中单翼）和 200％（支撑机翼）。

（3）探索和研制静音的简单高升力系统。

通过减少前缘缝翼、后缘襟翼和起落架的噪声，采用主动流动控制技术等，期望机体噪声减少 8～10 dB，并减少部件数量，形成高性能和低噪声的高升力系统。

（4）探索和研制高效先进小型的发动机通用核心机。

通过应用适于高温部件的新型材料，减少叶片梢部和壁板间的空气动力损失，研究适用多种燃料的燃烧室，采用分散型控制和减少核心机产生的噪声等，期望能以核心机结构的小型化达到增大涵道比到 20 和比 CAEP/6 规定的排污指标还减少 80％的 NO_x 排放量。

（5）探索和研制燃油/电动发动机，期望逐渐从常规的燃油发动机（即使是先进的）发展成混合动力模态的，再进一步发展成全电模态的发动机。

（6）探索和发展增大有效干扰影响的机体/发动机一体化设计技术。

通过空气动力的设计（如边界层吞吸-BLI 等），采用轻质自适应风扇叶片的技术和适应于非定常进气流的风扇设计，改进隔音管技术；改善发动机/机体的空气动力/声学的融合等，期望改进飞机整体的多学科性能（包括噪声特性）。

近期的重点应为：

（1）其他燃油的应用研究。深入了解其他燃料的特性，期望实施 NO_x 的排放比 CAEP/6 的规定还减少 80％。

（2）研制先进的设计工具，通过开放式多学科分析优化设计工具（Open MDAO）的研制和逐步使用，改进分析/概念设计的方法（如 ANOPP2，HOrDE 等），改进物理模型，如湍流模型，快速散射的声场模型等，期望取得高可信度和经济性更好的高可信度工具。

图 1-29 表达了 N+3 代飞行器研究的概览，从中可看出飞机系统的概念，各子系统所包含的技术领域等的概貌。文献[23～29]分别就上述各领域的技术挑战作了说明。

NASA 通过 SFW 项目，还组织了由波音、诺·格鲁门、麻省理工学院及通用电气/塞斯纳分别领导的 4 个研究团队，以及 NASA 内部的 2 个团队，共 6 个团队分头进行 N+3 代客机计划第一阶段（Phase Ⅰ）的研究工作（见图 1-30）。

第一阶段研究工作主要包括 3 项目标：①确定 2030～2035 年的航空环境；②发展适合此环境的先进飞机概念；③评估实现 N+3 代各项目标所需的技术，并制定

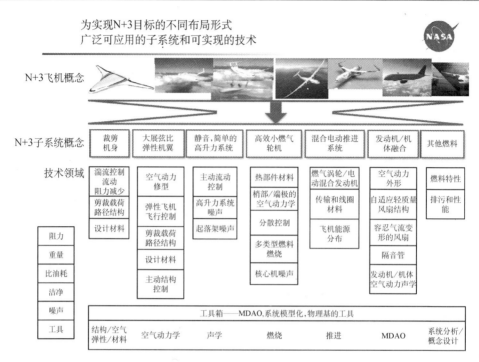

图 1-29 N+3 代飞行器研究的概览

图 1-30 6 个研究团队

相关的技术发展路线[30]。

4 个团队根据所要求的目标(见表 1-2)已分别提出了各自的方案。尽管所选择的飞机布局和达到目标的技术途径各不相同,如有的提出常规布局+新技术,有的则采用创新的布局＋先进推进系统等。但也存在一些共识：如为减小阻力，降低油耗，各团队都认为 N＋3 代民机应以 $Ma = 0.7 \sim 0.75$ 的巡航速度在约 $13\,800\,\mathrm{m}$（$45\,000\,\mathrm{ft}$）的高度巡航飞行[目前民机通常以 $Ma = 0.78 \sim 0.8$，在约 $10\,700\,\mathrm{m}$（$35\,000\,\mathrm{ft}$）的高度巡航飞行]；都应采用比当前发动机的涵道比高得多的尺寸较小的高涵道比发动机等。看来要达到 NASA 提出的目标还比较困难。

下面简单介绍一些团队提出的初步研究方案[30]。

波音公司为首的团队（成员包括通用电气公司和佐治亚理工学院）提出的亚声速绿色飞机研究（SUGAR）方案是常规布局。团队深入地研究了 5 种方案（见图 1-31），研究结果示于表 1-12[31]。

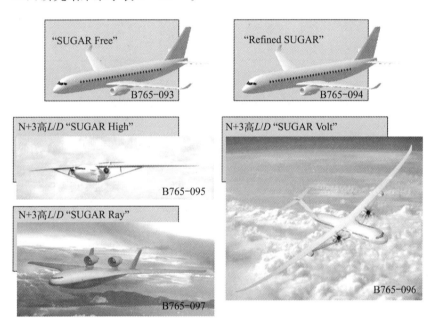

图 1-31 研究的 5 种外形

表 1-12 5 种方案的研究结果

外形代号	名称	出发外形	性能比较（基于 900 n mile 航程任务）			
			油耗减少/%	NO_x 排放为 CAEP/6 级的/%	CO_2 排放量减少/%	噪声减少/dB
B765-093	SUGAR Free	当前技术水平的原始 B737 布局	比较的基准			
B765-094	Refined SUGAR	采用 2030—2035 年可能技术的原始 B737 布局	44~54	42	72	16

（续表）

外形代号	名称	出发外形	性能比较（基于 900 n mile 航程任务）			
			油耗减少/%	NO$_x$ 排放为 CAEP/6 级的/%	CO$_2$ 排放量减少/%	噪声减少/dB
B765 - 095	SUGAR High	高 L/D 的上单翼支撑机翼布局	39～58	28	69	22
B765 - 096	SUGAR Volt	与 SUGAR High 类似，但加入电推进技术	63～90	21 ～ 11（更多采用电池）	81	22
B765 - 097	SUGAR Ray	HWB 布局，加入电推进技术	43	28	75	37

研究结果表明：

（1）降低油耗 70% 的要求是很高的，降噪目标的实现更具有挑战性，要达到降噪 71 dB 的目标尚需作巨大的努力。

（2）采用绿色的生物燃料，研究先进燃烧室技术，引入电推进技术等对实现各项指标有重要意义。HWB 布局对降噪有最好的效果。

上述研究计划的第二阶段进一步研究了 2040—2050 年时间框架内先进飞机的概念[（N+4）代][32]，主要任务是：①定义 2040—2050 年进入使用的先进发动机；②研究基于冷冻燃料的推进系统；③确定一种参考机型（常规布局），研究其油耗、排污、噪声、起降性能；④研究并提出一种非常规布局的先进机型，研究其油耗、排污、噪声、起降性能；⑤明确可用于 2040—2050 年的先进技术；⑥评估所选各项技术的重要性和作用，制定发展路线等[32]。

表 1-13 列出了研究团队提出的研究机型种类，图 1-32 为 B765-095-TS1 的外形。

表 1-13　研　究　机　型

序号	外形代号	名称	出发外形	燃料	发动机	风扇
1	B765 - 093	SUGARFree	B765 - 093	JP	CFM - 56	管道风扇（DF）
2	B765 - 094 - TS1	N+4 基准	B765 - 094	JP	JP + 2045GT +DF	（DF）
3	B765 - 095 - TS1	N + 4 上单翼基准	B765 - 095 - RC	JP	JP + 2045GT +DF	（DF）
4	B765 - 095 - TS2	SUGARFreeze（LNG）	B765 - 095 - TS1	LNG	LNG + 2045GT +DF	（DF）
5	B765 - 095 - TS3	SUGARFreeze（LNG UDF）	B765 - 095 - TS2	LNG	LNG + 2045GT +UDF	开式风扇（UDF）

（续表）

序号	外形代号	名称	出发外形	燃料	发动机	风扇
6	B765-095-TS4	SUGARFreeze （LNG FCHybrid BLI）	B765-095-TS3	LNG	LNG+2045GT +SOFC+BLI	UDF
7	B765-095-TS5	SUGARFreege （LNG, FCHybrid UDF）	B765-095-TS4	LNG	LNG+2045GT +SOFC+UDF	UDF

注：JP—普通燃油，2045GT-N+4 代燃气发动机，LNG—液化燃气（主要指甲烷），SOFC 或 FC—固态氧化燃料电池，BLI—吸入边界层。

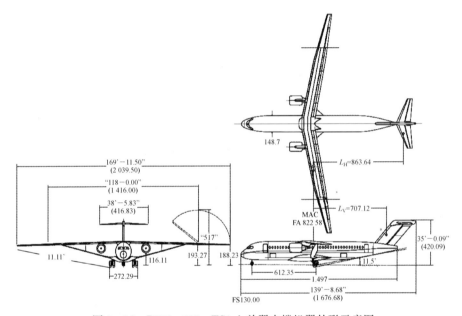

图 1-32　B765-095-TS1 上单翼支撑机翼外形示意图

研究结果表明，最佳组合为使用 LNG 燃料，燃料电池，开式风扇等技术，这样可以接近或达到 N+3 代的油耗，节能，起降和巡航时 NO_x 排放等目标，但仍达不到降噪的目标。

研究团队制定的需研究和发展的先进技术包括：①电/燃气混合发动机；②电池；③低能核反应推进系统（low energy nuclear reaction propulsion system）；④燃料电池；⑤吸入边界层（BLI）技术；⑥先进的开式转子风扇和螺旋桨；⑦液态燃气（LNG）和氢气涡轮发动机；⑧LNG 和氢气飞机系统；⑨LNG 和氢气的基础设施。

诺·格鲁门为首的团队（成员包括 Sensis 公司、精神航空系统公司和塔夫茨大学）曾考虑过凹槽机翼、连接翼、矩形翼身融合体等非常规布局，但最后仍回到了常规布局方案。通过综合采用先进的 3 轴涡扇发动机、应用层流技术的后掠机翼、大型一体化复合材料结构、主动气动伺服弹性控制等先进技术,使其各项指标取得了突破性的进步。如降低噪声 69.6 dB,油耗 63.5%,NO_x 排放量在 CAEP/6 的 90% 以下,可达到 NASA 所提出的目标。他们认为在所采用的诸多先进技术中,3 轴涡扇发动机在降低油耗上的作用最显著。他们设计的 120 座客机巡航高度为 13 700 m,可使用 1500 m 长的跑道,但需用大功率发动机和大机翼。

麻省理工学院(MIT)团队成员包括 Aerodyne 公司,极光飞行科学公司和普惠公司。此团队提出了用于国内航线的 D8 系列(最终设计为 D8.5)和用于国际航线的 H3 系列(最终设计为 H3.2)(见图 1-33)。

图 1-33　MIT 团队提出的两种方案

表 1-14 给出了团队设计目标。

表 1-14　团队设计目标

	D8 系列	H3 系列
座位数	180	350
航程/n mile	3 000	7 600
巡航速度/Ma	>0.72	>0.80
跑道(平衡)长度/ft	5 000	9 000
噪声的降低/EPNdB	<71	
油耗减少	<70%	
NO_x 排放	低于 CAEP/6 75%	
适应性	满足 FAA 和 JAA 的安全标准,与 Next Gen 相适应	

---

*注:最终设计 D8.5 的 $Ma = 0.74$,由于乘客登机和离机的时间缩短,并不影响旅客的旅行时间[33]。

	飞行时间/h		旅行时间/h		
	B737	D8.5	B737	D8.5	
纽约—洛杉矶	4.81	5.29	5.98	5.96	减少 1 分
纽约—奥兰多	1.55	1.73	2.71	2.40	减少 19 分
波士顿—华盛顿	0.93	1.06	2.09	1.73	减少 22 分

其中,对 D8 系列的座位数选为 180,它是目前 B737 和 A320 级别飞机运力的高端,选它是为了适应市场可能对商载要求提高的趋势,对 H3 系列则选为 350 座。考虑到 2035 年时会要求降低航空运输的成本指标(cost index,CI),它是确定飞行时间/直接运行成本(DOC)的重要参数,也是确定最优巡航速度的参数之一,CI 的降低要求较低的巡航速度,随着速度的减小也可实现较高的燃油效率。团队研究结果确定 D8 系列的巡航 $Ma = 0.72$。为了评价燃油效率,研究组考虑了商载燃油能量强度 PFEI 的参数作为性能的指标之一:

$$PFEI = \frac{消耗的燃油能量}{总商载 \times 往返最大飞行距离}$$

图 1-34 给出了目前 50 种最佳飞机的统计数据和相对减小 70% 的 PFEI 参数值的比较。

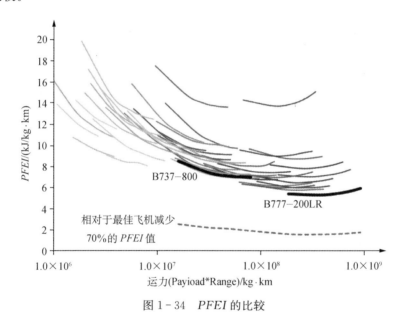

图 1-34　PFEI 的比较

D8 系列的外形设计特点为[33,34]:

(1) 带有头部升力的双气泡宽机身布局,加上平坦的后机身,增大了机身提供的升力和增大了飞机的有效翼展,并改善了展向载荷分布;头部升力产生平衡力矩,减小了对平尾的要求;提供比 B737 大的驾驶舱;减少了窗户数而减轻了重量;改善了地板承载状况而减轻了重量;缩短了起落架的高度。

(2) 发动机嵌入机身尾段内,可按排整体式 π 型尾翼和表面等高地布置发动机;通过吸入机身边界层(BLI)改进了推进效率;可使用轻重量的小进气道;大大减少了鸟撞事故;减小了发动机的侧向力矩而减小了垂直尾翼。

(3) 巡航马赫数减小为 $Ma = 0.74$(D8.5),可以采用非后掠的机翼(而 B737-800 的机翼后掠角为 25°),从而在增大展弦比后可减小 C_{Di};低速时由于增大了

C_{Lmax},可以不需要前缘缝翼。

（4）垂直尾翼使用了边条翼,和整体的 π 型尾翼,获得了较轻的尾段重量;大侧滑角时由于附加的边条翼而增大了侧向力;尾迹涡的环量减小了 80%。

（5）为减噪布置了多段后向音衬管。

图 1-35 给出了 D8.5 的设计外形。此外,D8.5 飞机还采用了极高涵道比（$BPR = 20$,而 B737 仅为 5）和精益直接注入（Lean Direct Injection,LDI）的先进燃烧室和先进材料的发动机;先进的机体结构材料,结构健康监督和阵风载荷减轻等;机翼下表面的层流流动控制;变几何喷管;起落架的整流外形;为降噪的进场轨迹等先进技术或措施。

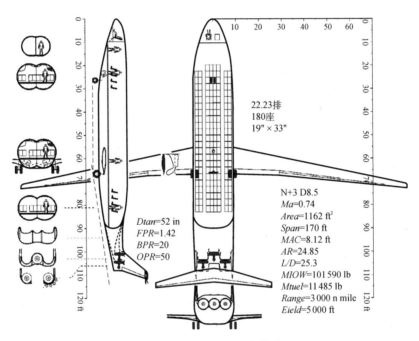

22.23 排
180 座
19" × 33"

N+3 D8.5
Ma=0.74
$Area$=1162 ft^2
$Span$=170 ft
MAC=8.12 ft
AR=24.85
L/D=25.3
$MIOW$=101 590 lb
$Mtuel$=11 485 lb
$Range$=3 000 n mile
$Eield$=5 000 ft

$Dtan$=52 in
FPR=1.42
BPR=20
OPR=50

图 1-35 D8.5 的设计外形

MIT 团队在自行研制的 TASOPT（Transport Aircraft System OPTimization）优化设计方法和程序支持下,最终设计的 D8.5 可使 L/D 高达 25.25。表 1-15 给出了它和 B737 性能的比较。由表可知它在油耗和 LTO NO$_x$ 排放上都达到了 N+3 的要求,遗憾的是噪声只降低了 60 EPNdB,低于 -71 EPNdB 的要求。

表 1-15 D8.5 和 B737-800 的性能比较

NASA 指标	B737-800	N+3 目标	D8.5
油耗 $PFEI$/(kJ/kg·km)	7.43	2.23（降低 70%）	2.17（降低 70.87%）
噪声/EPNdB（低于第四阶段的）	277	202（-71 EPNdB）	213（-60 EPNdB）

（续表）

NASA 指标	B737 - 800	N+3 目标	D8.5
LTO NO_x/(g/kN)(低于 CAEP/6 的%)	43.28(低 31%)	>75(减少)	10.5(低 87.3%)
跑道长度/ft	7680(3000 n mile 的航道)		5000

　　图 1 - 36 给出了团队分析的各项技术对改进 $PFEI$ 性能(降低油耗)的作用,由图可见,飞机外形设计与改进占了总量的 49.15%,结构重量减小占 10.05%,发动机性能提高占 9.35%,附加气动改进占 2.54%。可见飞机外形设计的改进对降低油耗起着重要的作用。

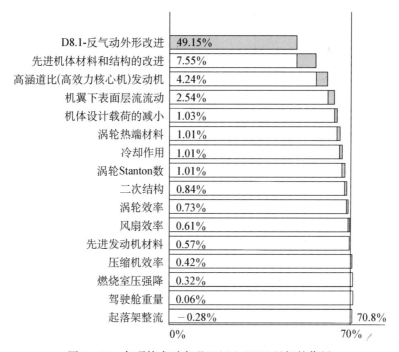

图 1 - 36　各项技术对实现 NASA PFEI 目标的作用

　　用于国际航线的 H3 方案采用 350 座级 B777 - 200LR 的尺寸,由 SAX - 40 的布局形式演变而来,能降低油耗 54%,NO_x 排放 81%,噪声 46 dB,离 NASA 的 N+3 代客机的指标尚有相当距离。SAX - 40 的主要技术数据可见本书第 3 章。

　　通用电气/塞斯纳团队集中精力研制了一种 N+3 代巡航速度低于 $Ma = 0.7$,航程小于 1000 n mile 的 20 座级小型客机的先进技术,此种客机可在各小型机场间作点对点的飞行。团队首先提出了以当代技术(最新塞斯纳"嘉奖君主"飞行技术)为基础开发的概念飞机 B20(见表 1 - 16),再以其为参考机型,研究并提出了采用未来先进技术可满足 N+3 代要求的先进 2035 年客机(advanced 2035 airliner)的概念飞机[35]。

表 1 - 16　　B20 飞机的指标

名　　称	指标
最大商载的航程/n mile	800
巡航马赫数(H＝41 000 ft)	0.60
平衡的起降距离/ft	4 000
取证最大飞行高度/ft	41 000
乘客座位数目	
商载-20 座及行李	20
机组-两名飞行员，一名机组成员	

　　B20 是一种每排三座布局的 20 座小型客机(见图 1 - 37)；三座安排是满足 20～40 座客机的最佳机身长细比布局，内部尺寸的选择使其舒适度标准相似于当前波音 737 的。图 1 - 38 表示了它的外形，表 1 - 17 给出了其部件的参数，机身的长细比为 6.65，发动机短舱长细比为 2.6，初步估计其最大起飞重量约为 25 000 lb(嘉奖君主为 30 300 lb)。发动机提供推力为 4 558 lb 的中等涵道比(约为 3.8)当代涡扇发动机。团队成员塞斯纳公司用 MAPS 软件，另一成员佐治亚理工学院用 NASA 的 FLOPS 的分析工具分别对 B20 作了校核计算，获得了彼此吻合一致的结果(见图 1 - 39)。

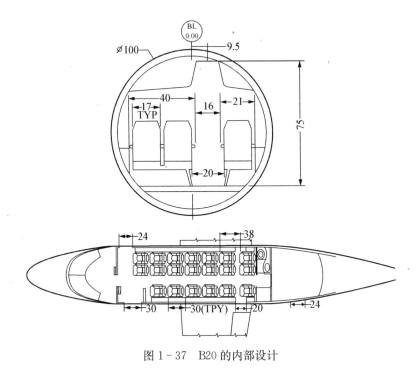

图 1 - 37　B20 的内部设计

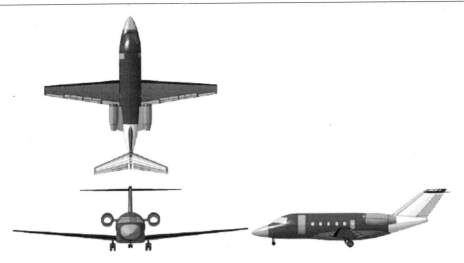

图 1 - 38 B20 的外形

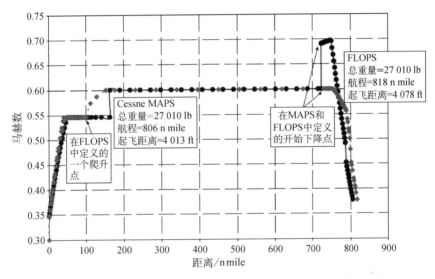

图 1 - 39 两种软件计算的马赫数和距离结果的比较

表 1 - 17 B20 的几何参数

项目	机翼	水平尾翼	垂直尾翼
展弦比	8.77	6.11	0.872
梢根比	0.318	0.425	0.6
1/4 弦线后掠角/°	0	20	49
翼型相对厚度	0.1375	0.0921	0.12
翼面参考面积/ft²	407.9	131	86.9
	机身	短舱	
长度/ft	55.42	9.43	
直径/ft	8.33	3.55	

团队在此基础上按 NASA 提出的对 N+3 代的要求,开展了先进客机外形的研究。由于对象是小型客机,使用小型机场,离居民社区近,因此特别要求先进客机不能引起当地居民的反感,即要足够静音。另一同样重要的要求是低票价,并首先保证低票价再考虑 NASA 对 NO$_x$ 排污的要求(它仅对发动机燃烧室有要求)。

团队选择外形的工具 IRMA(interactive reconfigurable matrix of alternatives)由佐治亚理工学院研制,IRMA 建立在形态学分析(morphological analysis)的基础上,包括变量矩阵(matrix of alternatives),多因素决策(MADM)和趋向理想解的有序择优技术(technique for ordered preference by similarity to ideal solutions,TOPSIS)等工具,是可应用于概念设计过程的一个系统性方法。其中的变量矩阵(matrix of alternative)体现了设计选择之间的所有关系,实际上定义了某一定的设计空间。IRMA 运行过程中,在做出一种选择的同时就会产生与此选择相反的方案作为对比,可较充分地了解各种选择的影响[35, 36]。

团队利用该工具建立了给出选择决断的指标表(见表 1-18)和每种指标的说明,给出了外形选择的影响因素(见表 1-19),并用"高"、"中"和"低"来描述它们对各种指标的影响程度。图 1-40 给出了计算出的影响因素作用的排序。研究团队利用这些信息来针对分别能实现各种要求的多种外形做了研究。

表 1-18 TOPSIS 的指标表

名称	说明
噪声	指机场边缘的噪声,噪声大则得低分
简单性	采用复杂概念得低分
成本/票价	票价高得低分
对环境的影响	影响小得分高,包括所有除噪声和 NO$_x$ 排污外的对环境的影响
油耗/消耗的能量	油耗小,得分高
LTO NO$_x$ 排污	排污高,得分低
乘客可接受性	更易被乘客接受的,得分高
安全性	安全性好,得分高
起飞跑道距离	能满足 4 000 ft 跑道要求,得分高

表 1-19 外形选择的影响因素

翼身融合	增益(augmentation)
机翼数目	初始燃料
机翼位置	发动机个数
高升力系统形式	发动机的集成
机翼支撑	机翼后掠
连接翼	阵风减缓
变形机翼	后缘缝翼

（续表）

翼梢装置	前缘装置
俯仰操纵装置	动力升力
偏航操纵装置	发动机的进化（drive）
滚转操纵装置	发动机机体的遮挡
发动机位置	纵向稳定性
发动机形式	层流流动控制
每个核心机中推进器个数	改变层流流动位置
能量转换	

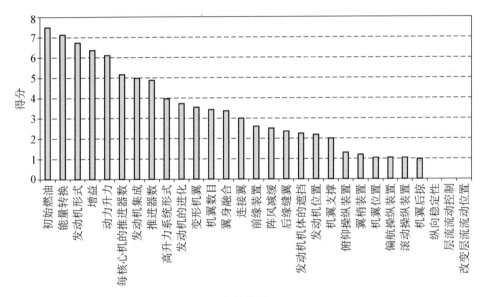

飞机外形

图 1-40　利用 IRMA 计算得出的影响因素作用的排序

　　研究团队于 2009 年 5 月举行了一次为实现 NASA N+3 要求的关键技术研讨会，最终选出了下列关键技术：

（1）先进发动机系统（减少油耗）。

（2）层流流动边界层（减小阻力及油耗）。

（3）无尾和/或减小尾翼的稳定性外形（阻力，油耗）。

（4）提高巡航高度的低翼载（阻力，油耗）。

（5）4D 轨迹飞行剖面的优化（油耗）。

（6）主动地减少阵风载荷（减重，控制）。

（7）机体先进复合材料的结构（减重）。

（8）多功能结构（减重）。

(9) 更多的电动子系统(减重,降低维护成本)。

(10) 单发动机客机(减重,降低维护成本)。

(11) 单驾驶员客机(减重,降低直接运营成本)。

考虑到目前单驾驶员和单发动机的运行不可能满足适航条例,因而目前仍只考虑双驾驶员和双发动机。

研究团队基于对关键技术较为详尽的分析与研究[35]后,进一步利用 IRMA 的 TOPSIS 择优方法对几种 2035 年可能采用的先进外形(见图 1-41～图 1-45)作了分析,表 1-20 给出了初始择优的得分结果。基于此结果取消了翼身融合体外形,还将层流机身外形作了修改(见图 1-46),增加了一种大展弦比机翼且涡桨牵引的外形(见图 1-47),并于 2009 年 11 月做出了最终的择优。表 1-21 给出了择优得分的结果。根据结果,最终确定大展弦比机翼(牵引)的外形最佳,再经过涡扇与涡桨,及牵引与推进的深入比较,发现涡桨牵引具有最佳油耗,因此在高度 39 000 ft,巡航 Ma 为 0.55 时,涡桨牵引的大展弦比机翼外形为最终的先进 2035 小型客机外形,它能降低油耗 69%,NO_x 排放 77%,噪声 75 dB,基本上满足 NASA N+3 的要求。该机采用层流设计,轻质复合材料结构和电气化系统,采取高机翼和 T 形尾翼的布局,机身横截面为椭圆形,以获得层流流动。客舱为每排 4 座布局,发动机具有高效率和低排放的燃烧室,采用超静音设计的 8 片复合材料桨叶的螺旋桨。

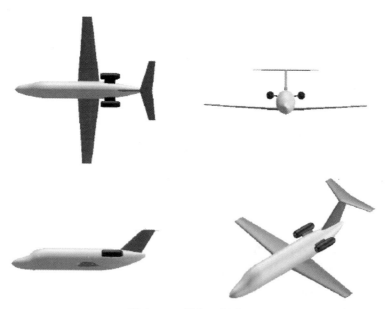

图 1-41 涡扇 T 尾布局

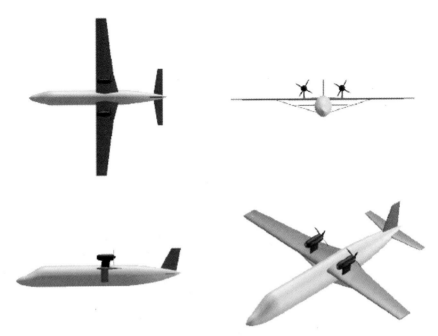

图 1 - 42　支撑机翼布局

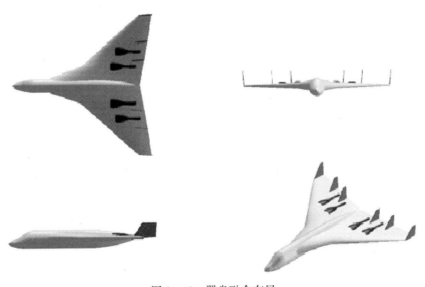

图 1 - 43　翼身融合布局

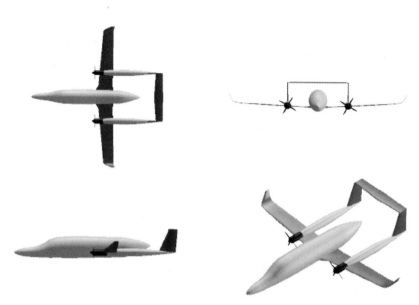

图 1-44　涡桨牵引双尾撑布局

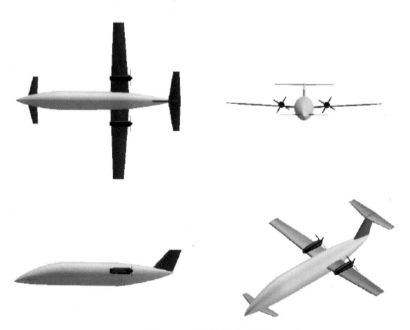

图 1-45　层流机身布局

表 1-20　初始 TOPSIS 择优得分结果

指标 加权因子 外形	噪声	简单性	成本/票价	环境影响	油耗和/或消耗的能量	LTO NO$_x$ 排污	乘客可接受性	安全性	起飞跑道距离	排序
	7	0	5	0	9	5	3	3	5	
支撑机翼涡扇推进	5	6	5	4	5	5	5	5	7	3
翼身融合体	2	2	3	4	4	3	3	3	4	5
双尾撑	3	4	6	6	6	6	4	5	7	4
层流机身	3	4	6	7	7	7	5	6	6	1
先进圆筒机身/机翼涡扇推进	5	8	7	5	5	3	8	7	7	2

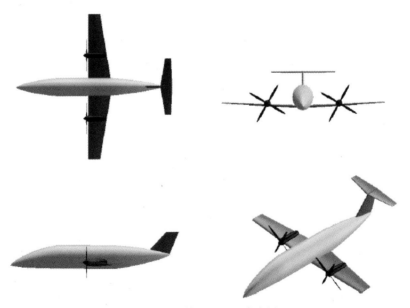

图 1-46　修改层流机身布局

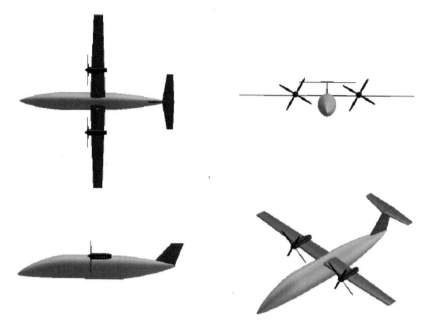

图 1-47　大展弦比机翼涡桨牵引布局

表 1-21　最终的 TOPSIS 结果

指标 加权 因子 外形	噪声	简单性	成本/票价	环境影响	油耗和/或消耗的能量	LTO的NO$_x$排污	乘客可接受性	安全性	起飞跑道距离	排序
	5	0	3	0	7	0	0	0	0	
先进圆筒机身/机翼	6	9	4	3	3	3	9	9	4	4
大展弦比机翼（推进）	3	5	6	7	8	7	3	5	8	2
层流机身	5	7	4	5	5	5	6	5	6	3
双尾撑层流机身	5	1	1	4	4	4	1	5	5	5
大展弦比机翼（牵引）	4	5	6	7	7	7	5	5	8	1

　　图 1-48 给出了它的外形三视图，图 1-49 表示了内部的布置。表 1-22 给出了它的各项指标。表 1-23 给出了它的外形数据。图 1-50 为发动机形状的示意图。

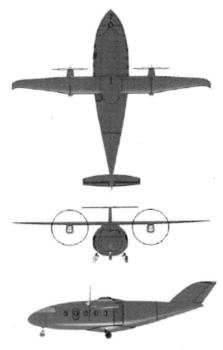

图 1-48　最终外形三视图

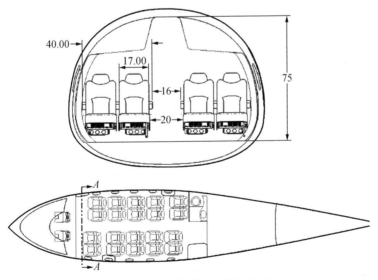

图 1-49　最终外形内部的布置

表 1-22　2035 年先进客机的飞行剖面参数值

航程(巡航高度 39 000 ft)	800 n mile
巡航速度(最大爬升高度 39 000 ft)	$Ma = 0.55$
最大运行高度	41 000 ft
起飞跑道距离(海平面)	3 650 ft
爬升性能(最大起飞重量)	30 分钟至 39 000 ft
着陆跑道距离(最大着陆重量)	2 750 ft
取证噪声水平	
起飞	56 EPNdB
侧向	70 EPNdB
着陆	70 EPNdB
累积	196 EPNdB
离第四阶段要求	−75 EPNdB
LTO 的 NO_x 排污相对于 CAEP/6	77% 边界值

表 1-23　2035 年先进客机的几何数据

	机翼	水平尾翼	垂直尾翼
展弦比	14	6.11	0.872
梢根比	0.318	0.425	0.6
1/4 弦线后掠角/°	0	20	49
翼弦相对厚度/%	0.137 5	0.092 1	0.12
参考面积/ft²	203.6	39.43	49.56
长度/ft	48.0	5.54	
最大宽度/ft	9.6	2.71	
最大高度/ft	8.2	2.71	

图 1-50　发动机形状的示意图

NASA 内部符合 N+3 代的概念设计研究包括两种方案：拉杆支撑机翼（SBW）布局和 N3-X 概念飞机。后者是融合体布局和涡轮电力分布式（16 台涡扇发动机）推进系统相结合的设计，用超导电动机驱动风扇取代常规的涡轮驱动风扇，电力来源于飞机翼梢处的超导涡轴发电机（见图 1-51）。整套电力系统采用超导组合[11]。

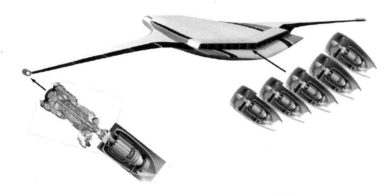

图 1-51　NASA 的 N3-X 飞机方案

1.4.4　超声速民机

考虑到未来 20 年日益增长的航空运输量，NextGen 计划中还包括了超声速民机的发展。

为此，NASA 制定了超声速民机发展的三代技术目标（见表 1-24），图 1-52 表示了三代飞机的设想外形。NASA 还提出了为克服超声速民机成为实用机型的壁垒，应对下列研究领域，重点关注[37]：

（1）公众对音爆的反应。

（2）气弹伺服的分析和设计。

（3）高空的排污。

（4）超声速巡航效率。

（5）机场的噪声。

（6）重量轻，耐用的发动机/机体。

（7）多学科系统的综合设计。

（8）超声速飞机如何与 NextGen 系统融成一体。

当然近期重点应放在大陆上空的超声速飞行。

表 1-24　三代超声速民机的技术要求

技术目标	N+1 代超声速公务机量级民机（2015 年）	N+2 代小型超声速民机（2020 年）	N+3 实用的超声速民机（2030 年）
设计目标			
巡航速度	Ma 1.6~1.8	Ma 1.6~1.8	Ma 1.3~2.0
航程/n mile	4 000	4 000	4 000~5 500
商载/座位数	6~20	35~70	100~200

（续表）

技术目标	N+1代超声速公务机量级民机（2015年）	N+2代小型超声速民机（2020年）	N+3实用的超声速民机（2030年）
环保目标			
音爆	65~70 PLdB	85 PLdB	65~70 PLdB 低音爆飞行 75~80 PLdB"跨水飞行"
机场噪声（低于第四阶段）	达到第四阶段要求	−10 EPNdB	−（10~20）EPNdB
巡航排污 NO_x/(g/kg)	相当于当前亚声速	<10	<5
效率目标			
燃油效率（燃油）/(mile/lb)	1.0	3.0	3.5~4.5

N+1公务机级别　　　　　N+2小超声速民机　　　　　N+3实用超声速民机

图 1-52　三代民机的想象外形

NASA 通过与波音和洛·马两个系统集成商的 NRA（NASA Research Announcement）合同对 N+2 代系统级超声速民机飞行器概念进行了验证研究，目的是通过系统级设计概念的集成，对一些关键技术领域作探索性的验证。

在改进实验技术和精度的同时，经过大量风洞实验[ARC(9 * 7UPWT)和 GRC(AAPL)]取得了大量有效的新数据，大大降低了数据的不确定性；NASA 和工业界相关单位共同开发了低音爆/低阻的设计方法，其中包含细致的几何模型，应用黏性 CFD 的不同可信度程度的分析，同时进行外形及其产生的声信号的优化等。图 1-53 表示了设计过程的示意图，图 1-54 给出了典型的代表性结果。将设计计算结果与实验数据进行了验证性的比较，两者吻合很好，特别在对声信号起很大作用的物体后体，取得了很一致的结果，图 1-55 给出了一个代表性的结果。表 1-25 给出了第一阶段设计基础技术的研究结果对比，表明低音爆，低阻力设计方法和风洞实验技术方面都取得了巨大的进展。此外，在发动机技术方面的研究中，验证了微型阵列流动控制装置（见图 1-56）对改进低音爆超声速进气道的性能和流动质量的有效性和 GE 与 Liberty 的两种低噪声喷管的有效性（见图 1-57）。在正在进行的第二阶段研究将深入探讨发动机的影响。

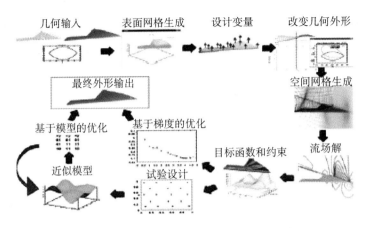

图 1-53　设计过程的示意图

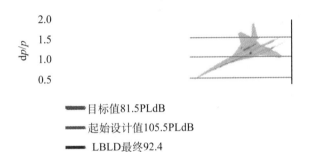

■ 目标值81.5PLdB

■ 起始设计值105.5PLdB

■ LBLD最终92.4

图 1-54　典型的代表性结果

表 1-25　系统级验证的结果

技术目标	NASA N+2 验证的目标	NASA N+2 验证的结果
设计目标		
巡航速度	Ma 1.6~1.8	Ma 1.6~1.8
航程/n mile	4 000	4 000~5 500
商载/座位数	35~70	35~80
环保目标		
音爆	85 PLdB	79~81 PLdB
机场噪声(低于第四阶段)	-10 EPNdB	-12 EPNdB
巡航排污 NO_x/(g/kg)	<10	<5
效率目标		
燃油效率(燃油)/(mile/lb)	3.0	1.6~3.1

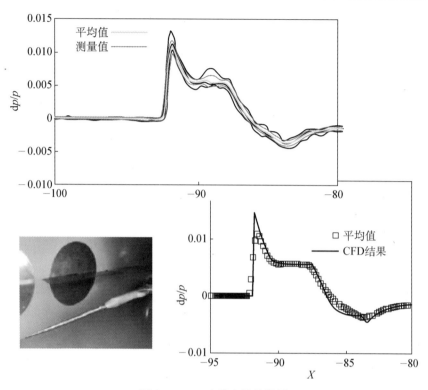

图 1 - 55 一个代表性的结果

图 1 - 56 进气道流动控制装置图

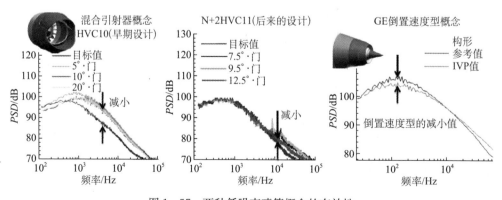

图 1 - 57 两种低噪声喷管概念的有效性

　　波音和洛·马公司通过 NASA 的 NRA 分别针对超声速民机的布局和定义,制定了发展安静、高效的未来超声速客机的技术路线,列出了包括:先进的材料和结构、低声爆的机体和低阻的层流外形、无排气口进气道的变循环发动机、低排放燃烧室、有涵道的推力增强器、可变面积喷管、主动载荷减轻技术和改善乘坐舒适度的气动弹性控制技术等先进技术。两家还提出了各自的能满足 2035 年环境目标的超声速公务机布局。

　　波音的方案是:后掠机翼、V 形尾翼和两个装在机身上表面的发动机布局(见图 1 - 58)。座级 120,巡航 $Ma = 1.6 \sim 1.8$,航程约为 9 250 km,轮档油耗为 16 座- km/kg,声爆为 65~75 可感觉声强分贝(PLdB),机场噪声为 30 有效感觉噪声分贝(EPNdB)。

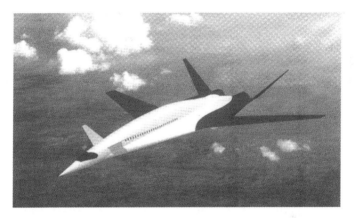

图 1 - 58　波音的 120 座级超声速公务机方案

　　洛·马的方案是:4 台发动机安置于大后掠翼机翼,倒 V 形尾翼的连接翼布局,它是由洛·马研究过的静音超声速公务机(见图 1 - 59)改进而来。该机为 100 座级,以 $Ma=1.8$ 巡航飞行时航程 9 000 km,轮档油耗为 13 座- km/kg。声爆为 70~76 PLdB,机场噪声为 18.4 EPNdB。

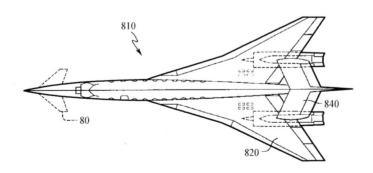

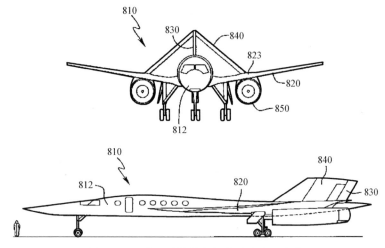

图 1-59　洛·马的静音超声速公务机方案

从以上介绍美国对未来民机的要求看出,无论是亚声速或超声速民机,都对发动机、空气动力外形设计、复合材料或其他先进材料、系统的综合优化设计等方面提出了很高要求,其中发动机的先进技术起着更为重要的作用。

1.4.5　欧盟的 2050 年航空发展展望

欧盟认为,技术领先是欧盟航空工业取得目前地位的首要原因,因而研究和创新是确保其技术领先的核心,为了维持航空工业的全球领先地位,欧洲航空研究咨询委员会(ACARE)在其《欧洲航空:2020 远景》(简称"远景")中提出:到 2020 年新飞机必须满足 CO_2、噪声和油耗降低 50%,NO_x 减少 80% 的环境目标。并于 2007 年投资 16 亿欧元提出了历时 7 年的"洁净天空(CLEANSKY)"项目,对智能化固定翼飞机、绿色支线飞机、绿色旋翼机、可持续发展和绿色的发动机、系统的绿色使用和经济性设计等 6 个技术平台开展相关的技术研发(见表 1-26 和表 1-27)[38]。同时欧盟启动了"新概念飞机研究(Nacre)"计划,参与的合作伙伴达 36 个。参与计划的空客研究人员认为:翼身融合体、前掠翼层流机翼(见图 1-60 左)和垂直屏蔽的开式转子发动机(见图 1-60 右)都可降低油耗的前景。空客还提出了"工程师之

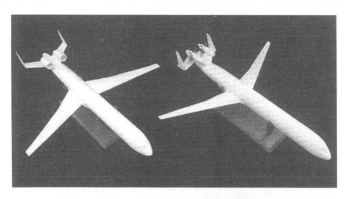

图 1-60　新飞机方案示意图

梦"的远景飞机(见图 1-61)和主动客舱表面材料(见图 1-62)的设想。

图 1-61　"工程师之梦"飞机的设想

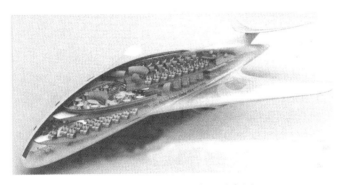

图 1-62　主动客舱表面示意图

表 1-26　欧洲洁净天空计划技术目标

	智能化固定翼飞机	绿色支线飞机	绿色旋翼机	环保型绿色发动机	有益于绿色运营的系统	绿色设计
研发项目	主动机翼；新飞机布局	先进空气动力技术(低阻和低噪声)；轻质结构	新动力装置；创新的桨叶和旋翼系统；新飞机布局	先进的 LP 和 HP 系统技术；新发动机方案(如开放式转子)	任务和流程管理；飞机能源管理	全寿命周期；环境影响分析
目标	CO_2：$-12\%\sim-20\%$ 噪声：$-10\,dB$	CO_2：$-10\%\sim-20\%$ 噪声：$-10\,dB$	CO_2：$-20\%\sim-40\%$ NO_x：$-53\%\sim-65\%$ 噪声：$-10\,dB$	CO_2：$-15\%\sim-20\%$ NO_x：$-15\%\sim-40\%$ 噪声：$-15\,dB$	CO_2：$-10\%\sim-15\%$ 噪声：$-17\,dB$	CO_2：-10% 噪声：$-10\,dB$

表 1-27 欧洲航空工业界减排降噪目标

计划	工业指标	发动机指标		发动机和机体：IPCC		
		ANTLE	CLEAN	罗·罗	方式 1	方式 2
目标年限	2020	2008	2015	2010	2050	2050
油耗和 CO_2	-50%	-12%	-20%	-10%	-40%~ -50%	-30%~ -40%
NO_x	-80%	-60%	-80%	-50%	-10%~ -30%	-50%~ -70%
噪声	-50%	—	—	-50%	-50%	-50%

注：方式 1：持续减少油耗和 NO_x；方式 2：重点减少 NO_x，不强调油耗。

最近，欧盟又制订了"2050 年航空发展展望"[39]（简称"展望"）表示，要采用全新的设计和研发手段，实现设计和制造的无缝连接。通过采用高水平的综合系统设计技术，将产品和实际性能指标与设计指标的差异控制在 0.5% 以内，更多地采用与实际运行环境，接近全尺寸验证技术和飞行测试技术验证突破性的创新技术。更成熟、更完善地管理复杂供应链。"展望"中对环境的影响方面，提出希望在 2050 年达到如下目标：

（1）在 2000 年基础上 CO_2 排放减少 75%，NO_x 排放减少 90%，噪声减少 65%。

（2）在机场中采用燃料电池驱动飞机，不产生排放。

（3）发展可循环利用的飞机设计和制造技术。

（4）建立欧盟燃料研发中心，包括对航空燃料的研发。

（5）制定全球环境标准。处于大气研究的最前沿，制订一系列环境保护计划。

欧盟 FP7 的航空子计划——"清洁天空"（2007—2013 年）实际于 2008 年开始实施，预计 2016 年底完成所有验证机的飞行试验，2017 年完成全部计划。总投资 16 亿欧元，由欧盟委员会与工业界按 1:1 分担。研究内容包括：研究固定翼飞机低噪声结构，智能结构，低阻力概念，发动机及能源管理系统技术等；研制用于验证地面和飞行综合技术的智能干线飞机、绿色支线飞机、绿色发动机等。此计划中的"可持续发展和绿色发动机（SAGE）"子计划主要研究两种开式转子发动机；"智能固定翼飞机（SFWA）"子计划重点开展层流技术——"刀刃（Blade）"的飞行验证（预计 2013—2014 年进行）。

最近欧盟进一步提出了将于 2014—2020 年实施的"清洁天空 2"计划[51]，总投资 36 亿欧元，仍由欧盟委员会与工业界按 1:1 分担。其目标是进一步降低油耗、排放、噪声等，从根本上改善航空运输对环境的影响。特别强调要通过研制综合化程度更高的飞行器的验证机，将各项相关技术推向成熟水平，确保 2020 年环保目标的实现。还要求研究能满足"2050 年展望"中更具挑战性目标的先进技术，提高 2030—2035 年期间新技术的 TRL，使之达到 TRL6 水平。"清洁天空 2"计划中包括用于干线飞机、支线飞机、旋翼机等三个综合化程度较高的飞机验证计划

(IADP)，其中干线飞机计划要将层流机翼和开式转子发动机系统综合并试飞，以研究它们间的相互干扰。

由上所述，美国和欧盟两大民机航空强国都针对未来绿色民机的目标，制订了远景规划，摆开了剧烈争夺未来世界霸主地位的场面。我们必须高度重视和加强创新研究，以应对未来的严酷挑战。

1.4.6   REVCON 项目

虽然民机不像军机设计中因多种多样的战术技术要求而形成多种可能的布局形式。图 1-63 给出了飞机外形的演变过程，可见传统的民航干线飞机外形布局近50 年来几乎没有什么变化：标准的直筒机身，单后掠机翼加挂几台发动机，当然发动机短舱的吊挂存在着翼吊和尾吊两种形式。

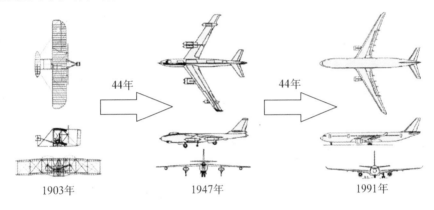

图 1-63   飞机外形的演变

除非是具有专业训练的观察者，对一架停放在机场上的常规翼吊飞机，一般很难分辨出是波音还是空中客车设计生产的。它们的区别仅在诸如高升力系统、控制系统或翼梢处的减阻装置等方面。为了使未来民机性能上有巨大的提高，外形可能应有较大的变化。因此 1988 年美国 NASA 的布歇尔博士提出了"长航程的旅客机会有'文艺复兴'吗?"，为应答此问题，NASA 在 20 世纪 90 年代初发起了一个革新性飞机概念 REVCON(Revolutionary Vehicle Concept Program)项目，建议对多种气动外形作概念设计研究，探讨可能的性能优势和相关技术。其中包括翼身融合体(blended wing body，BWB)、连接翼(见图 1-64)、C 形机翼(见图 1-65)、双机身飞机以及支撑机翼(strut-braced wing，SBW)(见图 1-66)。波音从 20 世纪 90 年代初开始研究翼身融合体外形，随后在 NASA 资助(1994—1997 年)下系统地开展了BWB 外形在技术上和商业上的可行性——概念设计研究[16]，文献[17]对 BWB 外形的研究作了综述性的评述。

美国弗吉尼亚理工大学(Virginia Polytechnic Institute and State University，VT)的多学科分析和设计(MAD)中心受 NASA 资助(1997—2001 年)用多学科优化设计(MOD)方法对 SBW 外形作为跨声速民机外形的可行性进行了广泛与系统

图 1-64　连接翼飞机

图 1-65　C 形机翼飞机

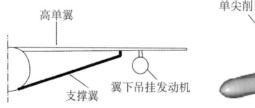

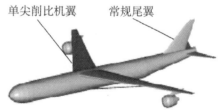

图 1-66　支撑机翼飞机

的概念设计研究[40,41]，文献[42]对此作了综述性的评述。REVCON 项目为美国 NextGen 计划的开展打下了一个很好的基础。

1.5　结束语

　　未来民机的要求涉及众多学科，本书仅限于空气动力设计技术的讨论。众所周知，飞机设计和生产过程可分为产品定义、产品发展和产品加工及支持三个阶段，民机的三个阶段的成本比例为 1∶3∶6[1]，尽管定义阶段的费用与成本低，但大部分决策是在此阶段确定的，对民机的直接运营成本（DOC）影响是很大的，差不多 80% 的

DOC 成本取决于此阶段,因而民机的外形布局和概念设计显得十分重要。本书第 2,3,4 章将分别讨论翼身融合体民机、高经济性静音中航程民机和支撑机翼跨声速民机等三种外形的概念设计。第 5 章讨论层流流动控制技术及应用。第 6 章讨论高升力系统外形空气动力及和流动分离控制技术。第 7 章讨论超声速民机和噪声的控制。第 8 章讨论多学科综合和优化设计。

参考文献

［1］　Szodruch L, Hilbig R. Building the future aircraft design for the next century [R]. AIAA - 98 - 0135,1998.

［2］　Michael Mecham. 波音预测未来 20 年民机和民航运输市场[J]. 张洋,编译. 国际航空,2005,8:45 - 46.

［3］　朱自强,陈迎春,王晓璐,吴宗成. 现代飞机的空气动力设计[M]. 北京:国防工业出版社,2011.

［4］　谢林轩. 波音创建新的行业标准[J]. 国际航空,2010,9:40 - 41.

［5］　张娜,黄春峰,王良君. 俄罗斯新一代民用飞机 MC - 21 及其动力装置[J]. 国际航空,2011,2:67 - 69.

［6］　张正国. C919 系统供应商概览[J]. 国际航空(C919 大视野),2010,10:32.

［7］　方方. 面对新的竞争者[J]. 国际航空,2010,7:14 - 17.

［8］　方方. A - 320ENO 带来窄体市场新变局[J]. 国际航空,2011,1:70 - 71.

［9］　康定辉. 空中客车探讨 A - 30X 使用的新技术[J]. 国际航空,2008,3:54 - 55.

［10］　温坤. 窄体客机发展战略及影响分析[J]. 国际航空,2011,5:61 - 63.

［11］　张正国. NASA 未来先进民用飞机与推进系统设计[J]. 国际航空,2010,2:56 - 59.

［12］　Fay Collier. NASA environmentally responsible aviation: technologies and integrated vehicle solutions [R]. AIAA ASM 2012, Nashville, TN.

［13］　Bonet J T. Boeing ERA N+2 advanced vehicle concept results [C]. 50th AIAA aerospace science meeting, Jan. 11,2012.

［14］　Lockheed Martin ERA Team. NASA environmentally responsible aviation [C]. 50th AIAA aerospace science meeting, Jan. 11,2012.

［15］　Aaron Drake. NASA environmentally responsible aviation [C]. 50th AIAA aerospace science meeting, Jan. 11,2012.

［16］　Liebeck, R H. Design of the blended wing body subsonic transport [J]. Journal of Aircraft, 2004,41(1):10 - 25.

［17］　朱自强,王晓璐,吴宗成,陈泽民. 民机的一种新型布局形式——翼身融合体飞机[J]. 航空学报,2008,29(1):49 - 59.

［18］　Dowling A, Greiter E D. The silent aircraft initiative-overview [R]. AIAA 2007 - 0452,2007.

［19］　Spakovszky Z S. Toward a "silent" aricraft. 22nd Symp. On aviation noise and air quality [C]. San Francisco, U. S. A. , 2007.

［20］　朱自强,王晓璐,吴宗成,等. 高经济性静音中航程民机设计方法讨论[J]. 航空学报,2008,29(3):562 - 572.

［21］　崔玺康. 波音的新一代亚声速运输机系统方案[J]. 国际航空,2008,8:47.

[22] Rosario R D, Follen G, Wahls R, et al. Overview of technical challenges for energy efficient, environmentally compatible subsonic transport aircraft [R]. AIAA aerospace sciences meeting. Nashville, TN, Jan. 9 – 12,2012.

[23] Rosario R D, Follen G, Wahls R, et al. NASA subsonic fixed wing project overview [C]. NASA foundamental aeronautics program 2012 technical conference. Cleveland OH, March 13 – 15,2012.

[24] Lochard D P, Miller C J. Technical challenges to reducing subsonic transport perceived noise [C]. AIAA aerospace sciences meeting, Nashville. TN, Jan. 9 – 12,2012.

[25] Rogers M M. Technical challenges to reducing subsonic transport drag [C]. AIAA aerospace sciences meeting, Nashville. TN, Jan. 9 – 12,2012.

[26] Haller W, Guynn M. Technical challenges to systems analysis and MDAO for advanced subsonic transport aircraft [C]. AIAA aerospace sciences meeting, Nashville. TN, Jan. 9 – 12,2012.

[27] Bulzan D. Technical challenges to reducing harmful subsonic aircraft emissions [C]. AIAA aerospace sciences meeting, Nashville. TN, Jan. 9 – 12,2012.

[28] Hathaway M D. Technical challenges to reduce thrust specific energy consumption [C]. AIAA aerospace sciences meeting, Nashville. TN, Jan. 9 – 12,2012.

[29] Taminger K. Technical challenges to reduce subsonic transport weight [C]. AIAA aerospace sciences meeting, Nashville. TN, Jan. 9 – 12,2012.

[30] 徐德康. 美国 N+3 代客机进入第一阶段研究[J]. 国际航空,2010,6:49 – 51.

[31] Bradley M K, Droney CK. Subsonic Ultra Green Aircraft Research [R]: Phase 1 Final Report. NASA/CR – 2011 – 216847,2011.

[32] Bradley M K, Droney CK. Subsonic Ultra Green Aircraft Research: Phase 2: N + 4 Advanced Concept Development [R]. NASA/CR – 2012 – 217556,2012.

[33] Greitzer EM, Bonnefoy PA , De la Rosa Blanco E, etal. N+3 Aircraft Concept Designs and Trade Studies [R]. Final Report, Vol 1, Vol 2, NASA CR – 2010 – 216794,2010.

[34] Mark Drela. Development of the D8 Transport Configuration [R]. AIAA 2011 – 3970,2011.

[35] D'Angelo M M D, Gallman J, Johnson V, et al. N+3 small commercial efficient and quiet transportation for year 2030 – 2035 [R]. NASA CR – 2011 – 216691,2011.

[36] Welge H R, Nelson C, Bonet J. Supersonic vehicle systems for the 2020 to 2035 timeframe. AIAA – 2010 – 4930,2010.

[37] Peter Coen. Project review. Fundamental aeronautics program, supersonic project [C]. 2012 technical conference. NASA Cleveland, Ohio, March 13 – 15,2012.

[38] 李广义,张晋平. 人类对飞行的双重追求[J]. 国际航空,2011,2:47 – 50.

[39] 温坤.《欧盟 2050 年航空发展展望》出台[J]. 国际航空,2011,6:67 – 69.

[40] Gundlach J F, Naghshineh-Pour A H, Gern F, et al. Multidisciplinary design optimization and industry review of a 2010 strut-braced wing transonic transport [R]. VPI – MAD 99 – 06 – 03,1999.

[41] Gern F, Ko A, Grossman B, et al. Transport weight reduction through MDO: The strut-braced wing transonic transport [R]. AIAA 2005 – 4667,2005.

[42] 朱自强,王晓璐,吴宗成,等. 支撑机翼跨声速民机的多学科优化设计[J]. 航空学报,2009,30(1):1 – 11.

［43］ Berton J J, Envie E, Burley C L. An analytical assessment of NASA's N+1 subsonic fixed wing Project noise goal ［C］. AIAA 2009 – 3144, 2009.

［44］ Jefferies R. CLEEN (continuous Lower Engergy, Emissions, and Noise) program technologies Development ［C］. NASA ERA N+2 advanced vehicle concepts & quck-starts NRA preprosal meeting, Feb. 19, 2010.

［45］ Wisley C, Stoker R. Continuous lower energy, Emissions, and noise (CLEEN) technologies development ［C］. Boeing program overview. CLEEN consortium public session, Oct. 27, 2010.

［46］ 汤坚玉, 刘忠, 陈丹军. 波音新一代民机战略分析［J］. 国际航空, 2012, 9: 40 – 42.

［47］ Collier F, Thomas R, Burley C, et al. Enviornmentally Responsible Aviation—real Solutions for environmental challenge facing aviation ［C］. 27th ICAS, 2010.

［48］ Reiman C A, Tinetti A F, Dunn M H. Noise scattering by the blended wing body airplane: measurements and prediction ［C］. AIAA 2006 – 3144, 2006.

［49］ Czech M J, Tnomas R H, Elkoby R. Peopulsion Airframe Aeroacoustic Integration effects for a hybrid wing body aircraft configuration ［C］. AIAA 2010 – 3912, 2010.

［50］ Thomas R H, Burley C L, Olson E D. Hybrid wing body aircraft System noise assessment with Propulsion airframe aeroacoustic experiments ［C］. AIAA 2010 – 3913, 2010.

［51］ 徐德康. 欧洲航空工业制定"清洁天空 2"计划［J］. 国际航空, 2013, 1: 60 – 62.

第2章　翼身融合体(BWB)民机

　　如上一章所指出的,对超大型干线飞机近期市场需求的预估尽管有所不同,但全球民用航空界对其研究并未放松,重点是提供一种 800～1 000 座,进一步降低运营成本的大型亚声速客机,要求开发具备机体轻,阻力低,需用推力小,油耗低等特点的新概念机型。美国、俄罗斯、法国的设计师在 20 世纪末提出了几种方案[1],表2-1 为其简单数据的比较。图 2-1 为各方案的外形示意图,可见,均属"飞翼(翼身融合体)"布局。BAE 公司的类似研究也提出了两种"飞翼"布局的方案:一种采用现有的技术设计;另一种则结合未来可能的新技术和新方法设计。

表 2-1　各种大型飞机的比较

	波音 BWB-1-1	法宇航 FW	俄 FW-900
座数	800	1 000	936
翼殿/m	85.3	96.0	106.1
航程/km	13 000	12 000	13 000
起飞重量/t	373.3	596.6	559.7
空重/t	186.9	329.8	302.1
巡航升阻比	23	—	25
总推力/kN	3×275.8	4×444.8	4×342.5

法宇航的FW飞翼

(a)

(b)

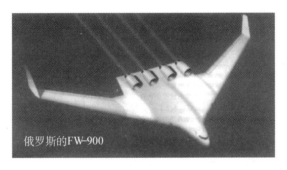

(c)

图 2-1 超大型干线飞机方案外形示意图

(a)法国方案;(b)美国方案;(c)俄罗斯方案

"飞翼(翼身融合体)"布局形式的优点是:

(1)气动载荷的分布最佳,不仅减小了传统布局翼身间的干扰阻力和诱导阻力,从而减小了飞机的总阻力;而且也减小了气动升力产生的机翼弯曲力矩,从而可减轻结构重量,使整个飞机重量减轻。

(2)空气动力效率高,$K_{max} = 25 \sim 30$,仅此一项改善即可使飞机的使用成本降低 30%。

(3)有效空间大,改变常规布局的机身载客,使座位数可达 500~600(三级布局)或 960~1000(单级布局)。

(4)由于发动机安置于飞翼后部,可通过发动机与边界层的相互作用进一步提高飞行效率。

对飞翼布局需深入研究其失速特性和尾旋特性,探索飞行操纵面系统的布局和操纵律,以保证在各种飞行状态下的稳定性和操纵性。实现安全可靠的飞行还需研究乘客上、下飞机和应急离机等问题。下面以波音研究 BWB 飞机的进展为主,结合他人相关的研究介绍一种未来民机的新型布局——翼身融合体(BWB)飞机。

2.1 BWB 概念的出发点

为提高给定升力系数 C_L 下巡航飞行的气动效率(C_L/C_D),必须尽可能地减小阻力。

根据一架典型客机在 $Ma = 0.8$，$C_L = 0.48$ 巡航状态的阻力分析可知,飞机各部件的摩擦阻力约占总阻力的 51%,压力阻力约 19%,诱导阻力约 27% 和废阻约 3%[2]。摩擦阻力正比于表面浸润面积,而旅客机要装载一定量的乘客和燃油,需要一定体积,体积与表面积之间存在着立方-平方关系,因此如何在满足要求容积的条件下减少浸润表面积,实现摩擦阻力的减小,便成为翼身融合体设计概念的出发点。图 2-2 表示了传统民机外形和翼身融合体外形浸润面积的比较[3~5],可见后者比前者减少达 1/3 之多,由于 $(C_L/C_D)_{巡航} \propto b^2/S_{浸润}$,因此若保持相同体积,$S_{浸润}$ 的减小就提高了升阻比。

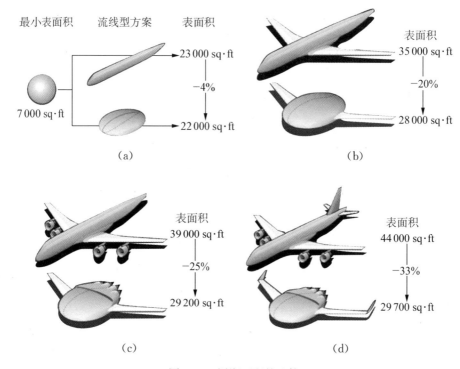

图 2-2　浸润面积的比较

(a) 三维几何对浸润面积的影响；(b) 翼身融合对浸润面积的影响；
(c) 发动机融合对浸润面积的影响；(d) 完全融合对浸润面积的影响

2.2　BWB 的研究和发展

波音与斯坦福大学合作曾进行了 BWB 外形的研究,并提出了第一代 BWB 的外形。随后,在 NASA(1994—1997 年)的资助下,波音又与一些大学和研究所共同开展研究,设计了一种 800 座位,航程 7 000 n mile(12 971 km),巡航 $Ma = 0.85$ 的 BWB 超大型先进客机[3,5]。设计的约束条件为:机翼最大相对厚度约为 17%,巡航地板角小于 $3°$,巡航飞行时纵向平衡,低速平衡时 $C_{Lmax} = 1.7$,3 350 m 的起飞距离,287 km/h 的进场速度,抖振与失速的限制,后缘襟翼和翼梢小翼方向舵等控制面的效率和功率,以及制造工艺尽可能简单等。由于无尾,后缘襟翼偏角由平衡的要求而非最大升力给定,因此 BWB 的 C_{Lmax} 要小于常规民机,其翼载也较低。设计目标为起飞重量最小,第二代 BWB 的外形如图 2-3 所示,翼展 85.3 m,机翼面积 450 m²(翼载为 488 kg/m²,远小于现代客机的 732 kg/m²)。图 2-4 表示截面升力系数和翼型相对厚度沿展向的变化,可以看出高承载的外翼和低截面升力的内翼及中央体的特点,它具有可承载旅客的大厚度翼型和为易于纵向平衡的反弯的后缘。

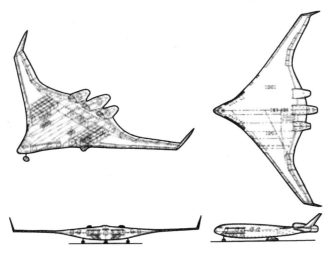

图 2-3　第二代 BWB 外形

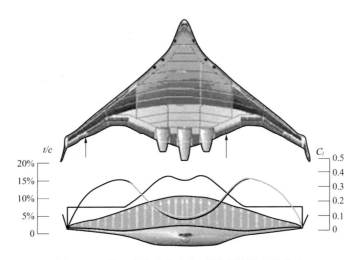

图 2-4　截面升力系数和相对厚度沿展向的分布

图 2-5 表示用基于 N-S 方程的 CFD 方法计算巡航状态时的上表面等压线分布,可见外翼形成的激波向中央体过渡成一系列的压缩波,这是由于大量的展向流动弱化三维的压缩性影响而形成的。同时流动的分离始于内外翼交接处,内外翼的

流动都保持为附着流,这可保证外翼在大迎角时侧向控制的有效性,内翼给发动机提供较均匀的流场环境。这些充分表明了气动外形设计的合理性。随后的跨声速风洞实验表明,升、阻力和俯仰力矩的 CFD 计算值非常好地符合实验值。图 2 - 6 为两者的比较。低速带动力风洞实验也证明了其良好的平衡和操纵性及良好的失速特性。这些表明现代 CFD 技术可以很好地被用来设计 BWB 的非常规外形。外形中的前缘缝翼和后缘简单式襟翼控制纵向稳定性,外翼的升降舵控制俯仰和滚转,带有方向舵的翼梢小翼控制方向稳定性。

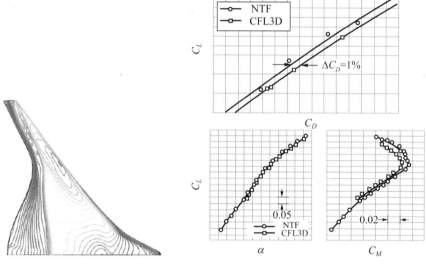

图 2-5 N-S 计算的上表面等压线分布　　　　图 2-6 CFD 计算和实验值的比较

我们知道,旅客舱必须承受弯曲的压力载荷,机翼必须承受机翼弯曲力矩,图 2-7 给出了 BWB 和常规民机外形的受力情况,可见 BWB 的一个优点是最大机翼弯矩和剪切力的峰值只为常规外形的一半。而为使 BWB 的客舱能有效地承受压力载荷,尚需进一步研究中央体的结构。从抗疲劳角度出发,中央体必须由复合材料构造。

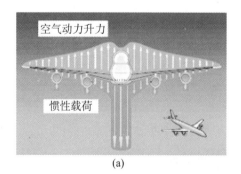
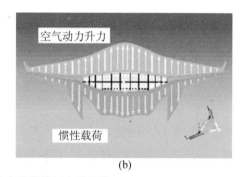

(a)　　　　　　　　　　　　　　　　(b)

图 2-7 气动力、惯性力和客舱压力的比较

(a) 常规外形;(b) BWB 外形

　　BWB 目前主要采用碳纤维复合材料结构,相比金属材料,不仅可减轻机体重量,也有助于保持机舱内部压力,但是这种用树脂将多层碳纤维粘合在一起的结构,在载荷反复作用下,容易发生碳纤维材料的分层损坏。为了解决这个问题,特别是BWB 中段增压舱机体的结构难度,波音提出了"拉挤棒缝合高效组合结构(PRSEUS)"概念(见图 2-8)。PRESUS 将复合材料框架和桁条缝合到蒙皮上,其中框架和桁条提供连续的传力路径,而尼龙缝合可阻止撕裂。PRESUS 具有结构重量轻,成本低,承弯承剪能力强的特点,而且蒙皮可以非常薄。据评估,用 PRESUS方法制造的 BWB 客机增压舱比使用普通夹层复合材料的增压舱重量轻 28%。

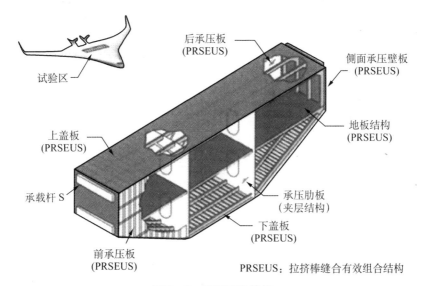

图 2-8　PRSEUS 结构

　　BWB 另一个优点是自然地提供了一个比常规外形更低的噪声环境,中央体屏蔽了发动机风扇前传的噪声,发动机喷流噪声也不会如常规外形那样从机翼下表面反射,不安排后缘多缝襟翼减小了机体的噪声。同时由于发动机燃油消耗减小还减少了污染物。

　　表 2-2 给出了 BWB 和常规外形(按同样设计要求的)的性能比较。可见 BWB的最大起飞重量要比常规的低 15%,巡航的升阻比也从常规的 19 增大到 23,需求推力比常规的减小 1/3,因此每座每英里的耗油率会降低 27%。

表 2-2　BWB 和常规外形的性能比较

外形	BWB	传统外形
座位数/人	800	800
航程/km	12964	12964
最大起飞重量/kg	373313	439992

（续表）

外形	BWB	传统外形
空重/kg	186 883	213 192
燃油消耗/kg	96 617	133 358
巡航升阻比	23	19
发动机推力/N	3×273 832	4×282 720

　　为了进一步作出对 BWB 的评估，以及考虑到上述超大型飞机尚不能成为近期市场的需求，波音又设计了 BWB - 450，初步确定为 450 座，最终座位数由设计完成确定。并加上机场适应性即翼展不能大于 80 m 作为设计约束之一[3, 6, 7]。设计目标仍是起飞最大重量为最小。考虑到 BWB 是高度综合的外形，多学科相互作用异常强烈，采用了多学科设计优化软件——WingMOD[8, 9] 对 BWB - 450 外形进行了优化设计。飞机由初始平面形状出发，将一系列已知气动特性的翼型沿翼展用反方法[10]构成三维外形，并在几个飞行条件下进行平衡。WingMOD 提供了满足设计要求和所有约束条件的最终外形。图 2 - 9～图 2 - 11 分别给出了它的外形图和内部布置，上层安排旅客座位，下层为行李舱。

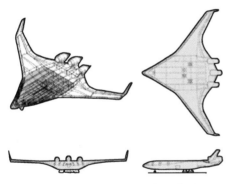
图 2 - 9　BWB - 450 基本型外形

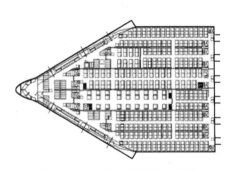
图 2 - 10　三级布置的内部结构

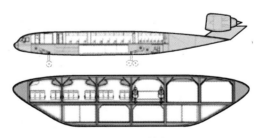
图 2 - 11　中央体剖面图

　　图 2 - 12 给出了 BWB - 450 和 A380 - 700 分别在约 480 位旅客的商载和 16 121 km 航程时的性能比较。各项指标都显示了 BWB 的优点，其中最引人注意的

是 BWB-450 的每座位耗油率比 A380-700 的低 32%,这是因为虽然两飞机采用同量级的发动机,但 BWB-450 少用一台发动机。此外 A380-700 的机翼仍以铝合金为基本材料,而 BWB-450 则采用全复合材料机翼,因而其空载重量减少了 19%。BWB 噪声和污染物排放的环保性也明显地好。

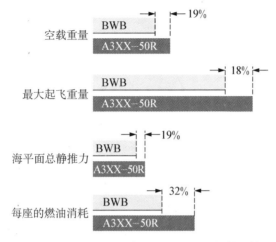

图 2-12　BWB-450 与 A380-700 的性能比较

　　BWB 外形除性能好外还有加工简单和部件少的特点,不像常规外形有翼-身,尾-身等交接处的复杂外形。BWB 除翼梢小翼外无其他尾面,所有后缘襟翼都采用无导轨运动的简单襟翼,因此相比于常规外形可减少零部件数量约 30%。

　　常规外形通过改变机身长短很易形成一个系列机型,BWB 外形能否发展出一个系列机型也是它能否成为民机型号的一个重要问题。深入研究后发现[3,5],只要在展向(而不是纵向)随着座位数的增加或减少而加宽或缩窄中央体,同样可以形成系列机型,当然必须保持外形的光滑和空气动力性能等。研究表明可以达到上述要求,只是较小座位数时要付出增大空重的代价。

　　图 2-13 表示覆盖 200~450 座的系列机型。Pambagjo 等讨论了 200 座 BWB 外形的气动设计[11]。目前所有研究 BWB 的设计巡航马赫数都定为 0.85,波音曾提出声速巡航者的方案,但随马赫数提高波阻必然增大,那么最大可用马赫数为多少合适? 图 2-14 表示了 WingMOD 计算的 BWB 外形及其 $Ma \cdot L/D$ 和 $Ma \cdot P/D$ 随 Ma 的变化曲线(P 是设计商载重量)[3,5],由图可知随 Ma 的增大,后掠角和弦长增大,结果是重量增大。$Ma \cdot L/D$ 在 $Ma=0.95$ 时比 $Ma=0.85$ 时虽下降不算太多,但 $Ma \cdot P/D$ 却下降了很多,而 $Ma \cdot P/D = (Ma \cdot L/D) \cdot (P/W)$ 因考虑了飞机重量本身却更有实际意义,因此 $Ma=0.90$ 可能是"最佳"的高巡航马赫数。

　　BWB 客机的座机达到 400 座以上时,乘客的紧急撤离成了棘手的问题。由于

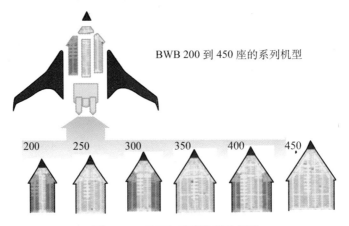

图 2-13　BWB 系列机型示意图

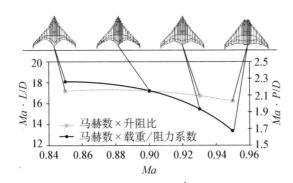

图 2-14　BWB 外形的 $Ma \cdot L/D$ 和 $Ma \cdot P/D$ 随 Ma 的变化

BWB 客舱横向座位数要比常规布局客机的多,而需撤离的乘客数多,且撤离门少,撤离时间难以满足适航要求。波音提出的解决方法是,不仅在客舱的侧面,而且在客舱顶部、下部和后部都设置紧急撤离门和充气滑梯(见图 2-15),以便无论坐在哪里的乘客都能在最短时间内撤离飞机。

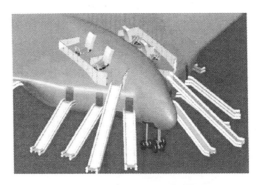

图 2-15　撤离口的布置示意图

作为空客领导的"新飞机概念研究(Nacre)"项目的一部分,伦敦的格林威治大学使用曾被广泛用于常规飞机逃生研究用的 AirExodus 软件对全尺寸 BWB 客舱模型在单级客舱 1020 座的布局下,要求所有乘客在 25 个乘务员的帮助下,利用 20 个出口完成紧急疏散进行了研究。研究表明,整个撤离过程所用时间为 80.6~92.8 s,平均撤离时间为 85.9 s,其中还包括离开客机到达地面的 3 s,可达到适航条例小于 90 s 的要求。

BWB 外形与常规外形相比,一个明显的缺点是旅客的可视窗户大幅度减少,为了解决这一问题可将摄像头置于机外,在舱内顶部与每名旅客前的屏幕上反映天空图像(见图 2 - 16)。

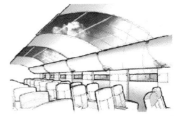

图 2 - 16　BWB 的内部布置

2.3　欧盟航空界的 BWB 气动设计研究

欧盟十分重视其成员国对 BWB 外形的研究,其支持的 MOB 项目就是开发针对 BWB 外形的多学科设计和优化工具的[12]。文献[13,14]讨论了英国克朗菲尔德(Cranfield)大学在设计条件 $Ma = 0.85$, $C_L = 0.41$, $H = 11500\,\mathrm{m}$,重心位置 $x_{cg} = 29.3\,\mathrm{m}$ 下设计的 BWB 外形[15](见图 2 - 17)的气动设计问题。

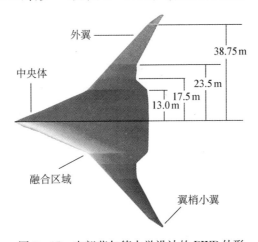

图 2 - 17　克朗菲尔德大学设计的 BWB 外形

N - S 方程解表明原始 BWB 外形的外翼上存在着强激波,升阻比值也较低,仅有 12.66,因此气动设计需要大力减阻。正如第 2.1 节指出的,BWB 外形是由减小浸润面积的概念而得到的,因而其减阻的主要目标就是减小波阻(由于跨声速飞行)和非线性压力阻力了。N - S 方程计算结果(见表 2 - 3)也表明了 BWB 的低摩阻(仅占总阻力的 23%,而压力阻力占 77%)的特点。同时从图 2 - 18 可见,初始外形

的 $C_L=0.41$ 点是位于阻力跃升点附近,也表明需要大力降低压力阻力(诱阻与波阻)。此外外翼上的高载荷对结构也很不利。

表 2 - 3　BWB 外形的 N - S 方程解

Ma	α	C_L	$C_{D压}$	$C_{D摩}$	$C_{D总}$
0.85	3°	0.4136	0.02504	0.007637	0.03268

为改善原始 BWB 外形的气动性能,减阻的过程中必须较好地平衡压力阻力和波阻两者的减小,这可以通过优化扭转分布实现最佳展向升力分布和优化翼型外形来实现。传统设计中人们通常追求椭圆分布以实现最小诱导阻力,但对于 BWB 外形,椭圆分布不再是最小阻力的分布,扭转反设计的研究表明[13, 14],三角/椭圆的平均载荷分布具有最小的总阻力,如图 2 - 18 所示。49 count[①] 阻力的减少包括 23 count 的波阻减小和 26 count 的诱导阻力减小,因而获得了较高的升阻比(比原始外形提高了 16%)。应当指出,三角/椭圆的平均载荷分布还有利于减小翼根弯曲力矩而减轻重量。

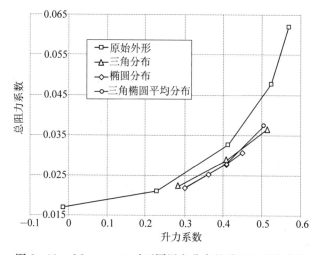

图 2 - 18　$Ma = 0.85$ 时不同展向分布的升阻比变化曲线

以扭转反设计后的外形作为出发外形在保证纵向平衡和内部体积的约束下作要求阻力最小的三维外形无黏优化,协调展向载荷分布和翼型的改进,进一步减小了非线性阻力。表 2 - 4 给出了 N - S 方程计算优化前后外形的气动特性的比较,可见优化前后总阻力减小了 26 count(9%),其中压力阻力减小了 29 count(由于优化出发外形为扭转反设计后外形,故波阻减小只有 8 count)而摩擦阻力略有增加(3 count),使升阻比从原始外形的 12.66 提高到了 15.80。三维优化中加上关于平衡的约束非常重要,这

---

①　阻力系数单位 1 count=0.0001

使俯仰力矩的值减小为原来的 1/18(几乎接近于零),这大大地减小了平衡阻力。

表 2 - 4 优化前后外形的 N - S 方程计算气动特性的比较

外形	C_L	$C_{D总}$	$C_{D压}$	$C_{D摩}$	$C_{D波}$	C_L/C_D	C_m
原始外形	0.4136	0.03268	0.02504	0.007637	—	12.66	—
优化出发外形	0.4101	0.02855	0.01885	0.00969	0.00101	14.37	−0.07360
优化后外形	0.4100	0.02595	0.01592	0.01003	0.00023	15.80	0.00401

据报道,欧盟新飞机概念研究(Nacre)的一部分内容也是研究 BWB 的气动布局。德国宇航中心(DLR)认为 BWB 有希望增加升阻比 20% 以上,降低重量 15% 和噪声 10 dB,并对 BWB 布局的宽体客机方案(见图 2 - 19)进行了试验。该机翼展近 100 m,机身 65 m,机高 19 m,最大起飞重量约 700 000 kg,能容纳 700 名旅客。该机采用 4 台发动机,以提供 1425 kN 的最大推力。

图 2 - 19 DLR 的 BWB 方案

2.4 BWB 外形的多学科优化设计

2.4.1 WingMOD 多学科优化设计软件

对于 BWB 这种非常规的外形,高度的综合设计和众多的约束条件要求采用不同于传统设计的现代化综合设计方法,否则不可能获得周期短、性能好的产品。面对新设计的挑战,MDO 提供了一种有效的方法[16]。波音在设计 BWB - 450 时应用了 WingMOD 软件作了多学科优化设计,通过对展长和沿展向几个位置上翼型的弦长、后掠、厚度和扭转等设计变量完成了平面形状、厚度和扭转的优化;还优化了蒙皮厚度,燃油的分布,翼梢的位置和控制面的偏角。优化中要求满足对航程、平衡、结构设计、最大升力、稳定性、控制效率和平衡等的约束。

WingMOD[8, 9] 在优化中用大量的约束条件考虑稳定、控制和平衡等问题,最大限度地综合各学科的优点,找出照顾到各方面要求的外形。为此 WingMOD 使用的分析方法比传统概念设计所采用的方法更准确,但又比初步设计中的方法计算时间更短。WingMOD 中气动计算采用涡格法,结构计算用硬壳机身加桁条的分析方法,将两者代码耦合算得静气弹载荷及几个飞行状态下取得平衡的载荷分布和诱导阻力。根据涡格法算得的升力系数,用经验数据估算沿翼展各站位处的型阻和波阻。以机翼上某一剖面最先达到剖面最大升力系数时的机翼升力系数作为可用最大升力系数。以一系列飞行状态(包括机动、垂直和侧向阵风)下计算的最大静气弹载荷来计算结构重量并基于弯曲强度和抗弯稳定性确定结构的尺寸。为取得平衡,按经验关系式偏转后缘襟翼来修正截面的零升俯仰力矩。图 2-20 表示了 WingMOD 的设计过程,它始于某一外形,通过各学科计算的循环(包括为保持平衡的控制面的偏转,为估算重量和阻力的展向载荷的计算),经过优化和性能估算取得修正(优化)的外形。

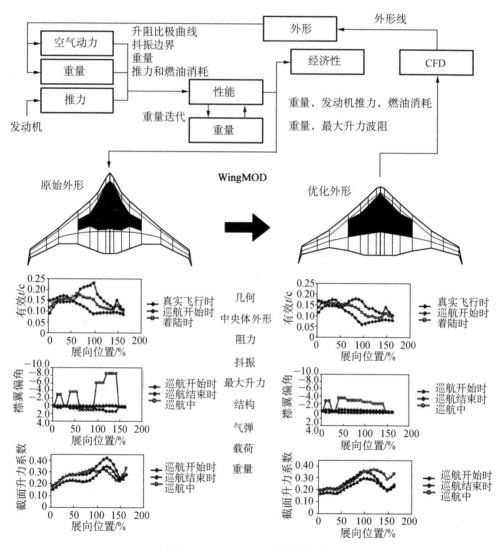

图 2-20 WingMOD 的设计过程

WingMOD 在各学科的分析计算中采用了这样一些计算精确度较低但计算时间较少的方法,否则巨大的优化时间将使之无法实际应用,因为设计变量超过 100 个的一次分析计算中包含 20 个飞行状态,每个梯度计算需要 100 次这样的分析计算,一次优化又至少要做 100 次迭代,于是一次优化将要做 200 000 次分析计算。作为一种改进,优化过程中可以插入几次更准确的 CFD 分析计算,以验证 WingMOD

中气动计算的结果。结构和稳定性及操纵学科也可做类似的改进[8]。

　　文献[9]以一个例子给出了 WingMOD 的使用说明,表 2－5 给出了优化次序,总共 10 次优化过程,其中 7 次用来逐步满足设计各方面的要求,2 次用来平衡飞机但不改变外形,最后的 1 次优化包含设计条件 26 个,设计变量 142 个,约束条件 930 个(122 个关键约束条件),是使飞机平衡并改进性能的完全飞机平面形状的优化,表 2－6 表示了此次优化增加的设计变量和约束条件,表 2－7 给出了几次优化后的性能比较。

表 2－5　一个 WingMOD 问题的优化次序

序号	优化目的	目标
0	确定基本的上层地板面积	最小参考商载密度
1	确定基本的下层地板面积	最小参考商载密度
2	校准高速飞行时重量和气动力	最大航程
3	平衡低速飞行	固定参数
4	确定失速速度	固定参数
5	校准低速控制功率	最大航程
6	确定控制极限	最大控制极限带宽
7	部分平衡飞机	最小起飞重量
8	完全平衡飞机	最小起飞重量
9	完全飞机的平面形状优化	最小起飞重量

表 2－6　平面形状优化的设计变量和约束条件

设计变量	设计变量中包含参数个数	限制变量	限制变量中包含的参数个数
弦长	6	爬升升阻比	1
后掠	5	静稳定裕度	6
桁条位置	6	偏航稳定性	1
翼型相对厚度	7	抖振俯仰力矩起始点	1
扭转	7	巡航迎角	1
		桁条位置	12
		直后掠	1
		前后缘后掠	8
		紧急出口距离	1
		曲率半径	8
		翼型最大相对厚度	8
		后缘封闭角	8
		抖振	23
		抖振特性	23
		前缘激波	46

表 2-7　几次优化后的性能比较

优　化	6 基本	8 平衡	9 优化
航程变化/%	0.0	6.6	6.6
起飞重量变化/%	0.0	5.4	−0.5
空载重量变化/%	0.0	2.7	−4.6
由于配平的空载重量变化/%	0.0	2.3	0.0
设计飞行剖面燃油变化/%	0.0	10.4	4.7
平均 L/D 变化/%	0.0	0.2	−0.3
总面积的变化/%	0.0	0.0	−2.3
机翼后掠角/(°)	35.7	35.7	42.8

可以看出,为使飞机平衡无需配重。在飞机增大航程的同时,起飞重量略有减小,这主要是因结构重量的减小(由空重可见)。优化的平面形状使机翼面积减小,机翼有更大的后掠并后移。

图 2-21 给出了 MDO 优化所得的 BWB 外形和原始外形的比较,可见优化后外形更为平坦和细长。图 2-22 表示优化前后升力和力矩曲线的比较,明显可见优化外形气动性能的改善,抖振边界扩大了近一倍。

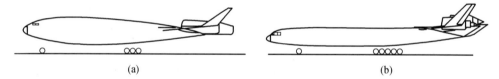

图 2-21　MDO 优化所得的 BWB 外形和原始外形的比较

(a) 第二代 BWB;(b) 波音 BWB-450

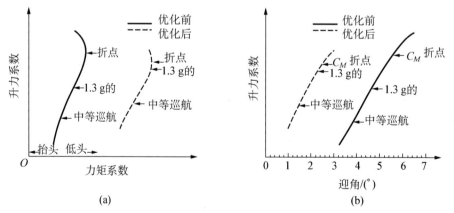

图 2-22　MDO 优化所得的 BWB 外形和原始外形升力和力矩曲线的比较

(a) 升力系数随力矩系数变化曲线;(b) 升力系数随迎角变化曲线

2.4.2　发动机和机体一体化设计

发动机和机体一体化设计是另一个重要的多学科设计问题。波音在发展 BWB 概念时将发动机后置,并提出利用吸入边界层(boundary layer ingestion,BLI)这一概念。在 NASA 支持下波音和南加州大学合作,对 BWB 外形后置的进气道管道作了风洞实验研究[17, 18]。实验中风扇前布置不同形状的涡流发生器。实验结果表明,无涡流发生器时流场畸变为 63%,总压损失系数为 19%,而各涡流发生器都可使流场畸变降低为 24%～54%,但总压损失系数为 17%～21%。实验结果证实,采用 BLI 概念并在风扇前布置涡流发生器的进气道在风扇处可获得合理的均匀流动和可接受的总压恢复,从而减小冲压阻力,改善流场品质,提高发动机的推进效率。

在 NASA 支持下,斯坦福大学进行了 BWB 的发动机进气道与飞机机体多学科优化设计研究[19, 20]。研究中将 N－S 方程的流场解算器(CFL3D),发动机分析软件(NEPP)和非线性优化器(NPSOL)耦合在一起(见图 2－23),其中 NEPP 是由 NASA Lewis 中心研发的一个可做一维、定态发动机热力分析的软件,在研究中作为进气道设计工具,根据气动计算给出的所需推力和进气道总压恢复系数计算燃油消耗速率和所需空气流量。图 2－23 显示了他们设计计算的流程:根据空气动力模块和发动机模块计算出的参数值,优化器对给定的设计变量作目标函数最小化计算。目标函数为发动机燃油消耗速率 $\dot{m}_f$,设计变量为迎角 α,进气道的反压 p_{back},以及描述进气道/机体外形的几何变量 x。优化时的约束条件为:"满足巡航时的升力系数 C_L,保持纵向平衡($C_m = 0$),NEPP 计算出所需的空气流量和 CFL3D 解出的空气流量兼容($\dot{m}_a^* = \dot{m}_a$)(实际计算时此兼容约束的满足由调整 p_{back} 实现),以及进气道中的流场畸变限制(由文献[20]中定义的参数 DC_{60} 控制)。研究中优化分两步进行。求解的第一个优化问题仅包含迎角,中心发动机进气道的反压,两侧发动

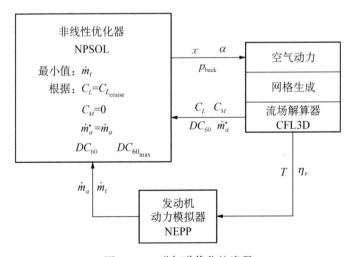

图 2－23　进气道优化的流程

机进气道的反压等三个设计变量,不包含任何几何变量,此解表示了未对进气道优化的 BWB 性能(称基本解);第二个优化问题除上述三个变量外还包含了描述进气道和机翼外形的 13 个几何变量,此解表示对进气道优化设计后的 BWB 性能(称优化解)。表 2-8 给出了两解的比较,由表可知,第二个优化解使燃油消耗速率减小了 4%,这是阻力减小和进气道总压恢复提高的结果。图 2-24 表明,进气道优化后,其中心的激波消失。图 2-25 表明,进气道优化使其内的总压恢复提高,同时改善了气流的畸变。研究结果表明,用 BLI 方法及其经过多学科优化后的进气道取代通常隔离机体边界层的方法和常规进气道,可使发动机具有较低的燃油消耗。此外传统的短舱和挂架方式还存在浸润面积大,阻力大,其重量和推力还会引起整机的低头力矩等缺点。

表 2-8　两个解的性能参数比较

性能参数	基本解	优化解	性能参数	基本解	优化解
燃油消耗速率/(lb/h)	32923	31691	中心进气道总压恢复系数	0.92717	0.94691
升力系数	0.50005	0.50000	中心进气道风扇截面流场畸变 DC_{60}	0.09829	0.10003
俯仰力矩系数	−0.11813	−0.13000	两侧进气道质量流量误差	0.00000	0.00000
阻力系数	0.02974	0.02905	两侧进气道总压恢复系数	0.96635	0.96663
中心进气道质量流量误差	0.0000	0.00002	两侧进气道风扇截面流场畸变 DC_{60}	0.14531	0.14517

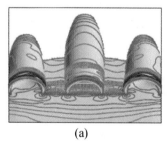
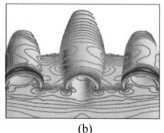

(a)　　　　　　　　　　　(b)

图 2-24　两个解的等压线比较

(a) 基本解；(b) 优化解

图 2-25　两个解的总压分布比较

2.5　俄罗斯的研究

俄罗斯中央流体研究院和波音、空中客车合作对飞翼布局方案做了概念设计,作为空中客车 A380 后续大型民机方案,采用现有的先进技术,探讨最佳的外形方案[21]。设计的要求如表 2-9 所示。

表 2-9　大型民机的设计要求

航程	13 700 km(7 400 n mile)
三级布置(全经济舱布置)的旅客数	750(950)
巡航 Ma 数	0.85
起飞跑道距离(海平面 15℃)	3 350 m

同时还要满足 FAR-25 适航条例,并要求:①基本采用铝合金材料;②有限应用复合材料;③巡航时可以有低(3%)的不安定度,起飞和着陆时有中立或正安定度;④发动机是当前正在研制的;⑤使用目前的机场设施。

取用了 4 种可能的布局形式:①常规布局;②融合体(BWB)布局;③升力体布局;④纯"飞翼"布局形式。

在比较①空气动力效率;②重量效率;③燃油效率;④运行特性;⑤巡航飞行时地板的倾斜度;⑥紧急出口处的最大距离;⑦旅客舱窗户的安排;⑧行李舱的数目和大小;⑨重心变化范围;⑩增长和缩短型的能力等性能后,认为第 2 种布局形式——BWB 代表了常规布局形式和纯"飞翼"形式之间的过渡,是当前最有竞争力的一种布局形式,它具有飞翼形式的最基本优点——高升阻比($Ma = 0.85$ 时, $L/D = 24.5$),且能满足 FAR-25 的各种要求。它是缩短型机身和放大中央翼段机翼的融合体形式,图 2-26 给出了它的三视图。总旅客座位的 40% 被安排在机翼的中央翼段内,

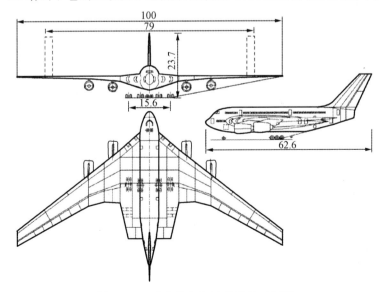

图 2-26　融合体(BWB)构形的三视图

其余的分两层安排在机身内。图 2-27～图 2-30 分别给出升阻比、起飞重量、每位旅客的空载和每位旅客燃油消耗的比较,证实了翼身融合体的优点。由图 2-27 可见,$Ma = 0.8$ 时 3 种非常规布局具有相同的气动效率,但当 $Ma = 0.85$ 时,BWB 有较大的 L/D 值,这是由于 BWB 具有相对小翼根剖面的相对厚度,其波阻较小。

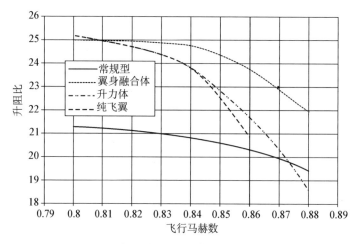

图 2-27 气动效率(升阻比)随马赫数的变化

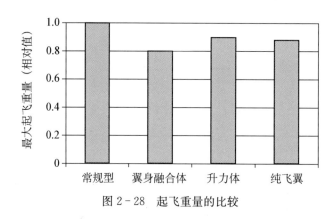

图 2-28 起飞重量的比较

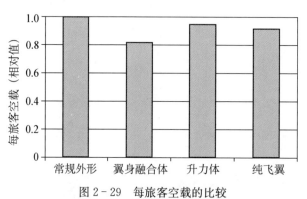

图 2-29 每旅客空载的比较

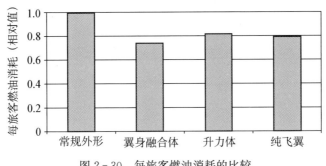

图 2-30　每旅客燃油消耗的比较

2.6　分布式发动机 BWB 飞机的多学科优化设计

2.6.1　分布式发动机概念

Ko 等提出了分布式发动机 BWB 飞机概念设计的一种方案[22~24]。分布式发动机指用中等数量(如 8 个)小发动机代替原有少量大发动机。其优点是:减小整个推进系统的噪声;提高安全性(数量多而推力小的发动机系统中即使有一台出现事故,推力损失也小,且易控制);使飞机载荷分布有利于减轻阵风载荷/颤振;减小机翼重量(尽管发动机系统总重可能会增加[24])等。

图 2-31 为文献[22,23]中分布式发动机的俯视图。发动机采用埋入式布置,将风扇后冷空气的一部分通过机体内管道引至机翼后缘排出,剩余的冷空气和热喷流通过喷管排出。图 2-32(a)为包括发动机的流向切面示意图,图 2-32(b)为发动机之间的流向切面示意图。这种分布式发动机布局是使无缝隙高升力系统成为可能的方式之一。而无缝隙比传统多段翼型的高升力系统生成的噪声显然小得多。

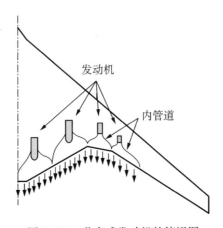

图 2-31　分布式发动机的俯视图

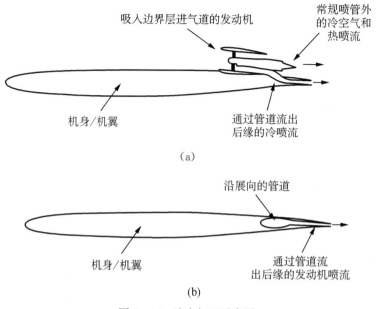

图 2-32 流向切面示意图

(a) 带发动机的流向截面；(b) 两发动机之间流向截面

2.6.2 喷气机翼和喷气襟翼(Jet flap)概念

喷气机翼和喷气襟翼均指将发动机风扇后冷空气的一部分引导成一薄层气流从机翼后缘或靠近后缘处通过缝隙射出。使发动机不仅提供推力,还提供升力增量。只不过喷气机翼射出的气流一般不向下偏,而喷气襟翼的气流则以与自由流相比有很大向下偏角射出以获得高升力。后者常用于 STOL(短距起降)飞机。文献[25,26]给出了应用这两种概念的试验飞机。

文献[22]的方案综合了通常的推进和喷气机翼、喷气襟翼三种功能。从喷管射出的气流产生推力;在飞机飞行剖面的大部分射流偏角不大(喷气机翼概念);起飞着陆时,射流偏角较大(喷气襟翼概念)以代替通常的增升装置。

2.6.3 分布式发动机模型

图 2-33 表示了二维、无升力流动时机体和常规发动机后尾迹中的非均匀速度型,与均匀速度型相比,其速度亏损导致阻力增大和推进效率降低(一般高涵道比涡扇发动机的 Froude 推进效率在 $Ma=0.85$ 时约为 80%)。Kuchemann 早在 1938年即指出喷气机翼后缘的射流可"填补"(fill in)机翼后尾迹的速度亏损而提高推进效率。在理想情况下,喷流和机体的尾迹重合,喷流理想地"填充"了尾迹中速度的亏损而形成均匀的速度型(见图 2-34),Froude 推进效率为 100%。实际应用中,喷流不可能理想地填充,而是形成不均匀度较小的速度型(见图 2-35),因而其Froude 推进效率介于 80%~100%。

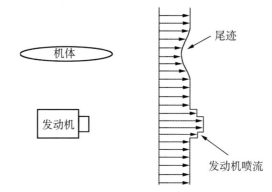

飞机和发动机下游的速度型

图 2-33　二维、无升力流动时机体和常规
发动机后尾迹中的非均匀速度型

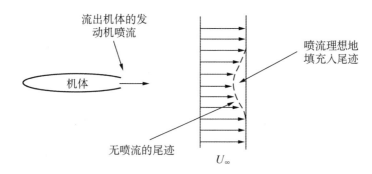

图 2-34　理想情况下喷流和机体的尾迹速度型

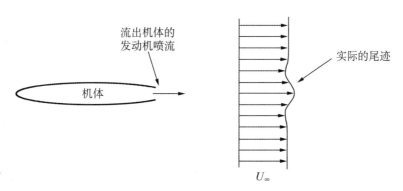

图 2-35　实际情况下喷流和机体的尾迹速度型

在有升力的情况下,除黏性阻力外,还有诱导阻力(或在跨声速时还有波阻),即使是理想情况下,其推进效率也不可能达到 100%,如图 2-32 所示,通过喷管排出机体的部分喷流将用来克服诱导阻力。因此 Froude 推进效率的上限由黏性阻力与总阻力之比确定。若黏性与无黏阻力各占一半,则可设分布式发动机的 Froude 推

进效率介于 $80\% \sim 90\%$ 之间。

提高 Froude 推进效率可降低比燃油消耗率 SFC，用 Stinto 方程[27]关联两者可得到：

$$\frac{SFC_1}{SFC_2} = \frac{\eta_{p_2}}{\eta_{p_1}} \qquad (2-1)$$

式中：η_p 为 Froude 推进效率，据此可求得 η_p 提高后的 SFC 值。

可用 Spence 理论[28~30]分析计算喷流机翼的气动特性，包括喷流对诱导阻力的影响以及喷流偏转时对飞机升力和俯仰力矩的影响等。

分布式发动机的数学模型和深入分析可见文献[23]。

Ko 等在 Virginia Polytechnic Insititute(VPI)原有的 MDO 软件[31]基础上加入上述模型，形成了分布式发动机 BWB 飞机概念设计的 MDO 计算软件。他们在做优化研究前先用此软件对波音发表过的两个 BWB 外形做了分析计算，结果与波音的基本一致，两者的 $TOGW$ 差异小于 8%，验证了该软件的正确和可用性。

2.6.4 多学科优化设计结果

图 2-36 给出了待优化的 BWB 平面形状和内部各舱的布置，客舱位于 5% 弦向处至 60% 弦向处，客舱展向的 11% 是双层，其余为单层。弦向后部 35% 的区域是飞机的系统舱、行李舱和紧急出口通道。燃油箱一直延伸至 95% 半翼展处。设计变量为沿翼展 5 个站位的几何参数，包括弦长 c，翼型厚度 t 及 1/4 弦线处的后掠角 Λ。图 2-37 给出了飞行任务剖面。

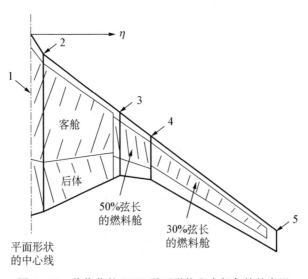

图 2-36　待优化的 BWB 平面形状和内部各舱的布置

图 2-37　BWB 飞行任务剖面

表 2-10 给出了两种发动机布局的 BWB 优化结果,其中还包括如发动机数、诱阻、推进效率、管道效率、管道重量因子等参数影响的中间优化结果。图 2-38 给出了优化后两种发动机布局 BWB 外形的比较。两者外形基本相同,分布式发动机的外形展弦比较大,机翼载荷较小,平均后掠角较大。由表 2-10 第 1 行与第 6 行的结果比较可知,两者升阻比 L/D 和推重比 T/W 相同,但分布式发动机 BWB 的起飞总重 $TOGW$ 比普通 BWB 的小 5.4%,所需燃油消耗量少 7.8%。中间优化结果的分析表明,$TOGW$ 的减小是由于后缘喷流对诱导阻力的影响和推进效率的提高。

表 2-10　优化结果的比较

设计数目		1	2	3	4	5	6
		普通 BWB 设计(4 个发动机)	普通 BWB 设计(8 个发动机)	分布式发动机 BWB 设计(仅考虑诱导阻力)	分布式发动机 BWB 设计(理想管道效率和不计管道重量)	分布式发动机 BWB 设计(不计管道重量)	分布式发动机 BWB 设计
参数							
发动机数目		4	8	8	8	8	8
分布式发动机因子		无	无	0.00	0.25	0.25	0.25
管道效率		无	无	1.00	1.00	0.95	0.95
管道因子		无	无	1.0	1.0	1.0	1.0
优化设计变量值							
展向位置	根部	0.000	0.000	0.000	0.000	0.000	0.000
	剖面 2	0.037	0.039	0.036	0.037	0.037	0.031
	剖面 3	0.424	0.411	0.363	0.380	0.380	0.377
	剖面 4	0.548	0.575	0.495	0.499	0.517	0.498
	梢部	1.000	1.000	1.000	1.000	1.000	1.000

（续表）

优化设计变量值							
弦长/ft	根部	143.6	142.7	144.7	145.9	145.8	146.2
	剖面2	137.8	136.8	138.6	140.1	139.8	141.3
	剖面3	37.4	45.6	46.8	40.3	43.0	41.7
	剖面4	21.6	21.6	22.5	22.0	21.6	22.2
	梢部	7.6	7.5	7.2	7.1	7.2	7.1
t/c	根部	0.18	0.18	0.18	0.17	0.18	0.18
	剖面2	0.16	0.16	0.16	0.16	0.16	0.16
	剖面3	0.14	0.14	0.15	0.16	0.16	0.16
	剖面4	0.14	0.14	0.13	0.14	0.14	0.13
	梢部	0.13	0.13	0.14	0.14	0.14	0.14
后掠角/(°)	1—2剖面	32.55	33.04	33.43	32.06	33.23	32.50
	2—3剖面	29.57	30.21	31.73	31.84	32.24	31.78
	3—4剖面	29.66	29.78	30.79	32.26	32.12	31.30
	4—5剖面	33.99	34.51	33.67	34.24	35.07	34.15
机翼翼展/ft		329.13	319.75	354.16	341.63	335.05	342.24
平均巡航高度/ft		42345	41136	42570	42049	41929	42089
总推力/lbf①		157782	153725	151493	146859	152490	152979
燃油重量/lb		253938	263278 (3.68%)	240440 (−5.32%)	232611 (−8.40%)	235861 (−7.12%)	234191 (−7.78%)
优化结果							
$TOGW$/lb		902942	905509 (0.28%)	860509 (−4.70%)	847252 (−6.17%)	850276 (−5.83%)	854461 (−5.37%)
机翼重量/lb		129702	124732 (−3.83%)	108137 (−16.63%)	104713 (−19.27%)	103035 (−20.56%)	105132 (−18.94%)
参考面积/ft²		16254	16320	16397	16125	16093	16198
展弦比		6.66	6.26	7.27	7.24	6.98	7.23
$(W/S)/(lb/ft^2)$		55.55	55.48	52.48	52.54	52.83	52.75
T/W		0.175	0.170	0.176	0.173	0.179	0.179
L/D(巡航)		31.00	29.62	31.28	30.85	30.43	30.93
巡航 C_L		0.27	0.25	0.26	0.25	0.25	0.25

① 重量单位为 lb(磅)，1 lb＝0.453592 kg，推力的单位为 lbf(磅力)，1 lbf＝4.44822 N。

图 2-38　优化后两种发动机布局 BWB 外形的比较

2.7　X-48B 和 X-48C

为了验证 BWB-450 的一系列关键技术,波音联合 NASA 和美国空军研究实验室按照 BWB-450 设计方案制造了两架 8.5%缩比的 X-48B 无人驾驶验证机。第一架 X-48B(LSV-1)主要用于在 NASA Langley 研究中心的 9.1 m×18.2 m(30 ft×60 ft)低速风洞中进行吹风试验。第二架(LSV-2)安装了完整的机载系统和动力装置,主要用于飞行试验。X-48B 的翼展 6.2 m,在机翼前缘采用了全翼展的前缘襟翼,在整个机体后缘上共设计有 20 个操纵面,动力装置为 3 台 P200 微型涡轮喷气发动机,设计的最大飞行速度可达 218 km/h,飞行高度可达 3000 m 以上,续航时间 60 min,航程达 218 km[32]。图 2-39 表示在飞行中的 X-48B。从 2007 年 7 月到 2008 年 12 月的试飞过程中,试飞人员对 X-48B 收/放前缘襟翼的两种不同构型,三种不同重心位置和三种不同起飞重量等多种状态,分别进行了试飞,主要探索 BWB 布局客机的飞行操纵性和稳定性,并研究其飞行控制率。2009 年 1 月 21 日 X-48B 在其第 40 次试飞中首次进行了失速试飞,结果显示失速临界迎角为 23°,证实了 BWB 布局的失速临界迎角大于常规布局的值(见图 2-40)。飞行中通过遥控人为地突然增加迎角和侧滑角,由迎角和侧滑角限制器自行调整飞行操纵面,以防止飞机失速。结果表明,限制器实现了控制功能。X-48B 将安装一台改进的飞行控制计算机,改装完成后再进行约 10 次试飞,目的在于测试飞机上每个操纵面(共 20 个)的效率,从而完成其第一阶段的飞行试验。

图 2-39　X-48B

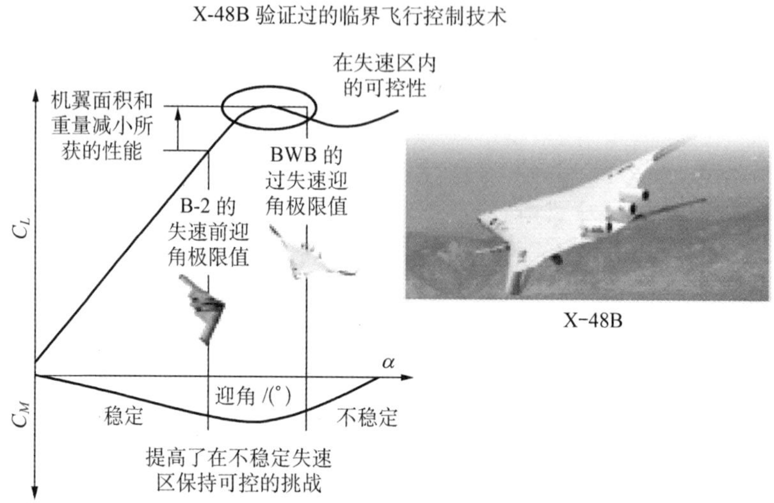

X-48B 验证过的临界飞行控制技术

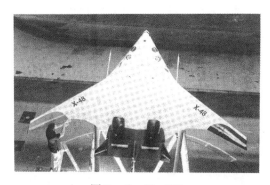

图 2-40　大迎角性能的改进

　　飞行试验证明,X-48B 在低速飞行中是可控的,BWB 的气动效率是很高的,因此美国的"对环境负责的航空(ERA)"计划中 NASA 决定作为计划的第一步,对 BWB 飞机进行改善环保性能的研究。为此,NASA 将一架 X-48B 改装为 X-48C (图 2-41),作为一种 N+2 代民机低噪声技术的验证机。为了增加飞行时间,以获取更多的测试数据,X-48C 装有两台 356 N 推力的高涵道比涡扇发动机,取代 X-48B 原有的三台涡喷发动机;用两个外斜的带有方向舵的垂直尾翼,取代 X-48B 的翼梢小翼;在发动机尾喷口后部增加了一块置有升降舵的延长段,并使发动机的位置尽可能远离延长段的后缘,用以屏蔽发动机向下的噪声;将外斜垂直尾翼设置在发动机尾喷口的两侧,以屏蔽发动机的侧向噪声[33]。

图 2-41　X-48C

　　X-48C 实际上类似于 N2A 设想的缩比模型。目前 NASA 已完成了 X-48C 的风洞试验,不久将要进行飞行试验,以测试飞机的气动性能,验证飞行控制软件,并通过试验开发 BWB 的环保性能。X-48B/C 的飞行试验计划预计在 2012

年 8 月结束。研究人员同时还将制造一个缩比的声学模型,进行专门的声学试验。据报道,2013 年 4 月 9 日 X-48C 圆满地完成历时 8 个月的飞行验证试飞计划。

2.8　BWB 空气动力外形工程设计的一种数值优化方法

2.8.1　设计方法概述

随着计算机能力的迅速提高和优化方法的进步,已出现了可用于 BWB 气动外形工程设计的数值优化方法。文献[34]讨论了这种方法。该方法所使用的三维机翼优化设计方法和软件 Optimega[35]是基于可总体寻优的遗传算法(GA),并和求解全 N-S 方程的分析算法相结合,是一种有效和鲁棒性强的三维机翼优化设计方法。在求解全 N-S 方程时采用了基本无振荡(ENO)概念[36]和通量插值技术相结合的数值格式方法,在多区点对点对接网格中进行计算。采用多重网格和并行计算技术,提高了计算效率,实现了快速和准确的气动力计算,因此具有可计算大量不同流动和几何条件的鲁棒性很强的求解 N-S 方程的数值分析能力[37,38]。在遗传算法中采用了十进制编码、联赛选择算子[39]、算术交叉算子、非均匀实数编码变异算子[40]和最佳保留机制。由于线性和非线性的约束使最优解往往位于优化空间中不同维数超曲面(hypersurfaces)的交汇处,而这些超曲面又是未知的,因此寻找最优解是很困难的。该方法改变了传统的只在合适空间点中寻优的策略,而在整个空间中都可构筑最优路径,因而扩大了搜索空间和估算目标函数的区域[41]。基于这种处理约束的方法,目标函数可以修正为[34]:

$$Q = \begin{cases} 0.1 + q_1 & (t/c)_i < (t/c)_i^* \\ 0.125 + q_2 & (\Delta y/c)_{ij} < (\Delta y/c)_{ij}^* \\ 0.15 + q_3 & C_m < C_M^* \\ 0.2 + q_4 & R_i < R_i^* \\ 0.3 + q_5 & \theta_i < \theta_i^* \\ 0.5 + q_6 & y_i^u(t) < y_i^l(t) \\ C_D & \text{其余情况} \end{cases}$$

$$q_1 = [(t/c)_i^* - (t/c)_i]$$
$$q_2 = [(\Delta y/c)_{ij}^* - (\Delta y/c)_{ij}]$$
$$q_3 = [C_M^* - C_m]$$
$$q_4 = [R_i^* - R_i]$$
$$q_5 = [\theta_i^* - \theta_i]$$
$$q_6 = 0$$

其中每一个条件皆独立地对所有 i 和 j（$[i=1,\cdots,N_{\text{WS}},j=1,\cdots,N_{\text{bc}}(i)]$）进行检测。多点优化时，$C_D$ 值为各设计点的阻力值的加权组合。

遗传算法虽具有总体寻优的优点，但其计算量很大，特别是基于全 N-S 方程求解的遗传优化算法很难在实际工程中使用，为此，在寻优过程中，可在当地数据库中采用降阶模型（reduced-order model）来近似计算适应值[35]。当地数据库是在搜索空间中离散的一些基本点处通过求解全 N-S 方程而建立的。为了弥补这种近似带来的不足，将在一系列嵌入的搜索区域中完成的最优解再通过 N-S 方程计算加以验证。为保证搜索的总体寻优特征，还采用了迭代方式，将每一次优化解作为下一次迭代的出发点。提高计算效率的另一有效措施是在整个优化过程中采用多层次的并行计算策略，充分发挥大规模处理器的优势来提高计算效率[42]。在该文献介绍的方法中共有 5 层并行计算：

（1）N-S 方程求解器的并行。

（2）多个几何区扫描的并行。

（3）GA 搜索空间的并行。

（4）多重区域（multi-domain）的并行。

（5）网格生成的并行。

2.8.2　优化设计结果的讨论

优化设计以英国克朗菲尔德大学设计的 BWB 外形（见图 2-17）为出发外形，该外形的主要设计点为 $C_L=0.41$，$Ma=0.85$。在数值优化计算中还考虑了 $C_L=0.41$，$Ma=0.87$ 的第二个设计点和 $C_L=1.63$，$Ma=0.2$（起飞状态）的第三个设计点。几何约束有 $(t/c)_i^* = (t/c)_i^{\text{b}}$，前缘半径 $(R/c)_i^* = (R/c)_i^{\text{b}}$，后缘角 $\theta_i^* = \theta_i^{\text{b}}$，此外，在每个剖面梁处附加两个厚度约束，其中上标 b 表示出发外形，附加的空气动力约束为对俯仰力矩的规定。采用 Bezier 样条描述几何外形，总设计变量为 93 个。表 2-11 给出了设计计算各状态的条件和约束，其中 W_i 是权系数。表 2-12 给出了优化计算结果。将单点优化的 BWB-1 结果与 2.3 节中结果相比较可见，2.3 节的结果中采用 Euler 方程的无黏优化，阻力降低了 26 count；而这里的 BWB-1 全 N-S 方程优化使阻力降低了 52 count，显示了此黏性优化方法的优点。优化前后压强分布的比较表明，外形的优化彻底消除了原机翼上产生的激波，这不仅表现在 $Ma=0.85$ 的设计点处，在更高的 $Ma=0.87$ 时也消除了激波[34]。比较无俯仰力矩约束时优化得到的 BWB-1 和有该约束优化的 BWB-2 表明，尽管 BWB-1 阻力降低的效果突出，但其 C_m 值过大，出于稳定性考虑而不能接受；BWB-2 的阻力虽比 BWB-1 大了 1.9 count，却满足了力矩的要求。两者的几何外形如图 2-42 所示。

表 2-11　BWB 设计计算的条件和约束

状态	C_L^*	Ma	W_i	C_μ^*
BWB-1	0.41	0.85	1.0	-3.000
BWB-2	0.41	0.85	1.0	-0.075
	0.41	0.85	0.70	-0.075
BWB-3	0.41	0.87	0.25	-0.100
	1.63	0.20	0.05	-0.330
BWB-4	0.41	0.85	0.95	-0.075
	1.63	0.20	0.05	-0.0330

表 2-12　BWB 优化计算结果

状态	$Ma = 0.85, C_L = 0.41$ 时的 C_D /count	$Ma = 0.87, C_L = 0.41$ 时的 C_D /count	$Ma = 0.20$ 时的 C_{Lmax}
出发外形	247.0	287.0	1.63
BWB-1	194.5	207.4	1.51
BWB-2	196.4	213.4	1.47
BWB-3	196.7	202.5	1.76
BWB-4	196.6	216.6	1.67

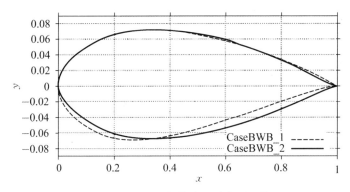

图 2-42　BWB-1 和 BWB-2 的单点设计外形比较($z = 23.5$ 处)

　　气动外形的设计不仅应满足设计点性能要求,同时还要检查非设计点的性能,如高于设计点 Ma 数的阻力,阻力发散 Ma 数,以及低速起飞条件时的 C_{Lmax} 等。多点优化设计的目的就是要尽量减少设计条件下所获效益的损失,改进非设计点状态的性能。表 2-12 中的双点优化设计(BWB-4),使第三设计点(低速状态)的 C_{Lmax} 达到 1.671(消除了 BWB-2 达不到设计要求 1.63 的缺点),且基本保持了主设计点的阻力收益,C_D 为 196.6 count。然而 BWB-4 在 $Ma = 0.87$ 时的阻力达 216.6 count,高于 BWB-2 的 213.4 count,表明需要三设计点的优化设计(BWB-3)。BWB-3 在 $Ma = 0.87$ 时,为 202.5 count(此两点设计值减小了

14.1 count），同时满足了其他两设计点的性能要求。图 2-43 至图 2-46 给出了所有设计状态 $Ma = 0.85$ 和 $Ma = 0.87$ 时的极曲线，$C_L = 0.41$ 时的阻力发散曲线和 $Ma = 0.2$ 时的 C_L 随迎角 α 变化的曲线。由图可见，$Ma = 0.85$ 时所有优化设计的极曲线都非常接近，相比于出发外形的极曲线，性能有了很大改进；$Ma = 0.87$ 时也很接近，相比于出发外形也有很大改进，特别是三点优化设计的 BWB-3，优点更明显；阻力发散曲线也都有了很大改进，在 $Ma = 0.80$ 前所有的总阻力基本保持常值，单点与两点优化的阻力发散点接近 $Ma = 0.855$，而三点优化的可达 $Ma = 0.87$ 附近。由图 2-46 可知，没有考虑低速目标的 BWB-1 和 BWB-2 具有较低的 C_{Lmax}，将低速目标计入设计状态的 BWB-3 和 BWB-4 所得的 C_{Lmax} 皆优于出发外形的。上述结果表明三点优化设计具有最佳的优化结果和总体最好的气动性能。

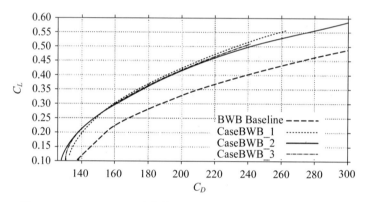

图 2-43　$Ma = 0.85$ 时优化设计外形与出发外形极曲线的比较

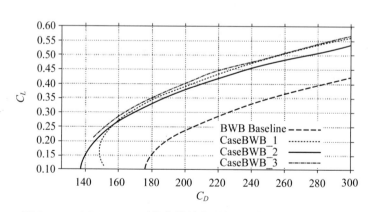

图 2-44　$Ma = 0.87$ 时优化设计外形与出发外形极曲线的比较

　　最后，上述结果可得到 $Ma = 0.85$（主设计点）的基本相同的阻力值，但比较各设计状态的几何外形可知差异不小，由此可见，阻力优化问题没有唯一解[34]。

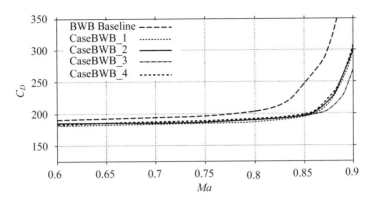

图 2-45　阻力发散曲线的比较

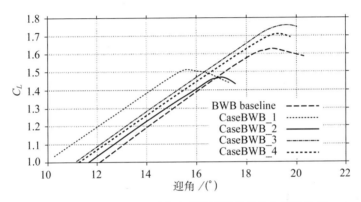

图 2-46　$Ma = 0.2$ 时升力系数随迎角变化曲线的比较

上述计算是在具有 456GB RAM，114MB 二级高速缓冲存储器的机群环境下通过"过夜"的方式完成单点优化设计，而在 1.5～2 天的计算时间内完成三点优化设计。从计算时间要求看是可以应用于工程设计的[34]。

2.9　结束语

本章系统地介绍了一种有望应用于实际民机的新型气动外形——翼身融合体外形及其气动特点、设计方法(包括气动外形工程设计的一种数值优化方法)和发展前景。尽管 BWB 飞机要真正成为一个能在航线上实际飞行的型号还有待于进一步的研究和商业上的判断，但它的优点，特别是它比常规外形的环保性好的优点对航空工业界具有巨大的吸引力。下章将要介绍的"静音飞机"也提出这种 BWB 的布局形式。可见 BWB 飞机是民机的一种新型非常规布局的飞机。

参考文献

［1］　一泓. 未来天空新宠儿——简说几种超大型民机布局方案[J]. 国际航空,1999,6:27.

[2] 朱自强,吴宗成. 现代飞机设计空气动力学[M]. 北京:北京航空航天大学出版社,2005.

[3] Liebeck, R H. Design of the blended wing body subsonic transport [J]. Journal of Aircraft, 2004,41(1):10 - 25.

[4] 朱自强,王晓璐,吴宗成,陈泽民. 民机的一种新型布局形式——翼身融合体飞机[J]. 航空学报,2008,29(1):49 - 59.

[5] Liebeck R H, Page M A, Rawdon B K. Blended wing body subsonic commercial transport [R]. AIAA 98 - 0438,1998.

[6] Roman D, Allen J B, Liebeck R H. Aerodynamic design challenges of the blended wing body subsonic transport [R]. AIAA 2000 - 4335,2000.

[7] Roman D, Gilmore R, Wakayama S. Aerodynamics of high subsonic blended wing body configurations [R]. AIAA 2003 - 554,2003.

[8] Wakayama S, Kroo I. The challenge and promise of blended wing body optimization [R]. AIAA 98 - 4736,1998.

[9] Wakayama S. Blended wing body optimization problem setup [R]. AIAA 2000 - 4740,2000.

[10] Campbell R L. Efficient viscous design of realistic aircraft configurations [R]. AIAA 98 - 2539,1998.

[11] Pambagjo T E, Nakahashi K, Obayashi S, et al. Aerodynamic design of a medium size blended wing body airplane [R]. AIAA 2001 - 0129,2001.

[12] Morris A J. MOB - A European distributed Multidisciplinary design and optimization project [R]. AIAA 2002 - 5444,2002.

[13] Qin N, Vavalle A, Le Moigne A, et al. Aerodynamic considerations of blended wing body aircraft [J]. Progress in Aerospace Sciences, 2004,40:321 - 343.

[14] Qin N, Vavalle A, Moigne A L. Spanwise lift distribution for blended wing body aircraft [J]. Journal of Aircraft, 2005,42(2):356 - 365.

[15] Smith H. College of Aeronautics blended wing body development programme [R]. ICAS 2000 - 1.1.4,2000.

[16] 朱自强,王晓璐,吴宗成,等. 民机设计中的多学科优化和数值模拟[J]. 航空学报,2007,28(1):1 - 13.

[17] Anabtawi A J, Backwelder R, Liebeck R, et al. Experimental investigation of boundary layer ingestion in a semi-circular cross section [R]. AIAA98 - 0945,1998.

[18] Anabtawi A J, Backwelder R, Liebeck R, et al. An experimental investigation of boundary layer ingestion in a diffuser S duct with and without passive flow control [R]. AIAA99 - 0739,1999.

[19] Rodriguez D L, Kroll I M. A 3D multidisciplinary design method for BLI inlets [R]. AIAA 2000 - 0424,2000.

[20] Rodriguez D L. A mutidisplinary optimization design method for BLI inlets [R]. AIAA 2002 - 5665,2002.

[21] Bolsunovsky A L, Buzoverga N P, Gurevich B L, et al. Flying wing problems and decisions [J]. Aircraft Design, 2001,4:193 - 219.

[22] Ko A, Leifsson L T, Schetz J A, et al. MDO of a blended-wing-body transport aircraft with distributed propulsion [R]. AIAA 2003 - 6732.

[23] Ko A. The multidisciplinary design optimization of a distributed propulsion blended-wing-body aircraft [D]. Ph. D. Thesis, Virginia Polytechnic Institute & State University, 2003.

[24] Leifsson L T, Ko A, Mason W H, et al. Multidisciplinary design optimization for a blended-wing-body transport aircraft with distributed propulsion [R]. MAD Center report 2005 - 05 - 1,2005.

[25] Solies U P. Flight measurements of downwash on the Ball-Bartoe jetwing powered lift aircraft [J]. Journal of Aircraft, 1992,29(5):927 - 931.

[26] Harris K D. The Hunting H. 126 jet flap aircraft [R]. AGARD Assessment of lift augmentation devices. Lect. Series 43,1971.

[27] Stinton D. The anatomy of the airplane [M], 2nd-ed. AIAA, Reston, VA,1998.

[28] Spence D A. The lift coefficient on a thin, jet flapped wing [J]. Proc. of the Roy. Soc. of London, 1956,238(121):46 - 68.

[29] Spence D A, Maskell E C. A theory of the jet flap in three dimensions [J]. Proc. of the Roy. Soc. of London, 1959,251(1266):407 - 425.

[30] Spence D A The lift coefficient of a thin jet flapped wing Ⅱ, A solution of the integro-differential equation for the slope of the jet [J]. Proc. of the Roy. Soc. of London, 1961, 261(1304):97 - 118.

[31] Gundlach J F, Naghshineh-Pour A H, Gern F, et al. Multidisciplinary design optimization and industry review of a 2010 strut-braced wing transonic transport [R]. VPI - MAD 99 - 06 - 03,1999.

[32] 钱锟. 未来大飞机的新视点[J]. 国际航空,2009,6:65 - 67.

[33] 徐文. 将翼身融合体作为环保研究突破口[J]. 国际航空,2010,6:52 - 53.

[34] Peigin S, Epstein B. Computational fluid dynamics driven optimization of blended wing body aircraft [J]. AIAA Journal, 2006,44(11):2736 - 2745.

[35] Epstein B, Peigin S. Constrained aerodynamic optimization of 3 - D wings driven by Navier-Stokes computations [J]. AIAA Journal, 2005,43(9):1946 - 1957.

[36] Shu C W, Osher S. Efficient implementation of essentially non-oscillatory shock-capturing schemes [J]. Journal of Computational Physics, 1989,83(1):32 - 78.

[37] Epstein B, Rubin T, Serror S. Accurate multiblock Navier-Stokes solver for complex aerodynamic configurations [J]. AIAA Journal, 2003,41(4):582 - 594.

[38] Serror S, Rubin T, Peigin S, et al. Implementation and validation of the Spalart-Allmaras turbulence model in parallel environment [J]. Journal of Aircraft, 2005,42(1):179 - 188.

[39] Goldberg D E. Genetic algorithms in search, optimization and machine learning [M]. Addison Wesley Longman, Reading, MA, 1989.

[40] Sefrioui M, Periaux J, Ganaseia J G. Fast convergence thanks to diversity. Proceeding of 5th annual conference on evolutionary programming [C]. MIT Press, Cambridge, MA, 1996:313 - 321.

[41] Peigin S, Epstein B. Robust handling of non-linear constraints for GA optimization of aerodynamic shapes [J]. International Journal for Numerical Methods in Fluids, 2004, 45(8):1339 - 1362.

[42] Peigin S, Epstein B. Embedded parallelization approach for optimization in aerodynamic design [J]. Journal of Supercomputing, 2004,29(3):243 - 263.

第 3 章　高经济性静音中航程民机

温室效应引起的全球气候变暖及能源危机等引起了人们对于工业产品对环境影响的高度重视。空中旅行对环境的影响也是各国公众十分关注的问题,提出了应通过飞机设计使空中旅行成为绿色的概念而给民机设计带来了巨大的冲击[1]。空中旅行对环境的影响主要表现为:①机场周边的噪声;②机场周边的空气质量(发动机排污);③高空的空气质量和对气候的影响。按公众关注的程度,首先应解决噪声问题[2]。图 3-1 为对 100 多个航空公司调研得出的未来购机关键因素权重变化图[3]。可见,低噪声、低排污物是 11 个关键因素中权重增大最多的两个,这将直接影响未来民机的设计和制造。文献[3]以 SAX(Silent Aircraft eXperiment)-40 概念飞机方案讨论了静音又经济的中航程民机的设计方法、关键技术及需要解决的难题。

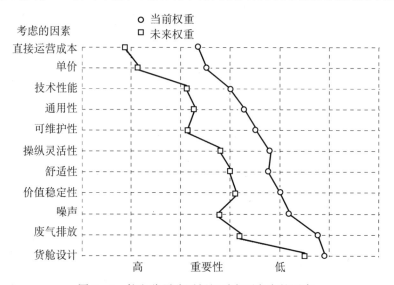

图 3-1　航空公司购买新机时主要考虑的因素

3.1　SAX-40中航程概念飞机简介

静音飞机预案(Silent Aircraft Initiative,SAI)是英国剑桥大学(CU)和美国麻省理工学院(MIT)的联合研究所(CMI)以及飞机制造公司、航空公司、机场管理等方面的专家、学者及有关官员组成的联合体进行多学科合作三年的成果[4,5]。目标是设计一个即使在机场周边也听不到响声,且油耗和排污指标优于现有的和已在设计中的中航程民航机。具体指标为:215 座(三级布置),航程 9 265 km(5 000 n mile),巡航 $Ma = 0.8$。在尽可能使用工业界已有的设计软件、设计工具的基础上,通过此飞机的概念设计,在新的设计空间中发展和建立新模型和新方法,特别是在噪声的估计、测定和验证方面,形成新思想、新概念和可能具有风险的新技术,并研究如何来降低风险。

3.2　实现设计目标可能性的分析和设计思想的形成

图 3-2 给出了设计目标的巨大挑战性:降噪的指标是否有解? 油耗经济性目标较现有民机能否有较大提高? 为此,首先分析已有飞机的噪声源。由表示起飞和进场时噪声分布的图 3-3 可知,起飞时主要应抑制和减少发动机风扇的前、后向噪声和喷流噪声的传播,而进场时还需大力减少机体的噪声。为实现降噪目标在设计中应尽可能:①降低发动机的所有噪声,重点是风扇和喷流;②采取机体/发动机更为融合的外形;③采用机体来屏蔽发动机的噪声和提供布置发动机隔音衬管的空间;④进场时需要安静的高升力和阻力;⑤设计低噪声的运动方式,如更低速、陡峭的进场路线等。

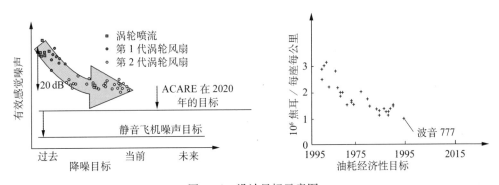

图 3-2　设计目标示意图

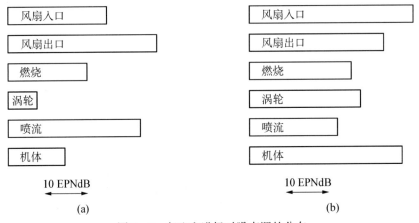

图 3-3　起飞和进场时噪声源的分布

(a) 起飞;(b) 进场

概念设计面临的第一个问题是:沿用目前常规的圆筒机身加机翼的民机外形能否实现所要求的设计目标? 有人估计,为了在总适航噪声中降低累积的 15 EPNdB(有效感觉噪声),即使考虑到 2020 年的技术水平,按最小运营成本设计的飞机也需要增加运营成本 26%、起飞重量 27%、燃油 17%和 33%的发动机排污[6]。而将升力面、装载旅客的机身舱、发动机、控制面等高度融合的翼身融合体(BWB)外形则可以实现总重量、燃油消耗和需用推力等的大幅度减少[7, 8],因而是静音飞机目前最好的初始外形。将进场噪声和油耗的线性组合而非最大起飞重量 *MTOW* 作为设计外形的优化设计目标,以同时实现降噪和提高油耗经济性的目标。因此,设计思路是以一个超临界机翼作为 BWB 的外翼,机身为一个去掉通常襟翼系统的升力面中央体,推进系统埋入机体上表面。在设计中央体和外翼外形时,要兼顾巡航的高效率,改善油耗和低速进场所需的相对安静的大的诱导阻力以降低噪声,最后完善设计。

3.3 三轮 SAX 的发展

图 3-4 表示了三轮 SAX 概念飞机 SAX-12,SAX-29,SAX-40 的设计过程。

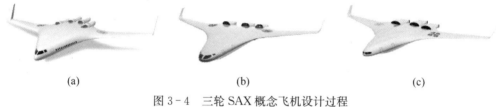

(a)　　　　　　　　(b)　　　　　　　　(c)

图 3-4　三轮 SAX 概念飞机设计过程

(a) SAX-12;(b) SAX-29;(c) SAX-40

第一轮设计采用了波音设计 BWB 的多学科优化设计软件 WingMOD[9, 10],优化目标函数是最小起飞重量,设计的结果为 SAX-12,如图 3-4(a)所示。其推进系统为 4 台与机体边界层有隔道的 Granta-252 发动机,如图 3-5(a)所示,起飞和进场时机场周边的估计最大噪声水平为 80 和 83 dB,油耗经济性为 3.58×10^4 座-千米/立方米(88 座-海里/加仑),没有达到设想的目标。主要问题是缺乏为达到低噪声而优化外形的方法。在 SAX-12 外形基础上进入了第二轮的设计,设计中保持了巡航高度、马赫数、航程和旅客数等设计指标,用 WingMOD 产生结构重量响应面的模型。

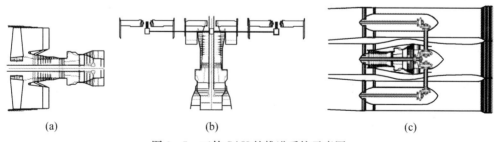

(a)　　　　　　　　(b)　　　　　　　　(c)

图 3-5　三轮 SAX 的推进系统示意图

(a) Granta-252(4 台);(b) Granta-3201(3 台);(c) Granta-3401(3 台)

第二轮设计始于 SAX-15,止于 SAX-29,如图 3-4(b)所示。设计中首先发展和验证了一种具有反设计能力的准三维外形设计方法,用该方法构造了中央体前缘的外形和超临界机翼的外翼,实现了降低失速速度而减少噪声的设计。设计采用了一组 3 台 Granta-3201 发动机,每台发动机由单轴驱动的三个风扇组成,如图 3-5(b)所示,并埋入机体上表面以具有吸入机体边界层的功能。使用三维 N-S 方程软件——CFL3D 对 SAX-29 外形的数值验证证实了该设计方法的正确与有效,因而在以后设计中不再改变中央体外形与外翼的翼型。

第三轮设计主要是采用二次规划优化方法,将进场噪声和油耗经济性组合为目标函数,对外翼的平面形状作优化设计,优化结果为 SAX-40 的平面形状,如图 3-4(c)所示。SAX-40 与 SAX-29 相似,推进系统为 3 台 Granta-3401 组成的可吸入边界层的发动机组,每台发动机带有 3 个风扇,但进一步作了深入的齿轮传输系统的设计,如图 3-5(c)所示。

SAX-40 在机场周围的估计噪声水平为 61dBA,油耗经济性为 5.05×10^4 座·千米/立方米(124 座·海里/加仑)(B777 为 86~101 座·海里/加仑)[4, 5]。

3.4　关键技术的讨论

3.4.1　准三维机体外形的设计方法(Q-3D)

三维黏性 N-S 方程计算软件可分析非常规 BWB 外形的中央体空气动力特性,但其所需计算时间无法满足概念设计的时间要求,采用波音 WingMOD 设计的 SAX-12 又没能达到设计目标,故对非常规的 BWB 外形发展了一种具有一定准确度和可以进行快速计算的准三维设计方法(Q-3D)[11, 12],其功能为:①生成三维外形;②分析巡航性能(包含开始和结束巡航 2 个任务点);③分析低速性能(起飞拉起,爬升结束,进场等 3 个任务点)。图 3-6 表示了准三维设计方法的流程图。三维外形由一系列二维翼型粘贴来形成,平面形状将翼盒包含在内;5 个任务点的性能评估包括计算失速和着陆速度,着陆所需的跑道长度,起飞和进场中为俯仰平衡所需舵偏角和矢量推力角,起飞拉起时所需舵偏角和矢量推力角,拉起后的气动性能,以及计算起飞和进场时的噪声等。

分析计算方法由低速的二维涡格法(AVL)、截面黏性边界层计算(XFoil)和二维可压缩(黏流/无黏流迭代)黏性计算方法(MSES)等组成,中央体的阻力用经验方法估算。在每次迭代中都要用三维涡格法和 Euler 方程分别估算气动载荷和激波位置。

在 SAX-40 研制中,对上述准三维设计方法进一步加入了优化设计方法,采用二次规划(SQP)优化方法优化外翼形状。目标函数为进场时噪声和油耗经济性的线性组合;4 个设计变量为前缘后掠角、外翼的两个弦长和外翼翼展;约束条件包括:开始巡航时的最大迎角,最小静安定裕度,最大前缘载荷,最小翼梁与舵面的距离,最大起飞重量。优化结果形成 Pareto front 面,再从中选择所需外形。优化使 SAX-40 的 $Ma \cdot C_L/C_D$ 比 SAX-29 提高了 6%。

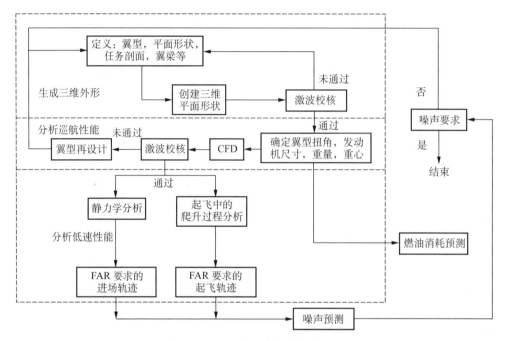

图 3-6　准三维设计方法的流程图

3.4.2　Q-3D 设计方法的验证

　　为验证上述准三维机体外形设计方法的准确性和可靠性,CMI 的研究人员曾对 SAX-29 外形作了三维 N-S 方程方法(CFL3D)的数值计算。图 3-7 表示了 CFL3D 和 Q-3D 设计方法计算的不同展向位置的压强分布和 ΔC_p 等值线,由图可见,Q-3D 设计方法中二维涡格法的载荷等值线图与 CFL3D 的计算定性上很一致,

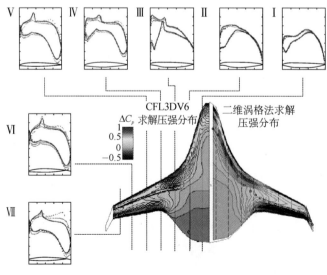

图 3-7　SAX-29 计算压强分布的比较($Ma = 0.8$)

两者都捕获了由中央体前缘外形所形成的载荷特点、在中央体与外翼连接处的载荷分布以及超临界外翼的后缘加载等,只是 CFL3D 由于计及了黏性还捕获了超临界机翼上的激波,而 Q-3D 设计方法中的 Euler 解和涡格法解都未能做到。故在第三轮 SAX 设计过程中对 Q-3D 设计方法增加了 MSES 方法解,并考虑到中央体高度三维流动的特点,在每一次迭代中都增加了三维涡格法的计算以估算气动载荷。

图 3-8 给出了 C_L/C_D 随 C_L 变化的结果。可以看到在开始巡航 $C_L = 0.197$ 时 CFL3D 计算的 $Ma \cdot C_L/C_D = 16.7$,而 Q-3D 设计方法的值为 19.0,后者高估约 13%;相应阻力差值为 0.0011。简化带来的这些误差换来了计算时间的大大减少,使外形优化设计成为可能。

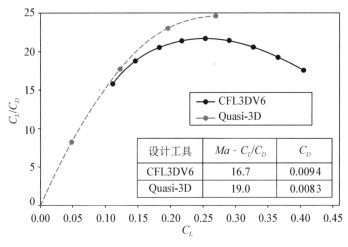

图 3-8　两种方法计算 SAX-29 的 C_L/C_D 的比较

总之,准三维设计方法基本能抓获到三维绕流的特征和空气动力性能,也正是基于对 SAX-29 的上述验证,在第三轮设计中才冻结了中央体和翼型外形,仅进一步对外翼平面形状作优化设计。图 3-9 为 SAX-40 翼型厚度与扭角的分布和外

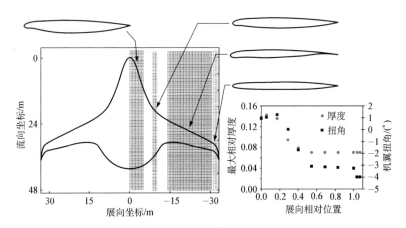

图 3-9　SAX-40 平面形状和翼型厚度与扭角分布的比较

翼的平面形状。图 3-10 给出了三轮 SAX 外形的比较,由图可见,SAX-40 的外翼优化使后掠角得到少许减小,机翼面积和翼展变大,实现了升力的椭圆分布,如图3-11所示,并可知采用准三维设计方法设计的 SAX-40 的 $Ma \cdot C_L/C_D$ 比采用 WingMOD 方法设计的 SAX-12 增大了 15%。

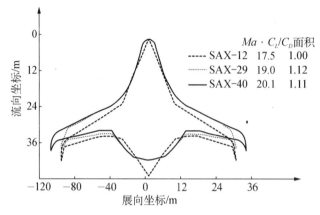

图 3-10 三代 SAX 平面形状的比较

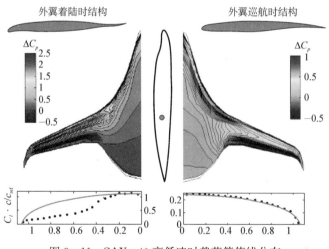

图 3-11 SAX-40 高低速时载荷等值线分布

3.4.3 前缘前弯的中央体气动外形设计

BWB 或飞翼式外形没有水平尾翼,因而空气动力的纵向平衡就成了一个设计难题。波音提出的 BWB 外形采用了反弯后缘剖面的中央体外形[7],其缺点是会牺牲一些巡航性能,且需要更大的控制面和舵机使飞机转动。SAX 设计采用了前缘前弯的外形[6](称 Drela Chin)(见图 3-11 中的中间剖面),绕此类外形流动的气动压心前移,因此这种翼型组成的中央体外形可实现无平尾的纵向平衡,且没有由尾翼平衡引起的升力损失。在巡航过程中燃油消耗引起的重心变化用增大矢量推力角来平衡,使静安定裕度保持为 5.9%~9.5%,而采用后缘反弯的 BWB[8],该裕度只能达到 5%。

3.4.4 可平滑下弯的外翼前缘及升降副翼的后缘刷

满足高、低速不同性能要求的另一措施是外翼采用在低速进场飞行时可平滑下弯的前缘,如图 3-11 所示。下弯的前缘再加上将矢量推力下偏 30°、襟副翼上偏 18.5°,使飞机迎角为 15.6°而获得进场所需的高升力;下弯的前缘还使升力分布远离了椭圆分布,如图 3-11 所示,而增大诱导阻力——安静阻力。高升力和大诱导阻力一方面使 SAX 的进场速度(60.8 m/s)比同类飞机的低 28%,另一方面使其进场高度提高了约 97.5 m(飞机以更陡峭的 3.9°轨迹角进场,加上推迟在跑道上的着陆点 1.2 km),而噪声是与进场高度平方的对数成反比的,从而大大降低了飞机在机场周边的噪声[13]。操作这种前缘装置所需的功率与操作常规飞机前缘缝翼的功率相当,噪声却远小于使用前缘缝翼的,如图 3-12 所示。

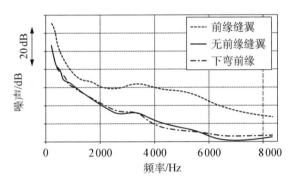

图 3-12 下弯前缘和前缘缝翼的噪声比较

襟副翼的后缘刷可减少尾流的湍流度而降低噪声。

3.4.5 吸入边界层的多风扇埋入式发动机组和喷口截面可变推力矢量喷管组合的先进推进系统

发动机,特别风扇和喷流,是飞机飞行时的主要噪声源,因此设计先进的推进系统不仅对提高燃油消耗的经济性,对降噪也是至关重要的。增大发动机的涵道比是近年来所采取的重要措施之一。三轮 SAX 推进系统设计的演变证明了多风扇埋入式可吸入边界层的发动机组方案和喷口截面可变的推力矢量喷管的联合使用不仅可极大地提高涵道比(达 18.3,而目前先进的 GEnx 只有 9.5),还可满足起飞/进场的低噪声及可接受的发动机尺寸等要求,因而是实现静音飞机对噪声和燃油消耗经济性的最具优势的方案之一[14]。

整个系统包含如下新技术:

1) 多风扇和齿轮传输系统

SAX-40 装有 3 台带 9 个风扇的 Granta-3401 发动机组,如图 3-13(a)所

示,多风扇概念可大大减小每一个风扇的直径,从而使风扇出口管道长细比高,有利于安装隔音衬管而有效地减少风扇的后向噪声,又可提高转速而减弱旋转产生的噪声。传输系统要求高效,即产生的热量尽可能小,以减小冷却系统的重量和大小,并尽可能简单以保证工作高度可靠。图 3-13(a)中,低压涡轮和多风扇之间的齿轮传输系统不仅保证涡轮在最佳转速下工作,还包含一套润滑和冷却系统。

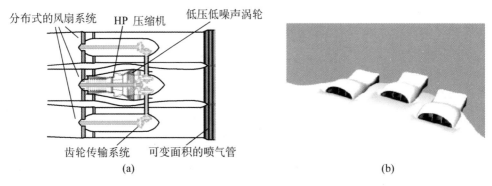

图 3-13　静音飞机的埋入式多风扇发动机

2) 埋入机体可吸入边界层的发动机组

发动机埋入机体,与机体高度融合,如图 3-13(b)所示,可吸入机体边界层(BLI)而降低燃油消耗率和减少机体尾流,并减小发动机装置引起的阻力。图 3-14 表明埋入式发动机组需考虑:进入进气道边界层的状态;非均匀(畸变)来流通过风扇和进气道的演变;风扇对非均匀来流的响应;管道损失等。气流的非均匀性对于风扇和发动机本身的性能及设计有很大的影响。Plas 等讨论了吸入边界层推进系统性能的计算及在 SAX 设计中的应用[15]。他们的研究表明 SAX-40 的吸入边界层可使提供给流动的能量减少 3%～4%,尽管非均匀来流给风扇和发动机设计带来技术方面的高风险,但相比于传统的吊挂短舱发动机,BLI 仍提供了提高燃油经济性的机会。

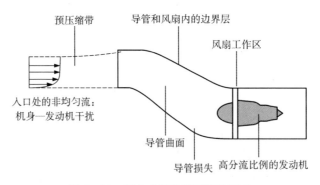

图 3-14　埋入式发动机系统的特点

在机体上表面埋入的推进系统还可利用机体使风扇前向噪声各向散射而大大降低地面对噪声的感受度,如图 3-15 所示,并可利用机体的较大空间使用优化的多段隔音衬管,图 3-16 为其示意图及有无隔音衬管时噪声的比较,可见噪声能减少 20 dBA,当然管道的增长会带来部分性能的损失。

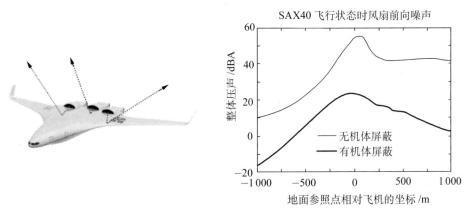

图 3-15　有无机体屏蔽风扇前向噪声比较

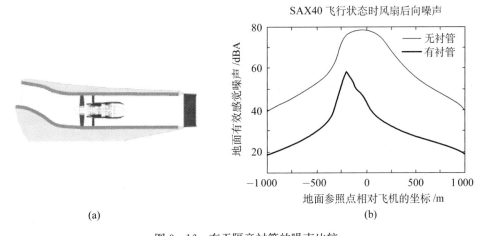

(a)　　　　　　　　　　　　　　(b)

图 3-16　有无隔音衬管的噪声比较

3) 喷口截面可变的推力矢量喷管

任何航空发动机都必须协调满足起飞、爬升、巡航等三个状态的要求[16]。巡航状态下涡扇发动机应在最高效率点工作,这会使喷口截面固定的发动机的起飞工作线进入不稳定区,只能在发动机设计时将两条工作线右移,如图 3-17(a)所示,即将起飞稳定性和巡航效率作一定的折中。喷口截面可变使巡航时喷口截面正常,保证发动机在巡航时工作于最高效率点,如图 3-17(b)所示,提高燃油消耗经济性[16];而在起飞时喷口截面面积增大(约 45%),使发动机远离不稳定区。喷管的推力矢量功能可在巡航过程中不偏舵地调节飞机的平衡;巡航结束时推力矢量角达 10.5°,以保持旅客舱地板角小于 3°;低速进场时使用推力矢量与其他措施,使飞机保持 3.9°的飞行轨迹角进场。

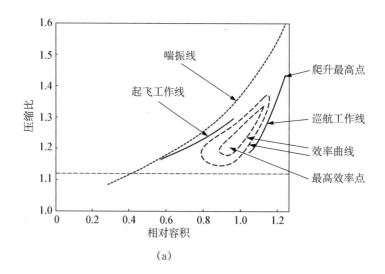

(a)

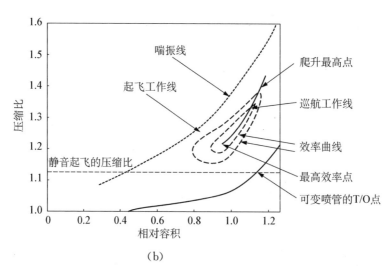

(b)

图 3 - 17　固定几何和可变几何喷管工作线比较图

4) 整流的起落架

为了减少起飞/进场时绕起落架非定常流动引起的噪声,SAX 采用了简单的整流起落架装置[17],如图 3 - 18 所示,可将高频噪声减少 7 dBA,其部分密封的轮轴和机轮可将低频噪声降低 6 dBA。

图 3 - 18 整流的起落架

3.5 SAX - 40 优异性能概括

3.5.1 SAX - 40 的低噪声

以一个典型大型国际机场(如 London Heathrow 机场)简化的起降跑道为例,如图 3 - 19 所示,对 SAX - 40 起飞和进场两种状态噪声的估算[13, 18]分别如图 3 - 20 和图 3 - 21 所示。

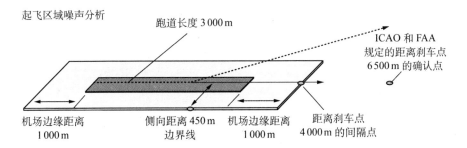

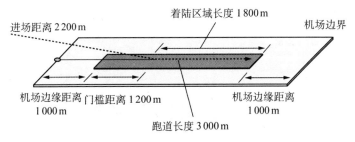

图 3 - 19 起降噪声估算的简化跑道和范围

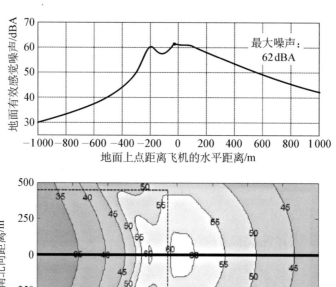

图 3-20　起飞的噪声分布

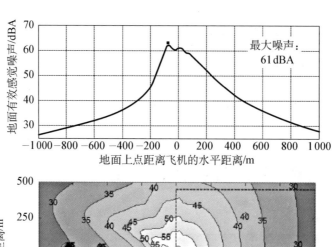

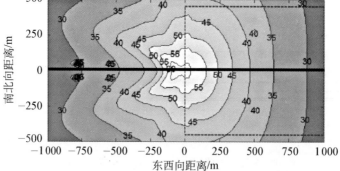

图 3-21　进场的噪声分布

由于采用了上述关键技术，其最大噪声只分别为 62 和 61 dBA。图 3-22 给出了 SAX-40 与现有机队有效感觉噪声(EPN)的比较。显然，SAX-40 大大优于现有机队，比 ICAO 第 4 章要求的累积 EPNdB 值 284.5 低了 75 dBA。

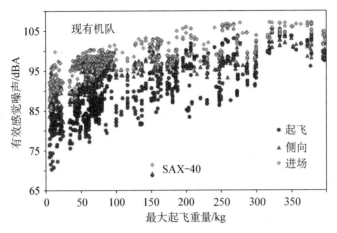

图 3-22　SAX-40 与现有机队的有效感觉噪声的比较

3.5.2　SAX-40 的油耗高经济性

SAX-40 不仅有极低的噪声，还有高的油耗经济性。表 3-1 给出了 SAX-40 的 5.05×10^4 座·千米/立方米(124 座·海里/加仑)油耗经济性指标及其他交通工具的指标[19]。显然，SAX-40 大大优于其他飞机，尽管其他飞机的计算是按 99.8 kg(220 lb)/旅客，而 SAX-40 的 215 位旅客按 108.9 kg(240 lb)/旅客计算的。

表 3-1　SAX-40 的计算燃油经济性与其他交通工具数值的比较

型号	燃油经济性/[座·千米/立方米]或[座·海里/加仑]
SAX-40	约 5.05×10^4[124]
丰田 Prius 混合动力汽车	4.89×10^4[120] (2 人乘坐)
B777	$3.50 \times 10^4 \sim 4.11 \times 10^4$ [86~101]
A320	$3.22 \times 10^4 \sim 3.95 \times 10^4$ [79~97]
B707	$1.87 \times 10^4 \sim 2.36 \times 10^4$ [46~58]

3.5.3　SAX 的低排污性

图 3-23 给出了 SAX-40 与其他交通工具排污物的比较；其总 CO_2 的排污量为 0.0483 千克/座·千米(89.5 克/座·海里)，总 NO_x 为 1.19×10^{-4} 千克/座·千

米(0.22 克/座·海里)[4, 5]。这也正是我们期望于静音飞机的,其良好的低排污性主要源于低的燃油消耗。

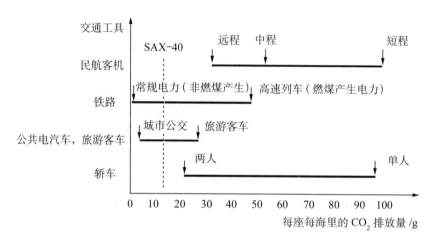

图 3-23 SAX 与其他交通工具排污物的比较

3.6 结束语

本章以环保和经济性为目标,介绍了一种未来(2030 年后)飞机的可能形式,值得指出的是,SAX-40 的先进概念飞机源于大学而不是工业界,这是航空发展中的一个新现象。研究过程充分显示出产学研结合的丰硕成果,学术上的先进思想和概念,与工业界已有的先进工具和丰富经验紧密结合,就可产生新型飞行布局的概念飞机,这对我国无疑有借鉴作用。

参考文献

[1] Green J E. Air travel-greener by design mitigating the environmental impact of aviation: opportunities and priorities [J]. The Aeronautical Journal, 2005,109(1099):495-510.

[2] Green J E. Civil aviation and the environment—the next frontier for the aerodynamicist [J]. The Aeronautical Journal, 2006,109(1099):469-486.

[3] 朱自强,王晓璐,吴宗成,等. 高经济性静音中航程民机设计方法讨论[J]. 航空学报,2008,29(3):562-572.

[4] Dowling A, Greiter E D. The silent aircraft initiative-overview [R]. AIAA 2007-0452,2007.

[5] Spakovszky Z S. Toward a "silent" aricraft. 22nd Symp. On aviation noise and air quality [C]. San Francisco, U. S. A. , 2007.

[6] Diedrich A, Hileman J, Tan D, et al. Mulitidisciplinary design and optimization of the silent aircraft [R]. AIAA 2006-1323,2006.

[7] Liebeck R H. Design of the blended wing body subsonic transport [J]. Journal of Aircraft, 2004,41(1):10-25.

［8］ Liebeck R H，Page M A，Rawdon B K. Blended wing body subsonic commercial transport ［R］. AIAA 98－0438，1998.

［9］ Wakayama S，Kroo I. The challenge and promise of blended wing body optimization ［R］. AIAA 98－4736，1998.

［10］ Wakayama S. Blended wing body optimization problem setup ［R］. AIAA 2000－4740，2000.

［11］ Hileman J I，Spakovszky Z S，Drela M. Airframe design for "silent aircraft" ［R］. AIAA 2007－453，2007.

［12］ Hileman J I，Spakovszky Z S，Drela M，et al. Aerodynamic and Aeroacoustic three-dimensional design for a silent aircraft ［R］. AIAA 2006－241，2006.

［13］ Hileman J I，Reynolds T G，de la Rose Blanca E，et al. Development of approach procedures for silent aircraft ［R］. AIAA 2007－451，2007.

［14］ de la Rosa Blanco E，Hall C A，Crichton D. Challenges in the silent aircraft engine design ［R］. AIAA 2007－454，2007.

［15］ Plas A P，Sargeant M A，Madani V，et al. Performance of a boundary layer ingesting (BLI) propulsion system ［R］. AIAA 2007－450，2007.

［16］ Dowling A P，Hynes T. Towards a silent aircraft ［J］. The Aeronautical Journal，2006，110(1110)：487－494.

［17］ Qualye A，Dowling A，Babinsky H，et al. Landing gear for a silent aircraft ［R］. AIAA 2007－231，2007.

［18］ Crichton D，de la Rosa Blanco，Law T R，et al. Design and operation for ultra low noise take-off ［R］. AIAA 2007－456，2007.

［19］ Lee J J，Lukachko S P，Waitz I A，et al. Historical and future trends in aircraft performance，cost and emissions ［J］. Annu. Rev. Energy Environ. 2001，26：321－343.

第4章 支撑机翼跨声速民机

美国 NASA 在 20 世纪 90 年代初发起了一个 REVCON(Revolutionary Vehicle Concept Program)项目,建议对多种气动形式作概念设计,探讨可能的性能优势和相关技术。这些气动形式包括翼身融合体(BWB),连接翼(joined wing),C 形机翼,双机身飞机以及支撑翼(strut-braced wing, SBW)等。在 NASA 资助下,波音公司对翼身融合体飞机、Viginia Tech 大学(VPI)多学科分析和设计(MAD)中心和 Lockheed Martin Aeronautical System(LMAS)公司对支撑机翼跨声速民用机等都做了深入的概念设计研究,研究中都使用了 MDO 方法。

支撑翼(SBW/TBW)并不是一个新概念,过去在低速飞机设计上应用较多,由于支撑翼可以减轻机翼承受的弯矩,从而可增大机翼的展弦比和减小机翼的厚度,不仅减小了诱导阻力而且减薄的机翼具有较小的波阻,并允许机翼减小后掠角以增大层流流动范围,以增大升阻比。同时也减小机翼的结构重量。高空气动力效率可减少燃油消耗和要求更小、更安静、价格更低的发动机,它的排污和噪声也更低。为将此种概念推广适用于跨声速,曾有不少研究[1~4]。但对于是否能成为跨声速飞行的民机外形? 它到底有多大好处? 关键技术是什么? 一直没有定论。当然文献[2]提出了设计支撑翼的很多计算方法。文献[3]明确提出在负 g 过载条件下要阻止撑杆翼的弯曲需要付出较大附加重量的代价。

由于气动力和结构是紧密耦合和相关的,要采用多学科优化设计(MDO)方法进行概念设计以充分探讨 SBW 所能发挥的潜能,而过去的研究都只是传统的设计方法。

20 世纪 90 年代以来民机由于全球化的竞争、经济与生态的压力以及需求新产品等原因,用户(航空公司)要求性能好、生产周期短和更廉价的产品。巨大的市场驱动力使航空公司成为民机设计未来挑战的重要影响者,民机产品的设计和生产也已由过去的技术驱动型的设计转变为一个市场驱动型(风险、成本和周期都是最小)的产品设计,其设计模式也要求由传统的设计模式走向更加综合性的现代化的设计方法和模式,它的核心思想是将模拟、模型化、计算和设计工具结合在一起,将复杂系统作为一个整体来设计,因而多学科优化设计是它的一个重要的和必要的设计工具[5]。

Virginia Tech 大学的多学科分析和设计(MAD)中心受 NASA 资助(1997—

2001 年)用 MDO 方法对 SBW 外形作为民机外形的潜能进行了广泛与系统的概念设计研究,在 NASA 和 Lockheed Martin Aeronautical System(LMAS)帮助下建立与验证了适用于常规机翼和支撑翼的 MDO 综合设计软件。LMAS 作为此项研究的工业界合作伙伴,不仅为 MDO 软件以经验公式、数据或参数等注入了更多工业实践经验,使之更加实用,并加入了预估 2010 年技术可能发展的参数,同时提出对比的常规机翼飞机详细的数据,并以此预估和验证了 MDO 软件。在修改和验证基础上才开展不同飞机的优化计算研究。

　　MDO 软件综合了空气动力、结构/重量、性能和稳定/操纵等学科,形成多个计算模块,优化采用 Vanderplatts 的设计优化工具(DOT)。MDO 选择 15～26 个设计变量,表 4-1 给出了典型的设计变量表,其中包括如翼展、弦长、厚度比、撑杆翼几何、发动机位置等几何参数,以及如发动机最大推力和巡航高度等附加参数。约束条件可有 17 个不等式条件(见表 4-2),包括如航程、燃油体积、重量收敛性、单发故障时侧滑力矩、巡航的翼剖面 C_l 限制、跑道长度、巡航爬升率和进场速度等约束限制。在优化过程中随时能显示出它们起作用或遭到破坏,可使使用者随时监控优化的进程。对于设计变量还有上下限的限制。起飞总重量、经济飞行剖面(其中燃油重量仅能维持 7 408 km(4 000 n mile)的巡航距离)的起飞总重量、燃油重量以及最大航程等都可用来作为优化目标函数,由于起飞总重量 $TOGW$ 最小,作为优化目标函数通常是总体检测一个鲁棒系统很好的度量[6],也是常规民机通常采取的优化目标函数,故在研究中多数情况以此作为一个标准的优化目标函数。图 4-1 为优化流程图,其中空气动力模块计算各种阻力和机翼的载荷,后者进入结构模块并计算飞机结构重量。

表 4-1　设　计　变　量

序号	名　称	序号	名　称
1	机翼/支撑翼结合处的半翼展展向位置	14*	机翼折点处翼型厚度比(t/c)
2	翼展	15	机翼翼梢翼型厚度比
3	内翼 1/4 弦线后掠角	16	支撑翼翼型厚度比
4	外翼 1/4 弦线后掠角	17	中心处机翼蒙皮厚度
5	机翼上反角	18	支撑翼拉伸力
6	支撑翼 1/4 弦线后掠角	19	垂尾尺度因子
7	支撑翼空气动力支杆弦向长度	20	燃油重量
8*	支撑翼空气动力支杆垂向高度	21	零燃油时的重量
9	机翼中心弦长	22*	所需推力
10	机翼折点处弦长	23	发动机在半翼的展向位置
11	机翼翼梢弦长	24	平均巡航高度
12	支撑翼弦长	25*	经济飞行剖面时燃油重量
13	机翼中心翼型厚度比(t/c)	26*	经济飞行剖面时平均巡航高度

注:* 为研究后期增添的。

表 4 - 2 约束条件表

序号	名称
1	零燃油重量的收敛性
2	计算的航程大于 13 890 km(7 500 n mile)
3*	初始巡航爬升率大于 152 m/min(500 ft/min)
4	巡航时剖面 C_l 限制小于 0.7
5	燃油重量小于燃油允许重量
6	单发可用推力大于单发要求
7	翼梢挠度小于在机场滑行时最大翼梢挠度[7.62 m(25 ft)]
8*	机翼重量收敛性
9*	最大机体和装载量重量收敛性
10*	巡航爬升率大于 2.4%
11*	跑道长度小于 3 353 m(11 000 ft)
12	进场速度小于 225 km/h(140 kn)
13*	二次进场爬升率大于 2.1%
14*	着陆距离小于 3 353 m(11 000 ft)
15*	经济飞行剖面计算的航程大于 7 408 km(4 000 n mile)
16	经济飞行剖面 C_l 限制小于 0.7
17*	巡航高度时推力大于该高度的阻力

注：* 为研究后期增添的。

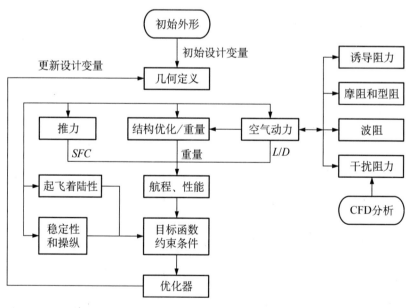

图 4 - 1 MDO 流程图

发动机模块计算比燃油消耗率 SFC,并与 L/D 和飞机结构重量一起计算航程。

跑道性能模块计算起飞与着陆性能,而稳定与操纵模块则确定发动机故障时的偏航力矩与飞机可提供的力矩。随后进入优化模块计算目标函数和约束条件,并优化调整设计变量,循环直至优化结束。

4.1　优化问题的提法

典型的设计状况为:可承载 325 位旅客,13 890 km(7 500 n mile)的航程,巡航飞行 $Ma = 0.85$,并包括可飞 926 km(500 n mile)的储备燃油和确定的非巡航飞行状态所需的燃油储量。图 4 - 2 为典型的飞行剖面,它基本上是取用 B777 - 200IGW 的飞行剖面[航程 13 668 km(7 380 n mile),305 位旅客,巡航 $Ma = 0.85$]。

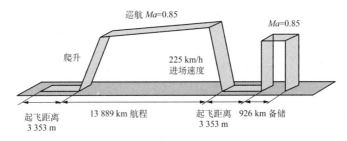

图 4 - 2　优化设计支撑翼的飞行剖面图

研究也讨论过 7 408 km(4 000 n mile)的经济飞行剖面条件下优化外形,这时飞机在减少旅客载荷完成经济剖面飞行的同时也应具有全载荷飞行 13 890 km(7 500 n mile)的能力。正如前面指出过研究中不仅讨论了当前技术水平(1995 年,相当于 B777 的水平)下,也考虑了 2010 年可能发展的水平下 SBW 的潜能,LMAS 提供了可应用于部件重量、尾容量系数、比燃油消耗率、诱导阻力、波阻和层流流动的一些放大因子(设 1995 年的技术因子为 1),新技术考虑到:自然层流流动、其他气动力、系统、结构重量和推力等方面的进步,表 4 - 3 给出了各种技术进步的比较。其中自然层流技术考虑了机翼、撑杆翼、机身和发动机短舱上存在着层流流动,其他气动力技术包括机身和短舱上使用小肋技术、为减小诱导阻力的主动载荷管理技术、超临界翼型和全动式的控制面等,系统技术包括综合(积分)模块飞行控制、光传操纵、光电源、简单的高升力装置和先进的飞行管理系统,结构技术反映于复合材料机翼和尾翼、增强的机身蒙皮等,推进系统技术反映于比燃油消耗率的降低。

表 4 - 3　各种技术进步的比较

先进技术	1995 年	2010 年
自然层流技术	无层流流动	机翼、支撑翼和尾翼上转捩 x/c 位置 为后掠角和马赫数的函数 机身和短舱上的转捩雷诺数设定为 2.5×10^6 层流技术因子

（续表）

先进技术	1995 年	2010 年
其他气动力技术	空气动力因子＝1.0	翼型技术因子（波阻） 诱导阻力技术 机身湍流阻力技术因子
系统技术	1995 水平尾翼容量系数、系统技术因子皆为 1.0	水平尾翼容量系数减小 控制系统重量技术因子 液压系统重量技术因子 电子系统重量技术因子 设备系统重量技术因子
结构技术	技术因子＝1.0	机翼重量技术因子 水平尾翼重量技术因子 垂直尾翼重量技术因子 机身重量技术因子
推进系统技术	比燃油消耗率为 1.0	比燃油消耗率因子

4.2 各学科计算方法

4.2.1 空气动力学

气动力方面要计算诱导阻力、废阻、跨声速波阻和干扰阻力[7]。给定一个任意非平面机翼/支撑翼外形用离散涡格法在 Trefftz 平面计算其诱导阻力，并提供相应于最小阻力的最优载荷分布，后者输入结构模块。为了估计翼梢发动机诱导阻力减小，采用如图 4-3 所示减小量随展弦比和升力系数变化的曲线[8]。

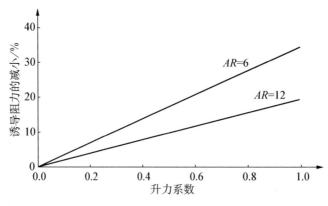

图 4-3 翼梢发动机诱导阻力减小曲线

废阻计算中为估计层流流动范围，在 B757 和 F-14 的试飞数据之间引入一个层流技术因子（从 0 到 1）来估计转捩雷诺数[9]（见图 4-4）。确定转捩位置后，采用参考温度法和 van Direst 公式分别计算层流和湍流的摩擦阻力，并用 Schlichting

的组合公式计算总摩擦阻力和不同的形状因子分别考虑机翼和机身的厚度效应。

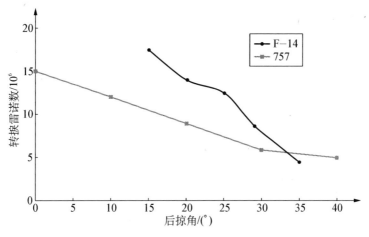

图 4 - 4　转捩雷诺数随后掠角的变化

根据简单后掠翼理论考虑后掠角影响后的 Korn 方程来计算波阻[10]。计算中首先按式(4 - 1)计算阻力发散马赫数：

$$Ma_{dd} = \frac{\kappa_a}{\cos \Lambda} - \frac{t/c}{\cos^2 \Lambda} - \frac{C_L}{10 \cdot \cos^3 \Lambda} \tag{4 - 1}$$

式中：κ_a 是翼型技术因子，对于 NACA6 系列翼型取 0.87 和对超临界翼型取0.95，t/c 为厚度比，C_L 为升力系数，以及 Λ 为后掠角。

按 Lock 建议阻力变化的半经验形状曲线[11]：

$$C_D = 20(Ma - Ma_{crit})^4 \tag{4 - 2}$$

设阻力发散马赫数的定义为

$$\frac{\partial C_D}{\partial Ma} = 0.1 \tag{4 - 3}$$

从式(4 - 2)和式(4 - 3)解得

$$Ma_{crit} = Ma_{dd} - \left(\frac{0.1}{80}\right)^{\frac{1}{3}} \tag{4 - 4}$$

故当 $Ma > Ma_{crit}$ 时波阻系数

$$C_{d_{wave}} = 20(Ma - Ma_{crit})^4 \frac{S_{strip}}{S_{ref}} \tag{4 - 5}$$

式中：S_{strip} 为机翼上所取局部狭条面积，一般在展向可取 8 个狭条；S_{ref} 是参考面积。此模型计算的阻力与马赫数变化的曲线与 B747 飞行数据的比较表明两者吻合[7]。

干扰阻力的计算很重要但很困难,低速的翼/身和翼/支撑翼间的干扰阻力是根据 Hoerner 给出的试验数据,其中考虑机翼与机身、机翼与支撑翼的干扰;以及升力、后掠和相交角度等引起干扰阻力的因素,并用曲线拟合方法形成计算公式[7]。Tetrault 用 CFD 方法(VGRID 的非结构网格与 USM3D 的 Euler 方程软件)对机翼/支撑翼间跨声速干扰阻力计算作了专题研究[12],为了简单,假设支撑翼呈圆弧状,并与机翼垂直相交,计算中半径由 1 ft 变至 4 ft,整理计算结果并归纳成简化公式:

$$C_D = \frac{18}{空气动力支撑高度}(\text{count}) \tag{4-6}$$

其中空气动力支撑高度如图 4-5 所示,图 4-6 表示了 CFD 计算和简化公式计算的比较。

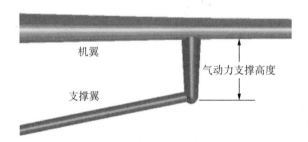

图 4-5 机翼/支撑翼间气动支撑高度

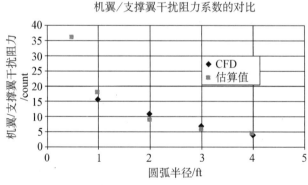

图 4-6 机翼/支撑翼干扰阻力随圆弧半径的变化

已有的常规翼飞机用上述计算的空气动力特性与 LMAS 的结果吻合,图 4-7 给出了两者的比较。

4.2.2 结构和重量

最初是按照 NASA 提供的 FLOPS(flight optimization system)中的公式来计

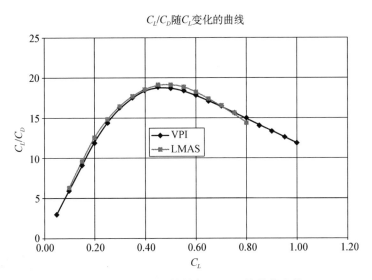

图 4-7　VPIMOD 结果与 LMAS 结果的比较

算各部分重量的,后又根据 LMAS 提供的公式作了修改,这里无法给出具体公式,只能介绍计算特点[7, 13],由于上述系统中公式都无法估计支撑翼的重量,MDO 软件添加了利用分段线性梁模型来表示覆盖在翼盒上下表面二层平板模型作为机翼受弯材料来计算弯曲材料的重量[14]。图 4-8(a)和(b)分别表示了机翼重量和重量模块的计算过程。一般来说,重量计算都是隐式函数,如:

$$W_{机身}(W_{最大机身重量}, W_{零燃油}, W_{燃油})$$

$$W_{机翼}(W_{机翼}, W_{零燃油}, W_{燃油})$$

$$W_{零燃油,计算}(W_{机翼}, W_{机身})$$

$$W_{最大机身重量}(W_{燃油}, W_{零燃油,计算})$$

需要迭代求解。

发动机重量以 GE-90 作为参考重量,按发动机所需推力与参考推力比来界定尺寸,再取得重量,并加上进气道与反推力装置的重量。

4.2.3　稳定和操纵

双发民机有一台发动机故障时 FAR25.149 规定飞机在 1.2 倍失速速度下必须能保持平衡飞行,允许工作的发动机可用最大推力,倾斜角不大于 5°,可保持一定的侧滑角。此项约束限制可表述为偏航力矩系数 $C_{n_{可用}} \geqslant C_{n_{要求}}$。

$C_{n_{要求}}$ 为

$$C_{n_{要求}} = \frac{(T + D_{ewm}) \cdot l_e}{q \cdot S_{ref} \cdot b} \tag{4-7}$$

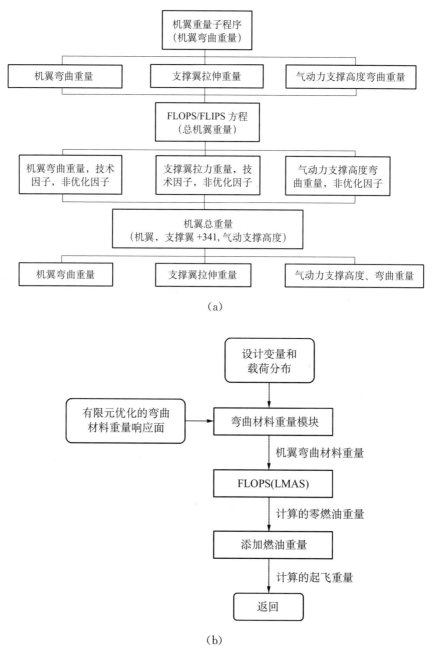

（a）

（b）

图 4-8　重量模块计算示意图

（a）机翼重量计算过程；（b）重量模块流程图

式中：T 为一个发动机的最大推力，D_{ewm} 为故障发动机的阻力，l_e 为发动机间的侧向距离。立尾的侧向力是保证 $C_{n要求}$ 的绝大部分，可用的侧向力矩由方向舵、推力矢量和环量控制来提供。基于 DATCOM 的半经验方法[15]计算所有稳定和操纵导数。

由侧向力平衡可求得所需侧滑角。按滚动力矩为零而求得副翼所需偏角。从侧向力矩系数满足大于 $C_{n要求}$ 条件获得方向舵的偏角。

4.2.4 推力

研究中取用 GE‐90 量级的发动机和 LMAS 所提供的发动机平台数据，发动机重量假定与推力成正比。修正后的发动机尺寸和重量分别传递给气动力和结构重量模块，根据巡航时所需的推力和初始巡航爬升率、跑道长度、巡航爬升率、二次进场爬升率等约束条件要求来弹性调整发动机尺度。模块中考虑了比燃油消耗率和最大推力随马赫数和高度的变化[7,13]。图 4‐9 给出了模块计算 SFC 和最大推力与 LMAS 数据的比较。

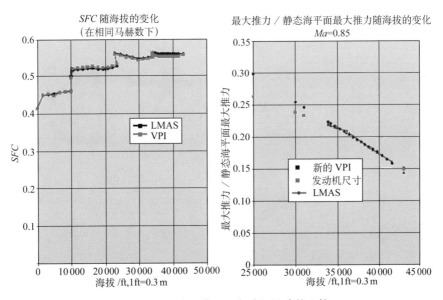

图 4‐9 发动机模型和发动机尺寸的比较

4.2.5 其他

飞机航程用 Breguet 方程计算，巡航高度是作为设计变量由优化器确定，由于起飞过程已消耗部分燃油，只用 95.6% $TOGW$ 计算，用常规方法计算起降性能。

4.3 计算结果和 SBW 提高飞机性能的潜能讨论

4.3.1 SBW 优于常规飞机

计算研究包括在不同技术水平（2010 年和 1995 年）和航程要求下起飞总重量最小或燃油重量最小的优化，并作了灵敏度分析和航程影响等总计 75 种状态的计算。飞机外形有常规机翼和 3 种 SBW 外形共 4 种飞机。总体上 SBW 飞机比常规飞机轻 9.2%～17.4%，燃油少 16.2%～19.3%，发动机小 21.5%～31.6% 和成本降低

3.8%~7.2%[13]。这里仅给出一个 $TOGW$ 最小的优化典型结果[16]（采用了 B777 -
200IGW 的飞行剖面，即航程 13 668 km（7 380 n mile），305 位旅客，巡航 Ma =
0.85）。

　　图 4 - 10 为常规机翼飞机外形的优化结果。图 4 - 11 和图 4 - 12 分别为机身吊
挂和翼下吊挂发动机的 SBW 飞机外形和结果。图上也包含了 $TOGW$ 的减少量，例
如翼下吊挂发动机的 SBW 飞机比常规飞机可降低 19% 的重量，这是一个很可观的
量，表明了只有通过 MDO 设计方法才能完成气动和结构设计的平衡，从而实现展
弦比的增大，厚度比的降低和后掠角的减小，同时减小机翼重量的效果。巡航升阻
比也提高了 10%。图 4 - 13 为翼梢发动机的 SBW 飞机外形和结果。尽管翼梢发动
机可减少诱导阻力，但它减少 $TOGW$ 的效果没有翼下吊挂发动机外形飞机的效果
好。表 4 - 4 给出了数据的比较。

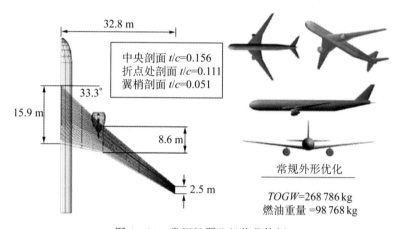

图 4 - 10　常规机翼飞机优化算例

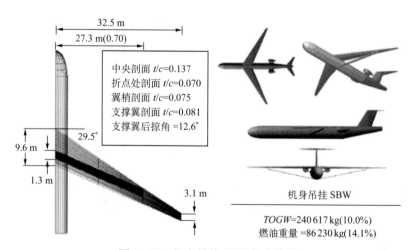

图 4 - 11　机身吊挂 SBW 优化算例

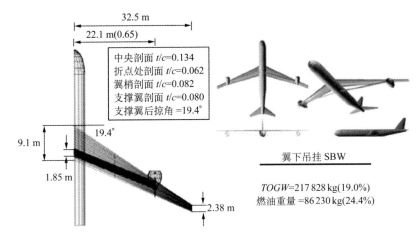

中央剖面 t/c=0.134
折点处剖面 t/c=0.062
翼梢剖面 t/c=0.082
支撑翼剖面 t/c=0.080
支撑翼后掠角 =19.4°

翼下吊挂 SBW

$TOGW$=217 828 kg(19.0%)
燃油重量 =86 230 kg(24.4%)

图 4-12　翼下吊挂 SBW 优化算例

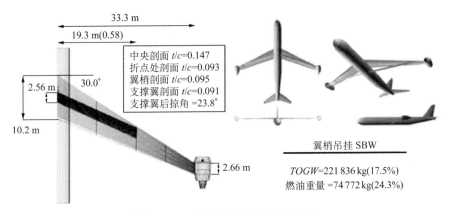

中央剖面 t/c=0.147
折点处剖面 t/c=0.093
翼梢剖面 t/c=0.095
支撑翼剖面 t/c=0.091
支撑翼后掠角 =23.8°

翼梢吊挂 SBW

$TOGW$=221 836 kg(17.5%)
燃油重量 =74 772 kg(24.3%)

图 4-13　翼梢吊挂 SBW 优化算例

表 4-4　优化结果的比较

名　称	常规机翼外形	机身吊挂 SBW	翼下吊挂 SBW	翼梢吊挂 SBW
翼展/m	65.7	64.9	64.9	66.6
参考面积/m²	458.8	410.7	371.8	429.7
展弦比	9.23	10.3	11.4	10.3
1/4 弦线后掠角/(°)	33.3	29.5	19.4	30.0
支撑翼 1/4 弦线后掠角/(°)	无	12.6	19.4	23.8
中心处机翼 t/c	0.156	0.137	0.134	0.147
折点处机翼 t/c	0.111	0.070	0.062	0.093
翼梢处机翼 t/c	0.051	0.075	0.082	0.095
支撑翼机翼 t/c	无	0.081	0.080	0.091
巡航 L/D	21.79	22.58	23.93	24.60
发动机推力/lbf	81 568.7	69 697.5	60 069.8	62 226.1

名　　称	常规机翼外形	机身吊挂 SBW	翼下吊挂 SBW	翼梢吊挂 SBW
燃油重量/kg	98 767.9	86 229.7	74 655.9	74 771.5
机翼重量/kg	35 412.9	31 951	25 932.3	28 559.1
起飞总重量/kg	268 786.1	240 616.7	217 828.2	221 835.7

4.3.2　航程的影响

图 4-14 和图 4-15 分别为 $TOGW$ 最小优化时所得各种飞机航程与 $TOGW$/燃油重量的关系曲线。由曲线可知 SBW 的优点随着飞行航程的增大更为明显。例如，翼下吊挂的 SBW 飞机在 20 372 km（11 000 n mile）航程时比常规飞机重量可小 23.7%。在同样最大燃油装载量 181 437 kg（400 000 lb）时，翼下吊挂的 SBW 飞机的最大航程要比常规飞机的大 17.4%，达 25 928 km（14 000 n mile）〔具有 22 224 km（12 000 n mile）航程的飞机可达地球的任何地点〕。因此 SBW 外形相比于常规外形，或在给定航程下可以更轻，或在给定燃油量下可飞得更远。

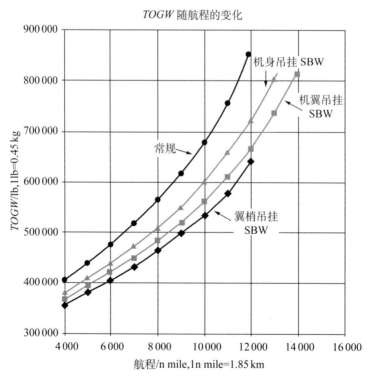

图 4-14　$TOGW$ 最小优化的各种飞机航程与 $TOGW$ 的关系

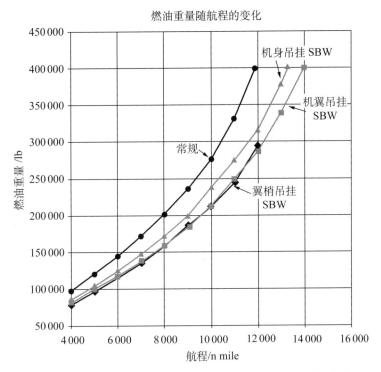

图 4-15　*TOGW* 最小优化的各种飞机航程与燃油重量的关系

4.3.3　技术水平进步的灵敏度分析

图 4-16 和图 4-17 给出了常规飞机和翼下吊挂 SBW 飞机对技术水平的灵敏度分析。由图可知 SBW 外形比常规布局外形对自然层流技术更敏感，这与它的机翼厚度和后掠角减小增大了层流流动的范围有关。而其他技术水平的进步使常规外形飞机更受益。但在两种技术水平下，无论是 *TOGW* 还是燃油重量上，SBW 外形都要优于常规布局外形。

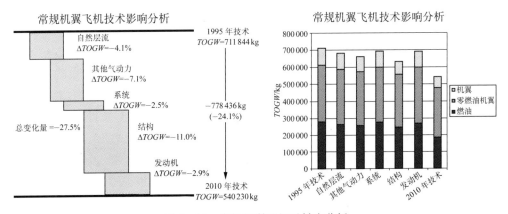

图 4-16　常规机翼飞机灵敏度分析

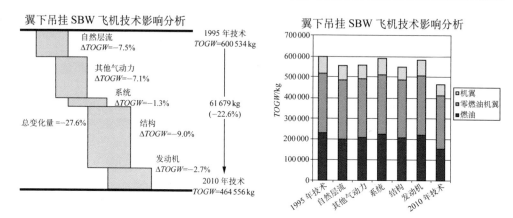

图 4-17 翼下吊挂 SBW 灵敏度分析

4.3.4 成本分析比较

MDO 中用 FLOPS 中的价格模块估计购机成本、直接运营成本和间接运营成本,总成本为三者之和。优化计算结果表明,3 种 SBW 外形的购机成本比常规外形的成本要低 5.5%～16.0%,购机成本是零燃料重量的函数,故翼梢发动机的 SBW 收益最大。直接运营成本是燃油重量的函数,故 SBW 外形的直接运营成本自然要比常规外形的低 8.1%～14.3%,翼梢发动机的 SBW 还是改善最多,虽然在成本上它占优,但由于它要满足 FAR 的单发故障飞行条件最困难,为此需要立尾的环量控制和矢量喷管等技术和措施,比较复杂。SBW 外形的间接成本只比常规外形的低 0.8%～1.6%,因间接成本仅较弱地取决于 $TOGW$。SBW 外形的总成本比常规外形的低 3.8%～7.2%[13]。可见,SBW 外形的成本降低不如前述 $TOGW$ 和燃油重量的减少那样显著,这是因为成本还很强地依赖乘客和其他不会变化的参数。

4.3.5 优化约束条件作用的灵敏度分析

为了更好地了解 SBW 外形飞机的 MDO 设计过程,需要研究约束条件对 MDO 的总体过程的作用,帮助人们了解多学科优化和单学科优化间的联系。为了比较各种约束条件的重要性,可以计算每一约束条件的对数导数,它表示 1% 的约束条件变化引起的优化目标函数($TOGW$)变化的百分数,因此可以分析优化设计中约束条件的敏感程度[17]。表 4-5 给出了灵敏度分析中的约束条件,图 4-18 给出了各约束条件的对数导数。表 4-6 给出了不同外形飞机约束条件重要性的排序。由图 4-18 可见航程约束条件影响最大,要比第二大的约束条件(机场跑道长度)的影响大 6 倍,这是可以理解的。因为燃油重量主要取决于航程约束。由图 4-18 和表 4-6 可知,跑道长度、巡航爬升率和截面最大升力系数等也很重要,SBW 外形的支撑翼载荷接触因子限制影响不明显。灵敏度的量化比较表明 SBW 外形对约束条件的灵敏度总体上要比常规外形小些[17]。

表 4 - 5　灵敏度分析的约束条件

名　称	内　容
航程	$13\,890\,\text{km}(7\,500\,\text{n mile})+926\,\text{km}(500\,\text{n mile})$＜计算的航程
初始巡航爬升率	初始巡航爬升率＞$2.53\,\text{m/s}(500\,\text{ft/min})$
巡航允许的最大剖面 C_l	计算的巡航最大 C_l＜0.8
燃油能力	燃油重量＜燃油能力
发动机故障	所需的 C_n＜可用的 C_n
翼梢挠度	翼梢挠度＜$6\,\text{m}(20\,\text{ft}, 1\,\text{ft}=0.304\,8\,\text{m})$
巡航爬升率	计算的爬升率＞0.024
跑道长度	跑道长度＜$3\,353\,\text{m}(11\,000\,\text{ft})$
进场速度	进场速度＜$225\,\text{km/h}(140\,\text{kn}, 1\,\text{kn}=1.852\,\text{km/h})$
二次进场爬升率	计算的爬升率＞0.021
着陆距离	着陆距离＜$3\,353\,\text{m}(11\,000\,\text{ft})$
支撑翼载荷接触因子	0＜载荷接触因子＜0.8

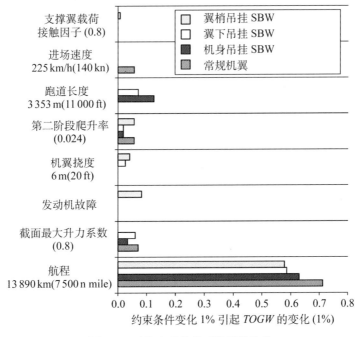

图 4 - 18　约束条件的对数导数比较

表 4 - 6　不同外形飞机的约束条件重要性排序

序号	常规外形	机身吊挂 SBW	翼下吊挂 SBW	翼梢吊挂 SBW
1	航程	航程	航程	航程
2	剖面最大 C_l	跑道长度	跑道长度	发动机故障

（续表）

序号	常规外形	机身吊挂 SBW	翼下吊挂 SBW	翼梢吊挂 SBW
3	进场速度	剖面最大 C_l	剖面最大 C_l	巡航爬升率
4	巡航爬升率	巡航爬升率	翼梢挠度	翼梢挠度
5	跑道长度	载荷接触因子	巡航爬升率	载荷接触因子
6	—	—	载荷接触因子	剖面最大 C_l

4.4　多学科优化设计和工程创新思想

多学科优化设计可以挖掘出 SBW 外形飞机优于常规飞机飞行性能的潜能，取得很好的效果，但这些结果的取得离不开工程创新思想，包括：①为了避免支撑翼在 $-1g$ 和 $-2g$ 载荷下受弯，提出了一个套筒缓冲机理，它类似于起落架缓冲冲击载荷的装置，使支撑翼将只受 $+g$ 的载荷（拉伸），而在 $-1g$ 载荷下不受载，使 SBW 外形犹如常规机翼一样，此概念在广泛征求工程师认可意见后，LMAS 根据起落架有关数据基础上给出 MDO 提供一个 $341\,kg(750\,lb)$ 的估计重量值；②在支撑翼和主机翼间采用垂直的空气动力支撑（见图 4-5），以避免机翼和支撑翼间的跨声速干扰阻力和更为有效地进行接口处的气动设计，并根据 CFD 数值计算方法归纳出工程估算数据进入 MDO。在随后的 REVCON 中作为支撑翼外形的飞行验证的 A-7 SBW 验证机外形设计中，采用 CFD 方法进一步发现了接口处的气动力干扰的机理——机翼下翼面和支撑翼上翼面间形成的局部二维喷管流动，在最小面积处的拥塞而导致下游形成了强激波（见图 4-19）[18]。若将接口处支撑翼的上翼面设计得更平坦以减小有效面积比、以使其低于临界值，则可有效地减少甚至消除激波，减小干扰阻力。空气动力支撑的存在并不是气动力干扰的主要原因，由此可见先进设计需要将工程创新思想和多学科优化设计的工具有机地结合，这将促使飞行器的巨大发展。

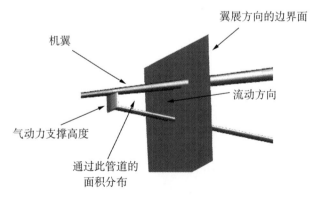

图 4-19　接口处流动的示意图

4.5　结束语

本章讨论了支撑翼作为一种跨声速民机的概念设计,这是一个空气动力和结构/重量非常紧密耦合的设计问题。为了实现支撑翼概念的优点,必须采用多学科优化的设计方法,它将关联着机翼厚度比、后掠和翼展的气动力和结构重量,取得了最优协调。结合工程创新思想,以防止某些可能的缺点与不足。计算结果表明了支撑翼外形明显地优于常规飞机外形。即使考虑与机翼弹性、颤振等相关的进一步研究也没有改变上述结论。在当今剧烈的市场竞争下,要改变飞机常规外形具有相当的风险,需要慎重地将所有技术变为成熟,从各个方面仔细论证确实具有更高性能而不存在可能发展为严重的缺陷,这需要时间和机遇。相对其他先进气动外形形式的飞机,SBW 飞机从外表上看除了多了个支撑翼和机翼变成一个高单翼外,其余与常规飞机基本类同,因此可能更容易被旅客、机组、航空公司接受。

据报道[19],美国 N+3 研制团队中的波音研究人员认为 SBW 机翼可以大大增加翼展,不仅可减小诱阻,同时较窄的机翼弦长还有利于维持层流流动,减小表面摩阻。初步研究表明,即使不采用先进发动机,它也能使燃油消耗降低 20%～30%(也可见图 4-12 及第 1 章"Sugar High"方案)。如果再采用先进的涡扇发动机,其燃油消耗至少可降低 39%;若进一步采用新颖的涡轮电动混合动力,预计燃油节省可达到 63%。本章讨论过的内容是针对 B777 量级的飞机。在 N+3 计划第二期合同下,由波音与 VP 承担的研究工作重点已转移至针对类似于 B737NG 量级(小尺寸)的飞机。据 VP 研究人员称,采用 SBW 结构同样可适用于 B737NG 量级飞机,至少可节油 20%～30%。波音公司考虑中的一种方案为:翼展 65.3 m,但可以折叠,折叠后减至 36 m,相当于 B737NG 的,可以使用现有机场登机门。该方案飞机巡航速度为 $Ma=0.70$,采用层流翼型,后掠角为 8°(B737NG 为 28°)。可见,SBW 飞机方案具有未来应用的巨大潜能。

参考文献

[1]　Pfenninger W. Design considerations of large subsonic long range transport airplanes with low drag boundary layer suction [R]. AD-821759,1958.

[2]　Jobe C E, Kulfan R M, Vachal J D. Wing planforms for large military transports [R]. AIAA 78-1470,1978.

[3]　Park H P. The effect on block fuel comsumption of a strutted vs. cantilever wing for a short Haul transport including strut aeroelastic considerations [R]. AIAA 78-1454,1978.

[4]　Turriziani R V, Lovell W A, Martin G L, Price J E, Swanson E E, Washburn G F. Preliminary design characteristics of a subsonic business jet concept employing an aspect ratio 25 strut braced wing [R]. NASA CR-159361,1980.

[5]　朱自强,王晓璐,吴宗成,等. 民机设计中的多学科优化与数值模拟[J]. 航空学报,2007,28(1):1-13.

[6] Jensen S C, Rattie I H, Barber E A. Role of figures of merit in design optimization and technology assessment [J]. J. of Aircraft, 1981,18(2):76 – 81.

[7] Grasmeyer J H. Multidisciplinary design optimization of a strut-braced wing aircraft [D]. Master Thesis, Blaksburg, USA: Virginia Polytechnic Institute and State University, 1998.

[8] Miranda L R, Brennan J E. Aerodynamic effects of wingtip-mounted propellers and turbines [R]. AIAA 86 – 1802,1986.

[9] Braslow A L, Maddalon D V, Bartlett D W, et al. Applied aspects of laminar-flow technology [C]. In: AIAA viscous drag reduction in boundary layers. 1990:47 – 78.

[10] Mason W H. Analytic models for technology integration in aircraft design [R]. AIAA 90 – 3262,1990.

[11] Hilton W F. High speed aerodynamics. Longmans [M]. London: Longman Green and Co. , 1952.

[12] Tetrault P A. Numerical prediction of the interference drag of a streamlined strut intersecting a surface in transonic flow [D]. Ph. D. Thesis, Blaksburg, USA: Virginia Polytechnic Institute and State University, 2000.

[13] Gundlach J F, Naghshineh-Pour A H, Gern F, et al. Multidisciplinary design optimization and industry review of a 2010 strut-braced wing transonic transport [R]. VPI – MAD 99 – 06 – 03,1999.

[14] Naghshineh-Pour A H, Kapania R, Haftka R. Preliminary structural analysis of a strut-braced wing [R]. VPI – AOE – 256,1998.

[15] Roskam J. Methods for estimating stability and control derivatives of conventional subsonic airplanes [M]. Kansas, USA: Roskam aviation and engineering corporation, Lawrence, 1971.

[16] Gern F, Ko A, Grossman B, et al. Transport weight reduction through MDO: The strut-braced wing transonic transport [R]. AIAA 2005 – 4667,2005.

[17] Ko A, Grossman B, Mason W H, et al. The role of constraints in the MDO of a cantilever and strut-braced wing transonic commercial transport aircraft [R]. SAE 2001 – 01 – 5609,2001.

[18] Ko A, Mason W H, Grossman B. Transonic aerodynamics of a wing/pylon/strut juncture [R]. AIAA 2003 – 4062,2003.

[19] 徐德康. 民用飞机新技术的实用化研究[J]. 国际航空,2011(9):28 – 37.

第5章　层流流动控制技术及应用

　　1904 年普朗特提出具有划时代意义的边界层概念,随后又区分层流和湍流两种边界层的概念,并指出层流摩阻要小于湍流摩阻。从那时至今,人们一直致力于层流流动控制的研究。近百年来该项研究有了很大进展,也取得了丰硕的成果。然而自莱特兄弟第一架飞机问世以来,虽然人们也一直在追求层流飞机的设计,但到目前为止人们仍然还是在按湍流流动设计民机,始终没有一架层流飞机被投入航线服务于人类。由此可见层流流动控制技术的重要性和复杂性。本章将较为系统地讨论层流流动控制技术及其在未来民机中的应用。

5.1　未来民机设计有望应用层流流动控制技术

　　凭借不断引进的新技术和新概念,空客自 1970—2000 年所研制型号的主要指标不断提高,如巡航因子提高 40%,巡航时燃油消耗降低 15%,每座每英里燃油消耗降低 37%,每座每英里直接运行成本降低 15%[1]。这些因素使空客从最早的市场占有额不到 3%,而到 2003 年在新机交付量、存储订货额和新订单量等三项指针上全面超过了波音。可见先进技术在民机设计中的重要作用。面对欧洲的严峻挑战,美国 NASA 深感自己在相当一段时期内对航空领域研究不够重视,在一些关键领域内形成了缺口,决定根据美国"新一代航空运输系统(NextGen)"计划的需求(预计美国在 2025—2035 年的空中交通运输量将比现在增加 2~3 倍)制订一个新的远景计划,使美国民机重新赢得全球领导地位。

　　NASA 的任务就是领导开展针对性的基础研究,在此发展计划中将亚声速固定翼民机的发展分为近期 N+1 代,指原计划于 2015 年投入使用的常规布局飞机;中期 N+2 代,指有望在 2020—2025 年间投入使用的常规和非常规布局的新构型飞机;远期 N+3 代(见 1.4 节)[2]。

　　NASA 以合同方式选择和建立了多个研究团队,分别研究对应各代飞机的新概念、方法和先进技术。在随后各参研团队提出的研究方案中无论何种布局形式都采用了层流控制技术。欧盟的航空系统通过 ELFI, EUROTRANS, EUROLIFT 等项目一直安排了层流流动控制技术内容的研究,近年来还通过未来飞机机翼技术(AWIATOR)的研究项目中安排了新的机翼流动控制方法和主动流动控制方法的研究内容。可见流动控制技术对未来民机的研制具有重要的作用。未来民机的设计有望应用流动控制技术。

5.2　减少摩擦阻力是减少民机阻力的重要途径

5.2.1　摩阻占民机总阻力的 50% 左右

对大量计算、实验和飞行试验结果进行分析后得知飞机的阻力系数可按各部件阻力系数之和计算。对一架典型民机在巡航状态 $Ma = 0.8$，$C_L = 0.48$ 时的阻力分析可知，机翼的阻力约占总阻力的 60%，机身约占 21%，发动机短舱约占 8%，尾翼约占 7%，废阻占 3%[3]。若按性质分，摩阻又占总阻力的 50% 左右。图 5-1(a)，5-1(b) 分别给出了 Schrauf[4] 和 Thibert[5] 等对现代宽机身大型民机巡航状态的阻力分析，摩阻分别占总阻力的 50% 和 45%，远超过其他阻力项。对稍小的民航机，如 B737 和 A320，摩阻在总阻力的比例还要大。因此减少摩阻对改善飞机性能和降低成本都具有重要的意义。

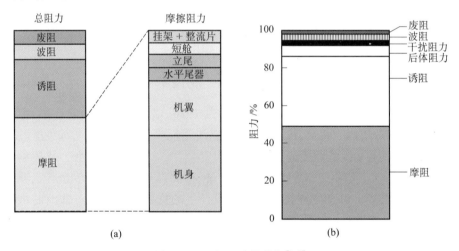

图 5-1　飞机阻力的分解[4, 5]

5.2.2　目前减少摩阻的两种措施

1）减少浸润面积

摩阻正比于表面浸润面积，为在满足容积要求的前提下尽量减少浸润面积，实现摩擦阻力的减小，便成为翼身融合体（BWB）这一概念的出发点[6, 7]。图 5-2 表示了传统民机外形和翼身融合体外形浸润面积的比较[6, 7]，可见后者比前者可减少 1/3 以上，亦可减少约 1/3 摩阻。

文献[6, 7]介绍了翼身融合体（BWB）的设计概念、方法和结果，表明在相同载重条件下 BWB 的每座位耗油率比常规布局的减少 32%。波音公司从 20 世纪 90 年代初至今一直在研究 BWB 布局形式的优势、不足及其改进方案，并与美国空军合作，制造了两架 X-48B 试验机进行飞行试验。最近 NASA 又与波音签订合同，对两架 BWB 布局形式飞机——N2A 和 N2B 作为 N+2 代飞机候选外形进行研究。

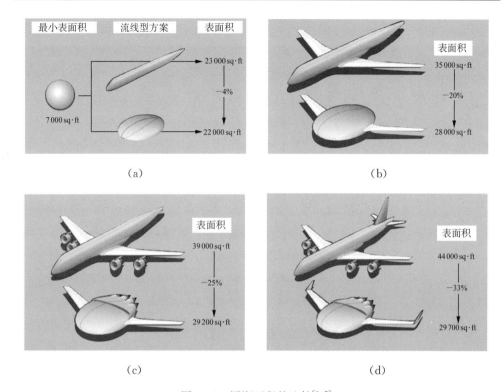

图 5 - 2　浸润面积的比较[6, 7]

(a) 三维几何对浸润面积的影响；(b) 翼身融合对浸润面积的影响；
(c) 发动机融合对浸润面积的影响；(d) 完全融合对浸润面积的影响

2）扩大层流面积

我们知道，层流的摩阻要远小于湍流摩阻，如在同样 Re 下 $C_{层}$ 要比 $C_{湍}$ 小 90％左右，而目前民机设计时都是按全湍流设计的，因此扩大层流区，甚至实现全层流流动是减阻的一个重要方向和途径，对民机性能的改进是十分明显的。图 5 - 3 给出了层流流动对亚声速湍流流动的公务机阻力降低的估计[8]，可见可使总阻力减小 25％左右。

5.3　层流流动控制技术

5.3.1　层流流动控制减阻分析

通常用边界层流动的位移厚度积分参数 $\delta^*(x)$ 描述随边界层增长，无黏外流外移的程度，用动量厚度积分参数 $\theta(x)$ 描述物面阻力（包括压力阻力和摩擦阻力）的大小，对于不带激波的二维翼型，翼型下游尾迹中的动量厚度 $\theta(\infty)$ 表征整个翼型阻力的大小。

动量厚度 θ 与压强分布的关系，在二维不可压流中可用边界层动量积分方程描述：

$$\frac{\mathrm{d}\theta}{\mathrm{d}x} = \frac{c_{\mathrm{f}}}{2} - \frac{\theta}{U}(H+2)\frac{\mathrm{d}U}{\mathrm{d}x} \tag{5-1}$$

式中：C_{f} 是摩阻系数，$H(=\delta^*/\theta)$ 是形状因子，$\mathrm{d}U/\mathrm{d}x$ 是边界层外缘速度梯度。可

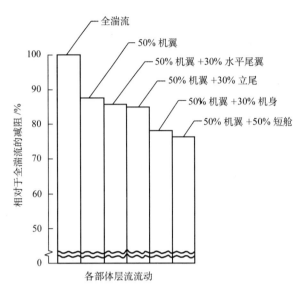

图 5-3 层流流动时亚声速公务机减阻的效果[8]

见,压强分布控制着动量厚度的变化。在可压缩流中方程

$$\frac{\mathrm{d}}{\mathrm{d}x}(\rho U^2 \theta) = \delta^* \frac{\mathrm{d}p}{\mathrm{d}x} + \tau_\omega \tag{5-2}$$

更清楚地表述出型阻两部分的构成。

图 5-4 为一个典型的跨声速翼型及其在设计点上的压强分布。图 5-5 表示了典型飞行雷诺数时上下翼面边界层动量厚度 $\theta(x)$ 的变化。尽管在 45% 翼弦处上、

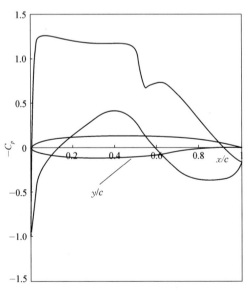

图 5-4 全湍流边界层跨声速翼型外形和压强分布[9]

下翼面的 $\theta(x)$ 值相等,但在后缘处下翼面的值增大了约 2.5 倍,而上翼面的却增大了 7 倍,约为下翼面的 2.8 倍。因此可以说,型阻的 3/4 来自于翼型上表面的边界层增长[9]。图 5-6 给出的压力阻力和摩擦阻力沿翼型上表面弦长变化的曲线。可见动量厚度的变化在翼型前半部分主要由摩擦阻力决定,而后半部分则主要由压力阻力决定。

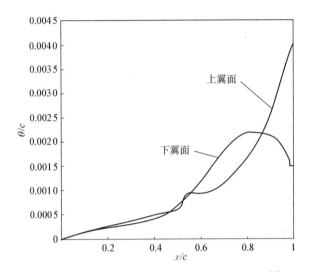

图 5-5　全湍流边界层翼型上动量厚度的变化[9]

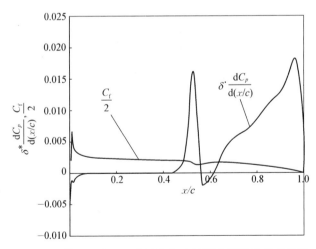

图 5-6　翼型上表面压力阻力与摩擦阻力沿翼弦的变化[9]

从方程(5-1)也可看出,在翼型前半部,由于 $\mathrm{d}U/\mathrm{d}x$ 很小,$\mathrm{d}\theta/\mathrm{d}x$ 主要由 C_f 决定,而在后半部 $\mathrm{d}U/\mathrm{d}x \gg C_f$,$\mathrm{d}\theta/\mathrm{d}x$ 与当地 θ 成正比,比例系数由 $\mathrm{d}U/\mathrm{d}x$ 决定。因此翼型后缘压强的增大使动量厚度在由前半部摩阻决定的动量厚度基础上迅速增大。这种流动的物理特点说明了为什么层流控制可以成为型阻减阻的有效方法之一[9]。

图 5-7 和图 5-8 分别为全湍流流动翼型与采用混合层流控制（HLFC）设计的翼型在相同升力系数和 Re 数下压强分布和动量厚度沿翼型弦长变化曲线，其中用 HLFC 设计的翼型仅在 15％弦长前吸气，即可使转捩点延后至 40％弦长处，从而使后缘处动量厚度减少了 1/3。

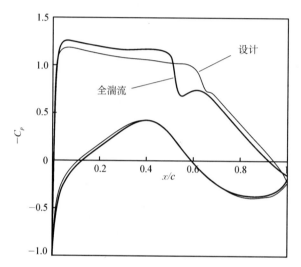

图 5-7　相同马赫数和升力系数下两种翼型的压强分布[9]

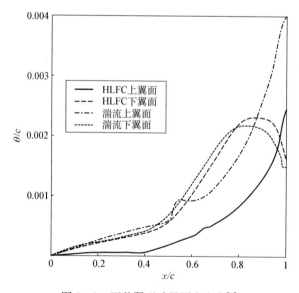

图 5-8　两种翼型动量厚度变化[9]

上述简单分析只是一种定性的说明，因为仅考虑了二维边界层中的 TS 不稳定性（tollmin-schlichting instability）。在后掠翼三维流动中还存在横向流 CF 不稳定性（cross-flow instability）和接触线污染等更为复杂的流动现象。

5.3.2 三种层流流动控制技术

自 1904 年普朗特提出具有划时代意义的边界层和层流及湍流边界层的概念以来,人们一直致力于层流边界层的控制研究,期间人们形成了自然层流(NLF)控制、全层流流动控制(LFC)和混合层流流动控制(HLFC)三种概念,图 5-9 为三种概念的示意图[10]。

(1) 自然层流流动(NLF)控制技术。该技术利用有利压强(顺压)分布延缓转捩的发生如图 5-9(a)所示。这一技术在二维和轴对称流动中已发展得比较成熟,只需将最大厚度点尽可能后移后,在翼型前部保持顺压梯度,即可以形成自然层流翼型。图 5-10 给出了几种层流翼型[3],其中

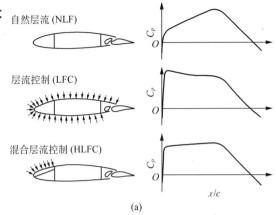
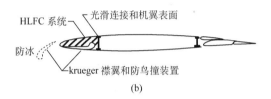

图 5-9 三种层流流动控制概念示意图[10]

(a) NLF, LFC 和 HLFC 的概念;(b) HLFC 的实际应用

SCLFC 为超临界 NLF 翼型。实验证明只要仔细地保持表面光滑质量,可在翼型上长达 80% 弦长区域内保持顺压梯度与层流流动。对于三维直机翼或很小后掠角的机翼也比较容易实现自然层流机翼,但因后掠机翼绕流中存在 CF 不稳定性,使边界层流动在机翼前缘附近即开始转捩变成湍流,使 NLF 设计很困难,因而可实用的 NLF 机翼具有小后掠角,且只适用于中小尺寸的飞机(如下述"本田飞机"机翼)。

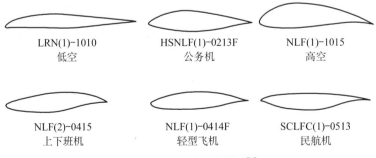

图 5-10 几种层流翼型[3]

分析转捩机制可知:后掠角 0°~10° 时主要由 TS 扰动造成自然转捩,因此只要设计成顺压梯度就可保持层流;后掠角 10°~30° 时同时存在 TS 和 CF 扰动,两者的放大皆可造成转捩;后掠角大于 30° 时主要是 CF 扰动,会在前缘即形成转捩。由图 5-11 和图 5-12 分别给出的风洞试验和飞行试验结果可见,机翼的转捩点位置

随后掠角增大而前移[11, 12]。Gray 还指出[13]，当后掠角大于 20°或者 25°时，前缘半径直接影响着层流区的大小，半径增大将缩小层流区域。

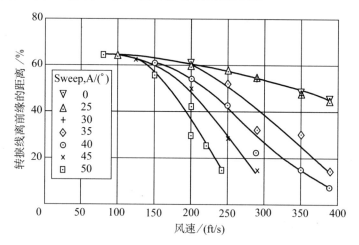

图 5 - 11   风速和后掠角对转捩的影响[11]

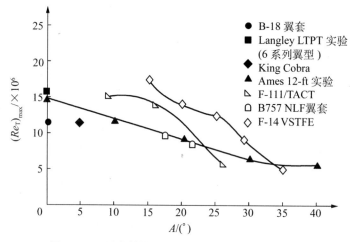

图 5 - 12   最大转捩雷诺数随机翼后掠角的变化[12]

现有民机的后掠角一般在 30°左右或者更大，因此很难使用 NLF 技术。自 1903 年莱特兄弟第一架飞机问世以来，人们一直在追求层流飞机的设计，现代工业的发展使符合于层流流动对表面波纹度、光洁度等的加工要求可以实现，极大地鼓舞了人们对实现层流飞机的勇气。最近"本田飞机"（Hondajet）的问世是自然层流机翼设计飞机的一件鼓舞人心的大事，它是一架先进、轻型的公务机，采用了发动机置于机翼上的布局构型，自然层流机翼，自然层流机身头部（见图 5 - 13）。飞机长 12.5 m，翼展长 12.2 m，机高 4.1 m，起飞重量 4173 kg，最大航程 2037 km，估计在 9144 m 高度最大速度为 420 kn。它已于 2003 年 12 月 3 日进行了首飞，并正在进行适航认证试飞。已完成的飞行试验表明，飞机达到了预期的目标和要求[14, 15]。

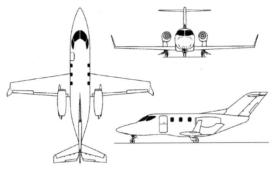

图 5 - 13　本田飞机外形[14, 15]

机翼翼型 SHM - 1 的设计要求是在下述范围内具有低阻特性：在 $Ma = 0.69$，$C_L = 0.18 \sim 0.26$，$Re = 11.7 \times 10^6$ 的巡航条件下和在 $Ma = 0.31$，$C_L = 0.35$，$Re = 13.6 \times 10^6$ 的爬升条件下；考虑到该机的应用领域，巡航条件下低阻的要求更加强调。其他设计要求包括：襟翼不偏时的最大升力系数为 1.6（$Re = 4.8 \times 10^6$，$Ma = 0.134$）；失速特性可控；阻力发散马赫数高于 0.70（$C_L = 0.38$）；俯仰力矩系数在 $Ma = 0.70$，$Re = 7.93 \times 10^6$，$C_L = 0.38$ 时不小于 -0.04，以保证配平阻力最小；翼型厚度 $\bar{c} = 15\%$ 以保证满足航程需要的燃油空间。

设计者采用 Eppler 的翼型设计方法和计算程序设计 SHM - 1 自然层流翼型，即利用保角变换方法分别设计上、下翼面，上翼面针对低阻范围的上限设计，下翼面针对低阻范围的下限设计。再利用 MCARF 和 MSES 分析计算程序计算所设计的翼型，并加以修正，不断重复上述设计、计算，逐步实现所有的设计要求。图 5 - 14(a) 给出了翼型的外形与其相应的压强分布，图 5 - 14(b) 给出了计算和飞行试验测量的压强分布比较，图 5 - 14(c) 给出了计算和飞行试验测得的边界层转捩位置。可见计算和飞行试验结果吻合得很好。由图可知，上翼面 42% 弦长前和下翼面 63% 弦长前均保持着顺压梯度，这样大范围的自然层流区保证着翼型的低阻特性；后缘区域陡峭的压强恢复在上翼面限制了大迎角时分离区的移动，在低速条件下保持高的最大升力系数，在下翼面则增大了后缘区的升力。风洞和飞行试验的验证表明设计的 SHM - 1 翼型达到了所有的设计要求。

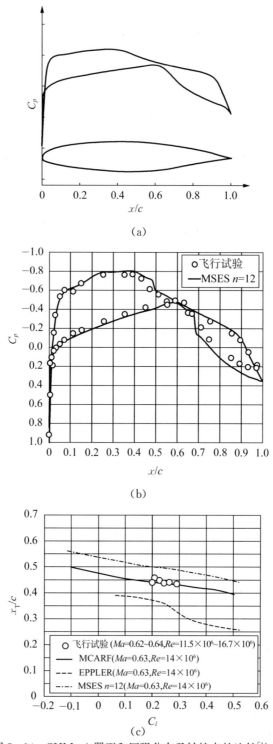

图 5-14　SHM-1翼型和压强分布及转捩点的比较[14, 15]

(a) SHM-1翼型和设计状态的压强分布；(b) 计算和飞行试验测量的压强分布比较；
(c) 计算和飞行试验测得的边界层转捩位置

（2）全层流流动控制（LFC）技术（见图 5-9(a)）。该技术利用"吸气"，使原来超过基于弦长的某雷诺数会转捩成湍流的边界层流动仍保持层流状态。这当然是一种理想的技术。图 5-15 给出了三种层流控制技术可节省的燃油随航程变化的曲线[16]，可以看出 LFC 是节约燃油高效率的技术。该图也表明，层流控制技术减少了飞机巡航时的阻力，因此航程更大的飞机其效能也更大。但实际应用 LFC 时会遇到与机翼翼盒综合设计的难题，且"吸气"所需的能量很大。表 5-1 给出了三种翼型在 $Re = 30 \times 10^6$ 时阻力的比较[9]，其中泵阻力为由吸气引起的阻力，可由所需求的吸气泵功率除以自由流速度来表示。它不仅与泵前压强损失，也与吸气泵系统效率和驱动泵的功率相关。表中前两种翼型即图 5-7 和图 5-8 所用的翼型，LFC翼型为 Northrop F-94 飞行试验所用翼套的翼型。由表看出，HLFC 翼型的总阻力为全湍流翼型总阻力的 2/3，而 LFC 翼型只有 1/9，显然其降阻效果明显有利。但 HLFC 翼型的泵阻力只占总阻力的 1‰～2‰，而 LFC 翼型泵阻力却占总阻力的 80‰。

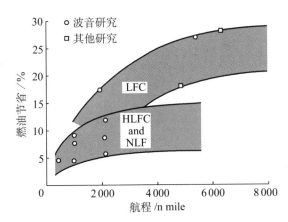

图 5-15　亚声速飞机采用层流控制技术可带来
的燃油节省随航程的变化[16]

表 5-1　翼型阻力的比较

阻力分类	全湍流	HLFC	LFC
型阻力	0.00912	0.00595	0.00018
泵阻力	0	0.00010	0.00078
总阻力	0.00912	0.00605	0.00096

（3）混合层流流动控制（HLFC）技术（见图 5-9(a)）。HLFC 综合了 LFC 和NLF 的概念，减少了 LFC 的吸气要求，降低了系统的复杂性，特别可以不改变原有翼型的翼盒结构，避免了与翼盒结构的综合设计。它的主要特点：①只在机翼前梁前的前缘区域保持吸气；②通过气动外形（压强）设计保持机翼上的 NLF；③在湍流状态下仍具有好的性能。

　　HLFC 的优势使其在过去的研究中有了充分的发展,图 5 - 16[17]中绝大多项目是属于此项技术研究的项目。图 5 - 9(b)给出了利用 Krueger 襟翼(为了高升力,防昆虫,防冰)的 HLFC 翼型。值得指出一点,过去人们通过缓慢的顺压梯度的设计来保持 NLF。最近 Wong 等[18]提出了不同的方向,他们的研究表明,对于给定吸气系统的输入能量可以通过类似于当前全湍流设计机翼中所采用的"屋顶式"逆压梯度分布取得比传统的顺压梯度设计所得的性能更好[18]。

5.3.3　层流流动控制技术的研究简况

　　Joslin RD 给出了自 20 世纪 30 年代至 2000 年美国和欧盟所进行的层流流动控制技术研究项目的年历表(见图 5 - 16)[17]。越战使美国在 60 年代中止了大部分LFC 的研究,70 年代后由于石油危机和高油价使美国和欧洲兴起了 LFC 研究的新高潮,包括风洞试验、飞行试验和设计方法及工具的研究。这些研究将 LFC 技术推进应用于亚声速、跨声速和超声速民机。发表了不少介绍、评述和小结等类型的文献[4, 10, 12, 16, 17, 19~26]。

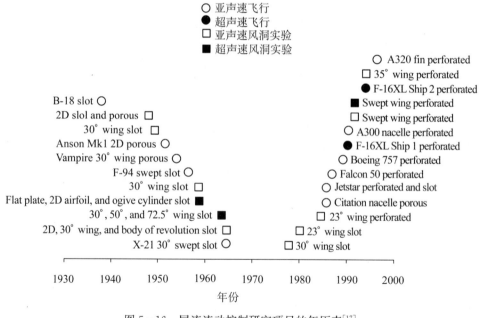

图 5 - 16　层流流动控制研究项目的年历表[17]

　　美国的大部分项目是属于 NASA ACEE(Aircraft Energy Efficiency)下的子项目,除了大量的风洞试验与分析研究外,还作过如 F - 111 TACT,F14 VSTFE,B757 NLF 翼套飞行试验,以及 Jetstar 的 LEFT,B757 HLFC 飞行试验,GEAR 的短舱飞行试验和 F - 16XL 超声速 LFC 飞行试验等。

　　欧盟启动的 ELFI(European Laminar Flow Investigation)项目专注于跨声速民机的层流流动技术,包括 Dassault Falcon 50 HLFC 飞行试验,European NLF 和

HLFC 短舱飞行试验和 A320 层流立尾风洞和飞行试验等。

5.3.4　层流流动控制技术可带来的效益

层流流动控制技术可带来的效益与燃油价格、系统成本、维修技术效率、能保持层流区域的大小、商载大小等因素有关。一般在给定的飞行剖面下它可减小起飞总重($TOGW$)、运行空重(OEW)、轮档油量(BF)、提高升阻比 L/D、减少排污物和噪声而增进环保性能和可用更小的发动机等。

图 5-15 给出了以 C-5A(湍流设计)作为基本飞机,采用层流控制技术改形设计,飞机燃油节省百分比与航程变化的曲线。可见,3 种层流控制技术都可节省长航程亚音速运输机很多燃油,且飞机尺寸越大,航程越长,好处愈明显。Robert 对 A320 和 A340 两种量级民机的研究也表明[26],航程为 $R=3\,300\,\mathrm{n\,mile}$(1 n mile$=$1 852 m)的 A320 巡航阶段的耗油仅占 BF 的 35%,而航程为 7700n mile 的 A340 巡航所需油量则为 BF 的 80%。

由于层流控制技术特别有利于巡航飞机,故对大型民机更有利,例如对 A340 只需采用 15%～20% 弦长的 HLFC 就可降阻 14%。Arcara 等的研究发现[27],采用 1995 年水平发动机的双发亚声速民机在采用 HLFC 技术保持机翼上下表面和水平、垂直尾翼上 50% 弦长的层流区和发动机短舱上 40% 的层流区后,与原始湍流飞机相比可减少 $TOGW$ 9.9%,OEW 的 5.7%,BF 的 18.2%,提高巡航的 L/D 14.7%(见图 5-17[27])。Clark 等的研究表明[28],巡航 $Ma=0.77$,商载 132500 lb 和巡航航程 $R=6500\,\mathrm{n\,mile}$ 的军用运输机采用层流控制技术后,相比于原湍流飞机可减少 $TOGW$ 4%～7%,燃油消耗 13.4%～17%,对推力的要求降低 10.6%～13%,提高 L/D 18.4%～19.2%。上述的上下限分别对应于上单翼和下单翼布局的构型。

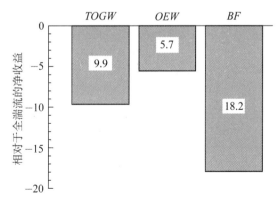

图 5-17　$Ma=0.85$, $R=6\,500\,\mathrm{n\,mile}$(12 045 km),
300 座的亚声速民机的 HLFC 增益[27]

波音公司对巡航 $Ma=2.4$,247 座(745 000 lb $TOGW$),5 000/6 500 n mile 航程的高速民机(HSCT)研究了超音速混合层流控制(SHLFC)可能带来的好处[29]。机翼内翼段前缘后掠角 75°,外翼段后掠角 47°,且具有尖超声速前缘。应用 SHLFC 技术后在

航程为 $5000\,n$ mile 时可减少 $TOGW$ 8.5%，减少 OEW 6.2%，减少 BF 12%，但需增加 $8500\,lb$ 的吸气装置重量。航程提高为 $6500\,n$ mile 时性能可改进更多（见图 $5-18$[29]）。Powell[30]也对另一类 HSCT 的研究得到了类似的结果。Kirchner[16]根据有限的超声速资料给出了 SHLFC 可提高 L/D $10\%\sim30\%$ 的意见（见图 $5-19$[16]）。

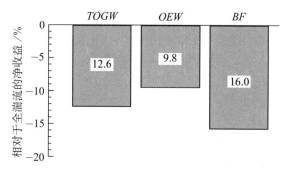

图 $5-18$　SHLFC 对 $Ma=2.4$，$R=6500\,n$ mile$(12\,045\,km)$，247 座的 HSCT 带来的增益[29]

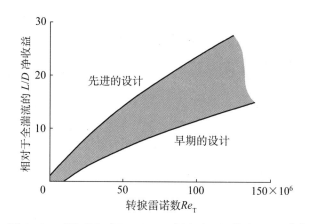

图 $5-19$　SHLFC 对 $Ma=2.5$ 超声速飞机带来的增益[16]

5.4　层流流动控制的设计方法

5.4.1　设计方法

机翼的层流流动控制设计步骤是：①确定一个初始机翼外形，用 CFD 方法计算出其压强分布；②根据所要求的目标压强分布，用反方法对初始机翼作外形修形设计；③对修形外形作边界层和稳定性计算，以获取所要求转捩位置的吸气分布规律；④根据所要求的吸气分布设计吸气系统（包括吸气孔位置、大小和分布）。反复迭代上述设计步骤直至获得了接受的设计；⑤选择，设计，布置压缩机，管道系统，吸气的其他辅助系统等。文献[31]可作为设计方法及其具体应用步骤的一个实例。

前已述及，在三维后掠翼上存在着 TS 波扰动和 CF 涡扰动，且顺压梯度减弱 TS

扰动,但增大 CF 扰动。因此设计者应根据给定的雷诺数和马赫数来寻找在机翼整个弦长上 TS 和 CF 扰动两者增长最小的压强分布。对于大后掠机翼,在前缘区可应用 HLFC 的吸气来抑制常规状态下前缘附近 CF 扰动的快速增长,然后修改机翼外形使前缘区域两个扰动有最小的增长。为使 HLFC 的应用能获得良好的效果,关键是准确地计算出所希望的转捩点位置及相应需要的吸气量、吸气点位置和吸气强度的壁面分布。

5.4.2　转捩位置的计算

自 1883 年雷诺的经典实验以来层流流动的不稳定性和层流转捩为湍流的流动就因其是边界层流动中十分复杂的流动现象,且又强烈地影响着气动力特性而一直是流体力学研究的重点之一。一百年来对于二维和三维边界层转捩的流动物理研究已较深入[32~37],提出了有:转捩的经验判别准则;基于小扰动理论的局部假设/非局部假设的线性稳定性方程方法和抛物化非线性稳定性方程方法等研究不稳定性的方法;以及基于 N-S 方程的大涡模拟及直接数值模拟等各类计算转捩位置的方法。但严格和正确地提炼出转捩过程的模型是非常困难的,直到目前还没有适合于工程应用的能精确确定转捩位置和过程的方法,解决工程问题时除了"旁路转捩"(bypass transition——当扰动振幅较强,如高自由湍流度或大的孤立粗糙单元等时,非线性明显起主要作用而迅速发展转捩的情况)外,主要仍依据线性稳定性理论来确定转捩位置[38~43]。

5.4.2.1　转捩过程的定性说明

分析边界层流动的现象可以定性地描述转捩机理为:在简单的二维流动中由于 TS(Tollimien-Schilichting)小扰动波的振幅呈现指数型的增长,随着向下游的发展,此幅值增大至一定值后,原来二维的小扰动波变形成了一系列的"峰"和"谷"。随后三维性和非线性效应变得越来越重要,扰动的非线性发展呈现出"破裂"现象,即峰-谷结构被拉伸而形成马蹄涡,它们又破裂成一些更小的涡,进一步的分裂使脉动呈现随机形式,而形成"湍流斑"。第一个湍流斑出现的流向位置被认为是转捩开始的位置。这时平均速度型的形状因子开始减小,表面摩擦开始超过其层流时的值。湍流斑进一步发展,最终变成充分发展的湍流。实际上从线性区域结束至最后变成充分发展的湍流之间的距离是相当短的,例如对于平板边界层,线性区域占有从前缘至转捩开始点之间 75%~85% 的范围[43]。这也说明了为什么工程应用中计算转捩的方法可以基于线性稳定性理论。

三维流动时不仅有流向速度型,还存在着横向速度型。因此在三维不仅有流向的 TS 不稳定性,还存在着横向流不稳定性。图 5-20 为后掠机翼上不同压强梯度下两种流向速度型的形状。横向速度在驻点处为零,随后快速增大,尽管在负压梯度中它仍然很弱,约为 5%~10% 的自由来流速度,但即使这样的量级就足够产生很强的横向流不稳定性。三维与二维流动的基本现

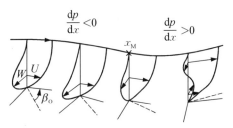

图 5-20　后掠机翼上层流边界层内两个方向速度的发展。x_M 是无黏流线拐点的位置。β_0 为壁面流线和无黏流线之间的夹角[43]

象类同,两者的主要差别在于三维中不稳定波是在很宽的传播方向上发展的,且不稳定波传播方向强烈地取决于流动是加速的还是减速的。三维的另一个特点是一旦横向速度分量足够大,定常(零频率)扰动就变得高度不稳定。三维流动中非线性起主要作用的区域要比二维的大得多。近年来进行了不少研究三维非线性机制的实验工作[44~48]。

5.4.2.2 线性理论:平行流假设和稳定性概念

黏性流体边界层中在小扰动的条件下可以求解线性 Orr-Sommerfeld 方程(具体的推导和叙述可见文献[17,39,51])来计算层流流动的稳定性。

在线性稳定性理论中引入正弦小扰动假设,并假定脉动量 q'(速度,压强,密度,温度等)均可表示为

$$q' = q(y)\exp[\mathrm{i}(\alpha x + \beta z + \omega t)] \tag{5-3}$$

式中:x, y, z 为正交坐标系(笛卡儿或曲线坐标系,y 为垂直表面的方向),且复振幅 $q(y)$ 仅为 y 的函数。一般情形下,α, β, ω 为复数。

由于脉动量小,故在 N-S 方程中可忽略扰动量的二次项。并假设平均量在扰动的波长范围内变化不大,可假设平均流的 u 和 w 分量仅是 y 的函数,法向速度分量 v 为零。此即"平行流近似"。它的应用表示了在 (x, z) 位置上流动的稳定性是当地局部条件决定的(一般称"局部-local 方法")。在上述假定下可获得确定振幅函数 $q(y)$ 的一组齐次常微分方程组(在二维,不可压低速流的情况下即为 Orr-Sommerfeld 方程)。由于齐次边界条件,稳定性问题遂成为一个特征值问题,特征值求解方程组中包含了四个参数 Re_d, α, β, ω,雷诺数 Re_d 是给定的一个实数。除了零解外,方程组仅对一定的 α, β, ω 可解,这限定了三者的相互关系,即所谓的弥散关系,α, β, ω 中任意两个被给定,剩余的一个作为特征值从方程的计算中获得,即一旦给出平均流后,稳定性问题需要确定 6 个未知数:$\{\alpha_\mathrm{r}, \alpha_\mathrm{i}, \beta_\mathrm{r}, \beta_\mathrm{i}, \omega_\mathrm{r}, \omega_\mathrm{i}\}$,它们分别为流向波数,流向(空间)增长率,展向波数,展向(空间)增长率,波频率和时间增长率。对于时间稳定性分析,α 和 β 是实数,ω 是通过特征求解得到的复数解。对于空间稳定性分析,给定 ω_r,令 $\omega_\mathrm{i} = 0$,$(\alpha_\mathrm{r}, \alpha_\mathrm{i}, \beta_\mathrm{r}, \beta_\mathrm{i})$ 由特征求解确定,即由给定 $\beta_\mathrm{r} + \beta_\mathrm{i}$ 和 $\omega = \omega_\mathrm{r}$ 来导出 $\alpha_\mathrm{r} + \alpha_\mathrm{i}$,或给定 $\alpha_\mathrm{r} + \alpha_\mathrm{i}$ 和 $\omega = \omega_\mathrm{r}$ 来导出 $\beta_\mathrm{r} + \beta_\mathrm{i}$。上述特征值问题的解以稳定性图的形式给出。图 5-21 给出了线性理论的稳定性概念,即一定波数和频率的组合形成了如下特征的扰动,它在低雷诺数时是衰减的,随雷诺数增高它是放大的,然后在更大雷诺数下又是衰减的。放大(不稳定的)区域和衰减(稳定的)区域的边界称中立(中性稳定性)曲线。

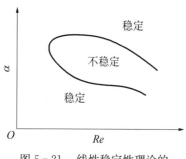

图 5-21   线性稳定性理论的
稳定性图[17]

5.4.2.3　e^N（或 N-因子）法

当前工程界在计算转捩时主要采用一种半经验的方法——e^N（或 N-因子）法，即基于一次稳定性分析来判断和确定边界层中转捩区的结束。简单地讲，即认为放大了的扰动振幅对初始扰动振幅之比 A/A_0[即（$|u'(x)|/|u'(x_0)|$）]达到 e^N 值时，转捩过程即完成，指数 N 由经验确定[49, 50]。具体做法为[51]：

将给定频率 ω_r 的扰动振幅开始放大的点（中立点）表示为 $x_{crit}(\omega_r)$，由此点开始，用一次空间稳定性分析计算扰动振幅 $A|u'(x)|$ 在 x 位置的空间放大率 $-\alpha_i(x)$，$-\alpha_i = (1/A)(\partial A/\partial x) = \partial \ln A/\partial x$。

于是振幅的发展可表示为

$$\ln \frac{A}{A_0} = \int_{X_0}^{X} -\alpha_i \mathrm{d}x \tag{5-4}$$

$$N = \mathop{\mathrm{Max}}_{\omega_r}[\ln A/A_0] \tag{5-5}$$

计算结果如图 5-22 所示的 $\ln(A/A_0)$ 曲线，对不同频率重复上述计算（图中表示了四种扰动——波数和频率的不同组合）给出了四个 N 值，再作由所有计算曲线得到的 N 值线的包络线（N 因子曲线），该包络线与由经验确定的 N 值线的交点 x_{tr} 即认为是转捩完成的位置。可见此方法的结果直接依赖于经验数值。

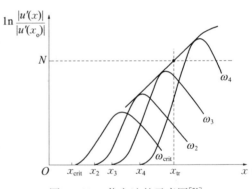

图 5-22　e^N 方法的示意图[51]

三维流动中由于同时存在着流向 TS 不稳定性和横向流不稳定性，线性稳定性特征值的计算和 e^N 方法的计算都要比二维的计算复杂得多。Joslin[17] 简要地介绍了三维流动中确定特征值中两个待定参数的三种方法：鞍点法[52, 53]，固定波角法[54]和固定展向波长法[55]。Arnal[43] 等讨论了二维和三维的 e^N 计算方法，提出了三维计算的 4 类算法：①包络线算法（如上述二维方法）；②给定频率（ω）和给定展向波数（β）算法；③给定频率（ω）和给定波长（λ）或给定频率（ω）和给定波角（ψ）法；④流向 N 因子和横向 N 因子法。并指出由欧盟支持的 ELFI 项目对此四类算法作了探讨，并与飞行试验结果作了比较[56, 57]，主要结论有[43]：

（1）给定 ω 和给定 β，给定 ω 和给定 λ 或给定 ω 和给定 ψ 的算法得出的确定转捩位置的 N 因子值很接近，这意味着 β 值为常值的行波，其 λ 和 ψ 也保持着很接近。此类算法的缺点是计算工作量大且有时会给出"病态"的结果，即最大 N 值出现于转捩点之前（见图 5-23(a)）。

（2）N_{CF} 和 N_{TS} 算法也会出现"病态"结果。

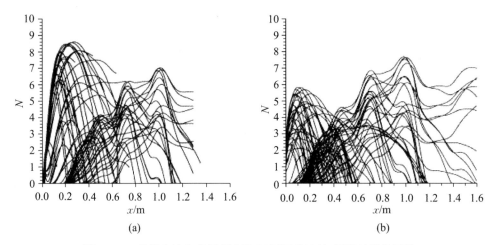

图 5 - 23　局部方法和非局部方法 N 因子的比较,测得转捩位置为
$x=1\,\mathrm{m}$(Fokker100 417 次的实验值)[43]

（3）包络线算法计算量较小,且没有发现"病态"结果。

（4）但是,在确定转捩点的 N 因子上,没有一种是占优的。

ONERA 为此进行了一个专门的后掠翼实验,目的是进行对各种算法做较为系统的比较,还作了"局部方法"和"非局部方法"的比较[58]。结果表明"非局部方法"在 CF 不稳定性为主的区域内(在机翼前缘附近)的计算结果有低估稳定性的效果,而对 TS 不稳定性的计算结果影响较小。一般说来在转捩点,用非局部方法得到的 N 值比用局部方法的值高些,但值的量级是一样的。非局部方法的一个好处是消除了"病态"结果(见图 5 - 23(b))。随后的 EUROTRANS(1996—1999 年)项目[59]继续对局部与非局部方法作了比较研究。

尽管 e^N 方法基于线性理论,忽略了诸如非局部效应,非线性效应等,且在三维流动中还存在着如何选择 N 因子积分的"最佳"算法等问题,但是 e^N 方法仍是目前工程界计算转捩位置的一种实用和有效的方法,特别在参数设计研究时,对于给定的试验模型和给定的扰动环境常将其用来计算由于选用不同参数(平均流的压强梯度或吸气速度等)而引起的转捩点位置的变化。

5.4.2.4　e^N 方法和 CFD 方法的耦合计算

随着现代 CFD 方法的迅速发展用求解雷诺平均 N - S(RANS)方程来计算绕机翼和翼型的流动已越来越多地应用于航空工程中,实践表明在求解器中若没有考虑转捩模型的话,就很难获得正确的定量结果。因此,在 RANS 方程求解器中建立计算转捩的模块对于应用层流控制技术的机翼设计,计算多段翼型的高升力系统的气动特性等都是不可缺的。例如欧盟的航空系统不仅在 ELFI 项目(1989—1996 年)和欧盟转捩 EUROTRANS(European Program for Transtion Prediction)项目(1996—1999 年)中开展了对于流动的转捩研究,且在 EUROLIFT Ⅰ(2000—2003

年)和 EUROLIFT Ⅱ(2003—2006 年)项目中除要求了解高升力流动的物理和 Re 数的影响;评估与改进 CFD 工具;获取确认 CFD 所需的高低 Re 数时高质量的风洞实验数据等研究外,还要求对流动转捩作进一步的研究。特别在 EUROLIFT Ⅱ 中重点开展了在 RANS 解算器中加入预估转捩位置工具的研究。通过对此项目的执行,法国 ONERA[60, 61]、德国 DLR[62, 63] 和西班牙 INTA[64] 等航空机构在各自的 N - S 方程解算器中都包含了能自动确定转捩位置的方法和模块。这里按照文献[62]介绍在 RANS 方程解算器中嵌入 e^N 方法来自动确定转捩位置的软件。

1) 计算软件概述

该软件由 RANS 方程解算器、可计算后掠梯形机翼的三维边界层模块、e^N 方法计算转捩(由 TS 波和横向流不稳定性引起)位置的模块,以及转捩区域估算等模块组成。图 5 - 24 为各模块间耦合计算的流程图。

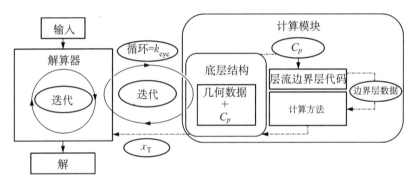

图 5 - 24　RANS 解算器和转捩计算模块间耦合结构[62]

由 RANS 解算器(Flower[65])计算获得的物面压强分布作为输入数据传输给层流边界层计算模块[66],由它计算出用 e^N 方法计算转捩位置所需要的,包括如 δ,Hi,Re_δ 等黏性边界的参数(而不是由 RANS 解算器直接产生,可大大减少 RANS 解算器的迭代步数和计算时间,因为压强分布的收敛速度要远比边界层速度型的收敛速度快得多[67]),再将这些参数传输给 e^N 方法模块,计算出转捩位置,再反馈回 RANS 解算器。这种耦合计算结构形成了在 RANS 解算器的迭代计算过程中嵌入了一个计算转捩位置的模块,即在 RANS 解算器迭代了 k_{cyc} 步数后,调用转捩模块以分析计算机翼指定翼剖面上下表面的层流边界层流动,计算出各剖面上的转捩位置 $x_j^T(k_{cyc})$,其中 $j = 1, 2, \cdots, N_{clm}$;$N_{clm}$ 为转捩点数。然后将这些新转捩位置返回至 RANS 解算器,继续进行 RANS 的迭代计算,从而形成一个迭代计算转捩位置的过程。

2) e^N - database 方法

文献[62]中采用的 e^N 方法利用了不稳定性的 e^N 数据库(e^N— database method for Tollmien — Schlichting instabilities)和横向流不稳定性的 e^N 数据库(e^N— database method for cross — flow instabilities)计算 $-\alpha_i$。TS 不稳定性的 e^N 数据库是在 13 种形状参数 H_i(包含了加速很快和减速很快,直到分离的宽广的不

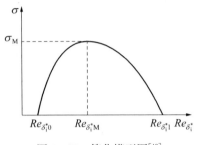

图 5 - 25　简化模型图[43]

同流动状态)和不同 $Re_{\delta_i^*}$ 下利用 Falkner - Skan 相似方法计算边界层的发展,对每种边界层状态完成大范围频率下的稳定性计算,将算得的振幅增长率($-\alpha_i$)值形成数据库[68, 69]。同样横向流不稳定性数据库是在 Arnal 提出的简化模型[70]基础上发展和形成的数据库[71, 62]。在该简化模型中空间增长率 $\sigma = -\alpha_i$ 随 $Re_{\delta_i^*}$ 变化的曲线由两个半边抛物线组成(见图 5 - 25),即

$$\frac{\sigma}{\sigma_M} = 1 - \left[\frac{Re_{\delta_i^*} - Re_{\delta_i^*M}}{Re_{\delta_{ik}^*} - Re_{\delta_i^*M}}\right], \text{其中 } k = \begin{cases} 0 & \text{若 } Re_{\delta_i^*} < Re_{\delta_i^*M} \\ 1 & \text{若 } Re_{\delta_i^*} > Re_{\delta_i^*M} \end{cases}$$

对于给定的频率 f,实际计算时在机翼翼剖面的每一网格点上,由边界层模块计算得 $Re_{\delta_i^*}$,Hi,U_e,ρ_e 等;由 f 计算得缩减频率 $F = \dfrac{2\pi f \mu_e}{\rho_e U_e^2}$。从数据库中可插值获得 $-\alpha_i = -\alpha_i(H_i, Re_{\delta_i^*}, F)$。利用此双 e^N—database 方法取得 TS 波的 $N|_{x^T}^{TS}$ 和横向流的 $N|_{x^T}^{CF}$ 就可应用双 N 因子法[72~74]确定转捩点位置。

3) 转捩流动区域的确定

确定转捩点的位置后,在 RANS 计算中由此点开始引入湍流模型,在层流黏性上增加一个湍流涡黏性项,相当于在转捩点处形成一个局部扰动,从而产生一个带有上游影响的黏性/无黏强相互作用区,对表面压强和黏性层特性造成较大的扰动而阻挠 RANS 解算器迭代计算的收敛。

若在 RANS 方程计算中引入一个一定长度的转捩区,则会减弱上述局部扰动的强度,相应地减小表面压强和黏性层特性的扰动变化[75]。

常用间歇因子 γ(由 0 变化至 1)来表征湍流斑的发展进程,即各流动参数由层流区光滑地变化至湍流区的程度。Dhawan 和 Narasiwha[76]提出了一个通用的间歇因子 γ。文献[75, 77]定义转捩区域长度为转捩点和转捩区域终点间的距离 $S_{q_{tr}}^{beg} \leqslant S_q \leqslant S_{q_{tr}}^{end}$(见图 5 - 26),并给出了转捩区域流动长度的具体估算方法。文献[62]最终给出的 γ 公式为

$$\gamma(S_q) = 1 - \exp\left[-0.412\left(3.36\frac{S_q - S_{q_{tr}}^{beg}}{S_{q_{tr}}^{end} - S_{q_{tr}}^{beg}}\right)^2\right] \tag{5-6}$$

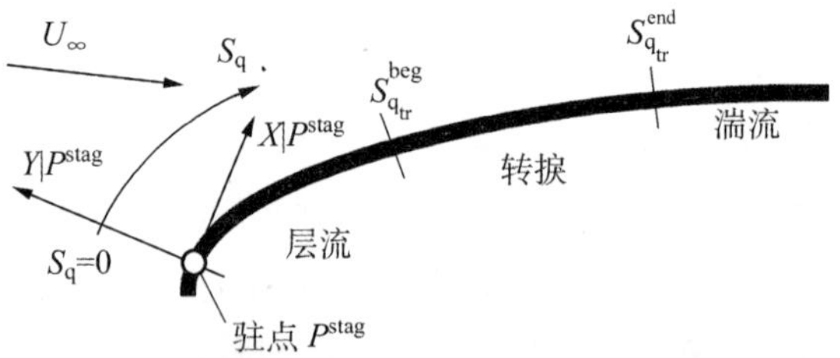

图 5 - 26　层流区、转捩区和湍流区的划分[62]

4）算例结果

文献[62]计算了 ONERA M6 机翼层流区域并与实验的结果作了比较。图
5-27 为采用任意选取的 $N|_{x}^{TS}=4.0$ 和 $N|_{x}^{CF}=2.0$ 的计算结果，表明了绕流中存在
的几种转捩机制。图 5-28 为风洞实验探测到的层流区域。

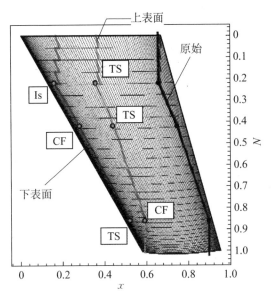

图 5-27　ONERA M6 机翼计算转捩线，$Ma=0.84$，Re
$=2.0\times10^{6}$，$\alpha=-4.0°$，Baldwin-Lomax 模型，
$N|_{x}^{TS}=-4.0$，$N|_{x}^{CF}=2.0$[62]

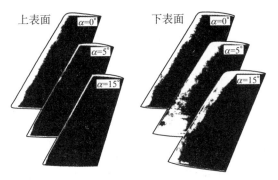

图 5-28　ONERA M6 机翼实验测得的层流区域，$Ma_{\infty}=$
0.262，$Re_{\infty}=3.5\times10^{6}$，$\alpha=0°$、$5°$和$15°$[62]

图 5-29 为采用 $N|_{x}^{TS}=N|_{x}^{CF}=6.485$ 机翼中段截面处与图 5-28 差别很大的
计算转捩点位置。经过仔细地分析实验条件后，重新选取 $N|_{x}^{CF}=5.157$ 和采用
SAE 湍流模型再次计算同一截面的转捩位置，图 5-30 给出了两种 $N|_{x}^{CF}$ 值时转捩
位置的比较，显然采用 $N|_{x}^{CF}=5.157$ 所得的转捩点位置与实验值吻合很好。

图 5 - 31 为 $N|_{x_T}^{TS}=6.485$ 和 $N|_{x_T}^{CF}=5.157$ 时计算所得的机翼上下表面转捩位置曲线,对比图 5 - 28 可见计算与实验的层流区域非常一致。

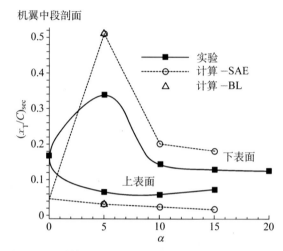

图 5 - 29　计算 ONERA M6 机翼中段截面上的转捩点
　　　　位置,$\alpha=0°$, $5°$, $10°$, $15°$, $N|_{x_T}^{TS}=N|_{x_T}^{CF}=$
　　　　6.485, $Ma_\infty=0.262$, $Re_\infty=3.5\times10^{6[62]}$

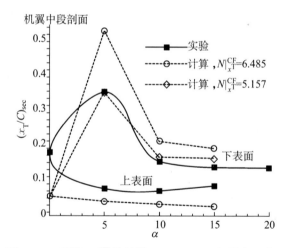

图 5 - 30　两种 $N|_{x_T}^{CF}$ 值计算 ONERA M6 机翼中段截面
　　　　上得转捩点的位置比较,$Ma_\infty=0.262$,
　　　　$Re_\infty=3.5\times10^6$ 和 $\alpha=0°$, $5°$, $10°$, $15°$ [62]

　　三维机翼上除上述 TS 和 CF 不稳定性外,还有"接触线不稳定性"也可能导致转捩,且若在接触线某处发生转捩,则整个机翼上都会形成湍流。防止接触线转捩的湍流的一个有效方法是设计外形时使接触线雷诺数不要超过其临界值。此外,机身边界中的湍流会传至机翼的接触线,而会使整个机翼上形成湍流(接触线污染),必须采取措施防止。图 5 - 32[78]表示了现有几种防止发生接触线污染的方法。

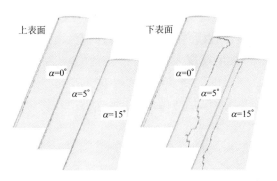

图 5 - 31　ONERA M6 机翼上下表面上计算的层流区域，$\alpha = 0°$，
$5°$，$15°$，$Ma = 0.262$，$Re = 3.5 \times 10^6$，$N\,|_{x_T}^{TS} = 6.485$，
$N\,|_{x_T}^{CF} = 5.157$ 计算截面的 $\eta = 0.22$，0.42 和 0.86[62]

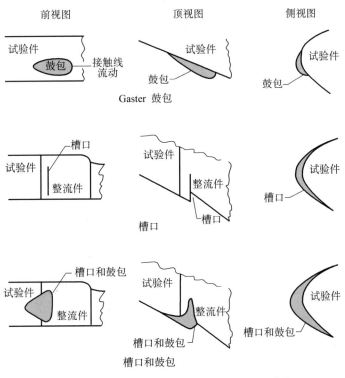

图 5 - 32　防止发生接触线污染的一些方法[78]

5.5　层流流动控制飞机的运行维护

为了 HLFC 飞机的航线运行安全和效率飞机必须具有防冰和防昆虫措施，以免机翼上冰粒和昆虫的累积造成的表面粗糙度导致层流的丧失。

5.5.1　昆虫的污染

Glick 的研究[79]表明,昆虫存在的密度与温度有关,75~80℉(23.9~26.7℃)时密度最大。因此,低空处的密度大大高于高空处的。Coleman 给出有关昆虫污染的综述讨论[80],指出空气温度 22~26℃,风速 5~12 mph 是昆虫污染最严重的环境。因此,起飞和初始爬升阶段是污染严重的阶段,他还讨论了防止昆虫污染的措施。现阶段的措施一般是采用 Krueger 襟翼。

5.5.2　冰粒和云层中颗粒的污染

在机翼上冰粒的累积会强烈地改变机翼的外形,造成阻力增加,性能降低,甚至可能危及飞机的安全。飞机穿越云层时大气中的颗粒也有类似于冰粒使机翼上层流丧失的危险。

Fowell 和 Antonatos 评估了大气中冰粒对层流流动控制性能的影响(见图 5-33)[81]。由图 5-33 可见,冰粒及其密度足够大时,会大大影响层流流动,甚至可能完全丧失层流流动。Hall 讨论了 X-21A(LFC)在飞行试验中穿过云层丧失层流流动的现象,具体分析了使 X-21A 飞机上层流丧失的冰粒直径及流量。Davis RE 等讨论并给出了 Jetstar 在试飞中遇冰的结果(见图 5-34)[82],吻合 Hall 的结论。

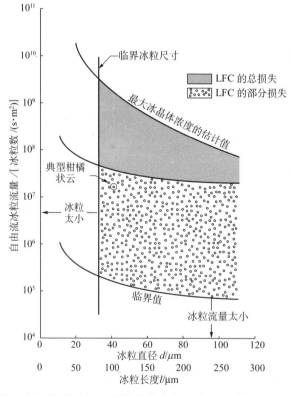

图 5-33　冰粒对 LFC 性能的影响($H = 40000\,\text{ft}(12200\,\text{m})$,
$Ma = 0.75$,冰粒结晶展弦比 $l/d = 2.5$)[81]

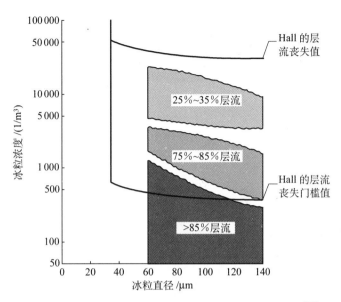

图 5 - 34　Jetstar 试飞中云层中颗粒对层流流动的影响[82]

5.6　层流流动控制技术研究的几个重要进展

我们选择图 5 - 16 中几个重要的飞行试验项目来说明层流流动控制技术的发展情况。

5.6.1　X - 21A(WB - 66)的缝道吸气飞行试验(1960—1965 年)

20 世纪 60 年代 Northrop 与空军改造了两架 X - 21A(WB - 66)飞机,用缝道吸气的机翼代替原来机翼,将吸气压缩机装于挂架处,而把发动机后移,并作了飞行试验。X - 21A 机翼的前缘后掠角为 $30°$,飞机的飞行 $Ma = 0.3 \sim 0.8$,飞行高度 $H = 5000 \sim 40000\,\mathrm{ft}$。缝道吸气机翼被设计为:缝道 $Re = 100$,吸气系数为在前缘的 $V/U = 10 \times 10^{-4}$ 至压强平坦区的 5×10^{-4}。前缘处弦向缝道的宽 $0.0035\,\mathrm{in}$,间隔 $0.75\,\mathrm{in}$,以控制接触线的流动。沿展向缝道的宽度逐渐变化为零,典型的间距/宽度比在 $(1 \sim 5)\%$,$(5 \sim 40)\%$,$(40 \sim 100)\%$ 的弦长位置上分别为 $1.1/(0.003 \sim 0.004)$,$2.0/(0.006 \sim 0.007)$ 和 $1.2/0.005$。图 5 - 35[81]为 X - 21A 飞行试验飞机。飞行试验前进行的 160 小时高速风洞试验和 1300 小时低速风洞试验的结果与随后的飞行试验结果很一致。飞行试验结果为:1963 年实现了 $Re = 20 \times 10^6$ 时 60% 弦长的层流区;1964 年实现了 20×10^6 时 70% 弦长的层流区和 $Re = 30 \times 10^6$ 时 $(30 \sim 55)\%$ 弦长的层流区;1965 年实现了雷诺数分别为 20×10^6,30×10^6,40×10^6 时 96%,81% 和 59% 弦长的层流区。图 5 - 36 为 $Ma = 0.7$,$H = 40000\,\mathrm{ft}$,以弦长为基的 $Re = 20 \times 10^6$ 时可实现 74% 的层流区(上表面)和 61% 的层流区(下表面)有代表性的飞行试验结果[81]。

图 5 - 35　X - 21A 飞行试验飞机[81]

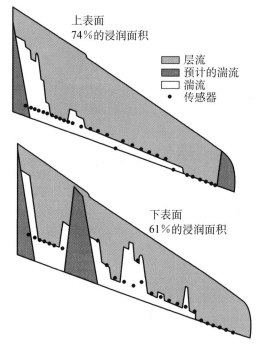

图 5 - 36　飞行试验结果（$Ma = 0.7$，$H = 40\,000$ ft（$12\,200$ m），$Re = 20 \times 10^6$）[81]

5.6.2　Jetstar HLFC 前缘系统模拟飞行航线的飞行试验（1983—1986 年）

　　1965 年结束的 X - 21A 飞行试验项目消除了人们的疑惑，证实了在飞行中可以实现大范围的层流流动，但在实际航线飞行中机翼的表面质量能否维持层流流动并未得到证实。20 世纪 70 年代后期新材料的应用，加工技术的提高，分析方法和设计工具的进步已能回答上述问题进行飞行验证的试验。

　　1980 年 NASA 启动了前缘飞行试验（Leading Edge Flight Test，LEFT）项目对 HLFC 的前缘系统进行了验证（第一个 HLFC 的飞行验证项目），验证：①在一个代表性亚声速民机机翼上可否集成出 HLFC 所要求的前缘系统；②这样的前缘系统在典型的航线飞行条件下的性能[83]。项目改造了 NASA Jetstar（Lockheed C - 140）飞机的机翼在右和左机翼上分别安装上了由 Douglas 和 Lockheed 设计的前缘吸气系统（见图 5 - 37[83]）。

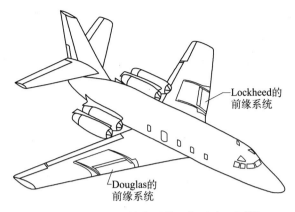

图 5 - 37　Jetstar 前缘系统飞行试验飞机[83]

1) 前缘系统

图 5 - 38[83] 为由 Douglas 设计的前缘系统。该系统包括钛合金外板、玻璃纤维的内板和中间块组成的夹心结构。外板厚 0.025 in，上有用电子束（现可用激光）加工的吸气用的约 1 百万个小孔，孔径 0.0025 in，孔中心间距 0.030 in。中间块有波纹沟槽收集吸气。外板与中心块的粘合面则不允许流动渗透，即沿展向间隔约 0.65 in 的多孔条带抽吸空气，抽吸只应用于上表面。

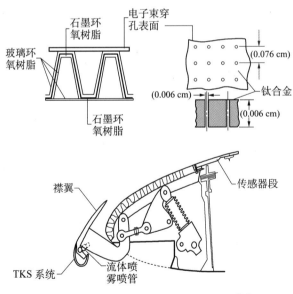

图 5 - 38　Douglas 的前缘系统示意图[83]

多孔系统还带有一个飞机爬升至 6 000 ft 后即被收起的 Krueger 式前缘襟翼。起飞和着陆时防止昆虫对主翼面的冲击。襟翼上除有商用 TKS 防冰装置外，还有一排展向的喷雾嘴，可喷出 60% PGMG（丙二醇和甲醚的混合剂）和 40% 水的混合流体，辅助防冰和防昆虫。系统还包括一具有正压差气体气源的子系统以清洗机翼的管道与多孔表面。整个系统不存在加工困难。实际上,用电子束来加工钛合金板作为吸气表面,和常规加工方法结合生产出达到层流流动表面所要求质量的整个构件正是 LEFT 项目的主要成果之一。

图 5-39[83] 为由 Lockheed 设计的前缘系统。该系统也具有一个夹心结构,厚 0.016 in 的钛合金外板与石墨环氧树脂为面板的 Nomax 的蜂窝体相粘合。通过上下翼面都布有宽 0.004 in 的精细展向缝道抽吸空气,再通过蜂窝体内的管道汇集出去。在前缘接触线上下开以缝道,喷射 60% 或 40% 的混合流体,为机翼防昆虫和防冰。也有清洗系统清洗所有缝道。应该说明,缝道前缘系统的加工比多孔系统的加工要困难得多。

用作抽吸泵的离心式压气涡轮压缩机为前缘系统的心脏,被置于后机身(见图 5-40[83])。

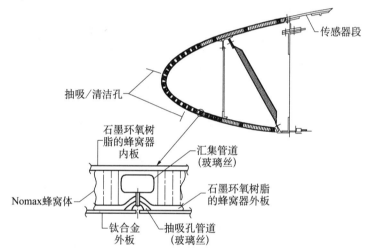

图 5-39　Lockheed 的前缘系统示意图[83]

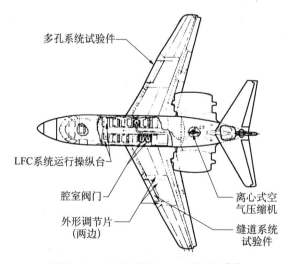

图 5-40　改型后的 Jetstar 外形图[83]

2) 空气动力设计

图 5-41[83] 为设计的目标压强分布和 Jetstar 在飞行试验中的巡航飞行时测得的压强分布。

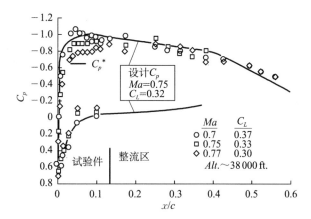

图 5-41　设计和飞行测得的压强分布比较[83]

图 5-42[83] 为上表面典型的吸气分布(左机翼下表面也有类似的分布),其中 s/c 为相对弧长。前缘附近的大吸气量和 $x/c=0.05$ 后直至前梁前维持着较低的吸气量,选择这样的分布是既为了控制前缘处的横向流,又能在接近全弦长上都保持层流流动。在设计吸气量下计算所得的 N 因子很小,飞行试验也表明流动是层流的,没有转捩。飞行试验中若密封吸气口,则随不同的流动条件,转捩发生在弦长的 2%~6%间,对应图 5-42 的飞行条件湍流流动的平均转捩位置约为 2%弦长处。

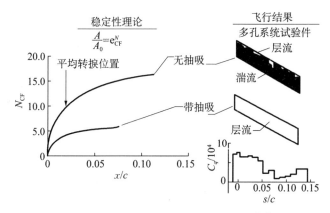

图 5-42　吸气对稳定性和转捩的影响[83]

3) 研究性飞行试验结果

在进行模拟航线飞行试验前在 NASA Ames-Drydren 飞行研究中心作了大量

前期试飞研究。图 5-43[83] 为多孔吸气翼套表面的测量结果。由图可见,在最小速度和最高高度(雷诺数最小)时实现的层流区最大;反之在大速度和低高度时(相应较大的雷诺数)层流区较小。例如在 $Ma = 0.75$ 和 $H = 38000\,\mathrm{ft}$ 时可达到翼套试验件 83% 的层流面积。

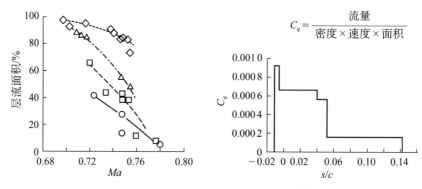

图 5-43　层流面积随马赫数的变化[83]

在 $Ma = 0.705$ 和 $H = 38000\,\mathrm{ft}$ 的非设计点更可获得 97% 的层流面积;而当 $Ma = 0.78$ 和 $H = 32000\,\mathrm{ft}$ 时只能实现 7% 或 8% 的层流区。图 5-44[83] 给出了层流面积随 Re_θ 的变化曲线,这种变化是由于前缘接触线附近有来自机身的湍流污染而成的。接触线污染沿接触线从内翼迅速往外翼传播而造成全机翼的湍流。为此,采用了如图 5-32 所示的第三种方法和装置来阻止湍流污染。图 5-45[83] 和图 5-46[83] 分别为采用这种装置后层流面积随 Ma 数变化的曲线。可以看出,多孔系统可实现在前梁区域几乎 100% 的层流流动,而缝道系统只能维持 80%～94% 的层流区。

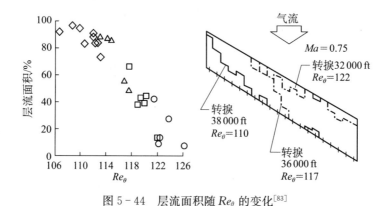

图 5-44　层流面积随 Re_θ 的变化[83]

4) 模拟航线飞行试验结果

飞行试验包括从美国 Atlanta(亚特兰大)的 Hartsfield(1985 年 7 月), Pittsburgh(匹兹堡)的 International(1985 年 9 月)和 Cleveland(克利夫兰)的 Hopkins International(1986 年 2 月)等三个机场出发,飞往 33 个不同机场的 62 次飞行(见

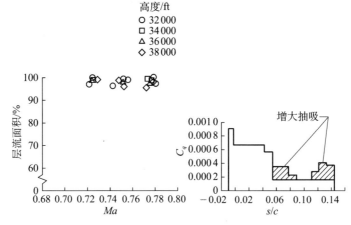

图 5-45　多孔前缘系统的层流面积随 Ma 数的变化[83]

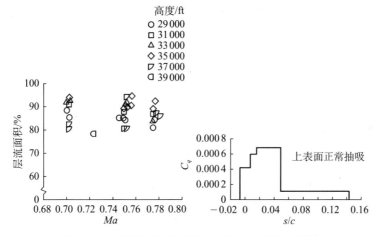

图 5-46　缝道系统的层流面积随 Ma 数的变化[83]

图 5-47[83]）。遭遇了不同的极端天气条件,酷暑、严寒、暴雨和大雪,也经历了真实的空中交通条件和机场环境。图5-48[83]为多孔前缘系统一个典型的飞行试验结果,显示了飞机穿越云层前后层流区域的变化,在云层中约在 5% 相对弦长处层流区域消失,但穿过云层后层流区域迅速恢复。在晴朗的天空中层流区域基本上与 Ames-Dryden 的先期性研究飞行结果相同。缝道系统的性能要差些。62 次航线飞行表明,穿越云层的时间小于巡航时间的 7%。

　　在飞行试验期多孔系统在起飞和着陆过程都打开了 Krueger 襟翼,几乎彻底有效地消除了昆虫的冲击。两次飞行间无需清洗多孔前缘系统。而缝道前缘系统上表面发现过较多的昆虫痕迹,在巡航条件下在很高的高度上可能促使边界层转捩。清洗系统在飞行和地面都工作得很好,暴雨雨水和融化的冰水都能从管道、多孔通道、缝道中流走。

　　总体上说,模拟航线飞行试验的结果很鼓舞人心,证明了前缘系统实际上解决了民机前缘区所遇到的问题。这也是促使 NASA、空军和波音公司决定进行另一架

机场	日期	飞行
□ 亚特兰大	1985年7月	从三个机场出发飞往33个
■ 匹兹堡	1985年9月	不同机场的62次飞行
■ 克利夫兰	1986年2月	

图 5-47 模拟航线飞行示意图[83]

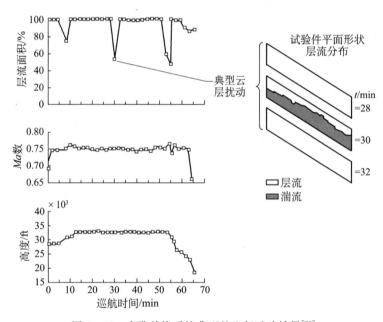

图 5-48 多孔前缘系统典型的飞行试验结果[83]

更大的民机的飞行试验。

5.6.3 B757 HLFC 飞行试验(1990—1991 年)

NASA Jetstar 模拟巡航飞行试验的成功促使 NASA,空军和波音在 1987 年启动了一项 B757 HLFC 飞行试验的项目。研究目的:①发展一个 HLFC 应用于大型亚声速民机的数据库;②评估在飞行雷诺数(包括非设计条件下) HLFC 真实性能和可靠性;③发展和验证实用的综合高升力、防冰和 HLFC 的系统[10]。

研究者在 B757 短舱外外翼段 22 ft 翼展长范围安装了 HLFC 前缘盒(见图 5-49[10]),Krueger 襟翼和热空气防冰等系统。

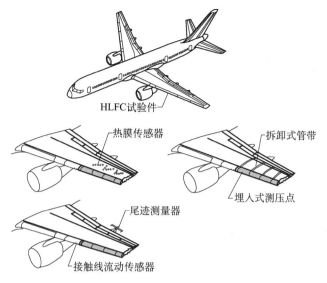

图 5-49　装 HLFC 前缘盒和测量设备的 B757 示意图[10]

　　B757 的设计点为 $Ma = 0.8$，$C_L = 0.50$。飞行试验除在设计点还在非设计条件下进行，目的是研究层流范围随 Ma，单位 Re 和升力系数的变化（飞行试验的时间为 1990 年 2 月—1991 年 8 月）

　　飞行试验结果表明[10]，HLFC 对推后转捩点很有效，例如在设计点时可能转捩点推后至机翼后梁处。代表性数据（见图 5-50）表明，层流区可超过 65% 弦长。发现的问题是实际所需吸气量只是初始设计值的 1/3[84]，表明设计工具有较大的不确定性。尾缘测量结果表明，可降低当地阻力 29%，使总阻力降低 6%[84]。

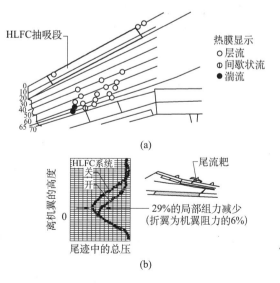

图 5-50　B757 飞行试验的结果（层流面积和阻力的减少）

(a) 层流范围：$Ma = 0.82$，$h = 38\,600\,\text{ft}$，$C_L = 0.48$；

(b) 阻力的减少：$Ma = 0.82$，$C_L = 0.475$

B757 的飞行试验验证了采用前缘吸气系统可较大地扩大层流区,但设计工具的不确定性使民机市场还难以接受此项技术。为了更好地了解流场的复杂性,随后 NASA、空军和波音公司又联合进行了风洞试验研究(1993—1995 年)。根据试验结果波音评估了层流流动控制的设计准则,认为可以指导今后的设计,但没有公开具体细节。

5.7　结束语

(1) 已有的研究成果显示出层流流动控制技术是有效的,有望应用于未来民机的设计。

(2) 三种层流流动控制技术相比较,HLFC 技术更适用于民机的设计。

(3) 多孔前缘系统比缝道前缘系统更易设计、加工,效能也更高。

(4) HLFC 技术值得也还需要在下述方面作进一步的研究:

① 改进已有的设计方法和工具,特别是要提供一种适用工程设计计算的方法,能更准确地确定转捩点位置和实现所希望的转捩点位置所需的吸气位置,吸气量以及分布规律。

② 探求更新型的重量轻、成本低、加工容易并能满足各种要求的系统,包括:

(a) 在已有的 HLFC 系统中解决 Krueger 襟翼代替常用前缘缝翼而需补偿的升力;发展适用于 HLFC 的防冰系统;提供 HLFC 构形可接受的可靠性、维护性和航线飞行特性;应用更大航程的验证机研究飞行性能和安全的长时间可靠性;发展 HLFC 构形的高雷诺数风洞试验技术,更深入了介风洞流场质量对层流区大小的影响;向航空公司展示有保证的预期效果等。

(b) 在微型机械、智能材料以及零质量射流等先进技术发展的基础上寻求性能更高、可靠性更好、费效比更小和更富创新性的未来层流流场控制系统。

③ 层流流动控制技术是包括气动力、结构、动力、成本、风险、可靠性、周期和对设计目标敏感性等的综合设计技术。设计结果决定了其应用的费效比和能否应用于具体的型号中,因此应努力提高机翼的综合设计能力和水平。

参考文献

[1]　朱自强,王晓璐,吴宗成,等.民机设计中的多学科优化和数值模拟[J].航空学报,2007,28 (1):1 - 13.

[2]　张正国.NASA 未来先进民用飞机与推进系统设计[J].国际航空,2010,2:56 - 59.

[3]　朱自强,吴宗成.现代飞机设计空气动力学[M].北京:北京航空航天大学出版社.2005.

[4]　Schrauf G. Status and perspectives of laminar flow [J]. The Aeronautical J, 2005,109(1102): 639 - 644.

[5]　Thibert J J, Reneaux J, Schmitt R V. ONERA activities on drag reductionv [C]. ICAS - 90 - 3. 6. 1, 1990.

［6］ LiebeckR H. Design of the blended wing body subsonic transport ［J］. J. of Aircraft, 2004,41(1):10 - 25.

［7］ 朱自强,王晓璐,吴宗成,等. 民机的一种新型布局形式翼身融合体飞机［J］. 航空学报, 2008,29(1):49 - 59.

［8］ Holmes B J, Clifford J, Martin G L, et al. Manufacturing tolerances for natural laminar flow airframe surface ［C］. SAE paper 850863,1985.

［9］ Green J E. Laminar flow control-Back to the future ［C］. AIAA 2008 - 3738,2008.

［10］ Collier F S. An overview of recent subsonic laminar flow control flight experiments ［C］. AIAA 93 - 2987,1993.

［11］ Anscombe A, Illing L N. Wind tunnel observation of boundary layer transition on a wing at various angel of sweep back ［R］. ARC R&M 2968,1956.

［12］ Wagner R D, Maddlon D V, Bartlett D W, et al. Laminar flow flight experiments-a review ［M］// Natural laminar flow and laminar flow control. New York: Springer-Verlag, 1992:23 - 72.

［13］ Gray W E. The effect of wing sweep on laminar flow ［R］. Tech. Memo. No. Aero 255, British RAE, 1952.

［14］ Fujino M. Design and development of the Hondajet ［J］. J. of Aircraft, 2005, 42(3): 755 - 764.

［15］ Fujino M, Yoshizaki Y, Kawamura Y. Natural-Laminar-Flow airfoil development for a lightweight business jet ［J］. J. of Aircraft, 2003,40(4):609 - 615.

［16］ Kirchner M E. Laminar flow: challenge and potential ［R］. NASA CP - 2487, part 1,1987: 25 - 44.

［17］ Joslin R D. Overview of laminar flow control ［R］. NASA TP - 208705,1998.

［18］ Wong P W C, Maina M. Flow control studies for military aircraft applications ［C］. AIAA 2004 - 2313,2004.

［19］ Holmes B J, Obara C J, Yip L P. Natural laminar flow experiments on modern airplane surfaces ［R］. NASA TP - 2256,1984.

［20］ Braslow A L, Fisher M C. Design considerations for application of laminar flow control systems to transport aircraft ［R］. Aircraft drag prediction and reduction. AGARD Rep. 723:4 - 1 - 4 - 27,1985.

［21］ Hefner J N, Sabo F E. Research in natural flow and laminar flow control ［R］. NASA CP - 2387,1987.

［22］ Harris R V, Hefner J N. NASA Laminar-Flow Program-past, present, future ［R］. NASA cp 2487,1987.

［23］ Wagner R D, Maddlon D V, Bartlett D W, et al. Fifty years of laminar flow flighttesting ［R］. SAE Paper 881393,1988.

［24］ Hafner J. Laminar flow control: introduction and overview ［M］//Natural Laminar Flow and Laminar Flow Control. New York: Springer-Verlag, 1992:1 - 22.

［25］ Pfenninger W, Wemuru C S. Design Philosophy of long range LFC transport with advance supercritical LFC airfoils ［M］//Natural laminar flow and laminar flow control, New York: Springer-Verlag, 1992:177 - 222.

［26］ Schrauf G, Bieler H. First European Forum on Laminar Flow Technology ［R］. DGLR-Bericht 92 - 06,1992.

[27] Arcara P C, Bartlett D W, Mecullers L A. Analysis for the application of hybrid laminar flow control to a long rang subsonic transport aircraft [R]. SAE Paper 912113,1991.

[28] Clark R L, Lange R H, Wagner R D. Application of advanced technologies to future military transports [R]. AD P006254,1990.

[29] Parikh P G, Nagel A L. Application of laminar flow control to supersonic transport configuration [R]. NASA CR - 181917,1990.

[30] Powell A G, Agrawal S, Lacey T R. Feasibility and benefits of laminar flow control on supersonic cruise airplane [R]. NASA CR - 181817,1989.

[31] Hanks G W, Ledbetter G E, Davenport F J, et al. Hybrid laminar flow control study [R]. NASA CR 165930,1982.

[32] Reshotko E. Boundary layer stability and transition [J]. Annual Review of Fluid Mechanics, 1976,8:311 - 349.

[33] Herbert T. Secondary instability of boundary layer [J]. Annual Review of Fluid Mechanics, 1988,20:487 - 526.

[34] Bayly B J, Orszag S A, Herbert T. Instability Mechanisms in shear-flow transition [J]. Annual Review of Fluid Mechanics, 1988,20:359 - 391.

[35] Reed H L, Saric W S. Stability of three dimensional boundary layers [J]. Annual Review of Fluid Mechanics, 1989,21:235 - 284.

[36] Kleiser L, Zang T A. Numerical simulation of transition in wall-boundary shear flow [J]. Annual Review of Fluid Mechanics, 1991,23:495 - 537.

[37] Kachanov Y S. Physical Mechanisms of laminar boundary layer transition [J]. Annual Review of Fluid Mechanics, 1994,26:411 - 482.

[38] Cousteix J. Basic Concepts on boundary layers [R]. AGARD Rep. 786 (ADA 253005),1992.

[39] Mack L M. Boundary layer linear stability theory [R]. AGARD Rep. 709,1984.

[40] Arnal D. Description and prediction of transition in two-dimensional incompressible flow [R]. AGARD Rep. 709,1984.

[41] Arnal D. Boundary layer transition: predictions based on linear theory [R]. AGARD Rep. 793,1994.

[42] Bushnell D M, Malik M R, Harvey W D. Transition prediction in external flows via linear stability theory [M]. IUTAM Symposium Transsonicum. Springer-Verlag, 1989.

[43] Arnal D, Casalis G. Laminar-turbulent transition prediction in three-dimensional flows [J]. Progress in Aerospace Sciences, 2000,36:173 - 191.

[44] Bippes H. Instability features appearing on swept wing configurations [C]. In: Arnal D, Micheal R editors. Laminar turbulent transition. IUTAM Symposium, Toulose. Springer, 1990.

[45] Bippes H. Experiments on transition in three dimensional accelerated boundary layer flows [C]. Proceedings of the R. A. S. Boundary layer transition and control, Cambridge, 1991.

[46] Kohama Y, Saric W S, Hoos J A. A high frequency,secondary instability of crossflow vortices that leads to transition and control [C]. Cambridge, 1991.

[47] Lerche T, Bippes H. Experimental investigation of crossflow instability under the influence of controlled disturbance excitation [C]. In: Henkes RAWM, van Ingen J L, editors.

Transitional boundary layer in aeronautics. Royal Netherlands Academy of arts and sciences. 1996.

［48］　Müller B, Bippes H. Experimental study of instability modes in a three dimensional boundary layer [R]. AGARD Cp No. 438,1988.

［49］　Smith AMO, Gamberoni N. Transition,pressure gradient and stability theory [R]. Report ES 26388, Douglas aircraft Co. EL Segundo, California, 1956.

［50］　van Ingen J L. A suggested semi-empirical method for the calulation of boundary layer transition region [R]. Report UTH － 24, Univ. of Techn. Dept. of Aero Engn. , Delft, 1956.

［51］　Oertel H,等.普朗特流体力学基础[M].朱自强,钱翼稷,李宗瑞,译.北京:科学出版社,2008.

［52］　Nayfeh A. Stability of three dimensional boundary layers [J]. AIAA J. 18(4):406 － 416,1980.

［53］　Cebeci T, Stewartson K. On stability and transition in three dimensional flows [J]. AIAA J. 1980,18(4):398 － 405.

［54］　Arnal D. Casalis G, Juilllen J C. Experimental and theoretical analysis of natural transition on "infinite" swept wing [M]. //Laminar-turbulent transition, Spring-Verlag, 1990:311 － 325.

［55］　Mack L M. stability of three dimensional boundary layer on swept wings at transonic speeds [M]. //IUTAM Symposium Traussonicam Ⅲ. Zierep J and Oertel H eds. Springer-Verlag, 1989:209 － 224.

［56］　Schrauf G. Transition prediction using different linear stability analysis strategies [C]. AIAA 94 － 1848,1994.

［57］　Schrauf G, Perraud J, Vittiello D, Lam F. A comparison of linear stability theories using F100 － flight test [R]. Second European Forum on Laminar Flow Technology. Bordeaux, 1996.

［58］　Arnal D, Gasparian G, Salinas H. Recent advances in theoretical methods for Laminar-turbulent transition prediction [C]. AIAA 98 － 0223,1998.

［59］　Arnal D, Casalis G, Schfrauf G. The EuroTRANS project [R]. Second European Forum on Laminar Flow Technology. Bordeaux, 1996.

［60］　Moens F, Perraud J, Krumbein A M, et al. Transition prediction and impact on a 3D high lift wing configuration [C]. AIAA 2007 － 4302,2007.

［61］　Perraud J, Cliquet J, Houdeville R, et al. Transport aircraft three-dimensional high lift wing numerrical transition prediction [J]. J. of Aircraft, 45(5):1554 － 1563,2008.

［62］　Krumbein A M. Automatic transition prediction and application to 3D wing configuration [C]. AIAA 2006 － 914,2006.

［63］　Krumbein A M. Automatic transition prediction and application to three-dimensional high lift configuration [J]. J. of aircraft, 2007,44(3):918 － 928.

［64］　Toulouge T, Ponsiw J, Perraud J, et al. Automatic transition prediction for RANS computations applied to a genetic high lift wing [C]. AIAA 2007 － 1086,2007.

［65］　Kroll W, Rossw C C, Becker K, Thiele F. The Megafolw project [J]. Aerospace Science and Technology, 2000,4(4):223 － 237.

［66］　Horton H P, Stock H W. Computation of compressible laminar boundary layers on swept, tapered wings [J]. J. of Aircraft, 1995,32(6):1402 - 1405.

[67] Nebel C, Radespiel R, Wolf T. Transition prediction for 3D flows using a Reynolds-Averaged Navier-Stokes code and N-factor methods [C]. AIAA 2003 - 3593,2003.

[68] Stock H W, Degenhardt E. A Simplified e^N methods for transition prediction in two-dimensional, incomprehensible boundary layers [J]. Zeitung für flugwissenschaft and weltraum-forschung, 1989,13:16 - 30.

[69] Stock H W, Hasse W. Some aspects of linear stability calculations in industrial applications. Transitional boundary layers in Aeronautics [M]. Henkes RAWM, van Ingen JL. editors, 1996:225 - 238.

[70] Arnal D. Transition prediction in transonic flow [M]. IUTAM Symposium Traussonicam III. Zierep J, Oertrel H editors, Springer-Verlag, 1989.

[71] Casalis G, Arnal D. ELFIN II Subtask 2. 3: Database method-development and validation of the simplified method for pure crossflow instability at low speed [R]. ELFIN II, Technical report 45, ONERA - CERT, 1996.

[72] Rogendaal R A. Variable-Sweep transition flight experiment (VSTFE)-parametric pressure distribution boundary layer stability study and wing glove design task [R]. NASA CR 3992,1986.

[73] Rogendaal R A. Variable-Sweep transition flight experiment (VSTFE)-stability code development and clean-up glove analysis [R]. NASA cp 2847,1987.

[74] Stock HW. Infinit swept wing RANS computations with e^N transition prediction-feasibility study [R]. IB - 24 - 2003/12, DLR,2002.

[75] Stock H W, Hasse W. Navier-Stokes airfoil computations with e^N transition prediction including transitional flow region [J]. AIAA. J. , 2000,38(11):2059 - 2066.

[76] Dhawan S, Narasimha R. Some properties of boundary layer flow during the transition from laminar to turbulent motion [J]. J. of Fluid Mechanics, 1958,3:418 - 436.

[77] Krumbein A, Stock H W. Laminar-turbulent transitional modeling in Navier-Stockes Solvers using engineering methods [C]. ECCOMAS 2000 - CD-rom proceedings, CIMNE editors, ISBN:84 - 89925 - 70 - 4.

[78] Maddalon D V, Braslow A L. Simulated-airline-service flight test of laminar-flow control with perforated-surface suction system [R]. NASA TP - 2966,1990.

[79] Glick P A. The distribution of insects, spiders, and mites in the air [R]. Tech. Bull. No. 673, US Dep. Agriculture, 1939.

[80] Coleman W S. Roughness due to insects in boundary layer and flow control [C]. Vol. 2. , Lachman GV ed. , Pergamon Press, 1961:682 - 747.

[81] Fowell L R, Antonatos P P. Some results from the X - 21A program-part 2: laminar flow flight test results on the X21 - A. In recent developments in boundary layer research-part IV [R]. AGARD graph 97,1965.

[82] Davis R E, Maddalon D V, Wagner R D. Performance of laminar flow leading edge articles in cloud encounters [R]. NASA CP - 2487, Part 1,1987:161 - 193.

[83] Wagner R D, Maddalon D V, Fisher D F. Laminar flow control leading edge systems in simulated airline service [J]. Journal of Aircraft, 1990,27(3):239 - 244.

[84] Maddalon D V. Hybrid laminar flow control flight research [R]. NASA TM 4331,1991.

第6章 高升力系统外形空气动力及流动分离的控制技术

6.1 引言

文献[1]已指出,民机应有良好的高升力系统(增升装置)以提供良好的起飞和着陆性能,进而保证飞机的总体性能。对于一架典型的大型双发民航机[2]:

(1) 在同一迎角下升力系数增加0.1相当于进场姿态减小1°,对于给定的后体着陆倾角,即可缩短起落架而使飞机重量减少635 kg。

(2) 在同一进场速度下,最大升力系数增加1.5%相当于载重量可增加3000 kg。

(3) 起飞状态的升阻比提高1%相当于载重量可增加1270 kg或航程增加约280 km。

由此可见增升系统对提高民航机起飞着陆性能的重要作用。但增升装置系统的几何外形、绕流、运动以及支撑系统都很复杂,其设计、实验和维护都很费时,重量也较大,生产价格可占到一架典型民机生产价格的6%~11%,因此增升系统应在满足飞机总体要求的起飞着陆性能的同时尽可能地简单。增升装置系统及其空气动力特性研究一直是民机研究的重要课题。

文献[1]的第1章讨论飞机设计中计算流体力学(CFD)的作用时指出,现代民机研制过程证明,有效地使用CFD方法已经成为成功设计民机的一个关键要素,特别对于高速巡航外形的气动设计具有重大影响。波音公司20世纪90年代全新设计的产品B777即为一例[3]。但B777的高升力系统设计主要仍依靠实验[4],因为目前CFD虽可提供高升力系统概念的深入分析,但对其数值模拟尚存在不足[5],主要表现为:

(1) 其低于失速迎角范围内的计算结果是完全可信的,但其C_{Lmax}的计算与实验结果存在差异。

(2) 高升力构型的外形变化及Re数变化等对流场和气动特性的影响难以正确预估。由于一般风洞的全模、半模实验的Re数与飞行条件的Re数有一定的差异,如何利用CFD将实验结果应用于飞行条件也是目前设计尚未解决的一个重要问题。显然,高升力设计中要加强CFD和风洞实验的互补作用,如图6-1所示。

(3) 低噪声、低排污的环保要求将在未来民机设计中占有更重要的地位,随着发动机环保性能的提高,机体的噪声尤其是其着陆状态的噪声污染更显突出。需要

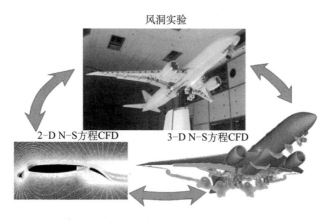

图 6-1　高升力设计中要加强 CFD 和风洞实验的互补作用

将 CFD、基础性研究、试车台试验、试飞等结合起来做深入的应用研究。CFD 可起到前导性的作用,例如在 B787 研制中利用 CFD 对发动机短舱的锯齿形裙边外形进行了一系列计算,表明这种外形可减小噪声影响就是一个很好的例子,如图 6-2 所示。为了更好地计算全机起飞和着陆状态的噪声信号,还需进一步提高 CFD 的计算能力,如图 6-3 所示。

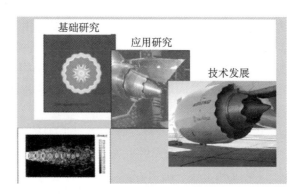

图 6-2　发动机的裙边设计可降低环境噪声

图 6-3　使用 CFD 预测全机起降噪声示意图

6.2 RANS 方程方法求解高升力外形流场的进展

文献[1]的第 16 章中具体介绍了高升力系统外形的空气动力计算和设计方法。由于高升力外形绕流中存在着许多在流体力学中具有挑战性的复杂黏流流动现象,如层流分离、湍流接触线和再层流化、激波/边界层干扰、湍流边界层的发展、尾迹发展、掺混边界层和黏性尾迹相互作用等,图 6-4 示出了三段翼型上可能出现的流动现象。

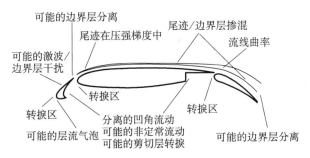

图 6-4 三段翼型上可能出现的流动现象

对这样复杂的流动现象,目前还无法做到清楚的了解和完全的模拟,因而高升力外形的空气动力现象是未来民机发展必须很好研究和解决的一个重要课题。

过去对此问题的研究主要是依靠风洞实验,近年来采用 RANS 方程方法求解高升力外形的绕流已在国内外受到广泛的重视,取得了很大的进展,已成为近十多年来分析计算高升力外形的主要方法。文献[1]介绍了二维和三维计算和实验结果的对比和讨论,这里我们选取几个三维的算例说明 RANS 方程方法求解高升力外形绕流的发展。

(1) Rogers 等通过求解重叠结构网格中的 RANS 方程计算了 B777-200 飞机着陆构形中的流场[6],其湍流模型为 S-A 模型[7],总计算网格数为 22400000。图 6-5 为 C_L-α 的计算结果与实验数据的比较。为更真实地模拟实验模型,第 2 次计算中密封了缝翼和主翼间的缝隙,并在发动机短舱上模拟了"脊"的构形,从而使计算的 C_L 值较第 1 次的提高了约 8%,使最终计算的 C_L 值和 C_D 值与实验值的误差分别不超过 1.5% 和 4%,但 C_{Lmax} 仍比实验值低不少;大迎角时

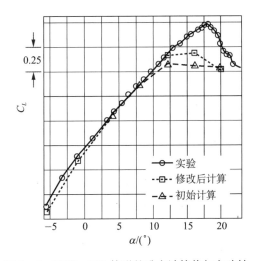

图 6-5 B777-200 外形的升力计算值与实验结果的比较($Ma = 0.2$, $Re = 5.8 \times 10^6$)

上表面的压强系数也高于实验值。

Rogers 等还以一个后掠翼翼身组合体的高升力构形对风洞壁的干扰影响作了讨论[8]。实验段截面为 $12\,\mathrm{in}\times12\,\mathrm{in}$(约 $4\,\mathrm{m}\times4\,\mathrm{m}$)量级的风洞,其洞壁的影响可对升力线造成约 $6°$ 迎角的差异,因此与这种量级的风洞数据比较时,计算中应加入风洞壁的模拟,并将计算结果与未修正数据作比较。数值模拟验证了风洞壁的模拟可采用无黏壁假设的结论。

(2) Slotnick 等采用 RANS 方程,S-A 湍流模型和重叠结构网格计算了高单翼运输机(HWT)的高升力状态流场,并考虑了发动机喷流的影响,所用网格数达 $35\,200\,000$[9]。图 6-6 为 C_L-α 的计算值与实验值的比较曲线。图中无风洞壁模拟的计算结果与修正后的实验数据作比较,带风洞壁模拟的计算结果与不修正的实验数据作比较。由图可见,发动机不工作($C_\mu=0.03$)时,升力和压强分布(此处未给出)的计算与实验结果在两种比较中均吻合得很好,甚至 C_{Lmax} 也很一致;而在发动机工作状态($C_\mu=0.5$)下计算没有给出升力曲线的非线性变化,这可能是因为 S-A 模型模拟三维喷流发展的掺混能力很差。此外,为改进计算结果,进一步提高网格数是需要的。

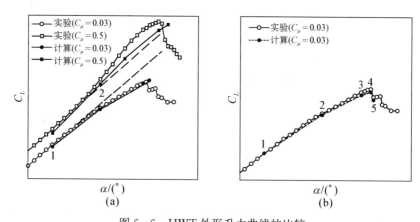

图 6-6　HWT 外形升力曲线的比较

(a)计算带风洞壁与未修正实验数据;(b)计算未带风洞壁与修正后实验数据

上述两个具有代表性的算例表明,目前三维高升力构形 CFD 的主要计算手段是 RANS 方程方法,其低于失速迎角范围内的计算结果是完全可信的,但其 C_{Lmax} 的计算准确性不高,且与具体外形密切相关,对高升力构形外形变化及 Re 数变化等对流场和气动特性的影响也难以正确预估。存在这些问题的原因尚不甚清楚,但需改进几何模拟的逼真度和湍流及转捩模型,进一步提高计算网格数则是无疑的。

Jou 估计[10],为取得一个有工程实用价值的解,网格数应达 $35\,000\,000\sim50\,000\,000$ 的量级。这样的计算规模,即使是具有 NASA Ames 研究中心强大的计算资源[流场解可在具有 16 个处理器的 Cray C90 或 128[11](或 256[12])个处理器的 SGI Origin 2000 上计算],并使用其最新研制的重叠网格 CFD 软件[11],完成一次分析计算(从

CAD 开始至计算结果后处理为止)也需 80～112 个工作日。而要确定在一架新设计的飞机上是否使用前缘缝翼或 Krueger 前缘装置,至少需要完成 32 次分析计算,虽然修型计算比第一次分析计算耗时少得多(估计约为 1/10),总计仍需 328～460个工作日。然而,设计周期的时间要求上述任务一般应在一个月内完成,且这还仅仅是必须确定的多个平面形状之一。

近年来尽管工业界和研究单位对非结构网格的使用经验还很不足,但对高升力外形的计算都从重点使用结构网格转移至使用非结构网格,图 6-7 表示 HiLiftPW第一次会议参与者使用网格种类的比例[13]。发生这种变化的重要原因是高升力外形的几何复杂性,例如,襟翼导轨的整流外形和多段翼型间的小缝隙等都很容易用非结构网格来模拟;此外非结构网格的自动生成和自适应技术的应用都比结构网格容易得多。

	001	002	003.01	003.02	004	005.01	005.02	006	007	008.01	008.02	008.03	009	010	011	012	013.01	013.02	013.03	014.01	014.02	014.03	015	016	017.01	017.02	017.03	017.04	018	019	020.01	020.02	021.01	021.02
软件	CFX	CFD++	OVER	OVER	HIFUN	FUN3D	NSU3D	FUN3D	TAU	TAU	TAU	TAU	TPOWER	EDGE	NSU3D	UPACS	CFD++	CFD++	CFD++	OVER	OVER	OVER	USM3D	FUN3D	FUN3D	CFL3D	CFL3D	ELSA	NSMB	USM3D	USM3D	NSU3D	NSU3D	NSU3D
类型	N	C	N	C	N	N	N	N	N	N	N	B	N	N	C	C	C	N	N	N	C	N	N	C	C	C	C	C	N	N	N	N	N	N
网格	UX9	SH3	SX3	SX3	UH6	UH6	UT5	UH8	UH7	UH7	UH7	CB8	UH8	UH8	SX5	UT5	UX9	SX3	SX3	ST4	UT5	UH6	SX1	SX1	SX2	SX1	UT4	UT4	UH6	UH6	SX1	UT4	UT4	UH6
湍流模型	SST*	KE*	SA	SA	SA	SA	SA	SA	SST	RSM	VLES	SA	SA	SA*	SA	KE	KE*	SA	SA	SA	SST	SA	SST	SA	SA	SST	KO*	SA	SST	SA	SST	SA	KO*	SST

图 6-7　HiLiftPW 参与者使用网格种类的比例

注:N—以节点为中心;C—以面心为中心;B—Boltzmann;
　SX—结构网格;UX—非结构六面体;UT—非结构四面体;UH—非结构混合;CB—笛卡儿网格;
　1—结构点对接 A;2—结构点对接 B;3—结构重叠;4—非结构四面体面心为中心;
　5—非结构四面体节点为中心;6—非结构混合(与 5 混合);7—非结构混合节点为中心 A;
　8—非结构混合节点为中心 B;9—非结构六面体(从 1 来);
　SA—Spalart Allmaras 模型;SST—剪切应力输运模型;VLES—很大涡模拟;
　RSM—雷诺应力模型;KE—kε 模型;KO—wilcox kω 模型;
　∗—某种方式的推广。

Leavitt 等在对 NASA 民机高升力基础研究的综述[14]中透露(目前尚无公开文献),NASA 对 B777 着陆构型的计算研究中利用 NASColumbia 生成了 1.07 亿的四面体非结构网格,计算运行了几个月但仍未能准确预测到 C_{Lmax},根据他们的经验,需要在下列方面加强研究:

(1) 需进一步研究网格生成技术,对于越来越大规模的数值计算,需要并行化的 VGRID,另外需要自适应网格技术。

（2）为快速获得流场解,需要更多的处理器,更快的算法,更好的湍流模型等。

Chaffin 和 Pirzadeh 对翼身组合体三段翼型的梯形机翼做了计算和实验对比的研究[15],流场解算器为 USM3D,计算 $Re = 4.3 \times 10^6$（基于平均气动弦长）,$Ma = 0.2$,按全湍流计算,湍流模型为 S-A 模型。通过 GridTool[16] 和 VGRID[17, 18] 的网格生成工具生成网格,第一层网格的 $y^+ \approx 1$,计算研究中通过在基础网格（网格2）上局部加密（而非总体加密）,共生成了 5 种不同大小的网格（见表 6-1）。加密的难度不在于在何处加密,而在于如何加密,以及需要加密至何种程度,通常都以升力系数或压强分布来判断应在何时和何处做网格加密的改进。

表 6-1 翼身组合体外形计算网格的数目

网格名称	表面网格数	总体网格单元	说 明
网格 2	68476	7532070	基础网格
网格 2c	186596	16942244	主翼后缘,襟翼表面,主翼和襟翼翼梢和主翼尾迹区的细化
网格 2g	259760	25631858	网格 2c 基础上进一步细化前缘缝翼的尾迹和机翼上表面
网格 F2	487384	50748719	网格 2g 基础上进一步细化缝翼和襟翼的支架,以及襟翼和襟翼翼梢的空间网格
网格 FNB	379978	45600647	取消了网格 F2 中的支架区网格

（a）襟翼和主翼尾迹区的网格加密。

作为基础网格,网格 2 显然太粗,任一迎角（如 12.99°）下计算的结果显示出升力系数低于实验值很多,压强分布的峰值也低于实验值,且在后襟翼上形成了一个分离区,而这在实验中并无反映。显然,应在主翼/襟翼的缝隙、主翼尾迹区和后襟翼区加密计算网格。但仅以常规方式加密壁面附近并未改善计算结果,可见,必须在主翼后拖出的尾迹区内布以展向线性分布的源项（其大小是 1~2 个主翼后缘厚度,展向以 10:1 的比例拉伸）,使无黏网格数快速增长;同时限制黏性区域的网格增长,再以常规方式加密主翼和襟翼翼梢区域的网格,形成网格 2c。图 6-8 和图 6-9 分别为网格 2 和网格 2c 的网格及 71% 展向位置处各自等熵值线的分布,图 6-10 为在两种网格中计算的压强分布。由图可见,由于襟翼区网格的加密,网格 2c 中主翼尾迹区与襟翼边界层不再掺混,压强分布大大改善,襟翼上的分离区域也大为缩小。图 6-11 为计算的升力系数与实验值的比较,可见在 $\alpha = 12.99°$ 时升力系数误差从网格 2 的 7.99% 减小至网格 2c 的 0.76%。

（b）前缘缝翼的尾迹和主翼上表面的网格细化。

由图 6-11 可知,当迎角超过 25°时,网格 2c 中升力系数的计算值与实验值之差逐渐变大,原因是这时前缘缝翼的尾迹控制着对流动的影响,并与主翼的边界层

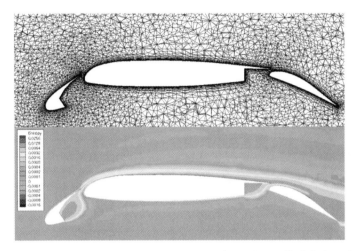

图 6 - 8　$\alpha = 12.99°$ 时网格 2 的网格及 71% 展向位置处等熵值线的分布

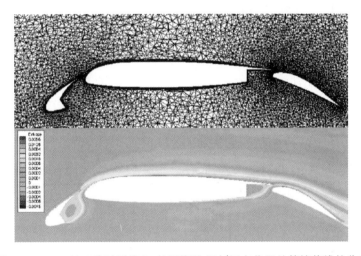

图 6 - 9　$\alpha = 12.99°$ 时网格 2c 的网格及 71% 展向位置处等熵值线的分布

掺混(见表示网格 2c 在 $\alpha = 25.50°$ 时等熵值线的图 6 - 12)。因此要改善计算效果必须细化前缘缝翼和主翼间的计算网格。计算实践证实仿照主翼/襟翼间的类似细化(在尾迹区细化)尚不够,必须在主翼上表面的整个空间布以展向源项,这就形成了网格 2g。图 6 - 13 为网格 2g 中 71% 展向位置处的网格和等熵值线,显示了前缘缝翼后缘和主翼上部的网格细化程度,且等熵值线图表明,前缘缝翼的尾迹和主翼的边界层在主翼后缘区都更薄,彼此也未掺混。如图 6 - 14 所示,升力系数曲线中升力系数计算值的改进证实网格的这样细化改善了对流动特点的捕获,如在 $\alpha = 25.50°$ 时升力系数计算值与实验值的差值为 0.25%,而在网格 2c 中则为 1.81%。

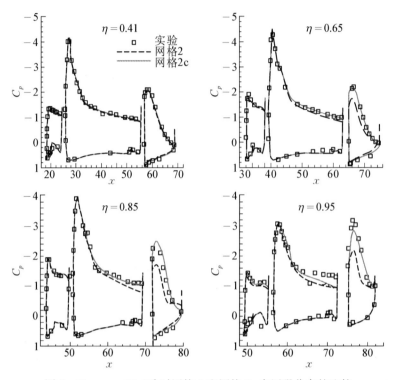

图 6-10　$\alpha = 12.99°$ 时网格 2 和网格 2c 中压强分布的比较

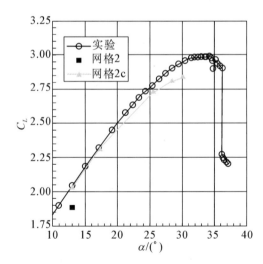

图 6-11　网格 2 和网格 2c 中的升力系数随迎角的变化与实验值的比较

（c）前缘缝翼表面/周围的进一步细化。

图 6-14 表明,在网格 2g 中较在前两种网格中的计算值有了很大改进,但仍未能准确计算出 C_{Lmax} 值及其对应的迎角值。由前述讨论可看出,失速的流态在各种网格中都与绕前缘缝翼的流动密切相关,且从在网格 2g 中迎角分别为 28.41°,

图 6-12 $\alpha = 25.50°$ 时网格 2c 中 71% 展向位置处的等熵值线

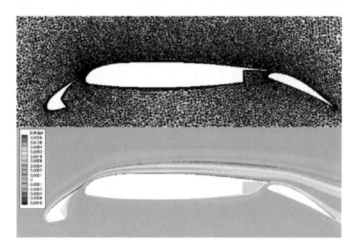

图 6-13 $\alpha = 25.50°$ 时网格 2g 和 71% 展向位置处的等熵值线

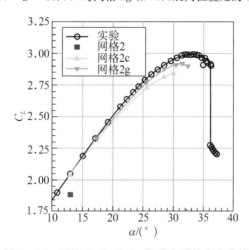

图 6-14 网格 2，2c 和 2g 的升力系数变化曲线

30.45°，31.44°和 32.44°时计算的表面流线可看出，在压强系数 $C_p < -16.3$（出现声速流动）前在前缘缝翼上流动就分离了，而实验表明 C_p 值在达到 16.3 时尚未分离，为此在前缘缝翼的表面和周围，以及三个翼面的翼梢处作了进一步的网格细化；考虑到缝翼和襟翼支架的影响，最后生成了包括支架的细化计算网格 F2。若生成

后移走支架仍保留其附近加密的网格，即形成网格 FNB。图 6-15 为展向 71% 处的 FNB 网格分布和 $\alpha = 30.45°$ 时的等熵值线，由图可见前缘缝翼的边界层保持着附着流。图 6-16 为网格 2g 和 FNB 中 $\alpha = 31.44°$ 时前缘缝翼上压强分布的比较，可见 FNB 网格中的压强峰值与实验值更为吻合。

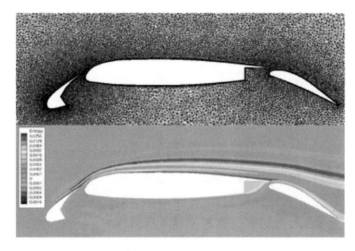

图 6-15　$\alpha = 30.45°$ 时网格 FNB 中展向 71% 位置处的网格和等熵值线图

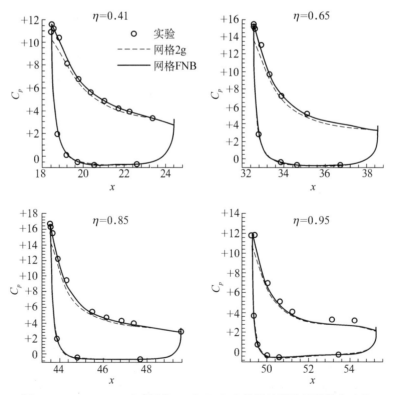

图 6-16　$\alpha = 31.44°$ 时网格 2g 和 FNB 中前缘缝翼的压强分布比较

图 6-17 表示了所有网格中计算的升力系数值和实验值的比较(右图为在 $C_{L\max}$ 附近的比较),实验值有两组数据(迎角增加和减小时所得的两组值)。由图可见网格细化改进了 $C_{L\max}$ 计算的准确性,误差从网格 2g 的 2.50% 减小为网格 FNB 的 1.03%,$C_{L\max}$ 对应的迎角值也位于实验数据之间,计算的升力系数曲线随迎角变化与实验值的变化也很相似。图 6-18 为阻力的计算值与实验值的比较,两者很一致,仅在大迎角时计算阻力值偏大。右图为黏性阻力的计算值与实验值的比较,从图中也可看出网格细化使计算的阻力值减小。

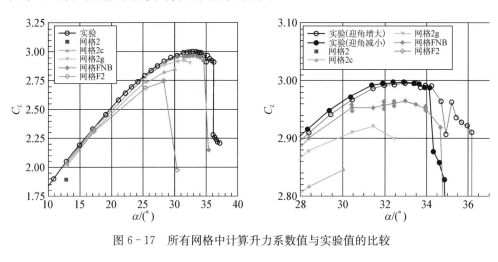

图 6-17　所有网格中计算升力系数值与实验值的比较

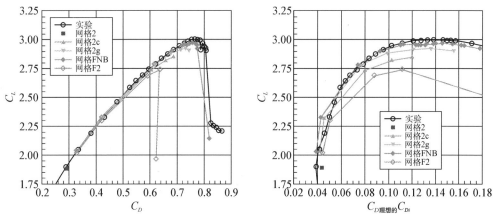

图 6-18　所有网格中计算阻力值与实验值的比较

图 6-17 和图 6-18 反映了支架对计算的影响颇大,但文献[15]没有深入研究支架影响的计算。

综上所述,通过主翼尾迹和前缘缝翼尾迹等网格细化技术可以分别提高线性区和最大升力系数区的计算准确度,从而使计算所得升力系数值与实验值比较的误差在小迎角范围内减小至 0.24%,在 $C_{L\max}$ 区域内减小至 1.03%。为了进一步提高计

算 C_{Lmax} 的准确度,除需进一步改进网格细化外,还需:模拟风洞壁的影响,优化襟翼的重叠,采用更先进的湍流模型,以及研究襟翼机构的影响等。

6.3 高升力计算专题研讨会(HiLiftPW-Ⅰ)

6.3.1 概况

2010 年 6 月 26—27 日,高升力计算专题研讨会与第 28 届 AIAA 应用空气动力学大会在美国芝加哥联合举行了第一届高升力计算专题研讨会(HiLiftPW-Ⅰ)[13],其目的为:

(1)评估现代 CFD 技术/软件对中/高展弦比后掠机翼的翼身组合体计算起飞/着陆(高升力)状态下气动力的能力(包括网格技术、数值方法、湍流模型、高性能计算机的要求等)。

(2)探索计算高升力流场的实用模型的发展方向。

(3)推进对高升力流动物理的了解,以便于发展更准确的计算方法和工具。

(4)改进高升力空气动力设计和优化的 CFD 计算能力。

(5)为评估现有计算软件和模型技术的有效性提供一个非正式的大会。

(6)明确进一步研究和发展的领域。

8 个国家 18 个组织,包含政府研究机构、工业界、大学和 CFD 公司等(其中约 40% 来自美国以外),的代表参加了研讨会,针对统一计算模型展示了各自的计算结果并展开讨论。

表 6-2 列出了参会代表提交的 39 组技术组合。图 6-19 显示了所使用的网格大小。图 6-20 表明了风洞中安装的计算模型,其半翼展 $b/2 = 85.1''$,平均气动弦长 $MAC = 39.6''$,展弦比 $AR = 4.56$,前缘后掠角 $\Lambda_{LE} = 33.9°$,1/4 弦线后掠角 $\Lambda_{1/4} = 30.0°$,尖削比 $\chi = 0.4$。沿全翼展布置前缘缝翼和后缘襟翼。表 6-3 给出了计算与风洞实验条件之间的差异。

表 6-2　参会代表提交的 39 组技术组合(数据)

序号	程序名称	方法类型	网格类型	湍流模型
001	CFX	N	UX9	SST*
002	CFD++	C	UH13	KE*
003.01	OVERFLOW	N	SX3	SA*
003.02	OVERFLOW	N	SX3	SA*
003.03	OVERFLOW	N	SX3	SA*
004	HIFUN	C	UH14	SA
005.01	FUN3D	N	UH6	SA
005.02	NSU3D	N	UH6	SA
006	FUN3D	N	UT5	SA
007	TAU	N	UH8	SA

（续表）

序号	程序名称	方法类型	网格类型	湍流模型
008.01	TAU	N	UH7	SA
008.02	TAU	N	UH7	SST
008.03	TAU	N	UH7	RSM
009	PowerFLOW	B	CB16	VLES
010	EDGE	N	UH8	SA
011	NSU3D	N	UT12+	SA
012.01	TAS	N	UH15	SA*
012.02	UPACS	C	SX11	SA*
013.01	CFD++	C	UT5	SA
013.02	CFD++	C	UT5	KE*
013.03	CFD++	C	UX9	KE*
014.01	OVERFLOW	N	SX3	SA*
014.02	OVERFLOW	N	SX3	SA*
014.03	OVERFLOW	N	SX3	SA*
014.04	OVERFLOW	N	SX3	SST
014.05	OVERFLOW	N	SX3	SA
015	USM3D	C	UT4	SA
016	FUN3D	N	UT5	SA
017.01	FUN3D	N	UH6	SA
017.02	CFL3D	C	SX1	SST
017.03	CFL3D	C	SX1	SA
017.04	CFL3D	C	SX2	SST
017.05	CFL3D	C	SX1	SA
018	ELSA	C	SX1	SA
019	NSMB	C	SX10	SST
020.01	USM3D	C	UT4	KO
020.02	USM3D	C	UT4	KO*
021.01	NSU3D	N	UH6	SA
021.02	NSU3D	N	UH6	SST

注：N—以节点为中心；C—以面心为中心；B—Boltzmann；
　　SX—结构网格；UX—非结构六面体；UT—非结构四面体；UH—非结构混合；CB—笛卡儿网格；
　　1—结构点对接 A；2—结构点对接 B；3—结构重叠；4—非结构四面体面心为中心；
　　5—非结构四面体节点为中心；6—非结构混合（与 5 混合）；7—非结构混合节点为中心 A；
　　8—非结构混合节点为中心 B；9—非结构六面体（从 1 而来）；
　　SA—Spalart Allmaras 模型；SST—剪切应力输运模型；VLES—很大涡模拟；
　　RSM—雷诺应力模型；KE—kε 模型；KO—wilcox kω 模型；
　　*—某种方式的推广。

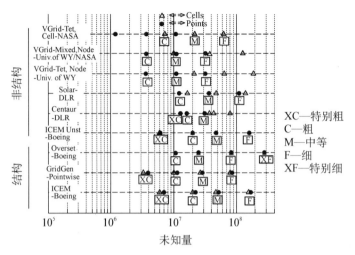

图 6-19　不同网格的大小

图 6-20　风洞中安装的模型

表 6-3　计算与实验的差异

实验	计算
具有洞壁，但修正至自由流状态	自由来流
层流/转捩/湍流流动	全湍流
有襟翼支撑结构	无支撑机构（除第 3 种比较状态外）

会上对 3 种计算状态展开了对比讨论。

(1) 状态 1——研究网格收敛历史。

"外形 1"(缝翼 30°,襟翼 25°);

$Ma = 0.2$,$\alpha = 13°$,$28°$;

$Re = 4.3 \times 10^6$(基于 MAC);

$T_{inf} = 520°F$;

粗、中、细、非常细网格。

(2) 状态 2——研究不同迎角(α),襟翼角的计算结果。

"外形 18"(缝翼 30°,襟翼 25°);

"外形 8"(缝翼 30°,襟翼 20°);

$Ma = 0.2$,$\alpha = 6°$,$13°$,$21°$,$28°$,$32°$,$34°$,$37°$;

$Re = 4.3 \times 10^6$;

中等网格。

(3) 状态 3——研究缝翼/襟翼支撑机构的影响。

外形 1(缝翼 30°,襟翼 25°);

$Ma = 0.2$,$\alpha = 13°$,$28°$;

中等网格。

6.3.2　计算与实验结果的对比

1) 外形 1 的计算结果

图 6-21 为对外形 1 在迎角 $\alpha = 6° \sim 37°$ 范围内计算 C_L,C_D,C_m 所得的所有 (除 003.03 和 014.05 外)数据与实验数据的比较,总体上 CFD 计算(中等网格)的 C_L 和 C_D 偏低,而 C_m 偏高,也存在一些"出局者"(由统计分析确定)离总体数据集较 远,特别在大迎角时。图 6-22 为 C_{Lmax} 值的比较,(除 008.01,008.02 和 008.03 数 据外),可见大多数数据能给出合理的 C_{Lmax} 值(≈ 3.0)和对应的迎角 α_{max}($\approx 33°$),其 中采用 S - A 模型的计算值给出了更接近于实验值的较高的 C_{Lmax} 值,但 α_{max} 没有很 明显的优势。

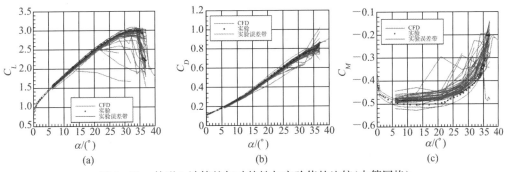

图 6-21　外形 1 计算的气动特性与实验值的比较(中等网格)

(a) 升力;(b) 阻力;(c) 力矩

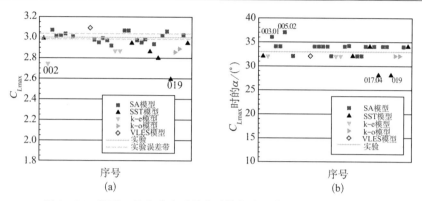

图 6-22　外形 1 最大升力系数的计算与实验值的比较（中等网格）

(a) C_{Lmax}；(b) α_{max}

2) 网格收敛的结果

图 6-23 为粗、细网格的力矩系数极曲线，在粗网格（见图 6-23(a)、(b)）中非结构网格的分散度比结构网格的大，但在细网格（见图 6-23(c)、(d)）中两者的分散度差不多。图中 S-A 结果用方形符号表示，其余的用三角符号表示，大体上说 S-A 的结果比其他计算结果更接近于实验值。

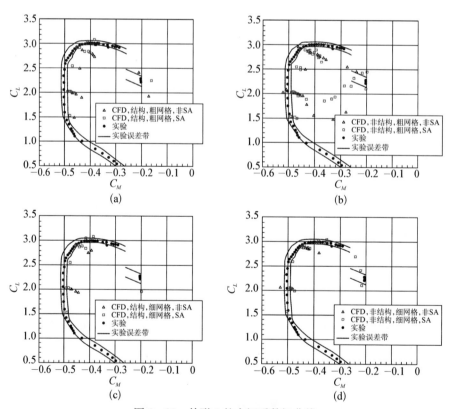

图 6-23　外形 1 的力矩系数极曲线

(a) 结构粗网格；(b) 非结构粗网格；(c) 结构细网格；(d) 非结构细网格

　　图 6-24 为外形 1 在 $\alpha=13°$ 时网格收敛的结果，N 是网格点总数，横坐标为 $N^{-2/3}$，它表示网格分布趋势，若计算解的精度为二阶，则曲线将是一条直线。图中实线表示用 S-A 模型计算的结果，另用虚线表示其他湍流模型计算的结果，实验结果位于 y 轴上的·点，图中也给出了"出局者"的结果，它们偏离了总体结果。由图 6-24 可知，在结构网格中许多用非 S-A 模型计算结果都趋于比用 S-A 模型计算的更低的 C_L，C_D 和负的 C_m 值，而在非结构网格中没有类似的趋势。无论是结构网格中还是非结构网格中随网格数的增大，计算值（除阻力值外）更接近于实验值。对于迎角 $\alpha=28°$ 可得到同样的网格收敛结果。

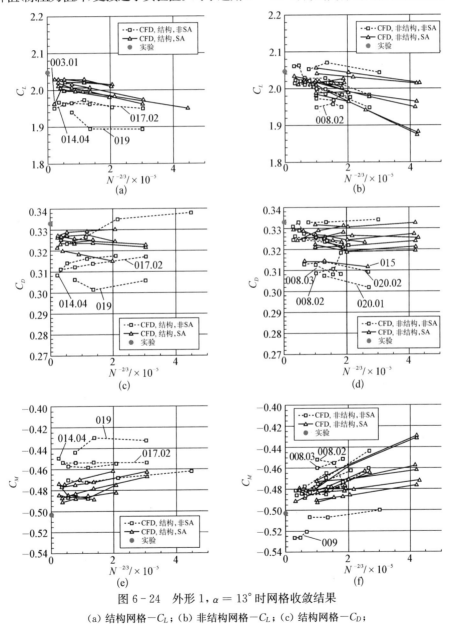

图 6-24　外形 1，$\alpha=13°$ 时网格收敛结果

（a）结构网格—C_L；（b）非结构网格—C_L；（c）结构网格—C_D；
（d）非结构网格—C_D；（e）结构网格—C_m；（f）非结构网格—C_m

3）两种外形计算结果的比较

图6-25为用不同软件计算外形1和8的升力曲线比较。由图可见,在小迎角时6种软件计算结果彼此都比较一致,但在大迎角时彼此有不少差异,但所有计算都得出了随迎角增大外形8早于外形1分离的正确趋势。在实验中随迎角增大,两种外形的差值呈减小趋势,有的计算结果可以看到类似变化的趋势,而有的计算没能呈现此变化的趋势。

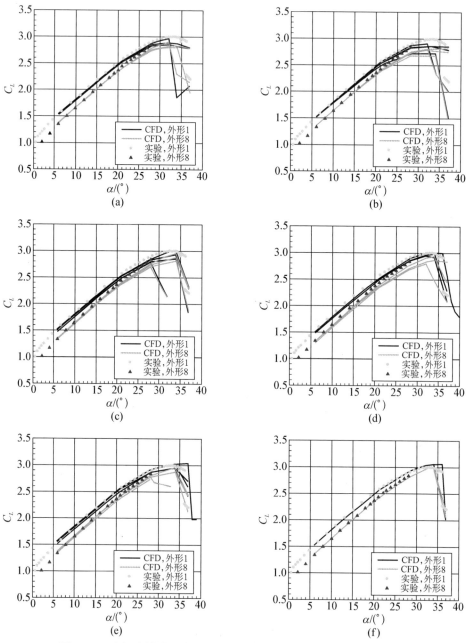

图6-25　用不同软件计算的外形1和8的升力曲线比较(中等网格)

(a) USM3D；(b) CFD++；(c) CFL3D；(d) FUN3D；(e) NSU3D；(f) OVERFLOW

图 6-26 为用 S-A 模型和用其他模型计算外形 1 和 8 之间的差异。与图 6-22 显示的类似，用 S-A 模型计算的结果在接近失速区可得较高的 C_L，与实验值更接近；而用其他湍流模型除了 001(SST)和 009(VLES)两种结果以外，计算值都较低，此两种例外的计算都计及了转捩模型，由此可见，转捩可能会影响到计算结果。

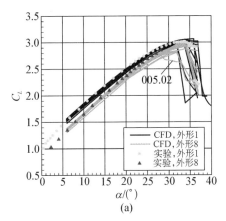 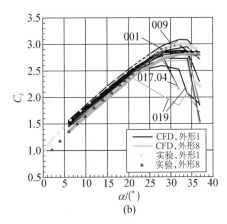

图 6-26　用不同湍流模型计算外形 1 和 8 之间的升力差异

(a) S-A 模型；(b) 其他模型

统计分析结果：在中等网格中两种外形的 ΔC_L，ΔC_D，$|\Delta C_m|$ 在 $\alpha = 13°$ 时 CFD 计算平均值低于实验值约 $4\% \sim 15\%$，而在 $\alpha = 28°$ 时则高于实验值约 $62\% \sim 154\%$。

4）表面压强分布的计算比较

由于沿 9 个前缘缝翼，9 个主翼和 11 个后缘襟翼的巨大的计算数据量，很难在很短时间内对它们进行深入分析，并用少量例子来做出代表性的结论，因此只是通过外形 1 在迎角 $\alpha = 13°$ 和 $\alpha = 28°$ 的计算结果来做点讨论和说明某些趋势。图 6-27 为沿翼展 85% 位置的后缘襟翼上的表面压强分布，图 6-27(a)表示测量和计算压强分布的位置，图 6-27(b)～(f)给出了外形 1，$\alpha = 13°$ 时一些典型的计算结果，其中图 6-27(b)给出了 009 数据组的结果，它计及了转捩的影响。从图中可知，在中等和精细网格的结果之间有着少许差别，上翼面计算的吸力峰值比实验值大，其他计及转捩的计算结果也有类似此较大吸力峰值的现象（未给图）。图 6-27(c)和(d)分别给出了用 SST 和 S-A 湍流模型计算的压强分布，两者都在结构网格中计算，对于网格的敏感性很小。SST 模型的结果在前缘产生较小的吸力值，而在后缘处产生分离，S-A 模型的结果更接近于实验值。图 6-27(e)和(f)给出了用同一软件在两种非结构网格（UT5 和 UH6）中计算的结果，UT5 为非结构四面体网格，UH6 为非结构混合网格。由图可见，与上述结构网格计算结果不同，它们存在着网格数的依赖性，但在精细网格中两者计算结果很接近，总体上与实验结果吻合很好，但在后缘附近甚至使用 S-A 模型的计算结果也与实验数据吻合得不好；四面体粗网格中的结果差于混合型粗网格的。

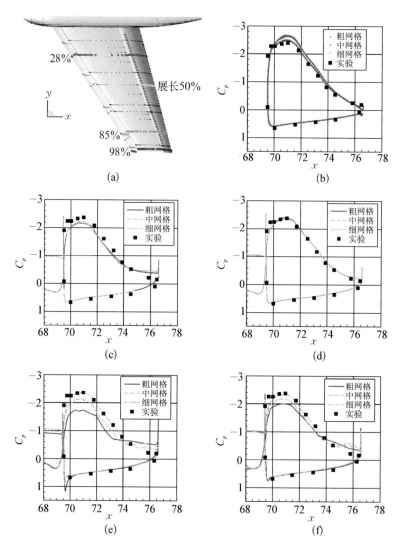

图 6 - 27　外形 1，$\alpha = 13°$ 时 85% 翼展位置的后缘襟翼上压强分布的比较

(a) 压强测量剖面位置；(b) 序号 009(CB 16 网格，计及转捩的 VLES)；
(c) 序号 017.02(SX1 网格，SST)；(d) 序号 017.03(SX1 网格，SA)；
(e) 序号 016(UT5 网格，SA)；(f) 序号 017.01(UH6 网格，SA)

　　图 6 - 28～图 6 - 31 分别为外形 1 在 28% 和 85% 翼展位置，$\alpha = 13°$ 和 $\alpha = 28°$ 时在细网格中采用同一 S - A 湍流模型的计算压强分布与实验数据的比较。由图可见，在前缘缝翼和主翼上大多数(除少数"出局者")计算结果彼此都很一致，且与实验数据吻合一致，但在 85% 翼展处的后缘襟翼上存在着较大的差异，特别在后缘襟翼的后缘附近。

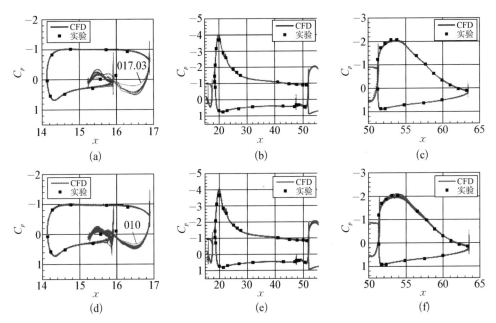

图 6-28　外形 1，28％翼展处的压强分布比较，$\alpha = 13°$，S-A 模型，细网格

(a) 前缘缝翼，结构网格；(b) 主翼，结构网格；(c) 襟翼，结构网格；
(d) 前缘缝翼，非结构网格；(e) 主翼，非结构网格；(f) 襟翼，非结构网格

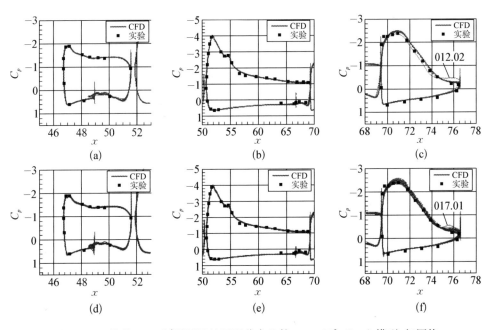

图 6-29　外形 1，85％翼展处的压强分布比较，$\alpha = 13°$，S-A 模型，细网格

(a) 前缘缝翼，结构网格；(b) 主翼，结构网格；(c) 襟翼，结构网格；
(d) 前缘缝翼，非结构网格；(e) 主翼，非结构网格；(f) 襟翼，非结构网格

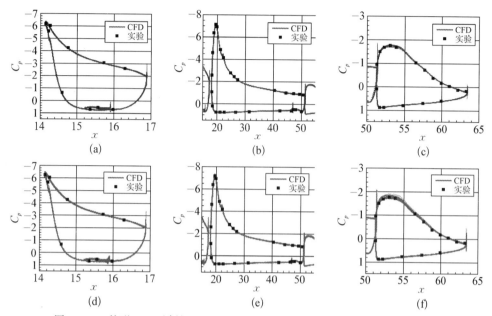

图 6 - 30　外形 1，28％翼展处的压强分布比较，$\alpha = 28°$，S - A 模型，细网格
（a）前缘缝翼，结构网格；（b）主翼，结构网格；（c）襟翼，结构网格；
（d）前缘缝翼，非结构网格；（e）主翼，非结构网格；（f）襟翼，非结构网格

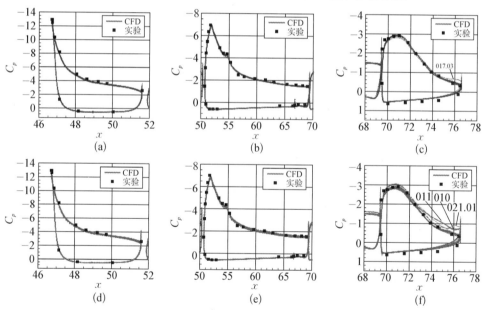

图 6 - 31　外形 1，85％翼展处的压强分布比较，$\alpha = 28°$，S - A 模型，细网格
（a）前缘缝翼，结构网格；（b）主翼，结构网格；（c）襟翼，结构网格；
（d）前缘缝翼，非结构网格；（e）主翼，非结构网格；（f）襟翼，非结构网格

　　在靠近翼梢处计算的压强分布值与实验值相差较大，图 6 - 32 为外形 1，$\alpha = 28°$
时 98％翼展处的压强分布比较，它表明由于形成翼梢涡，准确计算出压强分布更困难，

若能准确捕获此涡,无疑将对计算出的压强分布具有重要意义。为了进一步说明 CFD
在翼梢区计算的困难,图 6-33 为外形 1,$\alpha = 28°$ 时不同展向位置前缘 C_p 的分布,
图 6-33(a)和(b)是同一计算程序同一湍流模型但不同网格计算的压强分布,并不清楚
导致这种差异的原因。图 6-33(c)和(d)分别为薄层假设 N-S 方程和完全 N-S 方程的
计算结果的比较,由此看出保留黏性交叉导数项将会使计算结果得到显著的改善,忽略
则会对翼梢区计算带来不利的影响,这也是本次研讨会的一个重要收获。图 6-33(e)
和(f)给出了不同湍流模型计算的压强分布比较,可见 S-A 模型的计算结果更好。

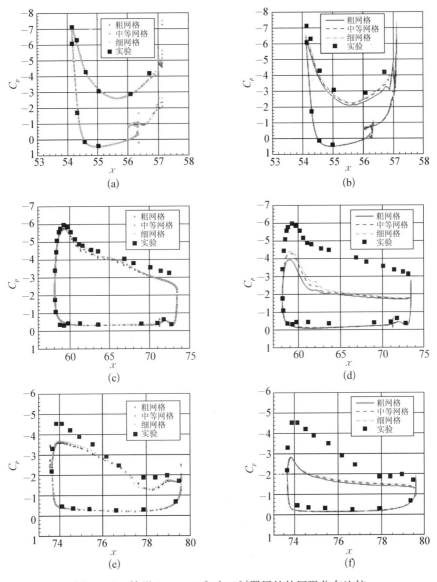

图 6-32　外形 1,$\alpha = 28°$ 时 98%翼展处的压强分布比较

(a) 前缘缝翼,序号 018;(b) 前缘缝翼,序号 010;(c) 主翼,序号 018;
(d) 主翼,序号 010;(e) 襟翼,序号 018;(f) 襟翼,序号 010

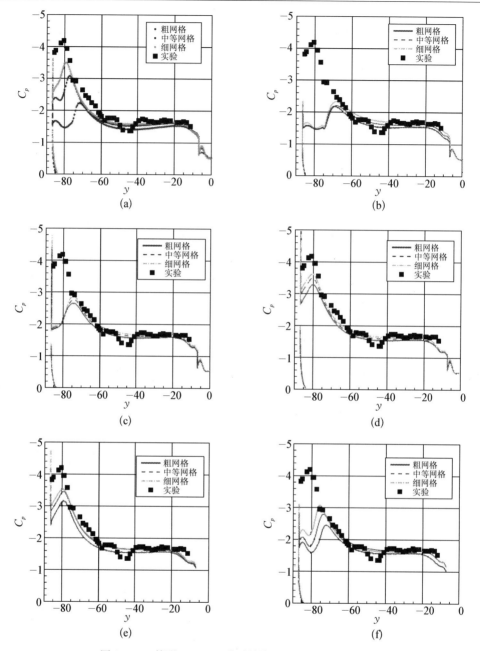

图 6-33　外形 1，$\alpha = 28°$ 时前缘沿展向压强分布比较

(a) 序号 013.02(CFD++，UT5 网格，$k-\varepsilon^*$，全 NS)；(b) 序号 002(CFD++，UH13 网格，$k-\varepsilon^*$，全 NS)；
(c) 序号 017.03(CFL3D，SX1 网格，SA，薄层 NS)；(d) 序号 017.05(CFL3D，SX1 网格，SA，全 NS)；
(e) 序号 015(USM3D，UT4 网格，SA，全 NS)；(f) 序号 020.02(USM3D，UT4 网格，$k-\omega^*$，全 NS)

5）襟翼系统支架的影响

襟翼系统的支架是高升力系统不可少的组成部分，它们对气动力到底有多大影响一直是受人关注而又不易确定的问题。图 6-34 表示支架对气动力影响的大致趋势,图中虚线是实验的误差范围。由图可知,它们对 C_L 的影响是在 $\alpha = 13°$ 时 C_L 减小 $0.01 \sim 0.02$,在 $\alpha = 28°$ 时则减小 $0.06 \sim 0.09$;对 C_D 影响的趋势不明确,有 5 组数据是增加阻力的,而另外 2 组是减小阻力的;对力矩影响的总趋势是使其绝对值减小。

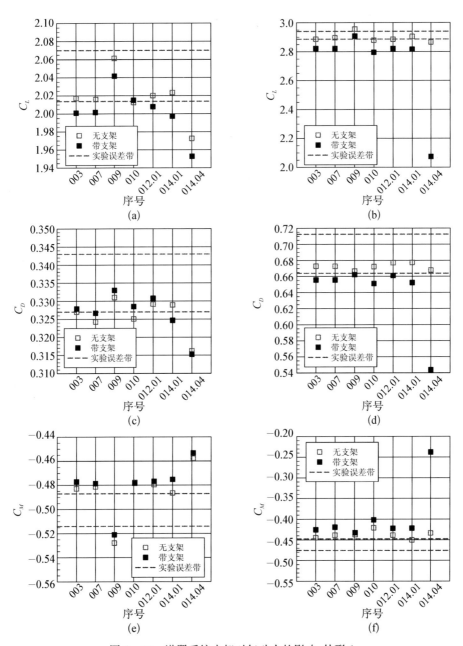

图 6-34　襟翼系统支架对气动力的影响,外形 1

(a) C_L, $\alpha = 13°$; (b) C_L, $\alpha = 28°$; (c) C_D, $\alpha = 13°$;
(d) C_D, $\alpha = 28°$; (e) C_m, $\alpha = 13°$; (f) C_m, $\alpha = 28°$

6）统计分析

会议还采用了与 AIAA DPW（Drag Prediction Workshop）同样的统计分析方法[19]对所有计算数据做了统计分析。散布度的极限由 $\hat{\mu} \pm K \cdot \hat{\sigma}$ 表示，其中 $\hat{\mu}$ 是中间值，$\hat{\sigma}$ 为样本值的标准偏差，K 是一个参数，Hemsh 和 Morrison 在第二次阻力研讨会数据分析中取了保守的值 $K = 3$，这次分析时取 $\sqrt{3}$。统计分析中"出局者"是指该结果位于散布界限外，即它与大多数计算结果有较大的差异；由于 K 值是任意选取的一个常值，因此这种比较也只能作为一个粗略的判断标准。

分析 $\alpha = 13°$ 的数据可知，对于 3 个气动力系数，其散布度随网格数的增加而缩小，在细网格中 C_L 为 0.10，C_D 为 232 count（0.0232），C_m 为 0.052。由于计算中使用了不同的湍流模型，为回答有人可能提出的疑问，把所有使用 S－A 湍流模型的结果作了分析，所有散布度确实都减小了，C_L 为 0.06，C_D 为 136 count（0.0136），C_m 为 0.020。如将 $\alpha = 28°$ 的结果（都用 S－A 模型）也作分析，其结果与 $\alpha = 13°$ 时类似，C_L 为 0.07，C_D 为 291 counts（0.0291），C_m 为 0.042。有趣的是，两个迎角时 C_L 和 C_D 的变化系数 C_V（定义为 $C_V = \hat{\sigma}/\hat{\mu}$）都相同，$C_{V, C_L} \approx 0.007$，$C_{V, C_D} \approx 0.012$，而 C_m 的变化系数是加倍的，$C_{V, C_m} \approx -0.012 \sim -0.027$。上述结果是外形 1 的数据分析，对于外形 8 的数据分析，结论也类似。

6.3.3　小结

上述分析结果表明总体上 CFD 计算值与实验值吻合得还不错，但 CFD 给出的 C_L，C_D，C_m 的绝对值与实验值相比偏小，在接近失速的大迎角区计算较困难，计算结果的分散度较大，有的结果过早地分离。在细网格中结构网格和非结构网格的计算结果较为接近，因此网格种类不是问题，但尚存在一些需要进一步研究和探讨的问题：

（1）外形 1 和外形 8 的气动力增量值在 $\alpha = 13°$ 时较小，而在 $\alpha = 28°$ 时则很大，需要对外形 8 也做网格收敛的研究，以便获得更可靠的结论。

（2）使用 S－A 模型可得到更大的 C_{Lmax} 值，且其对应的迎角更接近于实验值，应努力减小使用不同文本同一湍流模型的计算结果的差异。

（3）缝翼、襟翼的支架影响是在 $\alpha = 13°$ 时使计算升力有略小的减小，但在 $\alpha = 28°$ 时使计算升力有较大的减小，且偏离了实验值，这一结论仅在中等网格中得到，需要对带支架的外形做网格收敛的研究。

（4）各组数据在机翼外段，特别在翼梢附近襟翼上，均与实验值相差较大，使用 SST 湍流模型计算出的襟翼上分离区比使用 S－A 模型的要大，与实验结果相差更大；在四面体网格中具有比混合网格（边界层中为棱柱形网格）更大的网格敏感性；薄层假设的计算要比完全 N－S 方程的计算结果更差。

（5）第一次会议并没有要求带转捩模型或洞壁影响的计算，然而实验中缝翼、襟翼支架和风洞壁是始终存在的，为了能与实验结果直接比较，可能考虑这些影响是重要的，今后计算中要计及这些影响。

（6）会议中有些参会者指出要注意大迎角计算时对初始条件的依赖性问题，有

时从自由流出发的计算会得到大范围的分离,而从邻近小迎角收敛解出发可得到更
好的结果。

考虑到 HiLiftPW 研讨会的 6 个长期目标,第一次会议主要针对第 1 个(估计目
前对提供外形的计算能力)和第 5 个(提供了一个评估的会议)的目标,因此建议继
续举行此系列专题研讨会。

6.4 欧盟高升力(EUROLIFT Ⅰ,Ⅱ)项目

6.4.1 EUROLIFT Ⅰ

近年来欧盟通过 EUROLIFT Ⅰ 和 EUROLIFT Ⅱ 项目大力开展了绕增升装置
外形流动的研究。EUROLIFT Ⅰ[20] 始于 2000 年,有包括 7 个国家的 14 个合作团
队参与此项目。在 Ⅰ 项目结束之后又启动了 Ⅱ 项目[21]。图 6-35 为 EUROLIFT
Ⅰ 的项目结构,由图可见所研究的内容,即通过对流动转捩的研究,进一步了解高升
力流动的物理和 Re 数的影响;评估与改进 CFD 工具,获取确认 CFD 所需的高、低
Re 数时高质量风洞实验数据等;紧密结合计算和实验工具,提高欧洲航空工业界
计算最大升力、预估失速现象的能力。图 6-36 为该项目所使用的实验模型。文
献[20]综述了项目研究的内容与所取得的成绩,指出采用逐步增大几何复杂性的
外形来建立可供 CFD 验证和确认使用的三维实验数据库是十分重要的。
图 6-37 为自适应与常规网格方法计算的升力和压强分布与实验数据的比较,可
见为了使计算网格数量能被工业界所接受,采用自适应网格方法是提高 CFD 应
用于增升装置程度的一个可行的方向。图 6-38 为包含有缝翼导轨和襟翼导轨
整流外形的油流实验与计算摩擦线的比较,由图可见两者基本一致,但油流实验
显示出在襟翼分离流中叠加有一个来自缝翼导轨外形发出的强旋涡/分离流,而
在计算中没有模拟缝翼导轨整流外形,可见对于增升装置外形绕流的计算,必须
包含如此复杂的几何细节。

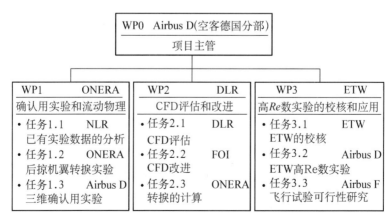

图 6-35 EUROLIFT Ⅰ 的项目结构

WP1　确认用实验和流动物理

・任务1.1　　　　　　　　・任务1.2　　　　　　　　・任务1.3

已有二维实验模型　　　　F1转捩实验　　　　　　LSWT和ETW确认用实验

　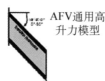AFV通用高升力模型　KH3Y冷冻实验模型

WP3　确认用实验和流动物理

・任务3.1　ETW 校核　　　　　　・任务3.2　ETW的高Re数实验

K3DY冷冻空客半模　　KH3Y具有先进增升系统的确认用模型

图 6 - 36　EUROLIFT Ⅰ项目使用的实验模型

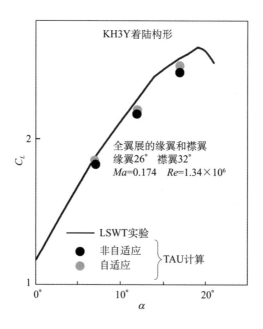

文献[22]具体地评估了 EUROLIFT Ⅰ项目中计算高升力流动的情况,包括少量二维多段翼型流动(作为 GARTEUR 项目研究内容,曾有大量实验数据和数值研究的结果[23]),绕 A310 59%翼展位置的流动和大量绕翼身组合体 KH3Y 的三维高

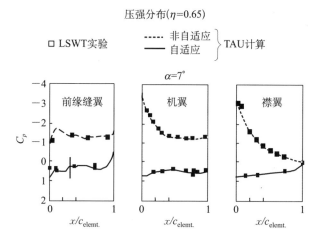

图 6-37　自适应与常规网格方法计算的升力和压强分布与实验数据的比较

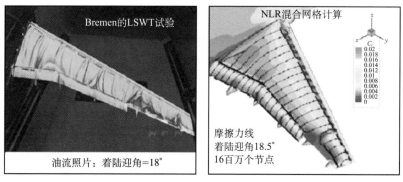

图 6-38　包含有缝翼导轨和襟翼导轨整流外形的油流实验与计算摩擦线的比较

升力流动的对比计算。

图 6-39 为三维算例 KH3Y 的几何外形和结构、混合非结构网格。KH3Y 是德国空客给出的一个带有全翼展前缘缝翼和后缘单缝襟翼的后掠翼身组合体外形。结构网格点数为 3000000，贴近壁面的 $y^+ = 1$，非结构网格的 $y^+ \approx 2$。为了比较，还

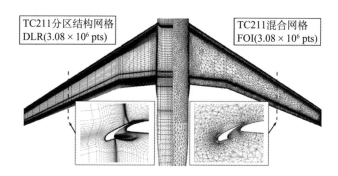

图 6-39　三维算例 KH3Y 的几何外形和结构、混合非结构网格

生成了约 3 900 000 点数的重叠网格。图 6 - 40 为安装于德国 LSWT 风洞中的 KH3Y 的半模型照片。KH3Y 外形同样在冷冻风洞中做了高 Re 数实验。表 6 - 4 列出了 KH3Y 外形的几何参数和流动条件。

图 6 - 40　安装于德国 LSWT 风洞中的 KH3Y 的半模型照片

表 6 - 4　KH3Y 的(起飞/着陆状态)几何外形参数和流动条件

缝翼偏转角 δ_s/(°)	襟翼偏转角 δ_f/(°)	平均气动弦长 l_{ref}/mm	半翼展 s/mm	Ma	Re	迎角 α/(°)
20.0/26.5	22.0/32.0	347.09	1400	0.175	1.35×10^6 (LSWT) 1.5×10^7 (ETW)	7.0, 12.0, 16.0, 17.5, 18.5 (20.0)

图 6 - 41～图 6 - 44 分别为结构和非结构网格中 C_L - α 和极曲线的计算结果与低 Re 数风洞实验结果的比较。由图可见 C_L 的各计算结果与实验数据都吻合得不错,但普遍地低于实验值,这可能是采用全湍流的计算和网格数偏小的原因。若以 $\alpha = 7.0°$ 和 $\alpha = 17.5°$ 的实验值分别代表线性区域和最大升力区域的典型值来计算实验与计算差值的分散度,并以 $\Delta C_L(n-1)$ 来表示,则由图可知在线性区结构网格的分散度和非结构网格的相当,在最大升力处,非结构网格的分散度是线性区域的三倍,而结构网格在线性区和最大升力区的分散度基本一样,这可能表示在相同网格数下分区结构网格可得到更高的准确度。计算的 $dC_L/d\alpha$ 值与实验值很吻合。从图 6 - 43 和图 6 - 44 的升阻极曲线中可知在最大升力区的阻力分散度非常大,计算结果过高地估计了阻力值;在升力线性区时两种网格中所得总阻力的分散度基本相当。由于该项目中各个解算器使用不同的数值格式和湍流模型等,可能造成了其计算结果的分散。为此 DLR 利用相同的计算格式和相同的湍流模型,即在结构网格中用 DLR 的 FLOWer 解算器,在非结构网格中用 DLR TAU 解算器再次作了计算比较,如图 6 - 45 所示。由图可见,直至 C_{Lmax} 前两计算结果的差异减小至 0.5 个升力单位(1 升力单位=0.01),与实验值的差异约为 0.5%,C_{Lmax} 时的迎角相差 1°,在 $\alpha = 17.5°$ 时两种方法计算的压强分布很一致,与实验值很接近;而超过 C_{Lmax} 后,两种

方法的结果存在很大的差异。图 6 - 46 和图 6 - 47 分别给出了 $\alpha = 20.0°$ 时两种方法计算的摩擦力线分布,为清楚起见,图中仅给出了摩擦力线为负值的面积。可见这时 C_L 的下降在两种网格中都是由于翼展中段前缘缝翼的分离造成的。图 6 - 48 给出了用 TAU 程序在高 Re 数($1.5×10^7$)时对不同襟翼位置计算的 C_L - α 曲线,以及与在高 Re 数风洞中实验数据的比较。计算网格数为 10000000(贴近表面的 $y^+ = 1$),计算与实验的结果吻合得很好。从上述计算结果的评估比较可知:

(1) 二维计算中网格的影响明显超过不同湍流模型的影响。

(2) 三维计算中 9 个不同的 RANS 解算器都能算出翼身组合体高升力外形与低 Re 数实验结果一致的 C_{Lmax},但 C_{Lmax} 对应的迎角却有相当的分散度。采用同样中心差分格式和同样湍流模型的结构网格和非结构网格(在相同的总网格数下)的计算可以得到很一致的 C_L - α 变化,对于更复杂的外形,非结构网格具有比结构网格更易自动生成计算网格和自适应的优点。

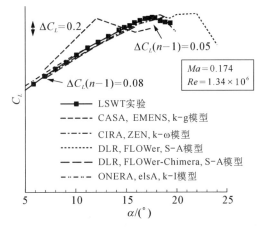

图 6 - 41　结构网格中 C_L - α 的计算结果与低 Re 数风洞实验结果的比较

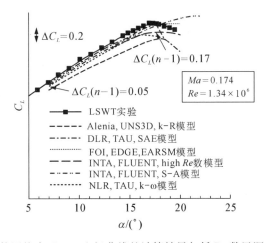

图 6 - 42　非结构网格中 C_L - α 和极曲线的计算结果与低 Re 数风洞实验结果的比较

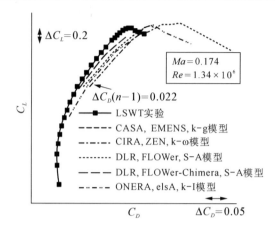

图 6-43　结构网格中极曲线的计算结果与低 Re 数风洞实验结果的比较

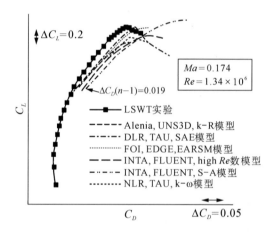

图 6-44　非结构网格中极曲线的计算结果与低 Re 数风洞实验结果的比较

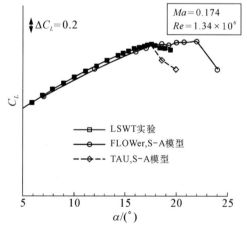

图 6-45　相同计算格式湍流模型下,结构网格与非结构
网格 C_L-α 计算结果及其与实验值的比较

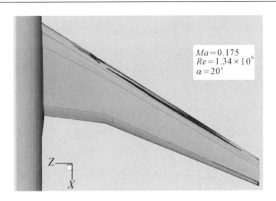

图 6-46　结构网格计算的摩擦力线分布

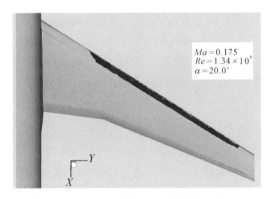

图 6-47　非结构网格计算的摩擦力线分布

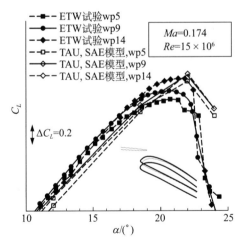

图 6-48　TAU 程序在高 Re 数时对不同襟翼位置计算的 C_L-α 曲线以及与在高 Re 数风洞中实验数据的比较

（3）高 Re 数下自适应非结构网格中的计算也能给出与实验数据一致的结果，但对于襟翼位置改变引起的 C_L 变化，计算值与实验结果之间尚不能一致，需进一步研究其原因。

文献[25]对 EUROLIFT I 项目中高升力流动数值模拟的二维计算做了如下讨论：

（1）网格生成技术对于高升力绕流数值模拟虽具有重要的作用，例如欧洲曾首次在高升力绕流计算中引入重叠网格技术，但研究结果表明：结构网格、重叠网格和非结构网格中所得到的计算结果大致相同。考虑到增升装置外形的高度复杂性，采用自适应的非结构网格将是计算高升力流动的主要方向。

（2）改进湍流模型的研究集中于 EARSM[44]（显式代数雷诺应力模型）的应用上，计算结果没有实质性的提高，一般所有湍流模型（S-A，k-ε，kωLEA，kωSST，TNT 和 EARSM 等）都是在最大升力区给出了相同的变化形态（尽管具体的 C_L 值不尽相同）。采用 EARSM 模型也没能预测到 A310 三段翼型襟翼在低迎角时会如实验中那样出现分离。

（3）采用预处理技术可以有效提高可压缩 N-S 解算器求解低速流动的效率和准确度，提高计算速度约 33%～70%。

为了避免二维实验数据中可能存在的三维影响，应直接进行三维外形的 CFD 确认研究。湍流模型的研究工作仍需进一步加强。

6.4.2　EUROLIFT II

EUROLIFT I 的研究对象限于翼身组合体，EUROLIFT II 的研究对象扩大到包含机体/发动机组合体的高升力外形[26]。

表 6-5 列出了 EUROLIFT II 项目参与单位和他们所使用的数值方法。可见所使用的网格包括：分块结构网格（包含重叠网格），混合网格（四面体、六面体和棱柱体的混合）以及纯非结构网格。湍流模型包括一方程、二方程、显式代数应力、隐式雷诺应力等模型。

表 6-5　项目参与单位和所使用的数值方法

参与单位	国别	方法	流场解算器
ALENIA 公司	意大利	RANS,非结构网格	UNS3D
Airbus-D	德国	RANS,非结构网格	TAU
Airbus-F	法国	RANS,结构网格	elsA
Airbus-UK	英国	风洞实验	
Dassault 公司	法国	RANS,非结构网格	AETER
ETW	德国	风洞实验	
CIRA	意大利	RANS,结构网格	ZEN
DLR	德国	RANS,结构/非结构网格	TAU/FLOWer
FOI	瑞典	RANS,非结构网格	EDGE
INTA	西班牙	RANS,结构网格	EMENS
NLR	荷兰	RANS,非结构网格	FASTFLO/TAU
ONERA	法国	RANS,结构网格	elsA
IBK	德国	RANS,非结构网格	TAU

图 6-49 表示 EUROLIFT Ⅱ项目的结构,由图可知研究内容包括:

(1) 基于项目Ⅰ的研究成果,进一步验证和改进数值方法[27](WP1)。研究风洞模型的装置和变形的影响[28,29](为此采用了 3 种有限元方法进行 CFD/CSM 的耦合计算);边界层和转捩的影响[30,31];襟翼不同状态的影响(包含 Ma 和 Re 数对 C_{Lmax} 的影响)等。

(2) 绕高升力外形流场的深入分析和外形的优化方法(WP2)。为了能分割出 C_{Lmax} 以及随 Re 数变化的各影响因素,采取从 KH3Y 翼身组合体外形(项目Ⅰ外形)到包含发动机吊挂和短舱等逐步增大外形复杂程度的途径。图 6-50 为不同复杂

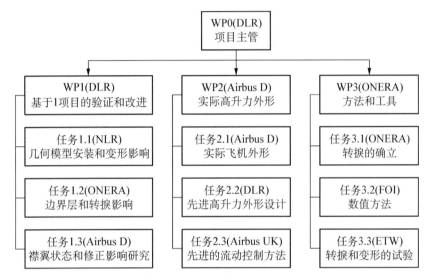

图 6-49 EUROLIFT 2 项目的工作包和任务结构

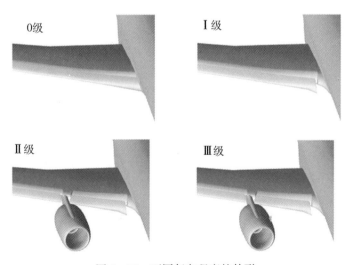

图 6-50 不同复杂程度的外形

程度的外形。对这些复杂程度不同的外形在低 Re 条件下的流场做深入的分析,实验除常规测力、测压外,还包括 PIV,油流,红外照相,边界层测量等实验,目的是深入了解发动机和机体间涡流场的相互干扰[32]。

　　在 ETW 中进行高 Re 数的实验[33, 34],图 6 - 51 为安装在 ETW 低温风洞中第三级 KH3Y 外形的半模型。通过这些实验及相配合的 CFD 计算[35],一方面可以做实验与计算的对比,另一方面可以研究气动力随 Re 数变化的影响。任务 2.2 中用优化计算程序对二维外形做优化的设计研究[36]。任务 2.3 中通过对等弦长三段翼型的后掠机翼 AFV(见图 6 - 52)外形做吹气的主动控制实验,不仅与计算作对比,还与微涡发生器的被动控制结果作比较,以探索主动控制技术的应用,图 6 - 53 为吹气主动控制模型的示意图。

图 6 - 51　ETW 低温风洞中第三级 KH3Y 外形的半模型

图 6 - 52　F1 风洞中的 AFV 模型

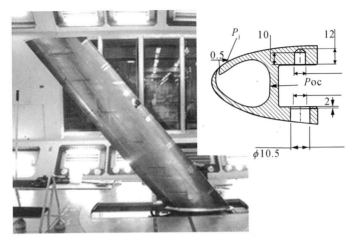

图 6-53　主动控制研究用的模型

（3）适用于计算高升力外形的先进 CFD 方法的改进和在低温实验条件下确定转捩和变形影响的实验技术的改进（WP3）。文献[34]给出了后者研究结果的综述。CFD 方法的改进包括自动确定转捩的位置，进一步提高对转捩机理的物理理解[30, 31, 37~39]，图 6-54 表示了 AFV 机翼上不同边界层状态的面积分布。通过湍流模型与网格生成方法的改进，希望提高参与研究的 RANS 解算器的准确性和有效性[27]。

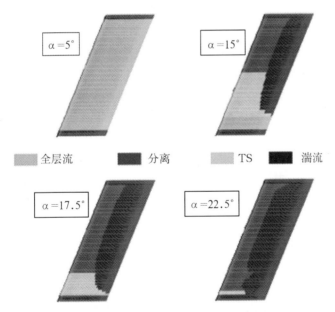

图 6-54　AFV 机翼上不同边界层状态的面积分布

期望通过项目 I 和 II 建立从 $Re = 1.5 \times 10^6$ 到 $Re = 2.5 \times 10^7$（相当于飞行条件）的大范围 Re 数下可供验证 CFD 的实验数据库，并通过对先进 CFD 软件的验证和改进,使之能成为计算民机高升力外形流动的常规手段和方法。

文献[27]对 EUROLIFT Ⅱ 项目中验证和改进 CFD 方法所取得的成果做了综述。主要可归结为湍流模型应用和网格生成改进等两方面的验证计算和比较。表 6-6 列出了参与单位及所使用的湍流模型和网格种类。

表 6-6　参与 CFD 计算比较的单位及其使用的湍流模型和网格种类

参与单位	国别	内　　容	
		湍流模型	网格种类
CIRA	意大利	壁面函数	结构网格
DLR	德国	改进的 DRSM	结构网格
FOI	瑞典	壁面函数,改进的 EARSM/DRSM	非结构网格
IBK	德国	混合 RANS/LES	非结构网格
INTA	西班牙	壁面函数	结构网格
ONERA	法国	改进的 EARSM/DRSM, URANS	结构网格
		网格生成	
Alenia	意大利	各向异性网格生成	非结构网格
DLR	德国	六面体	非结构网格
FOI	瑞典	各向异性网格生成	非结构网格
NLR	荷兰	各向异性网格生成	非结构网格
ONERA	法国	重叠网格	结构网格

a. 湍流模型的比较。

计算中均采用比涡黏性概念更为高阶的湍流模型。

(i) 壁面函数。

三个参与单位都以各自建立的壁面函数应用于各类湍流模型。例如 INTA 建立了一种广义的壁面函数[40,41],与常规的仅以摩擦速度作为速度尺度而形成的壁面函数不同,它由摩擦速度和特征速度组成的特殊速度尺度形成特征速度,由压强梯度和壁面运动黏性的量纲分析获得,所形成的特殊速度尺度永不为零(甚至当流动分离时)。基于对近壁区 RANS 方程中各项的量级大小分析,Shih 等[41]导出了一组适用于整个湍流内区壁面函数的渐近匹配展开式。INTA 将此广义壁面函数嵌入 INTA RANS 解算器中的 S-A[7] 和 SALSA 湍流模型中[42]。图 6-55 表示 INTA 对 A310 三段高升力剖面的 2D 计算比较,其中无壁面函数的计算结果为常规壁面附近精细网格($y^+ \approx 1$)中的计算结果,有壁面函数的计算 y^+ 为 $20 \leqslant y^+ \leqslant 40$。湍流模型为 S-A 模型。由图可见采用广义壁面函数的计算结果优于采用常规壁面函数计算的结果。在小迎角下计算值高于实验值是由于低估了襟翼上分离的影响。

三维 KH3Y 的三段高升力外形(对应起飞状态)是在 $Ma = 0.174$ 和 $Re = 1.5 \times 10^7$(相应于 ETW 的实验条件)下计算的。无论采用结构网格或是非结构网格都约

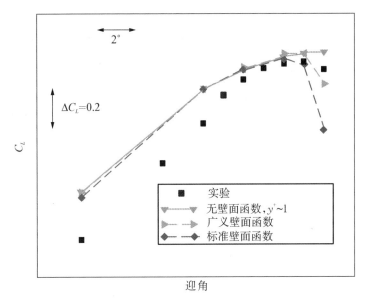

图 6 - 55　A310 三段高升力剖面的计算升力系数

为 3 000 000 个网格点,平均的 y^+ 值约为 10。CIRA,INTA 采用了结构网格,FOI 采用了非结构网格。CIRA 采用 TNT k - ω 模型[43],INTA 采用 SALSA 模型[42],而 FOI 使用 Hellsten 的 EARSM 模型[44, 45]。图 6 - 56 表示了计算结果。为便于比较,图中还包含了 FOI 使用无壁面函数在 $y^+ \approx 1$,约 8 000 000 个网格点的精细网格中的计算结果。由图可见,各计算结果彼此很接近,具有壁面函数的计算结果在线性区域较准确,但所有计算结果都给出了过高的阻力(最大的为 INTA 的结果)。参考以往的研究结果[29],这种估计过高的阻力主要源于半模型设计和安装的不准确(因此在对称面中存在着横向速度而使阻力可增大 10%)。这种安装上的误差对升力线性区影响较小,但却可影响 C_{Lmax} 对应的迎角,使其增大 1°,且使 C_{Lmax} 值比实验值大得多。因此用壁面函数方法预估 C_{Lmax} 仍不太可靠。使用壁面函数的好处在于可减小法向网格数,减少计算开销,经验表明约可减少 50% 的计算工作量。

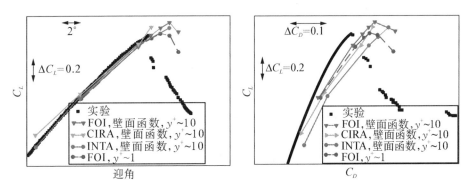

图 6 - 56　KH3Y 三段高升力外形的计算结果

(ii) 比涡黏性更为高阶的湍流模型的应用。

从 EUROLIFT I的二维流动计算研究中可知,不同数值计算结果差异的原因之一是由于湍流模型的不同,因此在 EUROLIFT II中开展了对三维流动引入更复杂的湍流模型的计算研究。引入的湍流模型是在原来 FLOMANIA 项目[46]中研究过的比涡黏性假设更复杂的显式代数雷诺应力(EARSM)模型和全微分雷诺应力(DRSM)模型。

FOI用 Hellsten 改进的 EARSAM 模型、常用的 S-A 模型和 SST 模型分别计算了 KH3Y 起飞状态的流动。计算网格为 $y^+ \approx 1$,约 $8\,000\,000$ 个网格点的非结构网格,计算 $Re = 1.5 \times 10^7$。图 6-57 给出了计算结果的比较。由图可见,在线性区内不同湍流模型的计算结果仅有很小差异,但 C_{Lmax} 值却存在着明显的差别,且按定常计算在 C_{Lmax} 处计算无法收敛,图中显示了 C_{Lmax} 振荡的范围。S-A 和 SST 计算的 C_{Lmax} 大于 EARSM 计算的值,且更接近于风洞实验值,但并不能由此下结论认为它们优于 EARSM 模型(见后)。由图还可见,所有模型的阻力值都比实验值大 10%,这是由于风洞中实验模型的安装误差引起的[29]。图 6-58 为自由飞条件下经过风洞壁修正的计算值和风洞实验值的比较,由图可见,经过修正的阻力计算值很接近实验值,进一步证明了阻力的偏大完全是由于模型安装的不准确所引起,这时 C_{Lmax} 对应的迎角也减小了,获得了很接近实验值的。这样,图 6-57 中 S-A 和 SST 模型的计算值若经过模型安装的修正就有可能给出太大的值,反而不如 EARSM 的计算值更接近实验值,只有对 S-A,SST 进行同样的模型修正计算,再与 EARSM 的计算值比较,才能得出最后的结论。

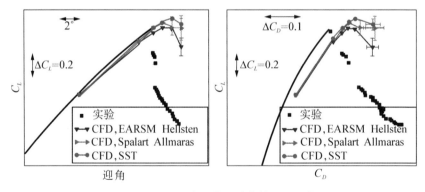

图 6-57　不同湍流模型计算结果的比较

DLR 用 Menter 融合函数连接 SSG(Spelziala-Sarker-Gatski) 模型/LRR (Launder-Reece-Rodi)模型形成了新的模型[47],将此新模型用于结构网格 FLOWer 解算器中来计算 KH3Y 起飞状态的流动,网格数为 $3\,800\,000$,$Re = 1.4 \times 10^6$,图 6-59 为 DLR 应用各种湍流模型的计算结果,图中 SSG/LRR 模型有两个计算结果,所得升力较高的结果是从较低迎角的解出发计算而得,较低升力的结果是从自由流开始计算而得。由图可见,Wilcox k-ω 和 S-A 模型计算所得的结果比较低升力的 SSG/LRR 模型计算的结果延后分离约 5°迎角。

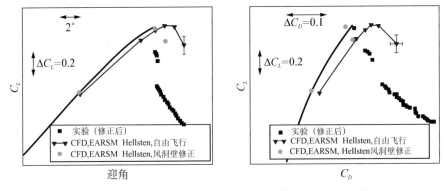

图 6-58　自由飞条件下经过风洞壁修正的计算值和风洞实验值的比较

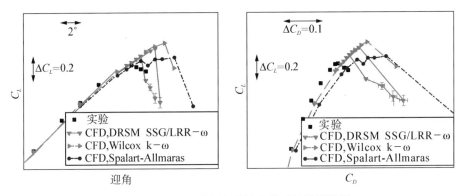

图 6-59　DLR 应用各种湍流模型的计算结果

ONERA 采用以 k-kl 两方程模型为基础的 EARSM 模型、DRSM 模型及 S-A 模型计算了 KH3Y 着陆状态的流动，$Re = 1.4 \times 10^6$，$Ma = 0.174$。图 6-60 为相应的计算结果。S-A 和 k-kl 常用模型仅计算了两个小迎角状态，结果基本相同。DRSM 的 C_{Lmax} 对应迎角比实验值延后了 3°，而 EARSM 给出的 C_{Lmax} 较低，但这时的迎角仅比实验值差 1°。DRSM 计算小迎角时的阻力值比其他模型计算的阻力值更小些。在 EARSM 的 C_{Lmax} 迎角下，EARSM 和 DRSM 两解的等摩擦线表明，在主机翼外侧后缘都发生分离，但在翼身结合处只有 EARSM 解中存在分离区，因而它给出的 C_L 值较小。

为了了解计算大迎角时计及非定常效应能否改善计算结果的准确度，ONERA 用二维 URANS 计算了 GARTEUR 310 着陆状态的流动，结果表明，超过 C_{Lmax} 后，最低迎角时非定常效应有相当于 $\Delta C_L = 0.1$ 的升力振幅振荡，振荡发生在襟翼上的分离流动中，此压强计算结果与实验压强值很一致。过去类似的定常计算中都没有发现此分离流动[22]。

b. 不同网格中计算的比较。

高升力外形计算要求很大的网格数，因此在保持精度条件下降低计算网格数有重要意义，EUROLIFT Ⅱ项目中研究了不同的改进方法：

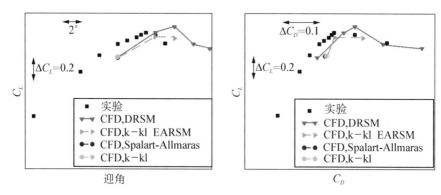

图 6-60 ONERA 计算结果的比较

（i）各向异性拉伸的非结构网格。

Alenia 采用了在整个机翼范围内各向异性拉伸非结构网格的方法，FOI 和 NLR 则仅在前缘处拉伸，因此拉伸量级不同，NLR 的最大拉伸比为 6～10 倍，FOI 为 10，Alenia 为 20。这里仅以 Alenia 的计算为例加以说明。计算中采用了三维黏性混合网格[49]方法，形成约 90 万（1.7×10^6 的四面体和 1.2×10^6 的棱柱体）网格节点，棱柱体组成的黏性层数为 16，表 6-7 列出了 Alenia 和 FOI 计算所用的两种网格数的比较。图 6-61 为两种网格的示意图。Alenia 的流场解算器为 UNS3D，使用了 k-ω EARSM 湍流模型[46, 47]。FOI 流场计算的 $Re = 1.4 \times 10^6$，$Ma = 0.174$。图 6-62 给出了两者的计算结果，由图可见两个网格中计算的结果很一致，且采用各向异性拉伸方法尽管网格数较少，计算结果却更接近实验值，这表明在保持同样计算准确度的条件下，这种方法可减少约 70% 网格数，总网格数少于 1 000 000。FOI 和 NLR 另两个参与单位也都证实了此种效果。这种方法的难度在于如何在生成网格时自动实现所要求的拉伸度。

表 6-7 KH3Y 起飞状态的两种计算网格

网格	节点数	边界点数	单元数	棱柱体数	四面体数
各向异性拉伸（Alenia）	919 000	35 500	2 966 000	1 183 000	1 783 000
各向同性（FOI）	3 078 000	201 300	8 382 000	4 682 900	3 593 200

（ii）包含六面体的非结构网格。

DLR 采用在前缘附近和在前缘缝翼后的尾迹区生成六面体的非结构网格计算了 KH3Y 的着陆状态，整个网格数约为 14 000 000 至 17 500 000，$Re = 1.3 \times 10^6$。图 6-63 为部分网格的示意图，图 6-64 为计算和实验结果的比较，由图可见计算 C_L 值低于实验值，且计算的 C_{Lmax} 值始终未能达到实验值，原因尚不清楚，而过去未采用六面体非结构网格的大多数计算都可以达到实验的 C_{Lmax}，因此需要对此类非结构网格方法做进一步的研究。

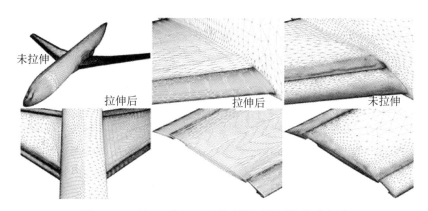

图 6-61 Alenia 和 FOI 计算所用两种网格的示意图

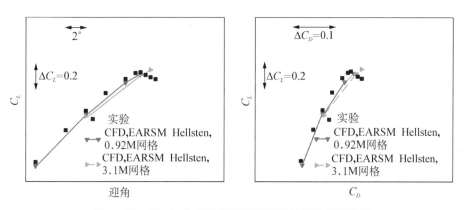

图 6-62 Alenia 和 FOI 所用两种网格计算结果的比较

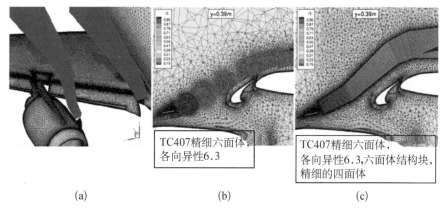

图 6-63 带有短舱和挂架的 KH3Y 着陆状态构型的带有六面体的
非结构网格（边条后和机身附近缝翼的缺口后）

（a）挂架上边条后的六面体网格；（b）没有六面体的网格；（c）带有六面体的网格

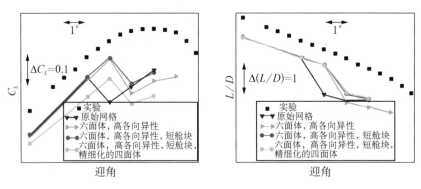

图 6-64 不同网格的计算结果

(iii) 重叠结构网格。

ONERA 对 AFV 机翼采用 elsA 流场解算器和重叠结构网格研究了被动控制(微型涡流发生器——SBVG)和主动控制(通过主翼前缘吹气)技术对增大 C_{Lmax} 和延迟分离发生的效果。图 6-65 和图 6-66 分别表示了 AFV 机翼/襟翼外形和带有 SBVG 时的重叠网格。采用 S-A 湍流模型计算 AFV 机翼/襟翼外形时在 $\alpha=9°$ 时得到 C_{Lmax},超过 9°后升力很快减小,在 $\alpha=10.5°$ 时气流开始分离。为了估计 SBVG 的作用,计算分两步进行,首先加入包含 SBVG 的 8 个子域,但不计 SBVG 的作用(气流通过 SBVG 的边界),第二步加入 SBVG 的作用(应用固壁边界条件)。图 6-67 表示加入 8 个子域而忽略 SBVG 作用使 C_L 减小了 0.06,这说明存在着与网格相关的影响;计入 SBVG 的作用,则提高了 1%的升力,因此 SBVG 在 9°迎角时确实起到了好的效果。图中 $\alpha > 10.5°$ 的计算结果还表明,该 SBVG 的大小和形状的影响还不足以阻止流动的分离。图 6-67 中还给出采用 k-ω 湍流模型的计算结果,它并不改变上述总体的结论,只是加入 8 个子域而不计入 SBVG 影响时的计算结果与采用 S-A 湍流模型计算的结果恰巧相反。

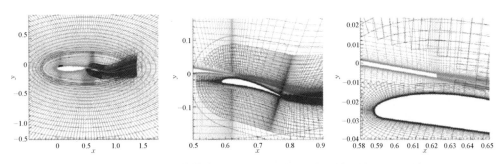

图 6-65 AFV 机翼/襟翼外形上的重叠网格(3 个子域上的 400000 单元)

EUROLIFT Ⅱ 为改进高升力外形 C_{Lmax} 计算的准确性,在湍流模型的应用和不同网格的计算等方面所做的努力和所取得的成果是很有意义和参考价值的,表明:壁面函数的作用在保持精度条件下可减少计算网格数;EARSM 和 DRSM 的两个更复杂的湍流模型可改进计算结果,但 C_{Lmax} 与实验结果仍有较大的差异;作为对比依

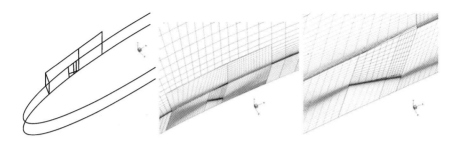

图 6-66　带有 SBVG 的 AFV 外形的重叠网格拓扑(8 个子域上的 1 160 000 单元)

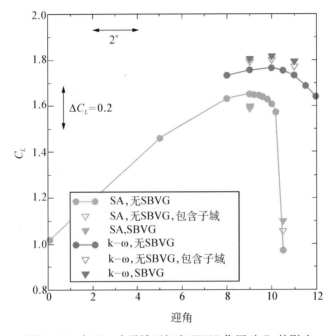

图 6-67　加入 8 个子域而忽略 SBVG 作用对 C_L 的影响

据的实验模型,在风洞中安装的影响超过了湍流模型的影响,今后的对比计算研究应选用更准确可靠的实验数据,或采用计及风洞壁影响的计算;网格对准确计算C_{Lmax}的影响很大,不同网格中和不同湍流模型计算对比研究充分显示目前网格生成的技术水平下,不同网格的影响比不同湍流模型的影响更大,因而网格生成技术是进一步研究和改进的重点领域。

6.5　高升力外形C_{Lmax}的雷诺数效应

估计高升力外形升力特性,特别是C_{Lmax}的 Re 数效应是民机气动设计中一个重要而又十分困难的问题,由于目前除了世界上极少数的几个冷冻高 Re 数风洞外,常规风洞实验的 Re 数远小于飞行 Re 数,且人们对高升力随 Re 数变化的尺度效应认识还很肤浅,因此仅用常规风洞实验数据来设计民机会引入很大的不确定性。多高

的风洞 Re 数才能准确地给出飞行时的低速性能？人们长期以来盼望能得到它的答案，也一直努力地探索着。

Haine 深入地讨论了尺度效应问题[50, 51]，提出在多段翼型上存在 5 种主要的尺度效应：

（1）边界层随 Re 数增加而变薄。

（2）层流气泡随 Re 数增加而变小。

（3）在前缘缝翼或主翼上以气泡为主的尺度效应与通常的尺度效应间的突然转化。

（4）转捩点随 Re 数变化的移动。

（5）与流动分离相关的和/或前缘缝翼流动中上游翼段的尾迹与下游翼段壁面间的相互作用随 Re 数变化的尺度效应。

最后一种效应因其与下游翼段表面流动是否分离相关而最难计算。一般来说，前 3 种效应随 Re 数增加是有利的影响，后两种则反之。确定尺度效应的困难还在于它与流动的复杂性相关，例如 Woodward 发现[52]，在低 Re 数下优化所得最佳缝隙的大小，在 Re 数提高后，由于边界层变薄，有效缝隙变大，导致下一翼段上的压强峰值提高而诱使该翼段后缘流动分离，这种相反的影响甚至压过了原先 Re 数提高可减小流动分离的有利影响。

过去一般都认为随着 Re 数的增大会使增升性能得以提高，因为边界层变薄，又能抵抗逆压梯度，可提高 C_{Lmax} 并改善襟翼效率；但随后的研究表明，在某个 Re 数范围内，C_{Lmax} 将随 Re 数的增大而减小。图 6-68 为一简单后掠翼的 C_{Lmax} 随 Re 数变化的曲线，可以看到 C_{Lmax} 在达到其峰值后将逐渐减小，并在实验的最大 Re 数时下降 7%。流动分析表明此 C_{Lmax} 的下降与机翼内段再层流化的消失有关。图 6-69 为不同前缘形状的 C_{Lmax} 随 Re 数变化的曲线，可见钝前缘时 C_{Lmax} 的减少发生在相对小些的 Re 数范围，减小值达 15%。流动分析表明，这种现象与前缘接触线转捩有关，绕钝前缘外形的流动不再出现再层流化。后来，文献[53]给出了一个单独三维机翼在 ETW 风洞（$Ma = 0.28$）中测得的 C_{Lmax}，它与飞行 Re 数时的值差异达 10%（见图 6-70）。目前的 CFD 程序尚无法准确地计算出 C_{Lmax}，7%～15% 的 C_{Lmax} 的减小量又颇可观，可见如何将实验结果应用于飞行实际情况是增升装置设计者面临的一个尖锐问题。

波音公司在发展不同型号的过程中十分重视高升力外形的 Re 数尺度效应问题的研究积累，它利用低和中等 Re 数风洞中的实验数据建立了一个巨大的数据库，并利用高（飞行）Re 数风洞来研究尺度效应影响，验证 CFD 软件和试探新设计概念。在发展 B707 和 B727 型号的年代，只能使用低 Re 数（100～200 万）风洞，在随后的型号 B737，B747，B757 和 B767 时增加了中等 Re 数（600 万左右）风洞的验证过程。设计 B777-200 时（20 世纪 90 年代初），低 Re 数和中等 Re 数风洞的实验比例已经达到 50%/50%，其中大多数后缘襟翼的工作是在低 Re 数实验中进行，而前缘缝翼的吹风则是在中等 Re 数风洞中进行的。到 B787 研制时，风洞

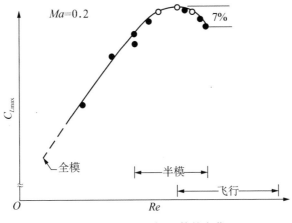

图 6-68　$C_{L\max}$ 随 Re 数的变化

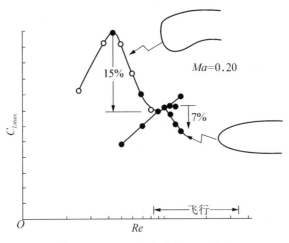

图 6-69　前缘形状对 $C_{L\max}$ 的影响

实验继续扩大到更高的 Re 数,所有前、后缘襟翼的吹风都是在中等 Re 数风洞中进行的,并第一次增加了"飞行"Re 数(约为 2400 万)的验证试验,还决定今后更加增大飞行 Re 数实验的作用。例如表 6-8 给出了在美国国家跨声速风洞(National Transonic Facility, NTF——低温高 Re 数风洞)中低速实验研究的项目[54],图 6-71 和图 6-72 分别为在 NTF 中的 B777 和 B787 模型。由于 NTF 不断改进冷冻低速的实验条件和技术,使在 NTF 中"暖风"(约为 100℉)条件和"冷风"(约为－250℉)条件下获得的实验数据的重复性提高。表 6-9 表示了 3 个代表性气动系数($C_{L\max}$,C_{L6},C_{Dp6})95% 误差带的重复性能,其中 C_{L6} 表示在 6°迎角时的升力系数,C_{Dp6} 为 6°迎角时的型阻系数。表中的目标值取自文献[55]的要求值。

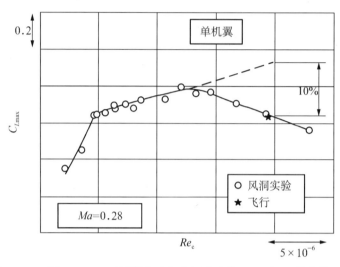

图 6-70　$Ma = 0.28$ 时风洞实验和飞行试验的 C_{Lmax} 随 Re 数变化比较

表 6-8　NTF 中低速研究实验

实验	模型	年份
NTF-144	B777-200	2003 年 8 月
NTF-145	B777-200	2003 年 12 月
NTF-150	B777-200	2004 年 10 月
NTF-162	B787-8	

图 6-71　NTF 中的 B777 模型

图 6-72　NTF 中的 B787 模型

表 6-9　气动力系数的重复性(95% TI-Tolerance Intervals)

测力系数	中等 Re 数($\sim$600 万)("暖风")			高 Re 数(2400 万$\sim$2600 万)("冷风")				
实验项目	C_{Lmax} 90%TI	C_{L6} 90%TI	C_{Dp6} 95%TI	C_{Lmax} 90%TI	C_{L6} 95%TI	C_{Dp6} 95%TI	雾气水平/$\times 10^{-6}$	C_{Lmax} 向飞行条件的推广
目标值(+/-)	0.010	0.010	0.0010	0.010	0.010	0.0010	<0.1	
NTF-144(+/-)	0.003	0.003	0.0012	0.090	0.033	0.0015	<20	渐近
NTF-145(+/-)	0.004	0.020	0.0025	0.032	0.073	0.0007	<5	渐近
NTF-150(+/-)	0.004	0.009	0.0012	0.012	0.035	0.0116	<1	渐近
NTF-162a(+/-)	0.005	0.002	0.0003	0.017	0.018	0.0035	<1	混合
NTF-162b(+/-)				0.010	0.010	0.0030	<1	lg-线性

由表 6-9 可见,"暖风"条件下实验已取得很好的性能,"冷风"条件下的实验性能也不断得到改进,其中 C_{Lmax} 和 C_{L6} 的重复性都已实现了目标值,阻力尚未达到(高度偏舵面的着陆状态下要实现阻力这样高重复性的目标值是很有挑战性的)。冷风条件下能获得这样的进步是由:①改善实验的干燥度环境;②改进了模型加工和风洞处理的方法;③使用外式天平提高了热稳定性;④提高了风洞控制误差,特别对自由流的温度;⑤采用了更准确地设置低温条件下模型重量的方法等 5 方面的结果。表 6-10 给出了马赫数 Ma,压强 P,温度 T 在一次实验中的平均变化。表 6-11 给出了各次实验吹风间实验条件的平均变化。表 6-10 表明 NTF 的低速实验条件已非常稳定了。表 6-11 中的变化表示了从一次吹风到另一次吹风之间实验条件的

平均变化,该值的减小表示各次实验条件几乎相当。上述各表中数据表示了从2003—2006年实验整体的数据散布度有了很大的缩小。

表 6-10　各次吹风中风洞实验条件的平均变化

实验条件	中等 Re 数(~600 万)("暖风")			高 Re 数(2400 万~2600 万)("冷风")		
	$Ma/$ 95% TI	P/psi^* 95% TI	$T/^\circ\text{F}$ 95% TI	$Ma/$ 95% TI	P/psi 95% TI	$T/^\circ\text{F}$ 95% TI
设定误差(+/−)	0.0030	0.040	5.0	0.0030	0.040	1.0
NTF-144(+/−)	0.0006	0.001	0.4	0.0008	0.006	1.2
NTF-145(+/−)	0.0007	0.007	1.5	0.0002	0.001	0.2
NTF-150(+/−)	0.0007	0.007	1.6	0.0009	0.003	0.6
设定误差(+/−)	0.0010	0.020	4.0	0.0010	0.040	1.0
NTF-162a(+/−)	0.0004	0.010	1.0	0.0006	0.005	0.5
NTF-162b(+/−)				0.0006	0.005	0.5

* $1\text{psi} = 1\text{lbf}/\text{in}^2 = 6.89476 \times 10^3 \text{ Pa}$。

表 6-11　各次吹风间风洞实验条件的变化

实验条件	中等 Re 数(~600 万)("暖风")			高 Re 数(2400 万~2600 万)("冷风")		
	$Ma/$95% TI	P/psi 95% TI	$T/^\circ\text{F}$ 95% TI	$Ma/$95% TI	P/psi 95% TI	$T/^\circ\text{F}$ 95% TI
设定误差(+/−)	0.0030	0.0400	5.0	0.0030	0.0400	1.0
NTF-144(+/−)	0.0001	0.0002	0.4	0.0001	0.0009	0.6
NTF-145(+/−)	0.0001	0.0005	0.1	0.00003	0.0005	0.2
NTF-150(+/−)	0.0004	0.0202	0.2	0.0002	0.0004	0.7
设定误差(+/−)	0.0010	0.0200	4.0	0.0010	0.0400	1.0
NTF-162a(+/−)	0.00003	0.0005	0.04	0.0001	0.0004	0.1
NTF-162b(+/−)				0.0001	0.0004	0.1

　　风洞实验条件和技术的提高,使所获得的数据散布度缩小,增大了数据的可靠度。从表 6-9 中看到的更为引人注目的一个结果是 B777 和 B787 低速实验的 C_{Lmax} 随 Re 数增大由"渐近"变化变成了"lg-线性"变化。在 NTF-162 之前的实验结果中随 Re 数趋向于飞行 Re 数,C_{Lmax} 会逐渐"平坦"(或"下降"),这是"反 Re 数效应"还是其他人为因素的影响? 而在改进风洞实验条件和处理过程后的 NTF-162B 实验中随 Re 数变化的趋势直到飞行 Re 数时都是 lg-线性的(见图 6-73)。这表明更严格的模型控制和风洞处理(特别对于雾气条件的改进)是十分重要的。当然实验数据可靠与否,尚需由 B787-8 的飞行试验最终判定。无论如何这个结果是鼓舞人心的,是 NTF 克服技术挑战的胜利。文献[54~56]具体讨论了低速低温实验的具有挑战性的技术及加强雾气控制的措施。

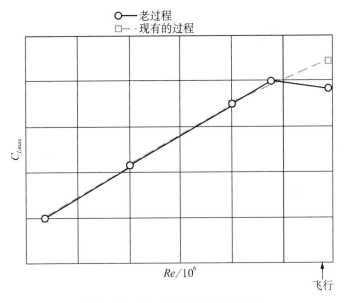

图 6 - 73　$C_{L\max}$ 随 Re 数的变化趋势

图 6 - 74 表示 EUROLIFT Ⅱ 中不同复杂程度 KH3Y 模型的 $C_{L\max}$ 随 Re 数增大的变化趋势[34]，由图可见直到 $Re \approx 5 \times 10^6$ 前所有模型的 $C_{L\max}$ 随 Re 数增大而增大，在 $Re = 5 \times 10^6$ 到 $Re = 1 \times 10^7$ 之间时模型 Ⅱ 和 Ⅲ 的 $C_{L\max}$ 出现了反 Re 数效应（模型 2 具有较强的反映），不带短舱的外形没有出现此现象，总体上 $C_{L\max}$ 在整个实验 Re 数范围内随 Re 数增大保持增大的趋势。

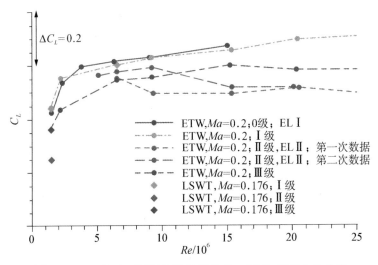

图 6 - 74　KH3Y 不同复杂程度外形 $C_{L\max}$ 随 Re 数变化的曲线

6.6 计及转捩影响的高升力计算

由于 C_{Lmax} 的计算与层流向湍流转捩的过程有直接的联系,因此在 EUROLIFT Ⅰ中进行了对转捩流动机理的了解和对高升力外形绕流中转捩过程数值模型的建立;随后的 EUROLIFT Ⅱ中则在 RANS 解算器中加入了预估转捩位置的工具,以研究转捩对气动性能的影响。

这两个项目的执行,使各参研单位获得了不同几何外形的转捩位置随 Re 数变化的大量实验数据。很多参加单位,如法国的 ONERA[31],德国的 DLR[30, 37] 和西班牙的 INTA[38] 等航空研究机构都对 N-S 解算器中包含自动确定转捩位置能力的方法作了广泛研究并与所取得的实验数据做了比较。文献[30]总结了 EUROLIFT Ⅱ合作团队关于计算转捩位置及其影响的研究成果,并指出三维机翼低速流动的验证结果表明,考虑了转捩的数值模拟可以捕获 Re 数变化的影响,转捩对 C_{Lmax} 的影响是与 Re 数相关的,相比全湍流计算的 C_{Lmax},考虑转捩在低 Re 数时会减小 C_{Lmax},在高 Re 数时则会增大 C_{Lmax}。

接触线污染,短气泡转捩,再层流化和不稳定性增长等诸多流动现象都可能促使层流向湍流的转捩,因此在数值方法中都应加入对它们模型化的计算模块。大致可有下述 3 种方法来模拟转捩的影响:

1) 修正湍流模型法

Langtry 和 Menter[57~59] 提出了一种完全基于流场当地变量 $\gamma-\overline{Re_{\theta t}}$ 的转捩模型并将其耦合到 SST k-ω 湍流模型中。即通过间隙函数和特殊的变量如动量厚度雷诺数 Re_θ 的输运方程解确定层流和湍流区域。此方法仅模拟了转捩的影响,没有模拟与反映转捩的物理机理。由于它基于当地流场变量和经验关系式,提供了一个将经验关系式进行当地化处理的框架,故可适应现代 RANS 计算的需求而应用于任何形式的网格和外形。与此类似的有采用低 Re 数湍流模型和特殊的转捩/湍流模型[60]的方法。

2) 准则判断法

研究者从长期的实验研究结果中总结出了众多不同流动现象形成转捩的影响参数和判断准则,文献[30]给出了接触线污染、再层流化、短气泡分离和不稳定性增长等流动现象引起转捩的主要影响参数和判断转捩的准则。ONERA 则将已积累的一些准则嵌入到原 RANS 解算器 elsA 中[31]。这些准则包括:由 TS 不稳定性增长而引起转捩的 Arnal-Habiballah-Delcour 准则和由 CF 不稳定性增长而引起转捩的 CI 准则,和由气流分离气泡引起转捩的 Gleyzes-Habibalah 准则等。这些准则都是不可压边界层形状因子 H_i、平均的 Pohhausen 参数 $\overline{\Lambda_2}$、横向流位移厚度 δ_2 和来流的湍流度 T_u 等参数的函数。边界层积分参数 H_i,δ_2 等可以从 N-S 解算器计算出的速度场获得,再利用嵌入的准则就可自动确定转捩位置。有了转捩位置后,可基于有效黏性系数 $\mu = \mu_{lam} + \Gamma \cdot \mu_{tur}$ 的概念计算带有转捩的黏性流动,其中 Γ 是间隙函数(层流时 $\Gamma = 0$,湍流时 $\Gamma = 1$)。

　　图 6 - 75 为德国空客提供的 KH3Y 几何外形和表面网格(97 区,5 500 000 个网格点)的示意图。图 6 - 76 和图 6 - 77 分别为 ONERA 计算(全湍流)和实验的 C_L-α 曲线和四个截面上压强分布的比较,除了 $C_{L\max}$ 的相应迎角在计算中为 23°,而在实验中为 20°之外,计算和实验吻合一致,验证了此网格的可用性。图 6 - 78 和图 6 - 79 表示考虑转捩的压强计算($\alpha = 10°$)与全湍流的计算在给定展向位

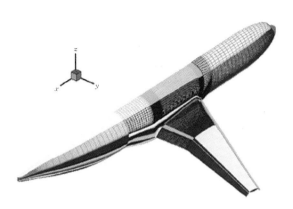

图 6 - 75　德国空客提供的 KH3Y 几何外形和表面网格

置上压强分布的比较,图 6 - 80 表示机翼表面摩擦力线分布的比较。由图 6 - 78 和图 6 - 79 可见,两者的计算值没有很大区别;但由图 6 - 80 可见,转捩不仅改变了摩擦系数的绝对值(特别在机翼前缘附近),而且还改变了襟翼梢部的分离区域大小。图 6 - 81 为 C_L-α 曲线,可以看出转捩对整个线性段内的 C_L 没有影响,但当 $\alpha > 21°$ (有转捩时计算的失速发生于此迎角时)转捩的影响就是重要的了。下一步还需进一步用此软件来研究 Re 数对实际增升装置外形 $C_{L\max}$ 的影响。

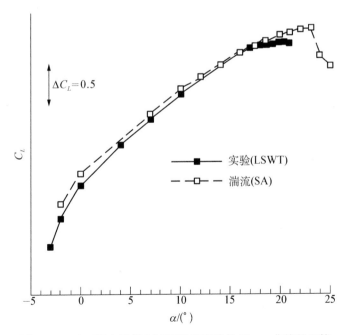

图 6 - 76　ONERA 计算(全湍流)和实验的 C_L-α 曲线的比较

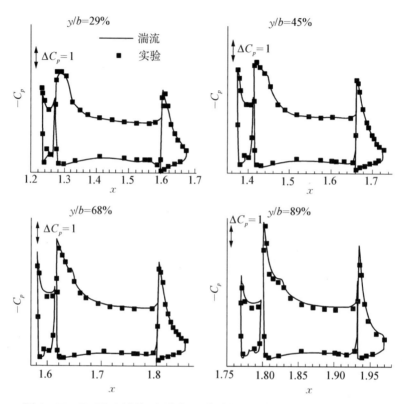

图 6-77　ONERA 计算（全湍流）和实验的四个截面上压强分布的比较

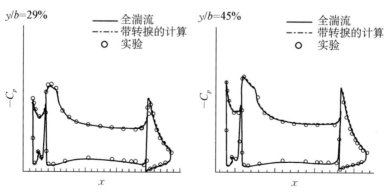

图 6-78　考虑转捩的压强计算与全湍流的计算在给定
剖面（2，4 截面）处压强分布的比较

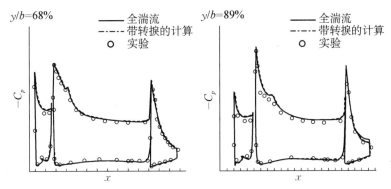

图 6-79　考虑转捩的压强计算与全湍流的计算在给定
剖面(6，10 截面)处压强分布的比较

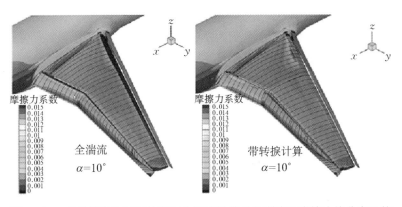

图 6-80　考虑转捩的压强计算与全湍流计算的机翼表面摩擦力线分布比较

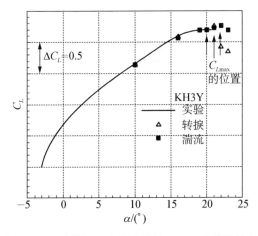

图 6-81　考虑转捩的压强计算与全湍流计算的 C_L-α 曲线及其与实验数据的比较

3）在 RANS 解算器中嵌入一确定转捩位置的边界层方法

最理想的计及转捩影响的高升力计算方法是在 RANS 解算器中嵌入一个能

自动确定转捩位置的方法,目标是在 RANS 的迭代求解过程中尽可能精确,且计算代价尽可能小地自动计算出转捩位置,以正确地反映流动中层流和湍流的状态。

当前工程界在计算转捩时主要采用 e^N(N-因子)法,即基于一次稳定性分析来判断和确定边界层中转捩区的结束。德国 DLR 的 Krumbein 提出了一种在 RANS 方程解算器中嵌入 e^N 方法来自动确定转捩位置的方法和软件[37, 61]。第 5 章中我们对此方法已做了介绍,在此不再赘述,这里仅给出此方法求解高升力外形的一个算例[37]。图 6 - 82 和图 6 - 83 分别表示 KH3Y 着陆状态($Ma = 0.174$,$Re = 1.35 \times 10^6$),迎角 $\alpha = 10°$ 和 $14°$ 时上表面包括转捩点计算和给定转捩位置两种情况下计算所得结果的比较,这里"给定转捩位置"是指将实验中 68% 半翼展剖面处用热膜测得的转捩点位置($\chi_{t/c} = 0.08$)作为全翼展各剖面的转捩位置。由图可知,两种情况的计算结果基本相当,但在内翼段主翼区存在可注意到的差别,即给定转捩位置的层流区偏大。图 6 - 84 和图 6 - 85 分别表示计算 $\alpha = 10°$ 和 $14°$ 时引起各剖面上下表面出现转捩的不稳定性原因。图 6 - 86 为迎角 $\alpha = 14°$ 时展向各截面处压强分布的比较。由图可知,两种计及转捩的计算压强分布都要比全湍流的低(更大的负值),计算值与实验值整体上都吻合很好;主翼的吸力峰,剖面 2 和 3 处襟翼上及剖面 1 的襟翼上、表面上,包括转捩点计算的计算值与实验值吻合得更好,给定转捩位置的要差些,特别在襟翼区(剖面 4 处)还存在着压力平台,说明出现了分离,而实验中没有此分离现象。

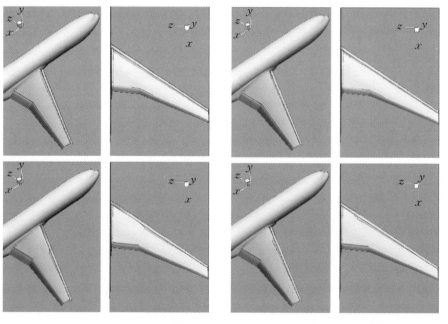

图 6 - 82　迎角 $\alpha = 10°$ 时上表面计算　　　　图 6 - 83　迎角 $\alpha = 14°$ 时上表面计算
　　　　　　和给定的层流区的比较　　　　　　　　　　　　　和给定的层流区的比较

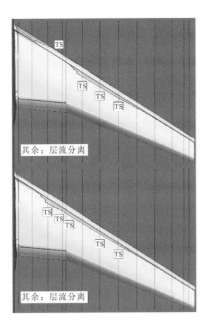

图 6-84　迎角 $\alpha = 10°$(上)和 $\alpha = 14°$(下)时上表面计算引起转捩的不稳定性原因

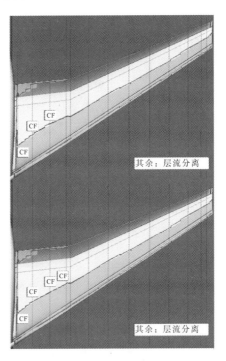

图 6-85　迎角 $\alpha = 10°$(上)和 $\alpha = 14°$(下)时下表面计算引起转捩的不稳定性原因

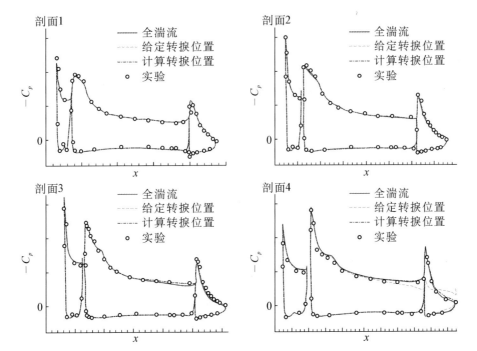

图 6-86　迎角 $\alpha = 14°$ 时,$\eta = 0.205, 0.385, 0.662, 0.878$ 处计算和实验的压强分布比较

　　ONERA 除了将转捩判断准则嵌入 elsA 中外,还将能确定转捩的计算三维边界层方程程序与 N‑S 解算器实现了外部的三维弱耦合。文献[31]采用后者做了计算,并与前者的结果做了比较。图 6‑87 和图 6‑88 分别为前缘缝翼上表面和主翼下表面的计算结果,可见两种方法给出了相同的转捩位置,差别在于边界层方法给了一个逐渐发展的转捩区,而转捩准则法给出的是一个点转捩位置。

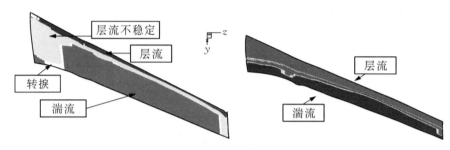

图 6‑87　前缘缝翼上表面计算结果的比较

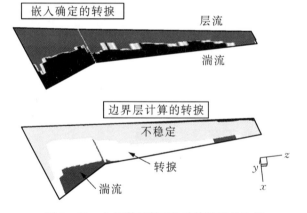

图 6‑88　主机翼下翼面的计算结果的比较

　　为进一步验证和完善计及转捩的计算方法,尚需进一步做如气动力值或表面摩擦力线与实验测量结果的比较。

　　由于形成转捩的机理很复杂,原因很多,上述各类方法都只针对于某类机理原因,尚无一个完全的模型和方法能计及所有形成转捩的原因,因此计及转捩影响的高升力计算仍有待于今后研究的努力。

6.7　高升力系统分离流动的流动控制技术

6.7.1　引言

　　上述讨论表明要准确预示高升力系统的性能,特别是在大迎角下,是很难的,其原因之一在于绕流中发生了分离,因此若能很好控制、避免或减小分离流,不仅可以正确地预示出高升力系统的性能,也将提高升力,缩短起飞和着陆距离,这恰是未来民机性能要求的重点之一。

自普朗特提出边界层和边界层分离的概念以来,分离流的控制一直是研究的重点之一。人们从长期的研究中提出了一些控制方法,它们都与向边界层中注入或吸走一些流体的概念相关联。从历史来看,最早提出控制分离的方法是抽吸(suction)[62],其基本原理是抽吸掉贴近物体表面速度较小的流体,用部分具有高动量的自由来流替代。很多风洞模型,甚至试验机都证明了这种方法的有效性[63, 64],但这种方法却至今尚未应用到一个生产型飞机的机翼或操纵面上去,原因是机械的复杂性和附加的重量使得抽吸所得到的空气动力好处往往被运行抽吸装置要求附加的能量所抵消。注入是将高动量流体通过定态的吹气(blowing)直接注入边界层中,从而延迟分离[65]。在机翼上不同位置吹气的大量研究表明,在偏转襟翼的接点处吹气最有效[66]。

Poisson-Quinton 论述了附加动量(而非质量)的大小直接控制着分离控制的效果。可用类似于推力系数的"动量系数 C_μ"来表示附加动量的大小[67]。经验表明,太小的 C_μ,如 $C_\mu < 2\%$,吹气是无效的[66];而过大的量虽会继续提高升力,但 dC_L/dC_μ 会减小;为获得最大的 dC_L/dC_μ,采用 $C_\mu < 5\%$ 最有效[68]。

20 世纪 60 年代后,特别在 1975 年 Collins 和 Zelenevitz 证实了声激振可将自由流中的动量输运至物面附近而提高该处的动量[69]后,不少学者相继在不同翼型上做了声激振的实验研究。研究表明在给定迎角下(不是 C_{Lmax} 时)声激振引起的升力增量是很可观的,例如可达 50% 量级,但其激振效果往往与风洞相关,减缩频率范围很大,如 $o(1)$ 到 $o(100)$,噪声也很大,因此产生了能否应用于飞机的问题。但这些研究表明可以通过外部激振源实现分离的控制。

20 世纪 90 年代激振器或激振技术的发展为分离的控制打开了一个与传统的定态吸气/吹气技术不同的新途径,人们可以用一些装置使之与流动相互作用,在有/没有附加质量通量下使流体中形成振荡的附加动量,这些装置称为"激振器(激励器)",如在二维缝隙内部安装的喇叭/声驱动器[70]、活塞/振动流动阀系统[71]、基于压电原理的薄膜[72]或拍动小翼等装置。没有附加质量通量(即"零质量通量")时称为"合成射流(synthetic-jet)"或"零质量吹气射流(zero mass blowing jet, ZMB)"[73]。应当指出,在讨论这些问题中常用的如"微机电系统(micro-electromechanical system,MEMS)"中的"微(micro)",通常是指与要被控制的主体流动的尺度相比很小的意思[74]。

6.7.2　非定常激振控制流动的分离

Greenblatt 和 Wygnanski 曾对采用非定常激振方法控制流动分离的基础性研究做过一个综述[75]。下面将根据文献[75]简要介绍该基础性研究(主要针对翼型绕流)的结果。

1) 附加动量的量化

定义(平均的和振荡的)动量系数为附加动量和自由流动量之比,即

$$C_\mu = \frac{\rho_j \cdot U_j^2 \cdot G}{\frac{1}{2} \cdot \rho_\infty \cdot U_\infty^2 \cdot L} \tag{6-1}$$

式中:下标 j 表示二维射流,G 或是缝隙宽度 h 或台阶高度 g,L 通常为物体长度(例如弦长 c 或襟翼长度 L_f)。将 $U_j = \overline{U}_j + u_j$ 代入式(6-1),时间平均(假定不可压流体)后给出:

$$\overline{C}_\mu = \frac{2 \cdot G}{L} \cdot \left(\frac{\overline{U}_j}{U_\infty}\right)^2 + \frac{2 \cdot G}{L} \overline{\left(\frac{u_j}{U_\infty}\right)^2} \tag{6-2}$$

式中:$\overline{U}_j$ 和 u_j 分别为射流速度的平均和振荡分量,$\overline{u_j^2}$ 为 u_j 平方的平均值。

当定态的和振荡的动量同时附加时,为方便起见用简写方式 $C_\mu = (c_\mu, \langle c_\mu \rangle)$ 表示 $\overline{C}_\mu$,其中括号内两项分别代表式(6-2)右端的两项,并省略去平均值符号。当不用射流方式,而用其他机械方式时,振荡动量系数 $\langle c_\mu \rangle$ 定义为

$$\langle c_\mu \rangle = \frac{1}{(1/2) \cdot \rho_\infty \cdot U_\infty^2 \cdot L} \cdot \rho_\infty \cdot \int_0^\infty u^2 \mathrm{d}y \tag{6-3}$$

式中:u 为激振器产生的振荡速度分量。

虽然射流/机械方式产生振荡的方法不一样,但从激振的效果来看,两者是一样的。图 6-89 为两种方式(一个为声喇叭,另一个为振(拍)动小翼)激振延迟襟翼上分离流的结果比较,图 6-89(a)和(b)分别为 $\langle c_\mu \rangle = 0.02\%$ 和 $\langle c_\mu \rangle = 0.01\%$ 时分

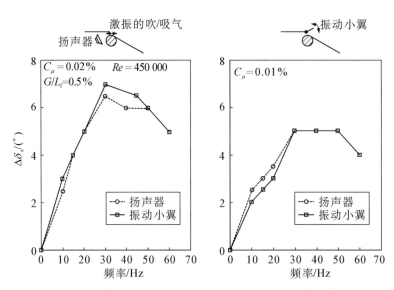

图 6-89　两种激振方式在 $\langle c_\mu \rangle = 0.02\%$ 和 $\langle c_\mu \rangle = 0.01\%$ 时延迟分离的角度

离延迟角随频率变化的曲线[75]。由图可知两种激振方式的效果一致,同时也表明用 $\langle c_\mu \rangle$ 来量化附加振荡动量是合适的。

2) 偏转襟翼上分离控制的研究

为了研究分离控制的机理及相关独立参数的影响,研究初期都以如图 6-90 的平板偏转襟翼外形的绕流为对象。假设上游来流是完全湍流。在襟翼的肩部用缝隙射流或用振动小翼实现流动控制。经过量纲分析可知,如气泡长度 x_B 和襟翼上压强系数 C_p 等应变量皆为独立参数的函数:

$$\Delta\delta,\ \Delta\delta_r,\ x/L_f,\ F^+,\ C_\mu$$

式中: $\Delta\delta = (\delta_s - \delta_{so})$ 和 $\Delta\delta_r = (\delta_r - \delta_{ro})$ 分别为描述超过自然分离和再附时的偏转角, δ_{so} 是当无激振时出现分离的角度, δ_{ro} 为原分离流再附的角度。无因次频率 $F^+ = f_e \cdot x_{TE}/U_\infty$, x_{TE} 为激振位置距襟翼后缘的距离,即 L_f。

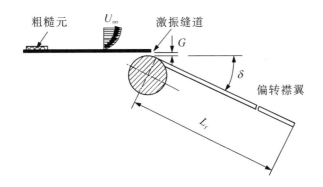

图 6-90　平板偏转襟翼的外形

假设原始襟翼流动是分离的,引入二维非定常振荡流后,最终使流动附体,图 6-91 为能使流动附体的最小 C_μ 和频率的关系曲线[76],它清楚地表示了 $F^+ \approx 1$ 是最佳的减缩频率(与 Re 数无关);防止分离的最小 C_μ 和频率也有类似关系,只是这时 $2 < F^+ \leqslant 4$。一般来说,要求附体的 $\langle c_\mu \rangle_r$ 比要求防止分离的 $\langle c_\mu \rangle_s$ 可能大一个量级,例如为了要求流动附体的 $\langle c_\mu \rangle \approx 0.012\%$(在 $F^+ = 1.5$ 时),而为防止分离的 $\langle c_\mu \rangle \approx 0.002\%$(在 $F^+ = 3$ 时)。若采用定常吹气,则定常吹气 $C_\mu = 0.1\%$ 还不能使气流附体(见图 6-92),只有当 $C_\mu = 0.18\%$ 时才能附体,可见为使流动附体所需定常吹气动量为激振吹气动量的 15 倍[75]。

偏转襟翼的流动控制研究起到了引导作用,如图 6-92 所示。

3) 绕翼型流动的研究

文献[77~91]研究了绕翼型流动分离的非定常控制。表 6-12 列出了翼型绕流中非定常激振延迟分离研究的代表性数据。

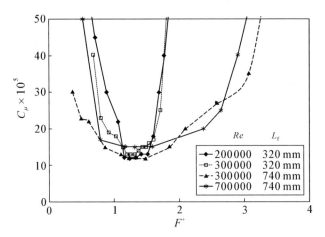

图 6-91 原始分离流附体要求的最小 C_μ 和频率的关系曲线

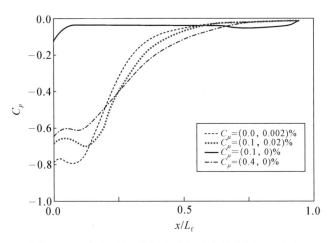

图 6-92 定态、振荡和组合吹气产生的表面压强分布

表 6-12 翼型绕流中非定常激振延迟分离研究的代表性数据

翼型	$Re/\times10^6$	有效 F^+	输入扰动水平	位置 $x/c/\%$	$\Delta C_{L\max}$ /%	失速后 ΔC_L/%
3/4 NACA0015	0.2~0.4	0.4~2.6	扰动小片	10~20	42	86
Wortman	0.2	0.3~1.8	$u'/U_\infty = 0.5\% \sim 5\%$	10~60	9.4	70
LRN(1)-1010	0.15	0.7~2.7	振荡线,振幅是频率的函数	-1	12	39
NACA63$_3$-018	0.3	0.1~10	95 dB(缝隙口)	1.25	3	47
NACA63$_3$-018	0.3	1.4	缝隙 $C_\mu = 0.02\%$	1.25	22	83
	0.3	4.0	缝隙 $C_\mu = 0.01\%$	1.25	22	83

（续表）

翼型	$Re/\times10^6$	有效 F^+	输入扰动水平	位置 $x/c/\%$	ΔC_{Lmax} /%	失速后 ΔC_L /%
IAI P255	0.2	2	振动小翼	8	8.4	140
NACA0015（带襟翼）	0.15	2	$C_\mu = (0.8\%,\ 0.8\%)$	75	63	68
NACA63$_3$ - 018（大迎角）	0.31	0.35～0.5	—	1.25	—	30
NACA0015	0.3	0.6	$C_\mu = 0.1\%$	0	21	92
振动翼型	0.3～0.9	2	$C_\mu = (3.2\%,\ 2.7\%)$	0	63	90
PR8 - 40(IAI)	0.14	1.75	$C_\mu = 0.015\%$	70	40	50
E214F	0.2	0.57	$C_\mu = 0.3\%$	70	10	10
SPCA - 1	0.15	2	$C_\mu = (0.8\%,\ 0.8\%)$	75	60	110
Wortman FX 61 - 184	0.25	54～81	160 dB（缝隙口）	2	—	40
圆柱＋NACA 翼型后部	0.3	10.1	$C_\mu = 0.17\%$，在 20% 展长中的双缝隙	6	120	240
NACA0015（前缘）	31	0.7～2.1	$C_\mu = (0.27\%,\ 0.05\%)$	10	15	47
NACA0015（襟翼肩部）	—	—	$C_\mu = 0.05\%$	70	—	—
PR8 - 40 SE(IAI)	0.5	1.2	压电单元 $u'/U_\infty = 20\%$	41	22	36
NACA0015	0.16	0.45	$C_\mu = 0.1\%$	66	30	50
圆柱＋NACA 翼型后部	0.31	10, 15, 20	$C_\mu = 0.18\%$	6	120	240

　　在汇总所有代表性数据时首先关心的是：①怎样的方式方法能最大限度地改进性能；②关键的控制参数是什么？表 6 - 12 列出的翼型绕流中非定常激振延迟分离研究的代表性数据中包含有翼型种类、Re 数、激振的减缩频率 F^+（$F^+ = f_e \cdot x_{TE}/U_\infty$）、输入的强度和位置等参数，以及改进的性能参数 ΔC_{Lmax} 和 ΔC_L（见图 6 - 93）。表中除个别情况外都是低 Re 数（$150\,000 \leqslant Re \leqslant 900\,000$）范围内的实验结果。激振位置大多位于前缘附近（$x/c < 10\%$）。与上节中简单偏转襟翼外形相比，绕翼型的流动更复杂，这是由于翼型的分离点是不固定的，曲率影响会很大，上游来源状况不确定（层流、转捩或湍流）等。但由表可知，所得的结果与上节的很相似。

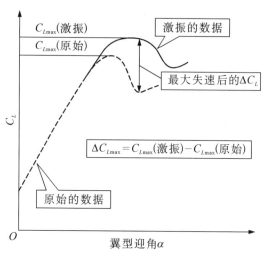

图 6-93 激振对升力的影响

下面分别就频率、激振强度、激振位置等对性能的影响作一讨论。

(1) 频率。

由表 6-12 可知,大多数情况下最优缩减频率 F^+ 位于 $0.3 \leqslant F^+ \leqslant 4$,这与上节简单襟翼的结果是一致的。图 6-94 为绕 NACA0015 翼型的分离和附着流态的油流照片($F^+ = 2.6$)[75],还证实了在翼型绕流中存在着拟序结构。Darabi 测量了速度型分布(见图 6-95[75]),表明翼型上的混合层与简单襟翼上的是相似的。Seifert 等[86]测量了不同相位角的压强分布(见图 6-96),其结果也与简单襟翼的相似。图 6-97 给出了 NACA0015 翼型上两个激振点位置的示意图,图 6-98 表示频率 F^+ 对此翼型在 $150000 \leqslant Re \leqslant 600000$ 范围内升力增量的影响,图中表明,最有利频率范围是 $0.5 \leqslant F^+ \leqslant 1$,且与 Re 数无关。从图 6-99 中可以看出:一是高频率 $F^+ \approx o(10)$ 的效率很低;二是增大 c_μ 可使有效频率略有增大,即可达 $0.5 < F^+ < 3$。

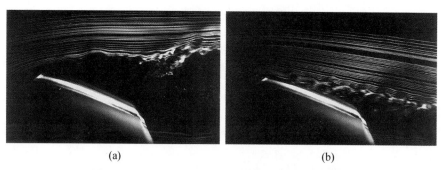

(a)   (b)

图 6-94 $Re = 40000$,NACA0015 翼型油流照片

(a)基本(分离)流态;(b)在前缘激振产生的附着流态

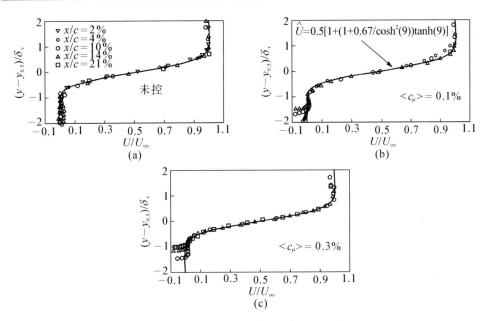

图 6-95　NACA0015 翼型混合层的速度型

（a）未控时；（b）和（c）控制后

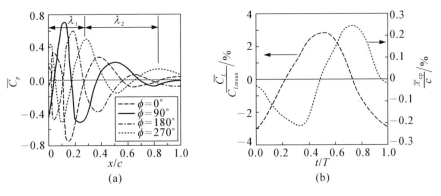

图 6-96　NACA0015 翼型不同相位角时的压强分布（a），积分压强
而获得的升力和压力中心随时间的变化（b）

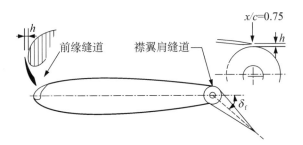

图 6-97　NACA0015 翼型和两激振点位置示意图

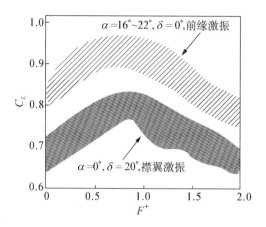

图 6-98　频率 F^+ 对 NACA0015 翼型升力的影响 $0 < F^+ < 2$，
$150\,000 \leqslant Re \leqslant 600\,000$，$C_\mu = 0.08\%$

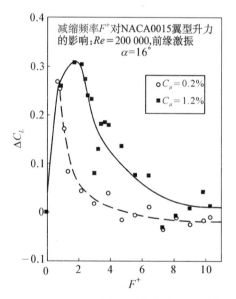

图 6-99　前缘激振对 NACA0015 翼型升力增量的影响，$0 < F^+ < 10$

（2）激振强度。

表 6-12 表明，有效的激振强度范围是 $0.01\% < C_\mu < 3\%$，若将其转换为射流峰值 (u_j/U_∞)（缝隙宽度 $h/c < 0.5\%$），或脉动速度 u'/U_∞ 时约为 $10\% \sim 300\%$。一般来说，一旦建立了在最小 C_μ 值下的最佳频率区后，再增大 C_μ 会对 $C_{L\max}$ 有一定影响（见图 6-100[75]）。

（3）激振位置。

激振的位置理应在分离点附近，一般置于襟翼的肩部或尖前缘翼型的前缘附近，目前尚不能精确地定位（如在分离点上游或下游多远），且此位置应随不同的翼

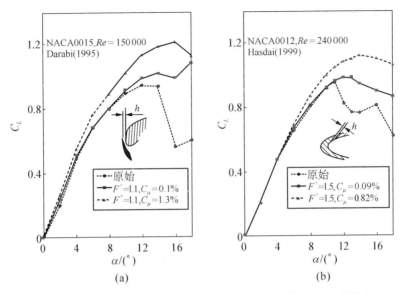

图 6 - 100　C_μ 对 NACA0012 翼型和 NACA0015 翼型 C_{Lmax} 的影响

型和流动状态而各异。从表 6 - 12 看出,位于前缘的激振点一般当 $x/c \leqslant 10\%$ 是很有效的,例如 Haiso 等[79]研究了 NACA63$_3$ - 018 翼型激振点位置($1.25\% \leqslant x/c \leqslant$ 13.75%)对升力增量的影响(见图 6 - 101),可见 $x/c = 1.25\%$ 对应升力增量的最大值,当 $x/c = 6.25\%$ 时就比最大值降低了一半,而当 $x/c = 13.25\%$ 时基本失去了增大升力的作用。

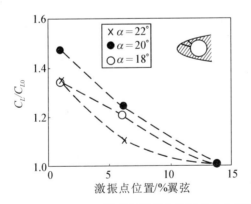

图 6 - 101　NACA63$_3$ - 018 翼型的激振点位置对升力增量的影响

对 NACA0015 翼型,在襟翼偏转 20°时,从其襟翼肩部单独定态吹气和定态与激振同时吹气对升力和阻力影响的比较如图 6 - 102 所示。由图 6 - 102(a)可知,定态吹气在吹气量非常大的情况下才可提升原始升力曲线至接近于定态和激振同时吹气的效果。同时吹气对失速迎角 α_s 没有太大影响,在失速迎角前 $\Delta C_L = 0.65$,在 C_{Lmax} 处 ΔC_L 达 0.9,而定态吹气使 α_s 减小了 4°。由图(b)可见,在 $0.7 < C_L < 1.5$

范围内吹气基本消除了型阻,单纯激振吹气在 $C_L = 1$ 时总阻力减小 3.6 倍(即为原始值的 28%)(见图 6 - 103)。为了解激振对翼型性能影响的机理,Seifert 测量了在迎角 $\alpha = 12°$(基本翼的 C_L 达 C_{Lmax})时主翼上表面一个位置和襟翼上表面三个位置处边界层的速度型(见图 6 - 104)。图中实线代表基本型,虚线为定态吹气($C_\mu = 0.8\%$),点线为同时吹气($C_\mu = (0.8\%, 0.8\%)$)的速度型。由图可见,在缝隙的下游吹气不论是定态的还是混合的,均加速了固壁附近的低速流,但定态吹气与主流的掺混程度较低,故两者的动量差随距离 x 的增大而被迅速耗散,因而对边界层总体影响相对较小,而激振吹气与自由流的掺混程度则显著增大。定态与激振吹气都减薄了上游的尾迹,并形成了亚边界层,这些作用增大了升力(见图 6 - 102)并减小了型阻。

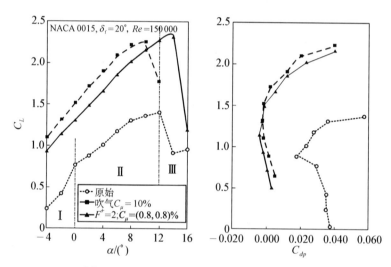

图 6 - 102 NACA0015 两种吹气的影响比较

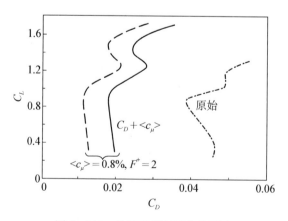

图 6 - 103 单纯激振对阻力的影响

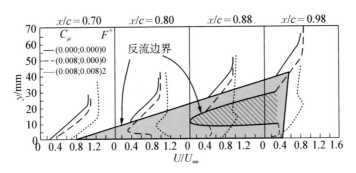

图 6-104　速度型的比较

定态吹气通常在可压缩流动中的影响会变得很小[68]。Seifert 和 Pack 的研究表明,激振吹气在可压缩流中仍很有效[92],例如在 $Ma = 0.28$ 与 $Ma = 0.4$ 时得到的 C_{Lmax} 增量相同。他们还发现,在高 Re 数下,如 $6.7 \times 10^6 \leqslant Re \leqslant 2.35 \times 10^7$,$\delta_f = 20°$,只需 $C_\mu = 0.05\%$ 即可明显增大升力和减小阻力。

前已指出,定态吹气和声激振技术最主要的缺点是需要的功率特别大,功效比不高(例如有效的定态吹气需 $C_\mu = 10\%$,声激振水平要求大于 150 dB)。非定常吹气系统的功效比如何呢? 其功效比可用两种指标来衡量:①只考虑翼型时,将 C_μ 作为表征功率的量,仿照通常的空气动力效率 C_L/C_D 定义功率效率为 $C_L/(C_D + C_\mu)$;②将实现有效激振所需的外部系统和翼型一并考虑,定义输入功率系数 C_E 为[90]:

$$C_E = \frac{W_i}{0.5 \times \rho \times S \times U_\infty^3} \tag{6-4}$$

式中:W_i 为输入功率,于是功率效率为

$$\eta = \frac{C_L}{C_D + C_E} \tag{6-5}$$

功率效率与空气动力效率之比

$$FM = \frac{\eta}{C_L/C_D} \tag{6-6}$$

称为分离控制装置的功效比。功效比是在给定飞行条件下优化飞行模态的一个参数。图 6-105 为只考虑翼型时定态吹气和激振吹气功率效率的比较,由图可见,激振吹气方式的功率效率远高于定态吹气的。图 6-106 为基于压电效应的激振系统和翼型一并考虑时的 L/D 和功效比曲线,激振系统分别以二维模态和三维模态运行[90]。如图 6-106(a)所示,两种运行模态的升阻比,在 $C_L < 1.1$ 时两种模态升阻比相当,而当 $C_L > 1.1$ 时二维模态较优;而如图 6-106(b)所示的 FM 曲线表明,功效比在 $C_L < 1.1$ 时三维模态几乎是二维模态的两倍,但 $C_L > 1.2$ 时两者相当。因此具体应用时要以飞行条件与需求来确定采用何种模态,若非常强调升阻比性能且功

率够宽裕,则可用二维模态方式,特别当 $C_L > 1.1$ 时;若功率不足,则采用三维模态方式,特别是 $C_L < 1.1$ 时。

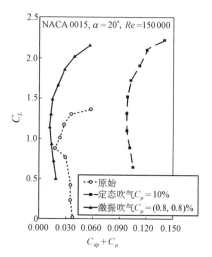

图 6 - 105　定态和激振吹气的单独翼型的功率效率比较

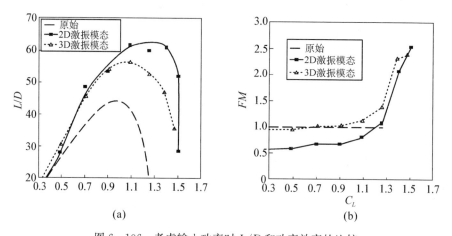

图 6 - 106　考虑输入功率时 L/D 和功率效率的比较

综上所述,显然应把 $\Delta C_{L\max}$ 作为激振方法对翼型性能改善的一个指标。从表 6 - 12 中看出,与声激励不同,利用流体动力激振的方法不仅对于多种翼型都可大大改善 $C_{L\max}$,对非流线型外形(如外挂物等)也非常有利[82, 86]。但也应指出,在改善 $C_{L\max}$ 的同时,还应关注其对空气动力效率的影响,例如 Amitay 等人也给出了 $\Delta C_{L\max} = 120\%$,但翼型的空气动力效率低,L/D 约为 3% 的例子[93]。

利用前缘激振的所有研究都给出了大大改善失速后性能的重要特点,这对于动态失速控制尤为重要,因其振荡过程的很大部分处于失速后范围。动态失速时翼型俯仰力矩的控制也十分重要,但还很少有研究者给出此方面的结果,只有 Darabi 给出了一个 NACA0015 翼型的数据结果：在 $F^+ = 1.1$ 和 $C_\mu = 0.1\%$ 时，可推迟俯仰力矩失速迎角 $3°$，若 $C_\mu = 1.3\%$ 时则可推迟达 $8°$（见图 $6-107$[75]）。

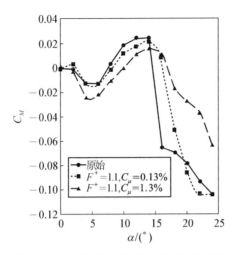

图 6-107　不同激振量对力矩系数的影响

4）高升力系统

多段翼型已是民机高升力系统的典型翼型，因此我们关心①能否将主动流动控制应用于现有的高升力系统，并得到足够的增益？②流动控制能否减少翼型的段数，从而减少成本、重量和系统的复杂性？Mclean 等的研究[94]表明，应用主动流动控制于高升力系统的效益可能是很可观的（见下一节 6.7.3）。这里仅叙述一些简单多段翼型的实验结果。

（1）激振位置的比较。

Seifert 等对弯度为 19% 的 PR8-40 厚翼型加装 30% 弦长有缝襟翼的二段翼型在低 Re 数（$1.4 \times 10^5 \leqslant Re < 6 \times 10^5$）下做了实验研究[86]。激振位置位于主翼（M. E.）后缘或襟翼前缘（图 6-108(a)），图 6-108(b)给出了两种吹气对升力影响的比较。由图可见，引入 $\langle c_\mu \rangle = 0.015\%$ 激振量就可使 C_L 从 1.9 增大至 2.5。从襟翼前缘激振比从主翼后缘激振更为有效，且如要产生相当的 C_L，所需输入的动量前者仅为后者的 1/5。另外在襟翼处激振可使阻力系数从 0.125 减小至 0.06，为产生相当的升阻比所需的扰动量，前者仅为后者的 1/15。迎角 $\alpha = 8°$ 时的压强分布（见图 6-109）也表明，无激振的基本翼气流在襟翼上完全分离，主翼后缘吹气可使流动部分附体，而襟翼前缘处吹气可实现很大部分的附体。

（2）襟翼大偏角状态时的比较。

图 6-110 给出了 NACA0015 翼型在襟翼大偏角状态时的气动性能，图(a)表明，迎角为零时，即使没有吹气，只要襟翼偏角达 $20°$ 亦可产生很大升力，但偏角更大时襟翼效率就会降低；定态吹气（$C_\mu = 1.2\%$）在 $\delta_f = 20°$ 时可进一步使升力增量达 0.013，但在 $\delta_f \geqslant 40°$ 时也基本上无效；激振吹气在所有偏角下都比定态吹气有效，即

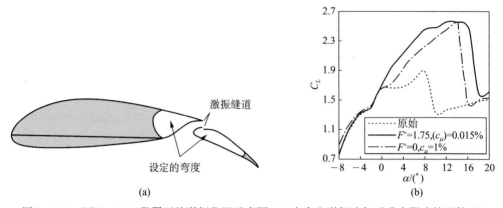

图 6 - 108　PR8 - 40 二段翼型的激振位置示意图(a);定态和激振吹气对升力影响的比较(b)

($\delta_f = 30°$, $Re = 140\,000$)

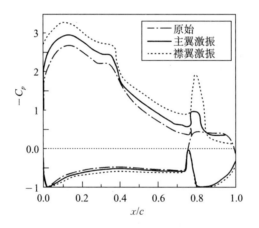

图 6 - 109　不同激振位置时 PR8 - 40 二段翼型压强分布的比较,

$\alpha = 8°, \langle c_\mu \rangle = 0.02\%$

使 $\delta_f = 65°$ 时,仍有 $\Delta C_L = 0.23 (F^+ = 2.5)$。由图(b) 可知,对减阻而言 $F^+ = 2.5$ 比 $F^+ = 1.1$ 更有效,如 $C_L = 1.4$ 时,$\Delta C_{dp} \approx 0.03$;从减阻看,在大偏角下定态吹气与基本翼的型阻基本一样,而激振吹气与基本翼和定态吹气相比,型阻减小量为:$C_L = 1.4$ 时 $\Delta C_{dp} = 0.07$,和 $C_L = 1.5$ 时将近 $0.1 (F^+ = 2.5)$。从图(c) 和(d) 可知,低频激振($F^+ = 0.3$)对小偏角较有效。

5) 小结

从大量二维翼型数据分析可知,无论上游流动状态如何(层流或湍流),非定常激振的有利频率范围为 $0.3 \leqslant F^+ \leqslant 4$,有效吹气系数为 $0.01\% < \langle c_\mu \rangle < 3\%$ (大大小于定态吹气或声激振的值)。激振位置位于偏转襟翼的肩部较好,这特别对大偏角更有利。大量数据证明,激振吹气比定态吹气更有效和更经济(可达两个量级)。

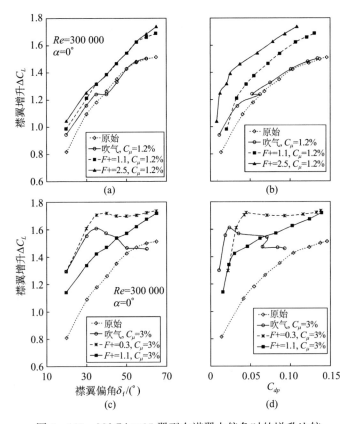

图 6-110　NACA0015 翼型在襟翼大偏角时的增升比较

6.7.3　非定常激振分离控制概念应用于民机的潜能评估

　　波音公司内包括气动、流体机械、电子和机械系统、结构、外形设计、工艺和财务等多学科专家组成的研究小组,受 NASA 委托对流动控制(非定常激振控制)应用于民机的前景,特别是在高升力系统中的应用前景,做了一个初步的评估[94],在适用性、增益和代价等分析的基础上给出了一个净效益的评价,并提出了今后尚需进一步研究的问题。评估报告指出,非定常激振的流体控制最有可能应用的领域是增强和替代现有的带缝后缘襟翼系统,在此领域应用的增益并不在于改进空气动力性能而在于简化和/或减小现有系统的尺寸,以减轻重量、降低系统复杂性和降低价格。报告中提出了两种可能的简化襟翼系统:一是在机翼下可作富勒(Fowler)运动的外转轴心单段襟翼系统(见图 6-111);二是在翼型内做简单铰轴偏转(不提供富勒运动)的大弦长单段平面襟翼系统。图 6-112 和图 6-113 分别为带有不同绕流片的外形示意图。

　　表 6-13 给出了此两种简化襟翼系统不包含非定常吹气系统时比 B737 后缘襟翼系统在零件数、重量和成本上的减少量,以表明此两系统在这些方面可能得到的最大收益(也可以对前缘系统作类似的比较[94])。当然,这样的简化系统在气动

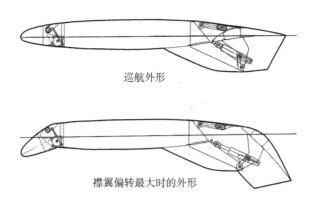

巡航外形

襟翼偏转最大时的外形

图 6-111　外转轴心的外形示意图

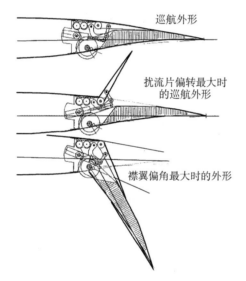

巡航外形

扰流片偏转最大时
的巡航外形

襟翼偏角最大时的外形

图 6-112　带整体扰流片的大弦长
平面襟翼外形示意图

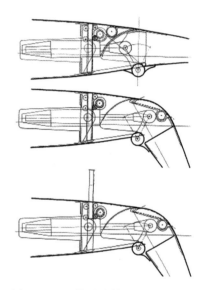

图 6-113　带叶片扰流片的大弦长
平面襟翼外形示意图

性能上是达不到要求的,为使其具有与 B737 后缘襟翼系统相当的气动性能,必须采用控制分离的吹气方法。报告分析了三种可能的非定常吹气方法:从发动机引气通过喷管/缝隙进行脉冲式吹气;零质量射流方法;压电式拍动机械装置。表 6-14 给出了包括从发动机引气的激振系统(可能代价最大)在内的简化襟翼系统与B737-700 的襟翼系统的比较。对比表 6-13 和表 6-14 可知,计及激振控制系统后,零件数和成本上原可获得的好处几乎被抵消掉一半以上,仅在减轻重量上仍保持较好的优势(对前缘系统也应得到类似的估计)。表 6-15 给出了整个(前、后缘)简化的高升力系统在零件数、重量和成本上的减少或降低的综合效益。其他成本更低的(如压电式拍动机械装置)非定常激振控制系统的收益位于表 6-13 和表 6-15的数值之间。

表 6‑13　不包含非定常吹气下的两种简化襟翼系统与 B737 后缘襟翼系统的比较

		B737‑700 襟翼	外转轴心 襟翼	简单铰链轴 襟翼
零件数/%	襟翼结构	2.44	1.18	1.28
	激振器和导轨/铰链	0.69	0.59	0.39
	总计(无吹气系统)	3.13	1.77	1.67
	增量	0	−1.37	−1.47
重量/%	襟翼结构	2.97	1.25	1.34
	激振器和导轨/铰链	0.99	0.21	0.12
	总计(无吹气系统)	3.97	1.46	1.46
	增量	0	−2.50	−2.50
成本/%	襟翼结构	1.05	0.61	0.62
	激振器和导轨/铰链	0.22	0.10	0.05
	总计(无吹气系统)	1.27	0.71	0.68
	增量	0	−0.56	−0.59

表 6‑14　包括非定常吹气系统的简化襟翼系统与 B737 后缘襟翼系统的比较

		B737‑700 襟翼	外转轴心 襟翼	简单铰链轴 襟翼
零件数/%	无吹气系统增量(由表 6‑13)	0	−1.37	−1.47
	吹气系统	0	1.08	0.98
	含吹气系统增量	0	−0.29	−0.48
重量/%	无吹气系统增量(由表 6‑13)	0	−2.50	−2.50
	吹气系统	0	0.36	0.30
	含吹气系统增量	0	−2.15	−2.21
成本/%	无吹气系统增量(由表 6‑13)	0	−0.56	−0.59
	吹气系统	0	0.29	0.24
	含吹气系统增量	0	−0.26	−0.34

表 6‑15　简化的前、后缘襟翼系统装置可获得的效益

		外转轴心襟翼	简单铰链轴襟翼
零件数/%	单独后缘襟翼增量	−0.29	−0.48
	单独前缘襟翼增量	−0.54	−0.54
	前、后缘襟翼总增量	−0.83	−1.02
重量/%	单独后缘襟翼增量	−2.15	−2.21
	单独前缘襟翼增量	−0.66	−0.66
	前、后缘襟翼总增量	−2.81	−2.87
成本/%	单独后缘襟翼增量	−0.26	−0.34
	单独前缘襟翼增量	−0.40	−0.40
	前、后缘襟翼总增量	−0.66	−0.74

报告指出今后尚需进一步研究的领域为：

1）增加空气动力性能的数据

这是主动控制设计和评估其收益的基础，目前的数据集中于舵偏角 40°以下的主动控制效能，需要更大偏角如 50°，60°，70°等时的数据，关键数据是升力增量与偏角的函数关系 $\Delta C_L(\delta)$ 和 ΔC_{Lmax}，还需考察通过 C_{Lmax} 后升力是如何减小的。

本节中的讨论针对的是最简化的襟翼系统，若以单缝襟翼配以主动控制可能会获得更大效益，应增加此类数据。

同样还应研究对前缘装置的影响，应获得前缘低头时主动控制的气动数据。研究主动控制的效益能否有效到可以去掉前缘缝翼和提供良好的（缓慢的而非突然的）失速性能。此外需要研究低头前缘和后缘襟翼同时进行主动控制的性能。

非定常激振对分离的控制已经从最早的概念验证阶段进入到深入应用的阶段，因此应进行更大尺寸的风洞实验，要符合应用时的 Ma 数和 Re 数。在二维实验时应尽量减小三维效应的影响，若二维结果是乐观的，就需进行三维的实验研究。

2）激振器性能的改进

由于主动控制的效益与激振产生的升力增量直接相关，主动控制成本又与激振方法紧密相连，因此激振器性能改进是另一个需要研究的领域。各种激振方法有着各自的特征参数，例如非定常吹气方式，它的激振水平是由 $\langle c_\mu \rangle$ 来描述的，而拍动小翼则由自身的参数决定，但无论哪种方法，其特征参数都与输入的动量或能量相关，也直接与产生的非定常性相关，应通过研究明确这种关联，以便在一种方法中找到其最有利的模态，并推广于其他方法中。

上述两方面是将来需要研究的重点领域。

3）非定常激振运行对飞机总性能的影响

如非定常载荷对结构的影响，流动的非定常性引起的噪声影响等。

4）CFD 方法的研究和应用

前述讨论的进展都是通过实验方式获得的，成本昂贵且周期较长，因此发展可应用于主动控制的 CFD 方法对今后系统的深入研究是很重要的。

5）MEMS 的应用

上述讨论的基础都是通过常规的 Macro 激振装置获得的，推广应用于飞行条件时激振装置的尺寸会更大，因此研究 MEMS 传感器是很有意义和重要的。

通过此初步评估的意见可知，应用常规激振装置主动控制技术于高升力系统的净收益虽还不是很大，但也是可观的，这大大增强了深入研究的动力。

6.7.4　ADVINT(Adaptive Flow Control Vehicle Integrated Technologies)项目

自适应流动控制综合技术 ADVINT 是在美国 DARPA/AFRL 的 MAFC (Micro Adaptive Flow Control)项目支持下，波音、DARPA、AFRL 和 NASA 等参加的一个合作项目[95]，其目的是研究主动的流动控制（AFC）对提高超短距起飞和着陆（SSTOL）飞机高升力性能的有效性，讨论将微机电零质量射流（zero-net mass flux，ZMF)激振器应用于高升力系统中的技术是否能获得有突破性的空气动力性能。应用的对象是波音的超短距起飞着陆运输机的倾斜机翼(Boeing tilt-wing，BTW)(见图 6 - 114)，飞机的商载为 80 000 lb，起降距离 750～1 000 ft。研究中以 LTVXC - 142 倾斜机翼技术

图 6 - 114　BTW SSTOL 运输机

的验证机(见图 6 - 115)性能作为基本性能目标，两个飞机平台的主要差别在于 XC - 142 是三段翼型的高升力系统，而 BTW 为了减重和降低价格采用的是一个简单襟翼装置(见图 6 - 116)，并使用流动主动控制技术，希望在襟翼偏转 60°时仍能保持附着流。性能的目标是将升力系数在起飞状态时提高 0.2，在着陆状态时提高 0.6。研究内容由两部分组成，首先由 Illinois 大学进行 4.79% 缩比的小模型风洞实验，以更深入了解 AFC 对具有大分离流动控制的机理，探求其最佳位置，并确定 10.75% 缩比的大模型，甚至全尺寸机翼使用 AFC 的尺度参数。在小型风洞实验的基础上，再在 NASA Langley 14 ft×22 ft 的亚声速风洞中实验，以探索螺旋桨滑流和机翼倾斜时飞机大迎角下 AFC 对整个飞机性能的改善。

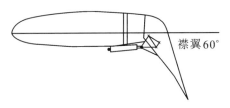

图 6 - 115　LTV XC - 142 倾斜机翼验证机　　图 6 - 116　BTW 的 40% 弦长平面无缝襟翼

1) 小模型风洞实验

小模型风洞实验包含二维模型和三维模型两个实验。二维模型的前缘可具有巡航外形、低头外形和通常的前缘缝翼等三种外形选择，后缘有简单式襟翼和通常的有缝襟翼两种选择，图 6 - 117 为低头前缘和简单式襟翼后缘的二维模型[96]。AFC 缝隙位于机翼前缘附近，ZMF 激振器安装在风洞外面，通过狭窄通道进行周期性吸气和吹气的控制。襟翼偏转角最大可达 60°，来流迎角可至 25°，风速可达 60 m/s($Re = 1.5×10^6$，$Ma = 0.17$)。三维模型有一可调节的内翼段，为使机翼可前掠至 25°，外翼段可安装不同形状的翼梢(见图 6 - 118)。图 6 - 119 和图 6 - 120 分别为实验使用的 ZMF 激振器和虚拟襟翼外形的组合图以及激振器具体结构图。激振器可产生低频(60～150 Hz)和高速(60～120 m/s)的射流。

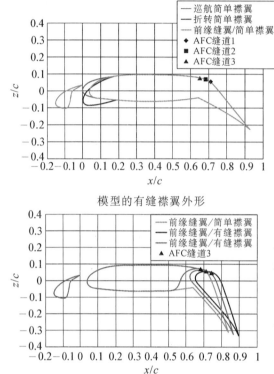

图 6-117 不同前缘和襟翼的二维模型

图 6-118 三维前掠翼模型

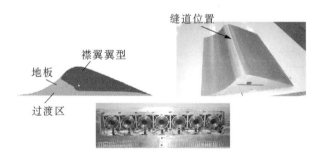

图 6-119 虚拟襟翼外形和激振器布置

（1）二维实验结果。

大量的二维实验结果表明应用 AFC 后，简单和常规的襟翼都大大提高了性能。图 6-121 表示了一个典型的性能比较[95]，可见在所有迎角下 AFC 提供了正的升力增量，且 C_{Lmax} 对应的迎角较大，表示 AFC 对襟翼的作用改善了整个翼型系统的环量和前缘的性能。图 6-122 的压强分布清楚地表现了当迎角增加时前缘处的 C_p

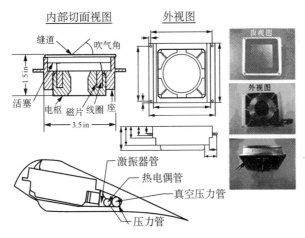

图 6-120　激振器具体结构

也显著地增大,压强最大增量位于 AFC 的缝隙附近($x/c = 0.7$);襟翼偏角更大($\delta_f = 60°$)时仍存在性能改善的趋势(见图 6-123);这种性能改进的水平超过了过去研究结果能实现的水平,尽管 $\delta_f = 40°$ 和 $\delta_f = 60°$ 时的绕襟翼流动仍为大分离状态,但上游的改善使整体性能仍获得了改进。决定 AFC 性能的核心参数是激振器的射流速度 U_j,图 6-124 表示了 U_j/U_{inf} 不断增大对性能改善的增强,且 $U_j/U_{inf} > 2$ 时,这种增强才更明显。实验时为了方便,保持激振器的 U_j 不变,通过减小来流速度使 U_j/U_{inf} 增大。由图还可见,大迎角时增大此参数值的好处会由于激振器的功率增大而越来越小。

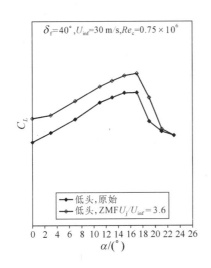

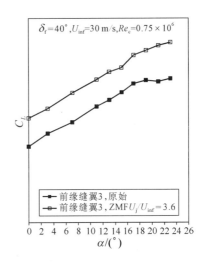

图 6-121　AFC 对低头和前缘缝翼的二维模型的性能改善

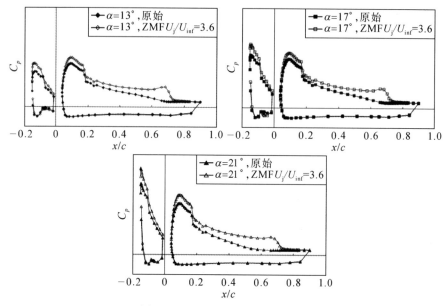

图 6-122　二维模型的压强分布

$U_\infty = 30\,\mathrm{m/s}$，$Re_c = 7.5 \times 10^5$，襟翼 40°，$U_j/U_{inf} = 3.6$，ADVINT 前缘缝翼 2

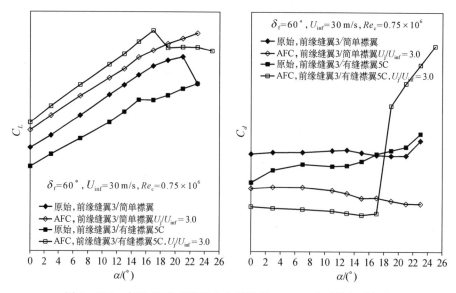

图 6-123　有无 AFC 时简单和有缝襟翼，$\delta_f = 60°$ 时的气动性能

　　二维实验重要目的之一是探讨大模型实验的尺度参数，文献[97]深入讨论了此问题。在二维实验中通过独立改变自由流速、AFC 的振幅（U_j 的峰值来表征）、AFC 频率以及缝隙宽度等参数获得了一系列的结果，分析这些结果找到影响 AFC 效果的最主要尺度参数是 U_j/U_∞。将一般描述 AFC 性能的动量系数 C_μ 和无因次频率

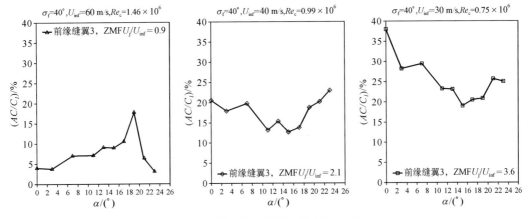

图 6 - 124　射流速度对升力的影响

F^+ 定义为:

$$C_\mu = \frac{h}{c} \cdot \left(\frac{U_j}{U_\infty}\right)^2 \tag{6-7}$$

$$F^+ = \frac{f \cdot x_{TE}}{U_\infty} \tag{6-8}$$

式中:h 是缝隙宽度,c 是弦长,U_j 是 ZMF 周期性吹气的射流速度峰值,U_∞ 是自由流速度,f 是频率,x_{TE} 是 AFC 喷口至翼型后缘的距离。大量文献(文献[75,98~107])曾建议过 $F^+=1$ 或更高至 3~10 时有效控制所需的 C_μ 最小值。

　　动量系数的提出源自定态吹气的流动控制研究,应用于 ZMF AFC 的物理基础不是很清楚[68];同样,无因次频率也不能直接用于无后缘外形的分离流动。为此,二维实验中除了 ZMF 之外还附加做了一系列定态的、振动的和脉冲吸气/吹气的 AFC 实验。讨论尺度参数时采用的几何外形和 Slot(缝道)位置如图 6 - 125 所示,襟翼偏转角分别为 15°,25°和 40°,迎角范围为 0°~25°,来流速度分别为 30,40 和 60 m/s(相应的 Re 数分别为 0.75×10^6,1.0×10^6 和 1.5×10^6,Ma 数分别为 0.08,0.12 和 0.17),缝隙宽度 h 分别为 0.51,0.76 和 1.14 mm。AFC 系统给出的 U_j 峰值为 16~93 m/s(U_j/U_∞ 为 0.5~3.3,C_μ 为 0.1%~2.1%),频率范围为 70~640 Hz(F^+ 为 0.24~2.7)。图 6 - 126 为可改变射流位置和方位的虚拟襟翼构造示意图,讨论参数时仅用了两种方位:垂直表面的(用于抽吸 AFC)和向下游倾斜的(用于抽吸和吹气)。

　　由不同参数值结果的比较可知,低频时 AFC 对升力的增量高于高频时的增量。图 6 - 127 给出了 $\delta_f = 25°$,$U_\infty = 30$ m/s 时和 $U_\infty = 40$ m/s 时 AFC 振幅相同,频率不同的升力增量比较(其中 slot 缝道 1a 为 $h = 0.76$ mm,slot 缝道 1b 为 $h = 1.14$ mm,slot 缝道 1c 为 $h = 0.51$ mm),由图可见,在两种来流速度下低频的增量都比高频的大。图 6 - 128 给出了当 F^+ 和 C_μ 相同,h 不同(相当于 U_j/U_∞ 不同)时升力增量的比较,由图可见,h_i 小(狭窄缝口)产生的 U_j 高,升力增量大。图

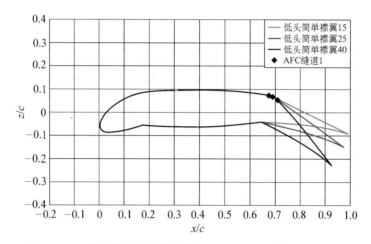

图 6 - 125　低头前缘和简单襟翼的 ADVINT 5％模型几何外形

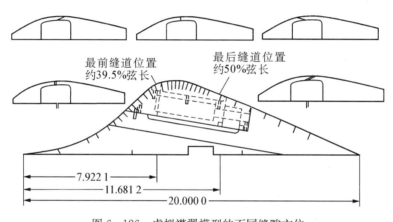

图 6 - 126　虚拟襟翼模型的不同缝隙方位

6 - 129 显示，F^+ 和 U_j/U_∞ 相同时，不同 C_μ 产生的升力增量几乎相同，表明 F^+ 和 U_j/U_∞ 才是影响升力增量的主要参数。不同襟翼偏角（$\delta_f = 40°$ 和 $\delta_f = 15°$）下所得结论相同。由此可见，传统使用的参数 C_μ 不能作为带有大分离流动 AFC 性能的尺度参数。图 6 - 130 将 $\delta_f = 40°$ 时的所有实验结果放到 C_μ 和 F^+ 坐标系内以显示 AFC 的有效性，AFC 的控制水平（大或小，好或坏）由升力增量和表面压强分布对 AFC 的响应予以评定，显然该图不能明显地显示有效性随参数的变化情况。既然实验结果表明 F^+ 和 U_j/U_∞ 才是描述 AFC 性能的主要参数，Nagib 等定义了一个新参数 H：

$$H = \frac{U_j/U_\infty}{\sqrt{(f \cdot L/U_\infty)}} \qquad (6-9)$$

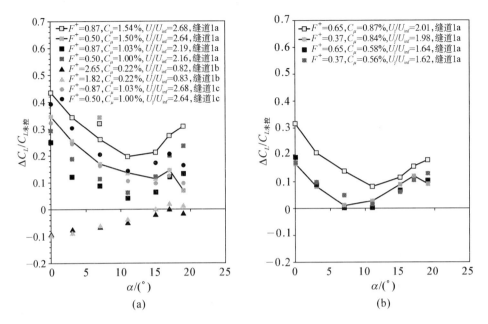

图 6-127　低头前缘，简单襟翼，$\delta_f = 25°$ 时不同频率对升力的影响

(a) $U_\infty = 30\,\text{m/s}$；(b) $U_\infty = 40\,\text{m/s}$

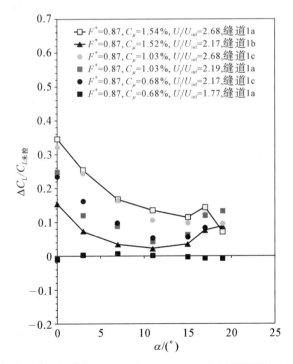

图 6-128　低头前缘简单襟翼，$\delta_f = 25°$，$U_\infty = 30\,\text{m/s}$ 时不同 U_j/U_∞ 对升力的影响

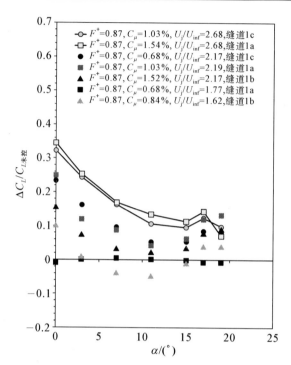

图 6-129　低头前缘简单襟翼，$\delta_f = 25°$，$U_\infty = 30\,\mathrm{m/s}$ 时不同 C_μ 对升力的影响

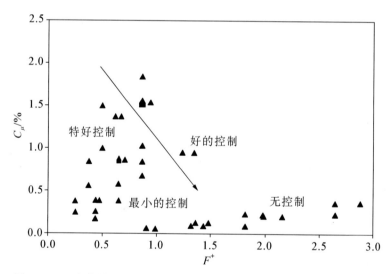

图 6-130　在传统尺度参数的坐标系内 $\delta_f = 40°$ 实验结果的有效性表示

式中：L 是分离区在垂直来流方向的长度尺度。将上述实验结果放到 F^+ 和 H 组成的坐标系内（见图 6-131），则 AFC 的控制水平分成了垂直方向的三层，H 值越大，控制效果越好。图 6-132 和图 6-133 分别表示了实验中所有不同的参数（f，h，U_j，U_∞ 和 δ_f）值时升力增量与 C_μ 和 H 的关系。由图 6-132 可知，数据分布很散。

图 6-133 表明,数据较为集中,升力增量随 H 变化的斜率在中等分离和大分离时基本相同,当出现很大分离时斜率减小,这可能是由于 AFC 缝隙位置的影响,因为对 $\delta_f = 40°$ 来说,缝隙 1 并非最优位置,最优位置应在更为下游处(见图 6-125),这表明还需要一个附加的长度尺度,用以计及缝隙偏离最佳位置的影响。

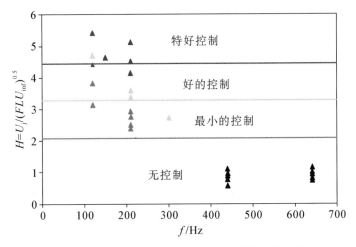

图 6-131　在新的尺度坐标系内 $\delta_f = 40°$ 实验结果的有效性表示

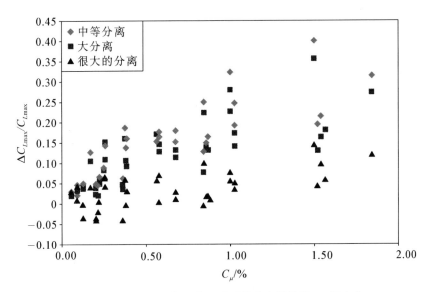

图 6-132　$\delta_f = 15°$,$25°$,$40°$ 时的升力增量随 C_μ 的变化

(2)三维实验结果。

为获得后掠对 AFC 性能的影响,Smith 等对如图 6-118 所示的三维模型作了风洞实验[95],图 6-134 表示了三维实验的压强分布,便于比较,图中也给出了二维实验的压强分布。可以预料到三维的影响会使升力(压强分布的积分)比二维实验

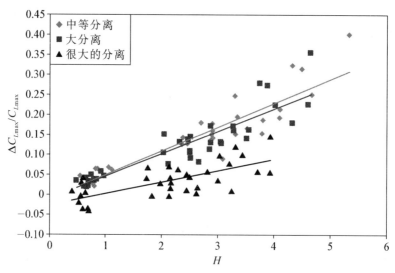

图 6-133 $\delta_f = 15°$，$25°$，$40°$ 时的升力增量随 H 的变化

时小（由于装置中的损失，三维实验的 U_j 是较低的），但 AFC 的优点仍可明显地显示出来。图 6-135 给出了二维和三维有无 AFC 的升力随迎角 α 变化的曲线，无 AFC 时三维升力低于二维的（在二维的失速迎角前），但在实验的迎角范围内三维也未发生失速。图 6-136 表示了使用 AFC 后升力增量值的比较，由图可知，AFC 对三维外形的作用更有效，特别靠近翼梢区[96]。

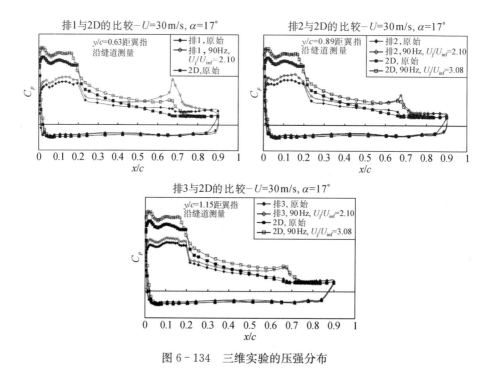

图 6-134 三维实验的压强分布

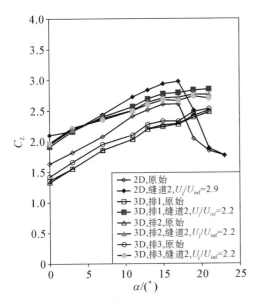

图 6-135　低头前缘,简单襟翼,$\delta_f = 40°$, $U_\infty = 30\,\mathrm{m/s}$ 时二维和三维的升力比较

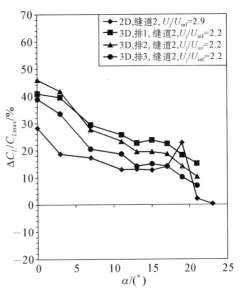

图 6-136　低头前缘,简单襟翼,$\delta_f = 40°$, $U_\infty = 30\,\mathrm{m/s}$ 时二维和三维的升力增量比较

2) NASA 的大模型实验

在 NASA Langley $14\,\mathrm{ft} \times 22\,\mathrm{ft}$ 的亚声速风洞内进行了 10.75% 缩比的 BTW 半翼展模型的风洞实验[95]。图 6-137 表示风洞中的模型,它同样可有巡航前缘、低头前缘和全翼展的前缘缝翼等形状,其简单式襟翼可被折转至 $60°$,机翼倾斜角可为 $0°$、$10°$、$20°$ 和 $30°$。实验过程经历了无螺旋桨动力和带螺旋桨动力的两个阶段。AFC 激振器被安置于简单襟翼沿半翼展方向的各段内,图 6-138 和图 6-139 分别表示了激振器的位置和内部结构。各段

图 6-137　位于风洞内的 BTW 模型

内的激振器可以独立地调整频率和振幅。激振器的缝隙位置有两个,位于稍前方位置的适用于起飞状态($\delta_f = 35° \sim 45°$),而稍后位置的适用于着陆状态($\delta_f = 50° \sim 60°$),正常缝隙宽度为 $0.76\,\mathrm{mm}$,射流出口倾斜于襟翼表面。

(1) 无动力实验。

实验结果表明,AFC 的频率对升力,阻力和俯仰力矩的增量影响不明显,例如在起飞状态的襟翼偏角为 $40°$,激振 50% 的振幅下,频率从 $70\,\mathrm{Hz}$ 变到 $110\,\mathrm{Hz}$ 的升力系数变化小于 0.02。图 6-140 表示了无动力实验中在 AFC 作用下,升力系数的

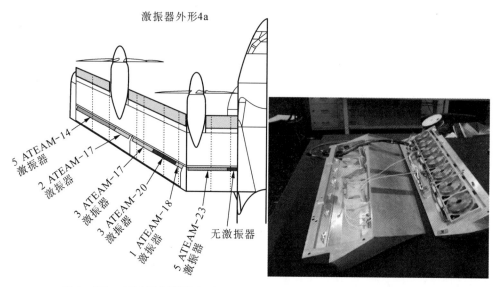

| 图 6-138 | AFC 激振器的布置 | 图 6-139 | AFC 激振器的内部结构 |

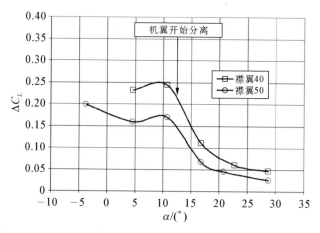

图 6-140　无动力时 AFC 的效能，前缘缝翼打开，$\delta_f = 40°$ 和 $50°$

增量随迎角变化的一条代表性曲线，当机翼上保持附着流时的迎角范围内 ΔC_L 基本保持常值。

（2）带动力实验。

螺旋桨的作用使绕机翼的流动相比于无动力时可保持附着流至更高的迎角，最大推力时的最大升力可比无动力状态时大 3 倍。图 6-141 和图 6-142 分别为 $\delta_f = 40°$ 和 $\delta_f = 50°$ 时三种推力系数状态时，AFC 引起的升力和阻力增量曲线，由图可见，在较大迎角范围内都达到了起飞和着陆时的目标值，但当接近失速迎角时 AFC 的效能大大降低。阻力的增加是由于升力增大产生的诱阻引起的。由于 AFC 使升力、阻力都增加了，因此有无 AFC 时升阻极曲线基本没有变化，仅在 C_{Lmax} 时稍有差别(见图 6 - 143)。

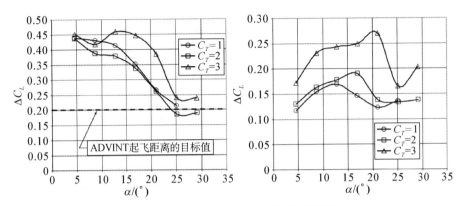

图 6 - 141　AFC 作用下的升力和阻力增量值,前缘缝翼打开,$\delta_f = 40°$

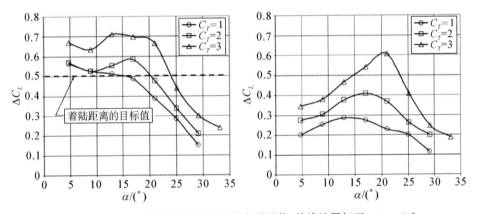

图 6 - 142　AFC 作用下的升力和阻力增量值,前缘缝翼打开,$\delta_f = 50°$

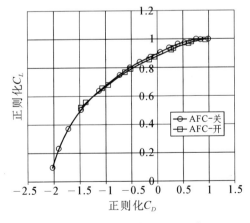

图 6 - 143　有无 AFC 时升阻极曲线的比较,$\delta_f = 40°$,$G = 2$(G 为推力系数)

3）小结

上述结果表明，应用 AFC 可以缩短起飞和着陆距离，达到超短距起降的目标性能要求。通过二维至三维，小模型至大模型的实验，深入了解了 AFC 应用于高升力系统的机理、影响参数和效能。二维实验中得出的最佳参数范围同样适用于三维实验。可以预计，若在前缘襟翼和主机翼上也应用 AFC 则可能进一步提高 AFC 的效能。尽管波音的 BTW 项目已经中止，但从该项目中得到的经验和教训有助于 AFC 的进一步应用。

6.7.5 多点激振的研究

前述研究的结果表明，仅在襟翼肩部进行非定常激振，尚不能使绕流完全附体，那么多点激振进行流动主动控制能否完全抑制绕襟翼流动的分离呢？

1）NASA 的 EET 超临界翼型的实验结果

NASA 的 Melton 等对 EET（Energy Efficient Transport）带简单襟翼的超临界翼型（相对厚度为 12%）在 NASA 的 BART（Basic Aerodynamics Research Tunnel）和 LTPT（Low-turbulence Pressure Tunnel）中分别做了低 Re 数和高 Re 数时的多点激振实验研究[108, 109]。15% 弦长的前缘缝翼可以偏转 $\delta_s = 0° \sim 30°$，25% 弦长的后缘襟翼可以偏转 $\delta_f = 0° \sim 60°$。在低头翼型的前缘（ $x/c = 0.14$ 处 ），装有一个前缘激振器（简称 LE），主翼型的尾部（ $x/c = 0.73$ 处 ）装有一个激振器（简称 TE），后缘襟翼上安置了 4 个激振器（F1～F4），但每次实验仅使其中一个工作，EET 翼型和激振器的位置如图 6-144 所示。TE 激振器和 Flap 激振器均可以各自的谐振频率（Flap:1 kHz±0.3 kHz；TE:1.3 kHz）输出正弦信号或以低于谐振频率约一个量级的频率输出调幅（AM）信号激振流动。所输出正弦信号和调幅信号的无因次频率分别表示为 F^+ 和 F_M^+。表 6-16 和表 6-17 分别给出了高、低 Re 数实验时激振器的位置、型式和参数值[108, 109]。缝隙宽度 h 约为 $0.637 \sim 0.762 \, \text{mm}$。不可压低 Re 数实验的 Re 数范围是 $2.4 \times 10^5 \sim 7.5 \times 10^5$，高 Re 数范围是 $1.7 \times 10^6 \sim 9.0 \times 10^6$，实验 $Ma = 0.1$。

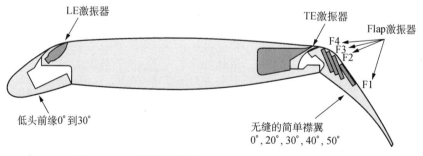

图 6-144 带简单襟翼的 EET 翼型和激振器的位置

表 6 - 16　高 Re 数实验时激振器的位置、型式和参数值[109]

激振器	型式	x/c 位置	频率范围/Hz	喷流速度峰值/(m/s)
LE	电磁式	0.14	80~200	30
TE	电磁式	0.73	50~200	100
Flap #1, F1	压电式	0.84	1500	50
Flap #2, F2	压电式	0.76	1500	50
Flap #3, F3	压电式	0.74	1500	50
Flap #4, F4	压电式	0.73	1500	50

表 6 - 17　低 Re 数实验时激振器的位置、型式和参数值[108]

激振器	x/c 位置	缝隙宽度/mm
Flap #1, F1	0.845	0.51
Flap #2, F2	0.790	0.635
Flap #3, F3	0.757	0.635
Flap #4, F4	0.725	0.635

图 6 - 145(a)为低 Re 数实验中迎角 $\alpha = 6°$，$Re = 2.4 \times 10^5$，$\delta_s = -25°$ 条件下 TE 和 F3 激振时(TE+F3)升力系数增量随襟翼偏角 δ_f 的变化曲线，可见主动控制 获得了较大的升力增量，最大的改进发生于 $\delta_f = 20° \sim 25°$，同时使用两种激振可叠 加它们各自对升力的贡献。图 6 - 145(b)为 $\delta_f = 20°$ 时压强分布的比较，可见襟翼 激振(F3)引起了较强的吸力，而 TE 激振器仅影响主翼上游的压强(与基本翼相 比)，压强分布的比较也表明了两者相互促进的效果。图 6 - 146 表示了两激振器的 F_M^+ 对 C_L 和 C_{dp}(压力阻力)的影响，可见两激振器最有效的 $F_M^+ \approx 0.5$，这时升力增 加最大，且升力增加随 F_M^+ 的变化是相似的，但 TE 激振还可以较好地减小 C_{dp}。图 中 N 为模拟波的周期数。

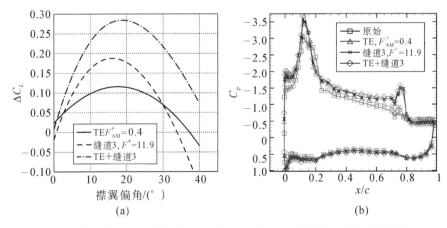

图 6 - 145　TE 和 F3 激振时 ΔC_L 和 δ_f 的变化关系及其对压强分布的影响

(a) ΔC_L 和 δ_f 的变化关系；(b) 压强分布的比较，$\delta_f = 20°$

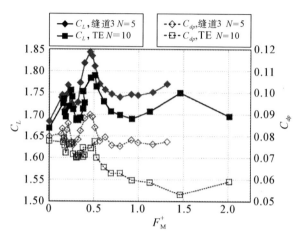

图 6-146 C_L 随 F_M^+ 变化的关系

$\delta_f = 20°$, $\delta_s = -25°$, $\alpha = 6°$, $Re = 2.4 \times 10^5$

图 6-147 为前缘激振(LE)和襟翼激振(F3)共同工作时 C_L 随襟翼的 F_M^+ 变化的曲线,可见同时使用 LE 并不改变 F3 的最优 F_M^+。图 6-148 为联合使用 LE,TE 和 FLP(F3)(LE+TE+FLP)时以及(LE+FLP)时的 C_L 随 α 变化曲线(图中 D_{cy} 为脉冲的保持时间和间隙时间之比)。可见在低于 C_{Lmax} 阶段联合使用比单独使用的升力有所增加,但其 C_{Lmax} 值却低于仅使用 LE 和 FLP(即不使用 TE 激振器)的 C_{Lmax} 值。后者(LE+FLP)由于延迟了失速迎角 1°,在 $\alpha=15°$ 时使其 C_L 值比基本翼在同样迎角和舵偏角下的 C_L 增大了 16%,使其 C_{Lmax} 值比基本翼的增大了 6%。

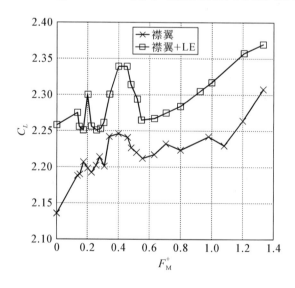

图 6-147   LE 和 F3 激振时 C_L 随 F_M^+ 的变化关系

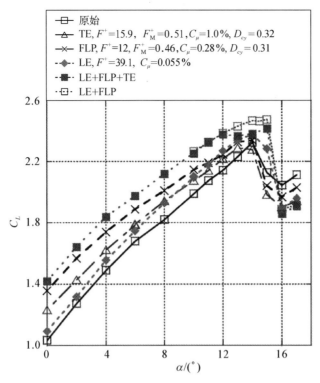

图 6-148 不同激振器时 C_L 随 α 的变化曲线

文献[109]给出了高 Re 数的风洞实验结果,包括激振频率、振幅和 Re 数对各激振器位置改进气动性能的影响,这里仅给出一些代表性的结果。

图 6-149 表示襟翼激振器 F2 和 F3 同时工作(F2+F3)和各自单独工作时的压强分布比较,频率 $F^+_{F2}=8.1$,$F^+_{F3}=8.7$,每个激振器的最大输出 $C_\mu \approx 0.12\%$。由图可知,同时工作比各自工作的效能更高。图 6-150 给出了 $F^+_{F2}=7.8$,$F^+_{F3}=8.5$,Re 数从 1.7×10^6 变化到 9.0×10^6 时的压强分布的比较,由图可见,Re 数增大时,后缘襟翼激振控制分离的效能减小。图 6-151 给出了 TE,F2+F3,TE+F2+F3 三种情况下压强分布的比较,实验的 $Ma=0.1$,$Re=3.4\times10^6$。由图可见,C_L 的增大主要源于 TE 的作用,TE+F2+F3 改善了后缘襟翼前缘附近的流动,从而提高了性能。图 6-152 则给出了 $Re=1.7\times10^6$,$Ma=0.075$ 时的压强分布比较,由于 Ma 数减小,自由来流速度降低,C_μ 增大,从而加大了后缘襟翼处激振的影响,更有利于分离的控制。TE 激振器的作用不仅增大了绕翼型的环量,也缩小了后缘襟翼上的分离区,F2 和 F3 的作用则更有效地降低了 C_{dp}。图 6-153 为不同激振器作用下 C_L 随 α 变化的曲线,由图可知,前缘激振提高 C_{Lmax} 约 7%,并延迟失速迎角约 4°,主机翼后缘激振(TE)通过抑制尾迹和提高环量而提高了后缘襟翼的效能,TE 和 F2,F3 共同作用则通过延迟分离(即将分离进一步推向机翼后缘)而提供了附加的升力增量。不同位置的激振对整个翼型升力的增加及改善 C_{Lmax} 的结果与文献[108]的结果相似(见图 6-148)。

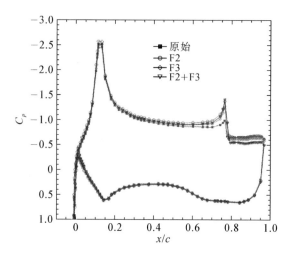

图 6-149　F2 和 F3 工作时压强分布的比较

$\alpha = 0°$, $Ma = 0.1$, $Re = 3.4 \times 10^6$, $C_\mu \approx 0.12\%$

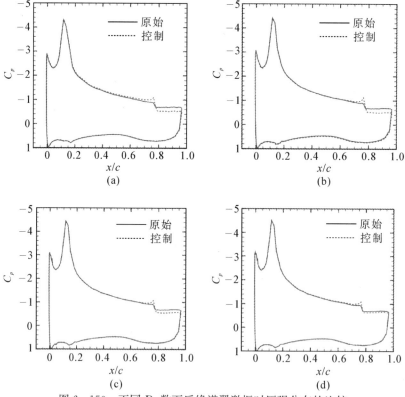

图 6-150　不同 Re 数下后缘襟翼激振时压强分布的比较

$\alpha = 8°$, $Ma = 0.1$

(a) $Re_c = 1.7 \times 10^6$; (b) $Re_c = 3.4 \times 10^6$

(c) $Re_c = 6.0 \times 10^6$; (d) $Re_c = 9.0 \times 10^6$

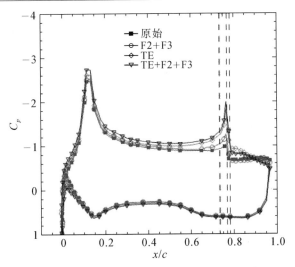

图 6 - 151　压强分布的比较，$\alpha = 0°$，$Re = 3.4 \times 10^6$，$\delta_s = -25°$，$\delta_f = 30°$，$Ma = 0.1$，
$f_{TE} = 150\,\text{Hz}$，$f_{F2} = f_{F3} = 150\,\text{Hz}$。垂直的虚线表示 TE，F2，F3 的位置

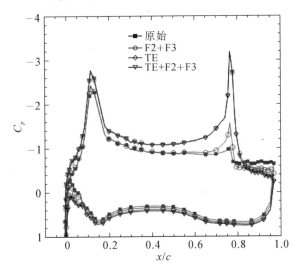

图 6 - 152　压强分布的比较

$\alpha = 0°$，$Re = 1.2 \times 10^6$，$\delta_s = -25°$，$\delta_f = 30°$，$Ma = 0.075$，$f_{TE} = 150\,\text{Hz}$，$f_{F2} = f_{F3} = 150\,\text{Hz}$

2) 波音与 NASA 对带后缘有缝襟翼的 EET 翼型多点激振的研究

波音 Khodadoust 等在空军研究实验室"多任务机动能力的推力、升力和控制系统的优化"项目资助下，对高升力系统的分布式主动控制在高 Re 数下作了数值模拟和风洞实验研究[110, 111]。风洞实验是在 NASA 的 LTPT 风洞中进行的，文献[111]给出了风洞实验结果，表明带有主动控制的高升力翼型流动具有很强的 Re 数效应，因此设计带有主动控制的未来飞行器必须考虑 Re 数效应。他们取带后缘有缝襟翼的 EET 翼型(见图 6 - 154 和图 6 - 155)作为研究对象，翼型由 30°低头的前缘，偏转可达 40°有缝襟翼的后缘和 EET 主翼型组成。翼型上共布置了 5 个激振器，分别位

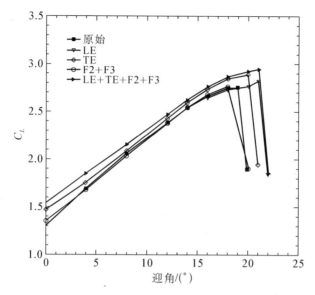

图 6-153　不同激振器作用下 C_L 随 α 变化的曲线

$Re = 3.4 \times 10^6$，$LE(F_M^+ = 2.8, C_\mu = 0.04\%)$，$TE(F^+ = 0.9, C_\mu = 0.06\%)$，

$F2, F3(F_{MF2}^+ = 0.80, F_{MF3}^+ = 0.86, C_\mu = 0.06\%)$

于前缘(LE)、主翼型(MW)和后缘襟翼(F1，F2，F3，在研究中只启动了 F1 工作)，每个激振器的缝隙宽度为 0.2% 的 x/c，孔口倾斜于翼型表面 20°。研究的目的是推广应用 AFC 系统于全尺寸 Re 数下的多段翼型系统。由于包含流动控制的高升力实验是很复杂和昂贵的，故研究主要通过数值模拟方法，并用风洞实验予以验证。

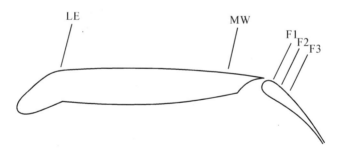

激振器位置	定态		非定常激振			
	吸气	吹气	C_μ	U_{jmax}/U_∞	f/Hz	F^+
LE			0.00017	0.29	180	1.1
MW			0.00041	0.45	160	1.0
F1	—	—	0.0017	0.91	80	0.5

图 6-154　翼型和多点激振器位置的设计示意图

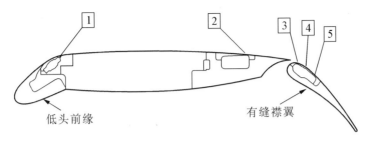

低头前缘　　　　　　　有缝襟翼

序号	激振形式	$U_{j,\,max}$/(ft/s)	f/Hz	缝隙宽度/in	缝隙位置 x/c	C_μ（$Ma=0.1$）
1	电磁 ZMF	164	100～300	0.030	0.14	0.004
2	定态/非定常吹/吸气	230	50～225	0.030	0.70	0.008
3	定态/非定常吹/吸气	230	50～225	0.030	0.74	0.008
4	定态/非定常吹/吸气	230	50～225	0.030	0.77	0.008
5	定态/非定常吹/吸气	230	50～225	0.030	0.80	0.008

图 6-155　翼型和多点激振器位置的风洞实验模型

Shmilovich 和 Yadlin[112]曾采用结构重叠网格的 OVERFLOW 雷诺平均 N-S 流场解算器和 S-A 湍流模型对低头前缘和简单襟翼后缘的外形做过流动主动控制的计算，并通过与 Illinois 理工学院的 Kiedaisch 等人的实验结果[96]对比验证了此数值方法可用于主动控制的研究（具体可见 6.7.5 节中第 3 部分）。

Khodadoust 等的数值模拟也采用该数值方法，其计算网格包括 9 个重叠网格共 300 000 网格点，图 6-156 为网格的示意图。在缝隙出口界面处应用均匀的时间相关条件来描述流动控制条件。无流动控制或定态吸、吹气时只需求得定态解；脉冲激振时则需求得非定常的时间准确解，非定常模拟计算时在每周期中（80 Hz 的激振）取 3200 个时间步长，共通过 20 个周期取得极限环。

（1）数值方法的进一步验证。

研究首先要对此数值方法是否适用于研究外形做进一步的验证，验证是通

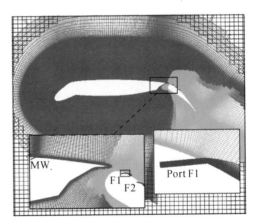

图 6-156　Khodadoust 等数值模拟的网格示意图

过无 AFC 控制的实验和计算结果作对比完成的，对比的 $Ma=0.1$，$Re=1.6\times10^6\sim9\times10^6$。$9\times10^6$ 的 Re 数已接近全尺度的飞行 Re 数。图 6-157 给出了不同 Re 数下计算的 C_L 随 α 变化结果与实验数据的比较，由图可见，总体上两者的吻合程度随 Re 数的增加而更好，线性段吻合很好，虽然在 C_{Lmax} 附近存在着明显的差异，这主要是实验和计算各自描述流动都有缺陷造成的，实验中在接近 C_{Lmax} 时很难控制风洞侧壁的边界

层,而使实验机翼上三维效应很严重,数值模拟中又由于湍流模型等多种原因使计算很难模拟 C_{Lmax} 附近带有分离的流动。从计算的流动速度型分布和变化进一步证实了线性段的 Re 数效应[110]。验证结果表明此数值方法适用于研究外形。

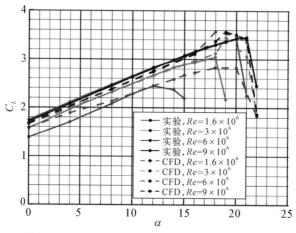

图 6-157　不同 Re 数时计算与实验结果的比较

(2) 高 Re 数下研究主动控制作用的数值与实验结果的对比。

对比比较的 $Ma = 0.1$, $Re = 9.0 \times 10^6$。

(a) 常态吸/吹气的比较。

图 6-158 给出了吸气动量系数 $C_\mu = 0.0002$ 和 $C_\mu = 0.0009$ 时 $C_L(\alpha)$ 的计算结果与实验数据的比较,可见在线性段两者吻合很好,仅在大吸气、大迎角状态下呈现出较大的差异。由于实验中没有对定常吸 / 吹气流动作速度型等的仔细测量,无法进行深入的对比分析。计算研究中曾对不同吸气强度试算,使在迎角 $\alpha = 8°$ 时计算与实验结果完全一致,然后使用此 $C_\mu = 0.0045$ 对整个升力线范围作计算,计算结果示于图 6-159,为了比较,图中还给出了 $C_\mu = 0.0009$ 的定态吹气的结果。由图可见,吹气的结果,甚至在大迎角状态,也与实验数据吻合得很好。

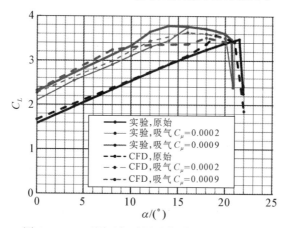

图 6-158　不同吸气动量系数对 C_L 影响的比较

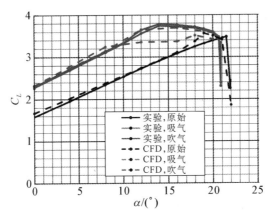

图 6 - 159　吸/吹气时升力值的比较，$Re = 9.0 \times 10^6$

　　在整个升力曲线范围内可得吸/吹气影响相似的升力增量值，只是在同样升力增量值时吸气所需 C_μ 比吹气的小得多。图 6 - 160 给出了迎角 $\alpha = 8°$ 时不同吸/吹气 C_μ 下升力增量值的比较，不同吸气 C_μ 下升力增量的计算与实验值吻合很好，计算与实验的结果都表明，只要很小的吸气 C_μ 就可获得相当的升力增量。图 6 - 161 表示了迎角 $\alpha = 8°$ 时吸/吹气改善无控制流动时流动分离的状况，由图可见，由于吸/吹气的作用有效地改善了襟翼上原始分离气泡的大小，在吸气状态时基本上消除了回流区的存在，增大了环量和提供了高的升力。

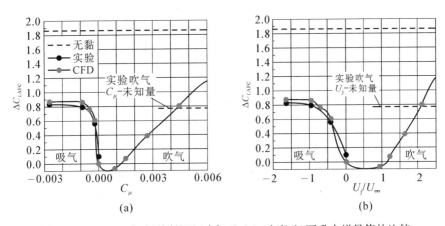

图 6 - 160　$\alpha = 8°$ 时不同的吸/吹气 C_μ(a)、速度(b)下升力增量值的比较

　　(b) 非定常激振的比较。

　　图 6 - 162 为计算和实验中在各翼段非定常激振所用的波形，在前缘采用正弦波，在主翼和襟翼处采用阶跃函数波。图 6 - 163 表示了一组襟翼处应用非定常激振控制的 C_L 随迎角 α 的变化，便于比较，同时给出了未控状态与定态吸气(上节)的结果。总体上数值计算与实验结果吻合得很好，虽然在 C_{Lmax} 附近的升力值和失速

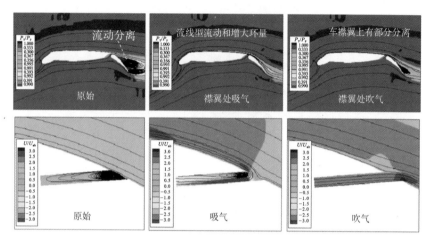

图 6-161　应用吸/吹气的计算流线图（$\Delta C_{LAFC} \approx 0.79$）

迎角都还存在一些小差异。图 6-164 给出了 $\alpha = 8°$ 和 $\alpha = 16°$ 时的压强分布比较。图 6-165 和图 6-166 分别给出了 $\alpha = 8°$ 和 $\alpha = 16°$ 时计算的总压线比较。由图可知，当 $\alpha = 8°$ 时非定常控制适当地改善了基本翼的分离流状况，增大的环量使 ΔC_L 约为 0.4，而在 $\alpha = 16°$ 时（C_{Lmax}附近）主动控制使襟翼上表面保持附着流，基本翼上的分离气泡变成离体的小分离泡。图 6-167 给出了 F1 和 F1+LE+MW 的 AFC 使升力性能改善的对比曲线。由图可知，襟翼上的激振起主要作用，而前缘处或主翼后缘处的激振对总体流动或襟翼上的分离气泡都没有给出重要的影响。同时无论风洞实验或数值模拟都说明了在飞行 Re 数（$Re = 9 \times 10^6$）条件下主动流动控制是有效的。但很遗憾，风洞实验与数值模拟得到的 Re 数对流动控制的影响是相反的（见图 6-168），由于实验数据有限，无法分析其原因并系统地估算尺度因子的影响。

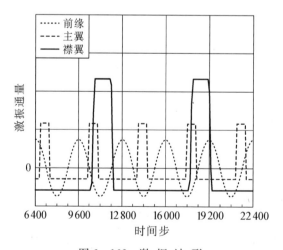

图 6-162　激　振　波　形

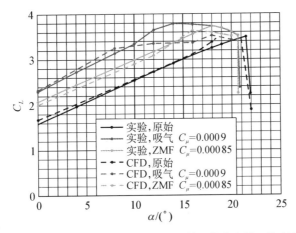

图 6-163　应用定态/非定常控制与原始翼型的升力随 α 的变化曲线

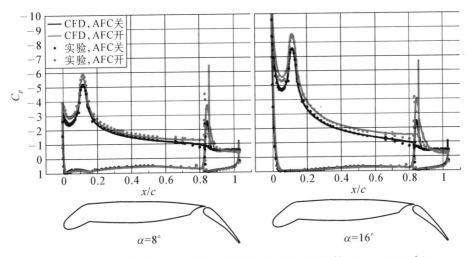

图 6-164　襟翼处非定常激振的时间平均压强分布的比较（$Re = 9 \times 10^6$）

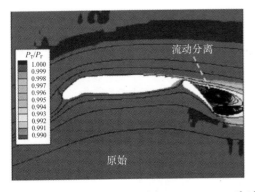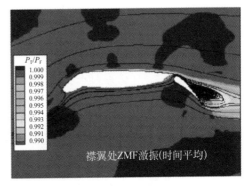

图 6-165　$\alpha = 8°$ 时计算的总压流场比较

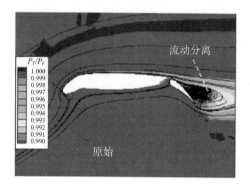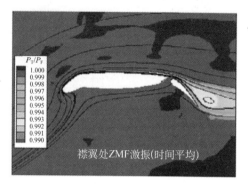

图 6 - 166　$\alpha = 16°$ 时计算的总压流场比较

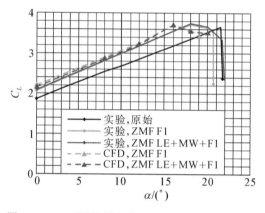

图 6 - 167　不同控制点的 AFC 对升力性能的影响

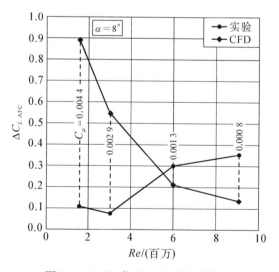

图 6 - 168　Re 数对 AFC 的增升影响

3) 波音对现代多段翼型多点激振的研究

Shmilovich 和 Yadlin 利用数值模拟方法对目前常用的多段翼型研究了多点控制能否提高增升效果的问题[112,113]。他们首先利用 Kiedaisch 等的实验结果[96]对拟采用的数值模拟方法作了验证[112]，得到肯定的结论后，再分别对 MD80 的三段缝翼多段翼型和带有 Krueger 前缘缝翼及超临界翼型的多段翼型做了多点主动控制的研究。

(1) 数值方法的验证。

数值方法是采用 NASA 的重叠网格 OVERFLOW 流场解算器，并改进了时间相关边界条件的处理，使解算器可以模拟由激振器引起的流场控制。激振状态用调节质量流率、喷口面积、驻点压强和温度等改变喷口速度来实现。非定常激振可以具有正弦或阶跃函数等不同的波形（指喷流速度与时间的函数关系），可用一阶或二阶导数连续的解析函数定义，喷流以一定的频率沿喷口轴向给出。

计算中使用二阶迎风差分格式和 S - A 湍流模型进行二阶时间精度的计算，每激振周期中采用 800 个时间步长，通过近 50 个激振周期可获得极限环收敛。

计算验证使用的模型就是 Kiedaisch 等[96]实验所用的低头前缘和简单襟翼模型（见 6.7.4 节）。图 6 - 169 为计算模型和计算网格的示意图。图 6 - 170 给出了 $Ma = 0.09$，$\alpha = 11°$，基于弦长的 $Re = 7.5 \times 10^5$ 和 $\delta_f = 25°$ 的计算结果。计算中在经过 3000 个时间步的定态流场解后再加上频率为 217 Hz 和 $C_\mu = 0.03$（喷流速度相当于 2.5 倍自由流速度）的控制信号，图中小图表示在襟翼肩部激振的波形，极限环是在计算了 40 个激振周期后获得的，这时的短时间尺度流场示于图 6 - 171，为了比较，图中还附了无控制时的流场。由图可知，从时间平均意义来说，激振的流动控制对控制流动附体很有效。图 6 - 172 表示了偏转角更大（$\delta_f = 40°$）时所对应的瞬时流态，可见控制也是很有效的。图 6 - 173 表示了 $\delta_f = 40°$ 时时间平均 $C_L(\alpha)$ 的计算值和实验值的比较，可见在线性段范围内两者吻合得很好，只是在 C_{Lmax} 附近两者相差较大，正如以前解释过的，这是两者都有局限性而引起的。验证结果表明，这种计算方法对低头前缘和简单襟翼的外形做主动控制研究是可行的。图 6 - 174 为单点主动控制的 $C_L(\alpha)$ 曲线，为了显示其增大升力的潜能，图中还给出无黏流的结果（反映升力增量的理想最大值）。

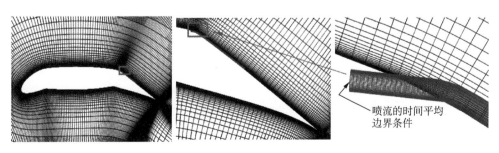

喷流的时间平均
边界条件

图 6 - 169　计算模型和网格示意图

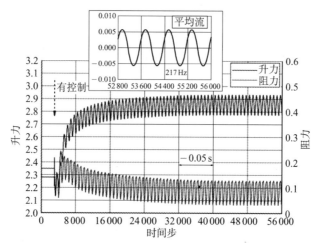

图 6 - 170　$\alpha = 11°$，$\delta_f = 25°$ 时升力和阻力的时间发展结果

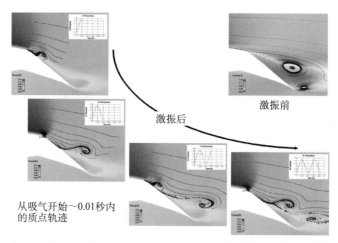

图 6 - 171　$\alpha = 11°$，$\delta_f = 25°$ 极限环获得后的短时间尺度的流场

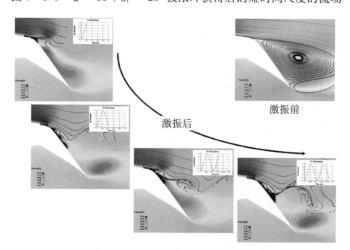

图 6 - 172　$\delta_f = 40°$ 时的瞬时流态图

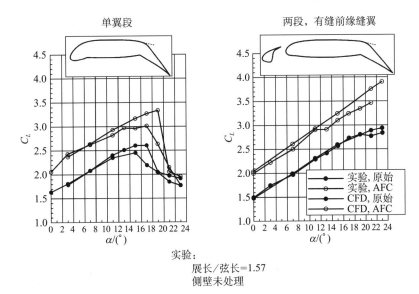

图 6 - 173　$\delta_f = 40°$ 时基本型和带主动控制计算和实验结果的比较

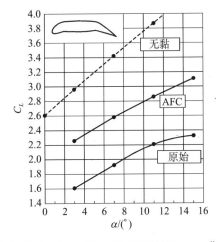

图 6 - 174　$\delta_f = 25°$ 时单点控制的 C_L - α 曲线

（2）简单襟翼的多点控制。

为了探索多点控制对流动升力性能改进的潜能,文献[112]对多个不同控制点位置做了计算比较,图 6 - 175 给出了控制点的位置。图 6 - 176 为不同点上控制时的瞬时流线和相应的升力增量、基本翼和无黏流的流态图,由图可以看出不同控制点激振对流场和性能的影响,例如在位置 1 处的激振对流动控制很有效,可使半个襟翼的流动都附体,并取得 $\Delta C_L = 0.65$;位置 3 处(襟翼中点处)的激振则对流动控制的效率很低,ΔC_L 也仅取得 0.13;若 1、3 处同时激振则可非常有效地控制流动,1点控制的影响结束处正好就是 3 点处,这就提供了一个有效的动量级(串)联效应而

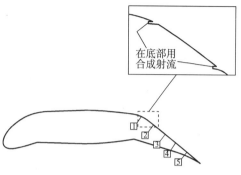

图 6-175　多点控制位置示意图

保持了很有效的流动控制,使 ΔC_L 达 1.05。图中最右一个图形是在 5 个点同时激振,且 1,3,5 点和 2,4 点的激振波形有 180°的相位差,以连续不断地将动量补充入流动中去,这时的瞬时流线图表明原存在的分离气泡已完全消失,呈现出附着流为主体的流动,多点累积的效应使相比于基本翼的升力增量达到 1.36,几乎是在 1 点单点激振升力增量的 2 倍,已非常接近无黏流的增量值 1.66

(升力增量的理想最大值)。图 6-177 表示了不同分布控制对升力、阻力和升阻比等气动力影响的分析,图中○表示各位置单点激振的结果,□和·表示不同组合激振的效果。从单点的结果看出,在襟翼的肩部区(1 点)控制流动最有效,控制点越靠近分离区,流动控制的有效性越低。组合控制的结果表明,各种组合都能有效地改进单点控制的结果。1,3 和 1,3,5 组合的控制效果分别接近于 1,2,3 和 1,2,3,4,5 组合的效果(如 1,3,5 三点控制可产生 1,2,3,4,5 五点控制的升力增量的 88%),却分别可省去一个和两个激振器。图 6-178 表示了 $\alpha = 11°$ 时,基本翼和带 5 点控制时的流线比较,可见主动控制有效地扭转了流线方向,重新构架了平均流形态,相当于即使在大襟翼偏转角下也能更好地改变翼型外形,保证了整个翼型环量的增大。

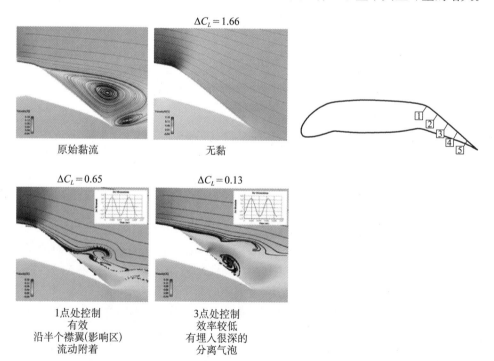

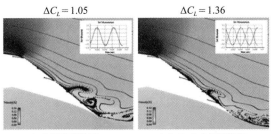

$\Delta C_L = 1.05$　　　　　　$\Delta C_L = 1.36$

1,3点同时控制　　　　　1,2,3,4,5点都控制
很有效　　　　　　　　高度有效
存在着有效的　　　　　连续地给流动
动量串联效应　　　　　补充动量

图 6 - 176　不同位置控制的瞬时流线图

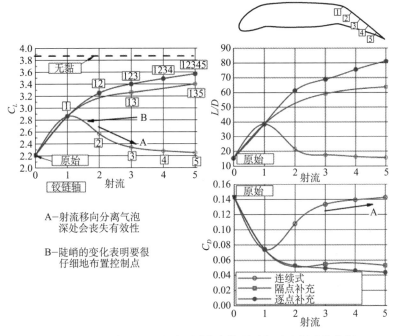

A-射流移向分离气泡
深处会丧失有效性

B-陡峭的变化表明要很
仔细地布置控制点

图 6 - 177　迎角 $\alpha = 11°$ 时不同分布控制对气动力影响的分析

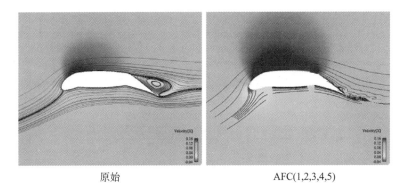

原始　　　　　　　　　AFC(1,2,3,4,5)

图 6 - 178　基本翼和 5 点控制的瞬时流线的比较

（3）现代多段翼型的多点控制。

本节将针对 MD80 的三段缝翼多段翼型和带有 Krueger 前缘缝翼及超临界翼型的三段缝翼多段翼型（见图 6-179）讨论多点控制的效应[113]。为了验证数值方法能适用于先进的超临界翼型的讨论，Shmilovich 等人对四段翼型的无主动控制的流动做了与三组实验数据的验证计算，图 6-180 表示了 $Ma = 0.1$ 和基于弦长的 $Re = 3 \times 10^6$ 时结果的比较，由图可见两者吻合很好，说明数值方法可用于先进超临界翼型的主动控制研究。

MD80 的三段翼型具有 11％ 厚度比，后缘襟翼是富勒襟翼。数值计算了 $\delta_f =$

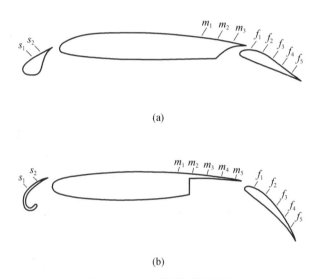

(a)

(b)

图 6-179　多段翼型的外形

(a) 常规三段翼型，起飞状态，$\delta_{flap} = 24°$ AFC(2, 3, 5)控制方案；
(b) 先进三段翼型，着陆状态，$\delta_{flap} = 50°$ AFC(2, 5, 5)控制方案

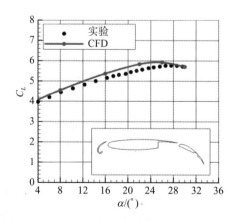

图 6-180　无主动控制的计算与实验对比比较

$13°$ 和 $\delta_f = 24°$ 的两种起飞状态和 $\delta_f = 40°$ 的着陆状态。大舵偏角时用主翼和襟翼间的小翼帮助维持襟翼的绕流为附着流。

先进超临界翼型的三段翼型由 Krueger 前缘缝翼和 35% 弦长的后缘富勒襟翼及 13% 厚度比的超临界主翼型组成,曾被广泛地做过风洞实验和优化设计,证实其为具有很高升力的增升翼型[114]。数值模拟中用一单后缘襟翼替代原双缝襟翼。

由图 6-179 还可看到数值模拟研究 AFC 所用的各控制点位置,分别由 S_{12}-m_{123}-f_{12345} 等组成。数值方法仍然是使用改进的 OVERFLOW 解算器。计算网格是重叠网格。图 6-181 为 MD80 三段翼型的计算网格示意。数值模拟中采用的非定常激振为 $20\,\text{Hz}(F^+ = 1.52)$ 的正弦脉冲,最大的喷口 $M_j = 0.242$,相邻两控制点的相位相差 $180°$。

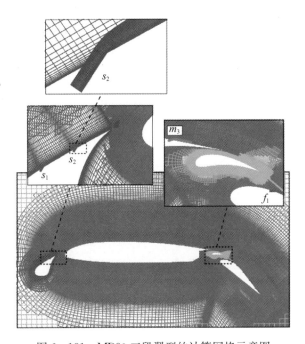

图 6-181　MD80 三段翼型的计算网格示意图

(a) MD80 三段翼型。

图 6-182 和图 6-183 分别表示了 $\delta_f = 13°$ 和 $\delta_f = 24°$ 单翼段和多翼段上多点控制的升力与基本翼(未控)升力的比较。计算 $Ma = 0.1$,基于弦长的 $Re = 3 \times 10^6$,$C_\mu = 0.015$。由 $\delta_f = 13°$ 的图 6-182 可知,这时主翼上 m_{123} 的主动控制最有效,可使 C_{Lmax} 近似达到 4.1(未控状态约为 3.5),这是因为主翼上的附加升力导致前缘缝翼上环量的增加,且主翼上尾迹的减薄减小了后缘襟翼上位移厚度的影响。这时襟翼上 f_{12345} 的主动控制也因增大了总体环量而附加地增加了升力,但在大迎角时,它比主翼上控制的影响要小。相比之下,单独使用 s_{12} 则基本上没有影响。同时使用不

同翼面上的主动控制,效果是非常显著的,如 $m_{123}-f_{12345}$ 可使在整个迎角范围内两者的升力增量线性叠加,而 $s_{12}-m_{123}-f_{12345}$ 还可使前缘缝翼的控制对推迟失速发挥重要作用,这是因为 s_{12} 使前缘缝翼的尾迹变薄,在通过主翼和后缘的逆压区时减小形成反流区的趋势,使绕后缘襟翼处的流线更贴体,产生更大的环量,从而使线性升力区的升力很接近无黏绕流值(C_{Lmax} 增加了 37% 以上)。

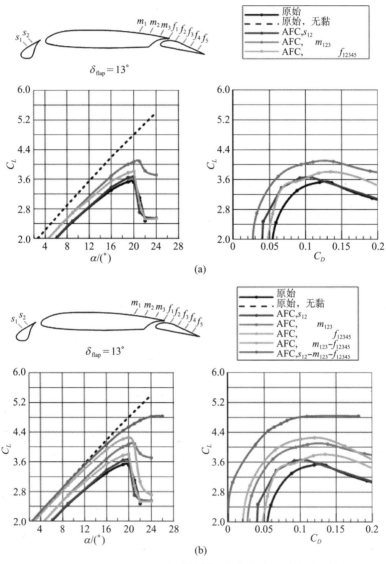

图 6-182　$\delta_{f}=13°$ 时主动控制和未控状态下升力的比较

(a) 单翼段上控制;(b) 组合控制

由图 6-183 可知,当 $\delta_{f}=24°$ 时 AFC 同样起着很好的作用。由于 δ_{f} 的增大,与 $\delta_{f}=13°$ 时 m_{123} 起主要作用不同,这时后缘襟翼处的 AFC 起着更大的作用,提供

了线性升力区内 $\Delta C_L \approx 0.25$，这表明无 AFC 时正是绕襟翼的流动影响了较大舵偏角时整个翼型的升力。$m_{123} - f_{12345}$ 同时控制的效果也与小 δ_f 时的不同，这时非线性升力得到了很大的增加（见图 6 - 183(b)），而 $s_{12} - m_{123} - f_{12345}$ 增大的作用则与小 δ_f 时雷同，增加前缘缝翼的控制不仅增大了升力也使阻力减小了 50% 左右。图 6 - 184 表示了主动控制前后总压等压线的比较。

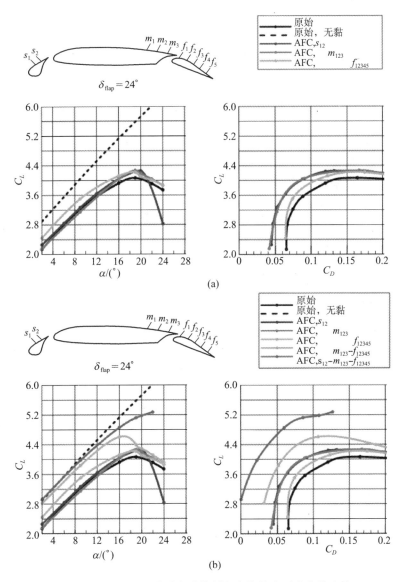

图 6 - 183　$\delta_f = 24°$ 时主动控制和未控状态下升力的比较

（a）单翼段上控制；（b）组合控制

图 6‐185 表示了着陆状态 $\delta_{\rm f} = 40°$ 时有无主动控制的升力比较。可以看出,主翼上的 AFC 很有效,明显地增大了 $C_{L{\rm max}}$,这是因为 AFC 减薄了主翼上拖出的尾迹,改善了绕后缘襟翼的流动,增大了绕流的环量。m_{123}‐ f_{12345} 则进一步加强了非线性效应。三翼面共同控制(s_{12}‐ m_{123}‐ f_{12345})可在很宽的迎角范围内有效地改善流动状况而提高升力,并特别明显地改善失速状况,完全消除了基本翼绕流中的分离气泡。图 6‐186 给出了 $\delta_{\rm f} = 40°$,$\alpha = 17°$ 时 $C_{L{\rm max}}$ 的瞬时流线。为了比较,图中也给出了无黏流的流线。

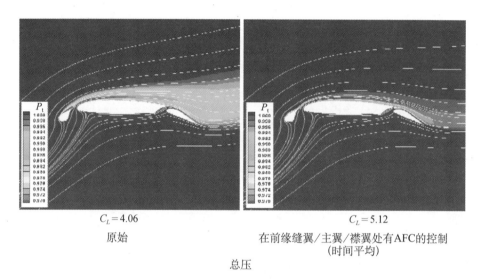

$C_L = 4.06$　　　　　　　　　　　$C_L = 5.12$

原始　　　　　　　在前缘缝翼/主翼/襟翼处有AFC的控制
　　　　　　　　　　　　　　　（时间平均）

总压

图 6‐184　　$\delta_{\rm f} = 24°$,$\alpha = 19°$ 时主动控制前后总压等压线的比较

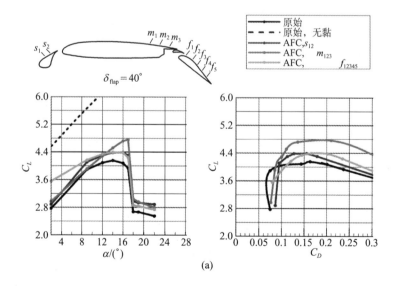

(a)

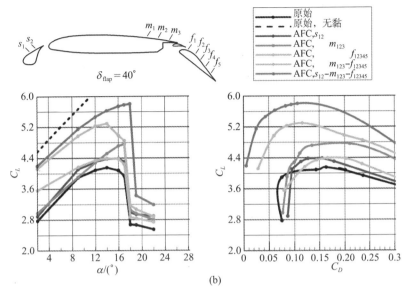

图 6 - 185　$\delta_f = 40°$ 时有无主动控制的升力比较

(a) 单个翼段上控制；(b) 组合控制

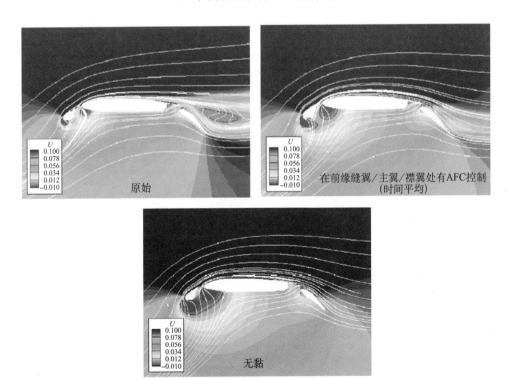

图 6 - 186　$\delta_f = 40°$，$\alpha = 17°$ 时瞬时流线的比较

绕三翼面的流动都和其上游的尾迹紧密耦合在一起,相互作用着,因此三翼面共同控制可以有效地改善流态。为了解各翼面的控制以及相互作用对升力增量的作用,总升力增量可表示为

$$\Delta C_L(s, m, f) = (C_{L_{\text{AFC-on}}} - C_{L_{\text{AFC-off}}})$$
$$= \Delta s + \Delta m + \Delta f + \Delta sf + \Delta mf + \Delta sm + \Delta smf$$

式中:s, m, f 分别表示前缘缝翼,主翼和后缘襟翼;例如 Δs 表示前缘缝翼上的控制对升力增量的贡献,Δsf 表示前缘缝翼上和后缘襟翼上共同控制的相互作用对升力增量的贡献,Δsmf 表示三个翼面上共同控制的相互作用对升力增量的贡献。图 6-187 为各翼面上的控制和相互作用对升力增量的贡献和相应的升力曲线,其中升力增量用相对于无黏流极限值的百分数表示。由图可见,在 $\delta_f = 13°$ 时 AFC 的影响大体上是线性的,例如主翼上的控制对消除襟翼上限制其性能的因素影响不大,反之亦然,各翼面控制的贡献基本上是线性独立的,虽然也存在一些非线性相互作用的影响。大襟翼偏角时 AFC 的影响则大部分是由非线性为主体的流动引起的。$\delta_f = 24°$ 时后缘襟翼上的控制在小迎角时很有效,特别在与主翼上的控制相互作用时(Δmf);接近 $C_{L\max}$ 状态时三翼面控制的相互作用则起重要作用,这意味着无 AFC 时三翼面各自存在着某些限制其性能的因素,三翼面共同控制的相互作用可以消除这些因素。在 $\delta_f = 40°$ 时,线性升力范围内升力增量的最大部分来自主翼/襟翼(m/f)的相互作用 Δmf,而在大迎角状态此相互作用的影响却消失了,各翼面单独控制的作用和三翼面共同控制的相互作用(Δsmf)变得更重要了。

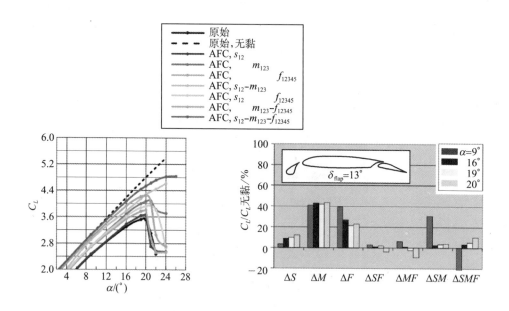

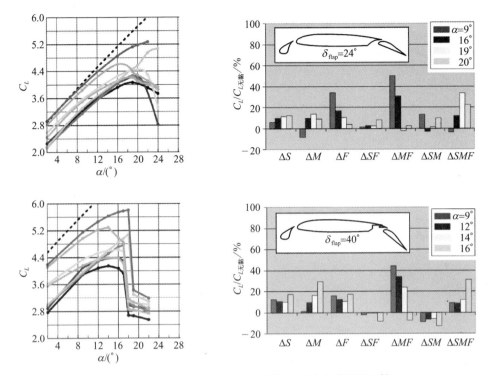

图 6-187　各翼面上控制及相互作用对升力增量的贡献

　　由于应用 AFC 和偏舵都是为了增大升力,研究它们之间的关系是很有益的。图 6-188 为有无 AFC 在不同舵偏角下的 C_L-α 曲线,由图可见,在线性升力区 AFC 的作用相当于增大舵偏角,如 $\delta_f = 13°$ 有 AFC 作用的性能相当于 $\delta_f = 24°$ 无 AFC 作用的性能,$\delta_f = 24°$ 和 $\delta_f = 40°$ 的性能也具有类似的关系,但利用 AFC 还具有减小阻力和改善失速特性的优点。

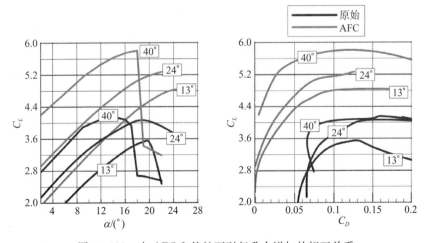

图 6-188　由 AFC 和偏舵而引起升力增加的相互关系

（b）先进的超临界翼型。

AFC 对超临界翼型同样起到上述对 MD80 翼型类似的显著效果。图 6‐189～图 6‐191 分别表示了襟翼偏角 $\delta_f = 50°$ 和 AFC 在 $(2，5，5)$ 作用点工作时的升力、升阻极曲线，各控制点及相互作用对升力增量的贡献曲线，以及 $\alpha = 22°$ 时有无 AFC 的总压等压线。$\delta_f = 50°$ 相当于着陆状态，由于舵偏角很大，无 AFC 时襟翼上大面积分离显然是限制襟翼性能的主要因素，因此应用 AFC 时，Δf 是最有效的，特别在线性升力区。而在大迎角时，多翼面控制的相互作用起到了更大的作用（如图 6‐190 所示的 Δsf 和 Δsmf）。

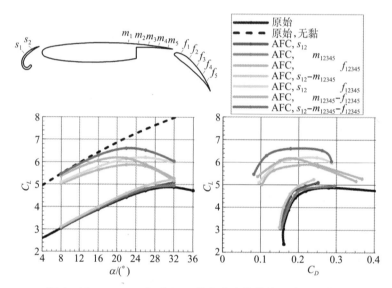

图 6‐189　$\delta_f = 50°$ 时 AFC 提高升力的曲线和升阻极曲线

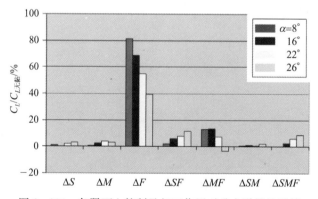

图 6‐190　各翼面上控制及相互作用对升力增量的贡献

（c）AFC 的实际应用。

由上述可见，AFC 提高升力的潜能是很大的，但正如 6.7.3 节中所分析的，AFC 的实际应用涉及多个学科，会使上述气动力净收益的一半以上被抵消掉。为

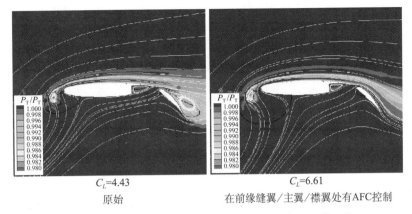

$C_L=4.43$ 　　　　　　　　　　　$C_L=6.61$

原始　　　　　　　在前缘缝翼/主翼/襟翼处有AFC控制

图 6-191　$\delta_f = 50°$, $\alpha = 22°$ 时有无 AFC 的总压等压线

此,应在保持尽可能大的收益同时,尽可能减少控制点个数。图 6-192 表示了 MD80 三段翼型的 $s_{12}-m_{23}-f_{45}$ 的 6 点控制和原有 10 点控制收益的比较。可以看出,在舵偏角较小时两者差异较小,大舵偏角时差异有所增大。图 6-193 表示了先进翼型的 $s_2-m_2-f_{24}$ 的 4 点控制与原来 12 点控制的收益比较。可以看到,在线性升力区 4 点控制可获得 12 点控制的 70% 升力增量的水平。这些结果表明采用较少的控制点(较少的输入能量),适当调整喷流强度、频率、相位角等手段也可以获得所需的升力增量。

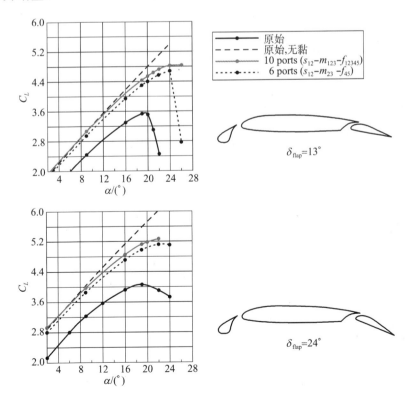

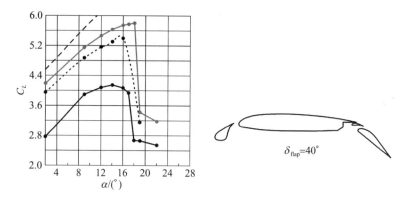

图 6-192　不同控制点数升力增量的比较（MD80 翼型）

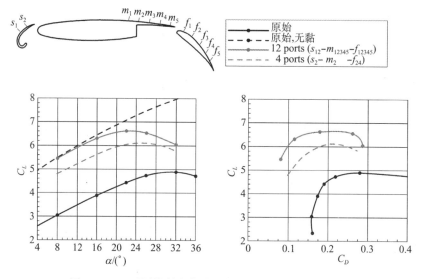

图 6-193　不同控制点数升力增量的比较（超临界翼型）

人们从多段翼型多点控制的研究得到的启示包括：后缘襟翼小偏角时，主翼型后缘上的控制最有效，大偏角时，后缘襟翼处的控制则更为有效，两者共同使用会使升力增量大为增加，延迟失速迎角；单独前缘缝翼处的控制效果不明显，但与主翼型和后缘襟翼处的控制联合使用则效果明显，升力增量会更大；共同控制的相互作用加强流动的非线性效应，会在很宽的迎角范围内有效地改善流动状况，提高升力；恰当地布置控制位置，可以使用较少的控制点获得所需的升力增量。总之，多翼面的主动控制在增大升力，减小阻力上有很大的潜能。

6.7.6　小结

本节讨论了可望用于高升力系统分离流动的主动流动控制技术之一——非定常激振。此技术对于提高升力和控制流动分离有着很好的前景，但目前尚未能实际应用。Mclean 等的初步评估(6.7.3 节)已过去 10 余年,其间也获得了很多研究成果,特别是 ADVINT 项目所获得的成果是鼓舞人心的,其母项目 MAFC 后续研究第三阶段(Phase Ⅲ)中的 XV-15 的全尺寸模型验证实验,完成了离地悬停飞行试验,是 AFC 的第一次全尺寸应用。试验结果表明,AFC 系统的应用可以增加 150 lb 的商载,其机翼上的流动实现了再附(见图 6-194)[115]。但此项技术距离实际应用(尤其在民航机上)仍有相当的距离。

图 6-194　飞行试验中 MAFC 使 XV-15 机翼上的流动再附

6.7.3 节中所指出需要研究的课题仍是今后努力的方向,即:性能数据的积累与扩大,特别大舵偏角下的空气动力数据;性能好、成本低、价格可接受、尺寸小的激振器与控制系统;CFD 方法的研究和应用;CFD 和风洞实验专家共同工作,提高CFD 和实验模拟真实流动的准确度,研制更可靠的分析和设计工具;MEMS 的应用等。只有在这些研究获得进一步成果的基础上,才能说 AFC 技术成熟到可以应用的程度。文献[115]也提出了类似的意见。

应用何种 CFD 方法可以更好地计算有 AFC 的流动,目前尚无明确和肯定的意见。2004 年在美国 Williamsburg 举行过一次合成射流和湍流分离控制的 CFD 验证专题研讨会(CFD-VAL 2004),会议要求参会者不限方法对 3 个标准算例:射入静止空气中的合成射流,射入湍流边界层的横向合成射流,无控、定态吸气和振动控制的绕鼓包流动等提交计算和实验的验证对比。会上提交的方法包括 RANS,URANS, LES 和 DNS 等。由于不限方法和网格,因而计算结果差异很大,且都只是定性地与实验结果相符,没有一种方法超越其他方法。换言之,目前的 CFD 方法无法准确地计算这些流动。与会者多数使用 URANS(非定常 N-S 方程方法)计算非定常流动,使用 RANS 计算定常流动,所用的湍流模型多种多样。大多采用时间和空间的二阶精度方法,也有使用更高阶方法的,但并未显示出优越性。少数使用RANS-LES 混合方法,或 LES 方法,或 DNS 方法的也未显示出明显的优越性,尽管这些先进计算方法将代表着 CFD 方法的未来。会议指出,非定常流动控制不仅对 CFD,对实验测量也都是很大的挑战,如为了给出适用于多种计算方法的边界条件,要求实验能提供喷口附近流场变量详尽的数据等。

文献[116]综述了会议的结果,这里不再赘述。

非定常激振的主动流动控制仅仅是流动控制的一种方法,它比经典的、相对成熟的定常吸/吹气方法要求的动量系数小一个量级以上,因而要求的输入能量也小得多,有利于尽早实现工程应用。其他先进的主动控制方法,如等离子体技术等,研究结果相对更少,距离工程应用则更为遥远。

被动流动控制,如涡流发生器,则已是较为成熟的一种技术,已在民机中得到应用[1]。被动控制可以改善某一确定设计状态的流动条件,实现设计者的意图,但会影响其他飞行状态。为此人们提出了一种可埋入边界层的微涡发生器,可减小对非设计状态流动的影响。文献[117]很好地综述了微涡发生器对边界层分离实行流动控制的研究成果。

6.8　高效巡航短距起降(cruise efficient short take-off and landing, CESTOL)飞机的概念

要设计一架民机,使其在起降过程中噪声很小,并具有足够的起飞/着陆和高效的巡航性能,对设计者是一个巨大的挑战。从目前看,只可能是通过运用发动机/机体(PAI)设计技术(见 8.2 节)作出适当折中才能达到。

NASA 的 ERA(Environment Responsible Aviation)项目目的之一是推动设计出油耗小、排污少、噪声低且短距起降支线飞机所需的研究和技术发展。争取在2020 年(～N＋2 代)左右使机体设计、发动机、飞机系统综合等技术达到 4～6 级的技术成熟度(technology readiness level, TRL)。为达到这一目的,在亚声速固定翼项目 NRA(NASA Research Announcement)中拟对采用先进的 PAI 技术形成的CESTOL 概念飞机进行大尺寸风洞实验,改进相关数值计算软件,并用风洞实验数据来验证计算软件。

这里所用的 PAI 技术为:以发动机装于机翼上方(over the wing, OTW)的结构代替动力增升的上表面吹气 USB(upper surface blowing)(例如 YC - 14)结构和机翼下 UTW(under the wing)(例如 YC - 17)结构(见图 6 - 195)。

(a)　　　　　　　　　　　　　(b)

图 6 - 195　两种动力增升装置概念

(a) UTW; (b) USB

　　发动机短舱与机翼表面脱离,置于其上,有助于降低巡航阻力,避免高速喷流直接扫掠机翼表面(如 USB)产生的噪声,且机翼还可屏蔽发动机喷流的噪声;但喷流越贴近机翼表面,动力增升效应的效率越高,因此 OTW 也有其不足之处。折中的方法是将 OTW 和某种偏转器相结合,用偏转器调节喷流相对于机翼的流向,使飞机在起降状态下获得所需的更大升力。环量控制机翼(CCW)即可起到这样的作用。

　　NASA 的研究者们正通过 NRA 项目研究将这种 OTW/CCW 相结合的概念应用于可作为 100 座支线飞机的混合翼/身融合体(hybrid blending wing-body, HWB)低噪声 CESTOL[118, 119] 的设计中去。

　　这种 CESTOL 有如下特性:

　　(1) 起飞和着陆距离均小于 2 000 ft。

　　(2) 巡航 $Ma \geqslant 0.8$。

　　(3) 航程为 $1\,400 \sim 2\,000$ mile(1 mile $= 1.609\,34$ km)。

　　(4) 更小的噪声足迹。

　　(5) 一定的低速机动性。

6.8.1　小尺寸模型的风洞实验

　　由 GTRI(Georgia Technicle Research Institute)与 NASA 合作完成了两项任务。第一项为研究一种既能提高升力,又可控制阻力,保持巡航效率的 CC(环量控制)翼型。翼型的低速实验在 GTRI 的 MTF 风洞和 NASA 的 BART 风洞中进行[120, 121] (见 8.2.1)。实验结果揭示了环量控制中分离控制和超环量控制的流动机理,证明了前缘处吹气可控制前缘分离,采用环量控制在 $\alpha = 0°$ 时升力系数可达到 8,而阻力的增减取决于吹气量的变化,证实了缝道高度和压强比为重要的控制参数[122]。

　　在低速实验的基础上,他们还正进行着高效巡航亚跨声速固定翼飞机跨声速翼型的吹气实验研究,利用吹气降低巡航阻力,提高巡航升阻比 $L/D_{平衡}$。图 6 - 196 为该翼型的外形示意图,它带有一个短弦长、上表面双曲率、下底较平的简单襟翼;在 0°襟翼角时后缘是尖锐的;起飞时襟翼处于中间偏角($\delta_f = 20° \sim 30°$);着陆时 $\delta_f = 90°$,可使气流偏转 130°~135°而产生很大的升力和阻力。将在位于 GTRI 内的洛马公司可压缩流风洞(CFWT)中对此跨声速翼型测定不同 Ma,不同吹气系数时其阻力减小,升力增大,力矩控制等能力。

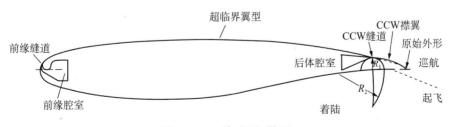

图 6 - 196　跨声速翼型

第二项任务为对 OTW/CCW 模型在 GTRI 的 MTF 风洞和声学飞行模拟器中分别做气动和声学实验,测定推力系数 C_T,吹气动量系数 C_μ,襟翼偏角,吹气缝隙高度,迎角,Re 数等参数对性能的影响,为将来三维大模型高 Re 数实验[123] 提供参考。图 6-197 是 CCW/OTW 模型在 MTF 风洞中的照片。图 6-198 是为偏转发动机喷流方向在喷口安装的偏转帽沿照片。表 6-18 列出了实验参数的变化。图 6-199 给出了模型 A 在不同 C_T 和 C_μ 下的升力曲线,可见 C_T 的增加虽提高了升力线斜率,但 C_μ 增大(没有前缘控制时)大大降低了失速迎角,表明这样的发动机位置对 STOL 并不十分有效。将发动机位置前移,使其喷口位于 $x/c = 0.03$,$z/D = 0.37$,遂步得到模型 B。图 6-200 为模型 B 的外形。图 6-201 为模型 B 同样在无前缘装置时,升力系数随 C_T 和 C_μ 的变化。与图 6-199 对比,可见模型 B 在同样的 C_μ(0.0 或 0.5)下大大增大了失速迎角和 $C_{L\max}$,这显然是由于在机翼前缘附近发动机喷流的掺混阻止了前缘的分离所致。

图 6-197　在 MTF 风洞中的 CCW/OTW 模型

图 6-198　可偏转喷流方向的帽沿(15°)

表 6-18　CCW/OTW 模型实验参数的变化

外形编号	$\delta_{flap}/(°)$	$\delta_{LE}/(°)$	x/c,喷口	x_{TE}/D	z/D,喷口	$\delta_{hood}/(°)$	h_{CCW}/in	实验序数
A	0	0	0.75	1.3538	0.23	Off	0.02	11~54
B			0.03	5.2529	0.37	Off		55~75
C			"	"	"	15		76~91
D			"	"	"	30		92~108
E			"	"	1.2	Off		109~121
F			"	"	"	30		122~134
G			0.75	1.3538	"	Off		135~147
H			"	"	"	30		148~160
I			0.25	4.0615	1.2	Off		161~164
J			"	"	"	30		165~171
K			"	"	0.31	Off		172~178
L			"	"	"	30		179~189
M	90	0	0.25	4.0615	0.31	30		190~205
N		60	0.25	4.0615	0.31	30		206~215
O			"	"	"	Off		216~222
P			0.03	5.2529	0.37	Off		223~233
Q			"	"	"	30		234~243
R			0.75	1.3538	0.23,	Off		244~255
S			"	"	"	30		256~265
T			"	"	1.2	Off		266~277
U			"	"	1.2	30		278~287
V			0.25	4.0615	1.2	Off		288~300
W			"	"	1.2	30		301~310
X			0.03	5.2529	1.2	Off		334~343
Y			"	"	1.2	15		324~333
Z			"	"	1.2	30		314~323
AA		"	"	"	0.7	Off		356~365
BB		"	"	"	0.7	30		346~355
CC			0.03	5.2529	0.7	Off	0.01	367~376
DD		"	"	"	0.7	15		377~386
EE			0.03	5.2529	0.7	30		387~403
FF			0.25	4.0615	0.7	30		404~415
GG			0.75	1.3538	0.7	30		416~427
HH	30	60	0.75	1.3538	0.7	30		431~436
II	30	60	0.25	4.0615	0.58	30	0.01	437~446
JJ	30	60	0.03	5.2529	0.7	30	0.01	447~452
KK	30	60	0.25	4.0615	0.58	15	0.01	453~462

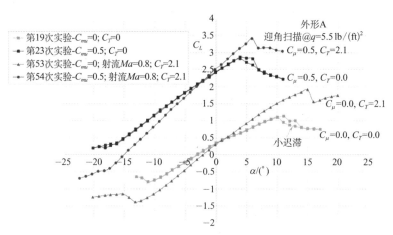

图 6 - 199　模型 A 的升力系数随 C_T 和 C_μ 的变化

图 6 - 200　模型 B 外形

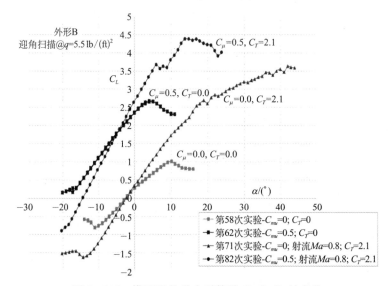

图 6 - 201　模型 B 的升力系数随 C_T 和 C_μ 的变化

1）从着陆状态构形的实验可知[124]

（1）当 CCW 的 $\delta_{flap} = 90°$ 时，由于更多的发动机推力掺混，得到了更大的升力和阻力，如 $\alpha = 0°$ 时 C_L 可达 $7 \sim 8$（见图 6-202）。

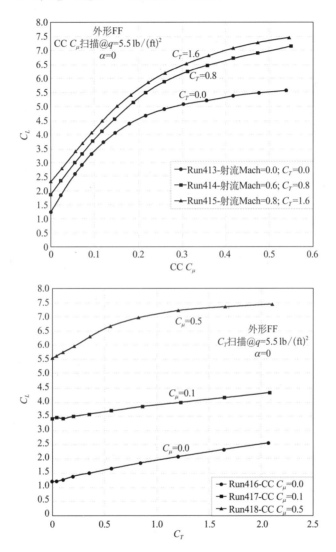

图 6-202　EF 构形——发动机 $x/c = 0.25$，$z/D = 0.7$，$h = 0.01$，$\alpha = 0°$，
$\delta_f = 90°$，偏流帽沿 30°，前缘襟翼 60° 时升力随 C_T 和 C_μ 的变化

（2）Krueger 襟翼在 $\delta_{LE} = 60°$ 时能防止高升力时前缘分离。

（3）发动机喷口帽沿可使更多喷流偏转而指向后缘。

（4）发动机喷口位于更靠近机翼前缘处，可使喷流覆盖机翼上表面更大部分。

2）从噪声实验可知

（1）机翼屏蔽喷流噪声的能力取决于机翼弦长，因为该噪声的峰值位于喷口下游 5～7 倍喷口直径(D)处。图 6-203 和图 6-204 分别表示了喷口位置对远场噪声声压水平(SPL)随频率变化和辐射的远场噪声总体声压水平($OASPL$)随极角变化的影响。可以看出,喷口距后缘的距离 x/D 对噪声的影响很大,而喷口离机翼表面的距离 z/D 的影响并不明显。总体来说,离开机翼上表面至少 $0.5D$,尽可能向前布置发动机可获得更小的远场噪声。

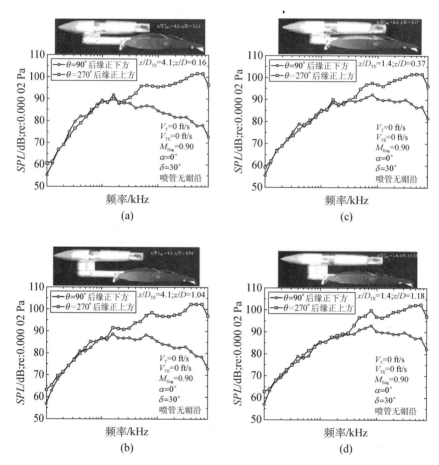

图 6-203　喷口位置对远场噪声的影响,风洞中气流速度 $v_T = 0\,\text{ft/s}$,后缘缝道处喷流速度 $v_{TE} = 0\,\text{ft/s}$,发动机 Ma 数 $Ma_{\text{Eng.}} = 0.9$

(a) $x/D = 4.1$, $z/D = 0.16$; (b) $x/D = 4.1$, $z/D = 1.04$;
(c) $x/D = 1.4$, $z/D = 0.37$; (d) $x/D = 1.4$, $z/D = 1.18$

(2) 喷流"擦洗"机翼表面会产生噪声。

气动实验表明,喷口离机翼前缘更近,离上表面更近可得到更好的升力性能;而噪声实验表明,喷口至少应离上表面 $0.5D$ 才可使远场噪声更小(使"擦洗"噪声更小),因此需充分利用气动/噪声的实验数据进行折衷,才能得到所要求的气动性能和噪声性能。

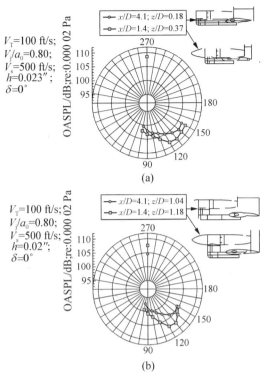

图 6-204　辐射的远场噪声沿极角的变化，$v_T = 100\,\text{ft/s}$，$v_{TE} = 500\,\text{ft/s}$

(a) 喷口离机翼表面更近；(b) 喷口离机翼表面更远

6.8.2　大尺寸模型的风洞实验

在 NRA 项目支持下，Cal Poly 的 Marshall 等承担了研究将 CC 技术应用于飞机设计，设计并制作一个大尺寸风洞模型，进行风洞实验，建立可供验证 CFD 的实验数据库等任务。这是一个三年两阶段的任务。

在第一阶段(第一年)要利用 CFD 对所提供的候选外形进行计算，从中确定一个供第二阶段研究的外形[125]。两个候选外形分别为翼身融合体(BWB)，如 X-48B (见图 6-205)和混合翼身融合体(HWB)(见图 6-206)。这两个外形是由其他研究团队根据适用于 100 座 CESTOL 的 N+2 支线飞机的要求研究了 4 个外形而选出的。该 BWB 外形的两台发动机装于翼根处，通过大展弦比的 2D 喷管排出喷流。HWB 最先由 David Hall 公司提出，是在上翼面装有两台发动机，融合了 CC 和 OTW 技术的 HWB 外形。

对候选外形在巡航状态($Ma = 0.8$)和起飞状态($Ma = 0.2$，$\alpha = 0°$，$\delta_f = 30°$)下用 CFD 工具做的气动性能计算结果示于表 6-19。表中还给出了 DH 的工程师们设计时的数据。由表可知，在巡航和起飞两个状态下，HWB 的性能都优于 BWB 的，其 L/D 值几乎为 BWB 的 3 倍(起飞时为 2.84 倍，巡航时为 2.75 倍)。显然应将 HWB 确定为第二阶段进一步研究的外形。

图 6 - 205　翼身融合体 BWB

图 6 - 206　混合翼身融合体 HWB

表 6 - 19　候选外形在起飞和巡航状态下气动性能的比较

	起飞					
	CFD 结果			设计时的数据		
	C_L	C_D	L/D	C_L	C_D	L/D
HWB	1.09	0.132	8.24	1.97	0.287	6.86
BWB	2.03	0.70	2.90	3.21	0.643	4.99
	巡航					
HWB	0.237	0.015	15.89	0.191	0.019	10.16
BWB	0.41	0.07	5.78	0.121	0.015	8.35

　　第二阶段(后两年)要设计、制造供风洞实验用的 1/3 比例的 CESTOL 飞机模型(AMELIA),要求达到 N+2 代规定的噪声目标,即降低噪声 52 dB 和减少油耗25%。图 6 - 207 为模型的三视图,实验模型的展长为 10 ft,将提供可偏转 0°,30°,60°和 80°的 CC 双曲率襟翼,还包括前、后缘的吹气腔室,一个高压系统和一个低压系统,可装拆的尾翼和涡扇发动机模拟器等。图 6 - 208 给出了 AMELIA 内部与外部的结构图。AMELIA 将在允许同时进行气动和噪声测定实验,并有高压系统可运行发动机模拟器的美国国家全尺寸(40 ft×80 ft)实验平台(NFAC)中实验。图

6-209给出了 AMELIA 在 NFAC 中的前视图和轴视图。图 6-210 表示了测量远场噪声的扬声器与模型的相对位置，包括流向 6 个，侧向 1 个固定扬声器和 1 组大型的(70 个)阵列扬声器。风洞实验计划于 2011 年 5 月开始，项目尚在进行中，我们期待着运用 PAI 的概念，能对常规高升力系统的性能有所突破，以实现未来民机的需求。

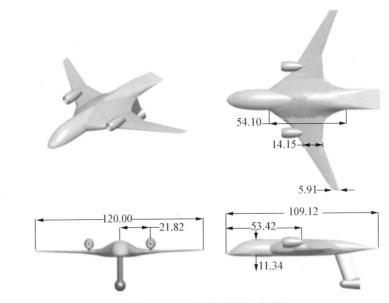

图 6-207　实验模型的三视图

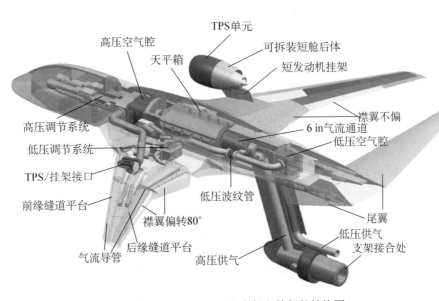

图 6-208　AMELIA 内部和外部的结构图

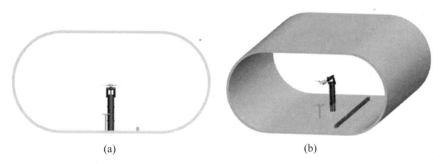

(a)　　　　　　　　　　　　　　　(b)

图 6‑209　AMELIA 在 NFAC 中的前视图和轴视图

(a) 前视图；(b) 轴侧图

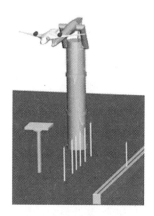

图 6‑210　风洞中的扬声器的位置

参考文献

［1］　朱自强，陈迎春，王晓璐，等. 现代飞机的空气动力设计［M］. 北京：国防工业出版社，2011.

［2］　Meredith P. Viscous phenomena affecting high-lift systems and suggestions for future CFD development［R］. AGARD‑CP‑315,1993.

［3］　Johnson F T, Tinoco E N, Yu N J. Thirty years of development and application of CFD at Boeing commercial airplanes, Seattle［R］. AIAA 2003‑3439,2003.

［4］　Nield B N. An overview of the Boeing 777 high lift aerodynamic design［J］. Aeronautical Journal, 11:361‑371,1995.

［5］　朱自强，陈迎春，吴宗成，等. 高升力系统外形的数值模拟计算［J］. 航空学报,26(3):257‑262,2005.

［6］　Rogers S E, Roth K, Cao H V, et al. Computation of viscous flow for a Boeing 777 aircraft in landing configuration［J］. Journal of Aircraft, 38(6):1060‑1068,2001.

［7］　Spalat P R, Allmaras S R. A one equation turbulence model for aerodynamic flows［R］. AIAA 92‑0439,1992.

［8］　Rogers S E, Roth K, Nash S M. Validation of computed high lift flows with significant wind-tunnel effects［J］. AIAA Journal, 39(10):1884‑1892,2001.

［9］ Slotnick J P, An M Y, Mysko S J, et al. Navier-Stokes analysis of a high wing transport high lift configuration with externally blown flaps ［R］. AIAA 2000 – 4129,2000.

［10］ Jou W H. Towards industrial strength Navier-Stokes codes-a revisit in: Frontiers of computational fluid dynamics ［M］. Singapore: World Scientific, 1998,383 – 394.

［11］ Rogers S E, Roth K, Nash S T, et al. Advanced in overset CFD processes applied to subsonic high lift aircraft ［R］. AIAA 2000 – 4216,2000.

［12］ Rogers S E, Roth K, Cao H V, et al. Computation of viscous flow for a Boeing 777 aircraft in landing configuration ［J］. Journal of Aircraft, 2001,38(6):1060 – 1068.

［13］ Rumsey C L, Long M, Stuever R A, et al. Summary of the first AIAA CFD high lift prediction workshop ［R］. AIAA – 2011 – 939,2011.

［14］ Leavitt L D, Washburn A E, Wahles R A. Overview of fundamental high-lift research for transport aircraft at NASA ［C］. CEAS Conference, 10 – 13 Sept. 2007, Berlin, Germany.

［15］ Chaffin M S, Pirzadeh S. Unstructured Navier-Stokes high-lift computations on a trapezoidal wing ［R］. AIAA – 2005 – 5084,2005.

［16］ Samareh-Abolhassani J. GirdTool: A surface modeling and grid generation tool ［C］. NASA – CP – 3291,1995.

［17］ Pirzadeh S. Structured background grids for generation of unstructured grids by advancing front methods ［R］. AIAA – 1991 – 3233,1991.

［18］ Pirzadeh S. Unstructured viscous grid generation by advancing layers method ［R］. AIAA – 1993 – 3453,1993.

［19］ Morrison J H. Statistical analysis of CFD solutions from the fourth AIAA drag prediction workshop ［R］. AIAA – 2010 – 4673,2010.

［20］ Hansen H. Overview about the European high lift research program EUROLIFT ［R］. AIAA 2004 – 767,2004.

［21］ EUROLIFT – EUROpean high lift program, Annex B: Description of work, A special targeted research project of the 6th European framework program ［R］. GRD – 2004 – 502896,2004.

［22］ Rudnik R. CFD assessment for the high lift flows in the European project EUROLIFT ［R］. AIAA 2003 – 3794,2003.

［23］ Lindblad I A A, de Cock K M J. CFD prediction of maximum lift of a 2D high lift configuration ［R］. AIAA 99 – 3180,1999.

［24］ Kroll N, Rossow C C, Schwamborn D, et al. MEGAFLOW-a numerical flow simulation tool for transport aircraft ［R］. ICAS 2002 – 1. 10. 5,2002.

［25］ Eliasson P. CFD improvements for high lift flows in the European project EUROLIFT ［R］. AIAA 2003 – 3795,2003.

［26］ Rudnik R, Geyr H F V. The European high lift project EUROLIFT II – objectives, approach, and structure ［R］. AIAA – 2007 – 4296.

［27］ Eliasson P, Catalano P, LePape M C, et al. Improved CFD predictions for high lift flows in the European project EUROLIFT II ［R］. AIAA – 2007 – 4303,2007.

［28］ Van der Burg J. Geometrical model installation and deformation effects in the European project EUROLIFT II ［R］. AIAA – 2007 – 4297,2007.

［29］ Eliasson P. Numerical validation of a half model high lift configuration in a wind tunnel

[R]. AIAA - 2007 - 262,2007.

[30] Moens F, Perraud J. Transition prediction and impact on 3D high lift wing configuration [J]. Journal of Aircraft, 2008,45(5):1554 - 1563.

[31] Perraud J, Moens F. Transport aircraft 3D high lift wing numerical transition prediction [R]. AIAA - 2007 - 264,2007.

[32] Neitzke K P, Rudnik R, Schroder A. Low speed validation tests on engine/aircraft integration within the EC project EUROLIFT II [R]. AIAA - 2005 - 3704,2005.

[33] Quix H. Low speed high lift validation tests within the EC project EUROLIFT II [R]. AIAA - 2007 - 4298,2007.

[34] Rudnik R, Germain E. Re - No scaling effects on the EUROLIFT high lift configurations [R]. AIAA - 2007 - 0752,2007.

[35] Frh H, Geyr V. CFD prediction of the maximum lift effects on realistic high lift commercial aircraft configurations within the European project EUROLIFT II [R]. AIAA - 2007 - 4299,2007.

[36] Wild J. Advanced high-lift design by numerical methods and wind tunnel verification within the European project EUROLIFT II [R]. AIAA - 2007 - 4300,2007.

[37] Krumbein A M. Automatic transition prediction and application to three-dimensional high lift configuration [J]. Journal of Aircraft, 2007,44(3):918 - 928.

[38] Toulouge T, Ponsiw J, Perraud J, et al. Automatic transition prediction for RANS computations applied to a genetic high lift wing [R] AIAA 2007 - 1086,2007.

[39] Cliquet J, Houdeville R, Arnal D. Application of laminar-turblence transition criteria in Navier-Stokes computation [R]. AIAA - 2007 - 515,2007.

[40] Shih T, Povinelli L, Liu N, et al. Turblent surface flow and wall function [R]. AIAA - 1999 - 2392,1999.

[41] Shih T, Povinelli L, Liu N, et al. Application of generalized wall function of complex turbulent flows [J]. Journal of Turbulence, 2003.

[42] Rung T, Bunge V, Schatz M, et al. Re-statement of the Spalart-Allmaras eddy-viscousity model in strain-adaptative formulation [J]. AIAA Journal, 2003,43(7).

[43] Kok J C. Resolving the dependence on the free-stream values for the k-ω turbulence model [J]. AIAA Journal, 2000,38(7):1292 - 1295.

[44] Wallin S, Johanson A V. An explicit algebraic Reynolds stress model for incompressible and compressible turbulent flows [J]. Journal of Fluid Mechanics, 2000,43:89 - 132.

[45] Hellsten A. New advanced k - ω model for high lift aerodynamics [J]. AIAA Journal, 2005,43(9):1857 - 1869.

[46] Haase W, Aupoix B, Bunge V, et al. FLOMANIA - A European initiative on flow physics modeling [M]. //Notes on Numerical Fluid Mechanics and Multidisciplinary Design, Springer, Vol. 94, 2006.

[47] Eisfelt B, Broders en O. Advanced turbulence modeling and stress analysis for the DLR - F6 configuration [R]. AIAA - 2005 - 4747,2005.

[48] Smith B R. The k - kl turbulence and wall layer model for compressible flow [R]. AIAA - 1990 - 1483,1990.

[49] Selmin V, Pelizzari E, Ghidoni A. Fully anisotropic unstructured grid generation with

application to aircraft design [R]. ECCOMAS Conference, Wessleing P, et al. TU Deflt, The Netherlands, 2006.

[50] Haines A B. Scale effects on aircraft and weapon aerodynamics [R]. AGARD Dgraph 323,1994.

[51] Haines A B. Scale effects on CLmax at high Reynolds number [A]. Proceedings of high lift and separation control [C]. University of Bath, U. K. , 28. 1 – 28. 14,1995.

[52] Woodward D S, Hardy B C, Ashill P R. Some types of scale effect in low-speed high lift flows [R]. ICAS 4. 9. 3,1988.

[53] Quest J, Wright M C N, Hansen H, et al. First measurements on an airbus high lift configuration at ETW up to flight Reynolds number [R]. AIAA 2002 – 423,2002.

[54] Payne F, Bosetti C, Gatlin G, et al. Progress in flaps down flight Reynolds number testing techniques at the NTF [R]. AIAA – 2007 – 751,2007.

[55] Payne F. Low speed wing tunnel testing facility requirements: A customer's perspective [R]. AIAA – 1999 – 306,1999.

[56] Gloss B, Bruce R. A solution to water vapor in the national transonic facility [R]. AIAA – 1989 – 152,1989.

[57] Menter F R, Langtry R B, Linkki S R, et al. A correlation based transition model using local variables [C]. //Part1-model formulation. ASME – GT – 53452,2004.

[58] Langtry R B, Menter F R, Linkki S R, et al. A correlation based transition model using local variables [C]. //Part2 – test cases and industrial applications. ASME – GT – 53454,2004.

[59] Langtry R B, Menter F R. Transition modeling for general CFD application in aeronautics [R]. AIAA – 2005 – 522,2005.

[60] Warren E S, Hassan H A. An alternative to the e^N method for determining onset transition [R]. AIAA – 1997 – 825,1997.

[61] Krumbein A M. Automatic transition prediction and application to 3D wing configuration [R]. AIAA – 2006 – 914,2006.

[62] Prandtl l. Uber Flussigkeitsbeweung bei sehr kleiner-Reibung [C]. Proceedings of the Third International Mathematics Congress. Heidelberg:484 – 491,1904.

[63] Betz A. History of boundary layer control in Germany. In: Lachmann G V edt. Boundary layer and flow control [M]. //its principles and application. Vol. 1. New York. Pergamon Press, 1961:1 – 20.

[64] Head M R. History of research on boundary layer control for low drag in U. K [M]. In: Lachmann G V edt. Boundary layer and flow control. its principles and application. Vol. 1. New York. Pergamon Press, 1961:104 – 121.

[65] Schlichting H. Boundary layer theory [M]. New York. McGraw-Hill, 1979.

[66] Attinello J S. Design and engineering features of flap blowing installations. In: Lachmann G V edt. Boundary layer and flow control. its principles and application [M]. Vol. 1. New York. Pergamon Press, 1961:463 – 515.

[67] Poisson-Quinton Ph. Researches theoriques et experimentales sur le control de couche limits [R]. The 7th Congress of Applied Mechanics, London, Sept, 1948.

[68] Poisson-Quinton Ph, Lepage L. Survey of French research on the control of boundary layer and circulation. In: Lachmann G V edt. Boundary layer and flow control. its principles and

application [M]. Vol. 1. New York. Pergamon Press, 21 - 73,1961.

[69] Collins F G, Zelenevitz J. Influence of sound upon separated flow over wings [J]. AIAA Journal, 1975,13(3):408 - 410.

[70] Nishri B. On the dominant mechanism governing active control of separation [D]. Ph. D. Thesis. Tel Aviv University, 1995.

[71] Bacher T. Alternating flow generator. Patent Pending, 1998.

[72] Hassan A A. Numerical simulations and potential applications of zero-mass jets for enhanced rotorcraft aerodynamic performance [R]. AIAA - 1998 - 211,1998.

[73] Smith B L, Glezer A. The formation and evolution of synethetic jets [J]. Physics Fluids, 1998,10(9):2289 - 2297.

[74] DARPA. Proposer information pamphlet for BAA 98 - 19:enabling technologies for micro adaptive flow control [EB/OL]. 1998 http://www/darpa. mil/tto/mafc/pip. html, accessed on 17/03/1999.

[75] Greenblatt D, Wygnanski I J. The control of flow separation by periodic excitation [J]. Progress in Aerospace Science, 2000,36:487 - 545.

[76] Nishri B, Wygnanski I J. Effects of periodic excitation on turbulent separation from a flap [J]. AIAA Journal, 1998,36(4):547 - 556.

[77] Huang L S, Maestrello L, Bryant T D. Seperation control over airfoils at high angles of attack by sound emanating from the surface [R]. AIAA - 1987 - 1261,1987.

[78] Bar-Sever A. Seperation control on an airfoil by periodic forcing [J]. AIAA Journal, 1989, 27(6):820 - 821.

[79] Hsiao F B, Liu C F, Shyu J Y. Control of wall-seperated flow by internal acoustic excitation [J]. AIAA Journal, 1990,28(8):1440 - 1446.

[80] Shepshelovich M, Koss T, Wygnanski I J, et al. Active flow control on low Re airfoils [R]. AIAA - 1989 - 538,1989.

[81] Chang R C, Hsiao F B, Shyu R N. Forcing level effects of internal acoustic excitation on the improvement of airfoil performance [J]. AIAA Journal, 1992,29(5):823 - 829.

[82] Seifert A, Bacher T, Koss T, et al. Oscillatory blowing, a tool to delay boundary layer separation [J]. AIAA Journal, 1993,31(11):2052 - 2060.

[83] Seifert A, Bacher T, Wygnanski I J, et al. Oscillatory blowing, a tool to delay boundary layer separation [R]. AIAA - 1993 - 440,1993.

[84] Seifert A, Darabi A, Nichri B, et al. The effects of forced oscillations on the performance of airfoils [R]. AIAA - 1993 - 3264,1993.

[85] Hsiao F B, Shyu R N, Chang R C. High angle of attact airfoil performance improvement by internal acoustic excitation [J]. AIAA Journal, 1994,32(3):655 - 657.

[86] Seifert A, Darabi A, Wygnanski I J. Delay of airfoil stall by periodic excitation [J]. AIAA Journal, 1996,33(4):691 - 698.

[87] Tinapp F, Stumpf E, Nitche W. Seperation control on a high-lift configuration [M]. Euromech Colloquium 361 - Active Control of Turbulence Shear Flows, Berlin, 17 - 19, Mar. 1997.

[88] Smith D, Amitay M, Kibens V, et al. Modification of lifting body aerodynamics using synthetic jet actuators [R]. AIAA - 1998 - 209,1998.

［89］ Seifert A, Pack L G. Oscillatory control of separation at high Reynolds numbers ［R］. AIAA - 1998 - 214,1998.

［90］ Seifert A, Eliahu S, Greenblatt D, et al. Use of piezoelectric actuators for airfoil separation control ［J］. AIAA Journal, 1998,36(8):1535 - 1537.

［91］ Naveh T, Seifert a, Tumin A, et al. Sweep effect on parameters governing control of separation by periodic excitation ［J］. AIAA Journal, 1998,35(3):510 - 512.

［92］ Seifert A, Pack L G. Oscillatory excitation of unsteady compressible flows over airfoil at flight Reynolds numbers ［R］. AIAA - 1999 - 925,1999.

［93］ Amitay M, Smith B L, Glezer A. Aerodynamic flow control using synthetic jet technology ［R］. AIAA - 1998 - 208,1998.

［94］ Mclean J D, Crouch J D, Stoner R C, et al. Study of the application of separation control by unsteady excitation to civil transport aircraft ［R］. NASA - CR - 209338,1999.

［95］ Simth D M, Dickey E, von Klein T. The ADVINT program ［R］. AIAA - 2006 - 2854,2006.

［96］ Kiedaisch J, Nagib H, Demanett B. Active flow control applied to high lift airfoils utilizing simple flaps ［R］. AIAA - 2006 - 2856,2006.

［97］ Nagib H, Kiedaisch J, Reinhard P, et al. Control techniques for flow with large separated regions: a new look at scaling parameters ［R］. AIAA - 2006 - 2857,2006.

［98］ Nishri B, Waygnanshi I J. Effects of periodic excitation on turbulent flow separation from a flap ［J］. AIAA Journal, 1998,36(4):547 - 556.

［99］ Seifert A, Pack L G. Oscillatory control of separation at high Reynlods numbers ［J］. AIAA Journal, 1999,37(9):1062 - 1071.

［100］ Greenblatt D, Nishri B, Darabi A, et al. Dynamic stall control by periodic excitation. Part2: Mechanisms ［J］. Journal of Aircraft, 2001,38(3):439 - 447.

［101］ Amitay M, Glezer A. The role of the actuation frequency in controlled flow reattachment over a stalled airfoil ［J］. AIAA Journal, 2002,40:209 - 216.

［102］ Greenblatt D, Waygnanshi I J. Effect of leading edge curvature on airfoil separation control ［J］. Journal of Aircraft, 2003,40(3):473 - 481.

［103］ Seifert A, Greenblatt D, Waygnanshi I J. Active separation control: An overview of Reynolds and Mach numbers effects ［J］. Aerospace Science and Technology, 2004,8: 569 - 582.

［104］ Darabi A, Waygnanshi I J. Active management of naturally separated flow over a solid surface Part2: The separation process ［J］. Journal of Fluid Mechanics, 2004, 510: 131 - 144.

［105］ Darabi A, Waygnanshi I J. Active management of naturally separated flow over a solid surface Part1: The forced reattachment process ［J］. Journal of Fluid Mechanics, 2004,510:105 - 129.

［106］ Amitay M, Washburn A E, Anders S G, et al. Active flow control on the stingray UAV: Transient behavior ［R］. AIAA - 2003 - 4001,2003.

［107］ Glezer A, Amitay M, Honohan A. Aspects of low and high frequency actuation for aerodynamic flow control ［J］. 2005, AIAA Journal, 43.

［108］ Melton L P, Yao C S, Seifert A. Application of excitation from multiple locations on a simplified high lift system ［R］. AIAA - 2004 - 2324,2004.

[109] Melton L P, Schaeffler N W, Lin J C. High lift system for a supersonic airfoil: Simplified by active flow control [R]. AIAA - 2007 - 707, 2007.

[110] Khodadoust A, Shmilovich A. High Reynolds number simulations of distributed active flow control for a high-lift system [R]. AIAA - 2007 - 4423, 2007.

[111] Khodadoust A, Washburn A. Active control of flow separation on a high-lift system with slotted flap at high Reynolds number [R]. AIAA - 2007 - 4424, 2007.

[112] Shmilovich A, Yadlin Y. Flow control for the systematic buildup of high lift systems [R]. AIAA - 2006 - 2855, 2006.

[113] Shmilovich A Yadlin Y. Active flow control for practical high-lift systems [R]. AIAA - 2007 - 3971, 2007.

[114] Stroug J C. Operating report for the wind tunnel tests of the two-dimensional supercritical high lift development model LB - 437A in the McAir low speed wing tunnel [R]. McDonnell Douglas Report - MDC - J6856, 1975.

[115] Tallent R M, Koss M. MAFC lessons learned [R]. AIAA - 2004 - 2518, 2004.

[116] Rumsey C L, Gatski T B, Sellers, et al. Summary of the 2004 CFD validation workshop on synthetic jets and turbulent separation control [R]. AIAA - 2004 - 2217, 2004.

[117] Lin J C. Review of research on low profile vortex generators to control boundary layer separation [J]. Progress in Aerospace Science, 2002, 38: 389 - 420.

[118] Rich P, McKinley R J, Jones G S. Circulation control in NASA's vehicle systems [R]. NASA CP 2005 - 213509 (part 1), 2005.

[119] Callway R V, Wardwell D A, Zuk J. Development of a system engineering process for an ESTOL transport planning activity [R]. AIAA - 2003 - 6856, 2003.

[120] Englar R J, Blaylock G M, Gaeta R J, et al. Recent experimental development of circulation control airfoils and preumatic powered-lift systems [R]. AIAA - 2010 - 345, 2010.

[121] Englar R J, Gaeta R J, Lee W J, et al. Development of Pneumatic over-the-wing powered-lift technology part I: Aerodynamic/propulsive [R]. AIAA - 2009 - 3942, 2009.

[122] Englar R J, Jones G S, Allan B G, et al. 2 - D circulation control airfoil benchmark experiments intended for CFD code validation [R]. AIAA - 2009 - 902, 2009.

[123] Marshall D, Jameson T. Overview of recent circulation control modeling activities at Cal Poly [R]. AIAA - 2010 - 348, 2010.

[124] Gaeta R J, Englar R J, Avea M. Development of Pneumatic over the wing powered-lift technology part II: Aeroacoustics [R]. AIAA - 2009 - 3941, 2009.

[125] Blessing B H, Pham J, Marshall D D. Using CFD as a design tool on new innovative airliner configuration [R]. AIAA - 2009 - 45, 2009.

第7章 超声速民用机和噪声的控制

7.1 第一代超声速民用机——协和号(Concorde)

英法联合研制的协和号于 1969 年 3 月 2 日首飞,1976 年 1 月投入运营,2003 年退出航线服务。协和号的研制成功和投入航线服务在当时可称得上是人类最大的技术创新和进步之一,但从民用机的运营和服务角度看,则又是一个很大的败笔,因为它存在以下三大致命弱点:

(1) 油耗高,航程短,载客量少。协和号 4 台发动机仅起飞时每分钟即需消耗 1.5 t 燃油,而其满载燃油的最大航程仅为 6 000 km,载客仅 100 人。由于其超声速飞行时的音爆受适航条例限制,只能在水面上飞行,但其航程又达不到飞越太平洋的要求,因此只能每天安排一个跨大西洋的航班,其 24 年的累计飞行次数不及全球 B737 一周的飞行次数,每年亏损 4 000～5 000 万美元。因此,从商业竞争角度看协和号是失败的。

(2) 噪声大。除音爆(超声速飞行的飞机下方地面所感受到的瞬时压力波)对地面产生的不良影响外(许多国家限制协和号飞越该国领空),其起飞噪声达 119.5 dB,进场噪声达 116.7 dB,均超过 FAA 规定的三级噪声(小于 108 dB)标准。

(3) 巡航飞行高度为 18 000 m 以上的同温层,其排出的废气直接对臭氧层造成破坏。

7.2 第二代超声速民用机——HSCT 项目

20 世纪 80 年代后期,美国和日本航空界对 2000 年后世界范围空运和高速民用机市场调研的估计称,由于国际交往增多,跨洋跨洲航行次数增多,超声速民用机可能有可期望的市场。于是美国 NASA 和波音、麦道联合开展了第二代超声速民用机的研究,即高速民机 HSCT 研究项目。

在该项目中将欲研制的高速民用机定位为:具有 250～300 个座位,超声速巡航马赫数 2～2.5,航程约 9 000～11 000 km。与第 1 代超声速民航机如协和号相比,其旅客座位是后者的 3 倍,航程是后者的 2 倍。此外协和号只考虑了跨洋的飞行任务,故其飞行剖面中的超声速巡航全部处于海洋上空,而未来 HSCT 的任务将包含相当长陆上飞行的航程,由于音爆的限制,在陆地上空不允许作超声速飞行,只能将

速度限制在 $0.9\sim0.95$ 的 Ma 数内。用 HSCT 执行较短航程飞行任务时，其速度则更低于声速了。多种飞行任务的要求决定了它约 35% 的燃油消耗是用在亚声速范围内的。上述分析表明，由于超声速巡航载重量和航程的增加，要求 HSCT 必须比协和号的超声速空气动力效率（$Ma \cdot L/D$）至少提高 $35\%\sim45\%$，希望在 $Ma=2.0$ 时能实现 $K_{max}=9\sim10$。多种飞行任务要求 HSCT 还要保证具有 $Ma=0.9\sim1.0$ 及低速的非设计飞行状态下的良好性能。只有 HSCT 具有超声速巡航和亚跨声速非设计状态均优的综合性能才能保证它与未来亚声速民机在经济上竞争的实力，即要求 HSCT 的每座每公里的价格仅为协和号的 1/7。除载荷、航程、燃油经济性等的高指标要求外，HSCT 还必须符合 FAR 的噪声规定及适当的起飞着陆距离的要求，这就要求 HSCT 在高升力（低速）状态下同样要有高的升阻比。为使控制系统尽量简单，操纵面尽量小，希望 HSCT 尽可能保证、直到最大使用迎角时还能保持线性的稳定特性。当然还需要有效的噪声抑制系统和控制污染的排放量。寿命要达到"协和"号的 4 倍或至少 $6000\,h$。上述种种要求对 HSCT 的空气动力特性及气动布局提出了极大的挑战。

设计良好的能实现上述种种要求的超声速巡航机翼的过程实质上就是完成将最小巡航总阻力所需之外形与保证所要求的非设计亚声速和跨声速状态时高 L/D 和高迎角特性所需之外形相折衷的过程。对 HSCT 机翼的要求可具体归纳为：具有较大的细长比以实现较小的巡航波阻；有一定展长以满足高的跨声速 L/D、低速起飞着陆、噪声限制等性能要求；有足够大体积空间以保证能携带所要求的油量，并按置起落架；翼型的相对厚度要尽可能小以获得更小的巡航波阻；在使用迎角范围内具有线性的稳定性特性。截至 1998 年，该研究计划中第 1，2 阶段的大部分目标实现后，NASA 又制定了更符合环保要求和民用机市场需求的更高的降噪和经济性目标。因风险增大，计划的主要参加者波音公司决定退出，致使计划搁浅而中止了 HSCT 项目。此外，NASA 还在 1991 年启动了"高性能计算和通信（High Performance Computing and Communication Program，HPCCP）"项目，集中力量于高速民用机的多学科优化设计研究，但 2000 年又因财政困难而取消了该项目。文献[1]简单介绍了美国和俄罗斯研究的第二代超声速民用机的空气动力外形概况。

7.3 超声速公务机（supersonic business jet，SSBJ）研究

HSCT 项目中止后，超声速民用机应如何发展？当时存在着两种可能的发展模式：

（1）以研制超声速公务机为第一步。由于音爆的强弱与飞机总重相关，而超声速公务机尺寸小，重量轻，这将不仅减弱其音爆强度，增大在限定速度值下在大陆上空飞行的可能性，也将大大降低其研制成本。同时市场对超声速公务机有需求。因而美国、法国、俄罗斯等国的很多航空公司都开展了积极的研究，并提出了方案[2]。

（2）以军事用途为主，再衍生出民用型。这一思路促使美国国防部预研局

(DARPA)开始了超声速运输机的研究,以探索各种创新技术,达到低音爆和远航程的双重目标,"低音爆"指音爆强度不大于 $0.3\,lb/ft^2$ 的头激波所产生的地面信号。这样的超声速飞机将能无约束地在大陆上空作长时间超声速飞行,因而这项计划被称为是"静音的超声速平台(QSP)"计划。但此项计划后来因为重点转移而中止。

　　研制超声速公务机并不意味着要用 SSBJ 来完全替代目前正在运营的亚、跨声速公务机,而是通过了解限制其发展的因素,更好地设计超声速公务机,以涵盖整个公务机市场的需求,并为进一步发展满足未来航空运输要求的超声速民用客机提供经验。

　　超声速民用机/超声速公务机相对于它们的亚/跨声速竞争者来说,优势在于其时间价值和舒适性,以美国洛杉矶到日本东京的航线为例,航线距离 8830 km,亚跨声速民用机,如 B747 以 $Ma=0.85$ 巡航飞行需要 10.6 小时,再计及时差(东京早于洛杉矶 11 小时),则乘客在晚上洛杉矶时间 8 点出发,到达东京时为次日当地时间中午 12 点,当天有效的商务时间只有 5 小时;若乘 $Ma=1.6$ 的超声速客机,则只需飞行 7 小时,同样晚上 8 点从洛杉矶出发,抵达东京约为次日当地时间 8 点左右,可有一整天的商务时间(见图 7-1)。可见,SSBJ 在减少飞行时间,提高旅客长途飞行舒适度的同时,最大限度地实现了旅客的时间价值。若进一步计及旅行时间的工资,更凸显其时间价值。

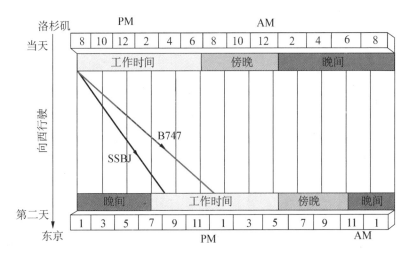

| B747 | $Ma=0.85$ | 10.6 h |
| SSBJ | $Ma=1.6$ | 7 h |

图 7-1　时间价值的比较

　　它们的竞争劣势是经济性,即价格(包括单机价格和油耗等成本)。图 7-2 表示了在研的超声速和现有的跨声速公务机(Transonic Business Jet,TBJ)单机价格的比较。图 7-3 表示了可携带最大燃油重量的比较,比较中取了 3 个代表性的亚/跨声速公务机,即 Gulfstream-550(目前航程最大的公务机)、Challenger-300(典型公务机)和 Citation-X(目前巡航速度最高的公务机),后两者皆属中等重量的公务机。

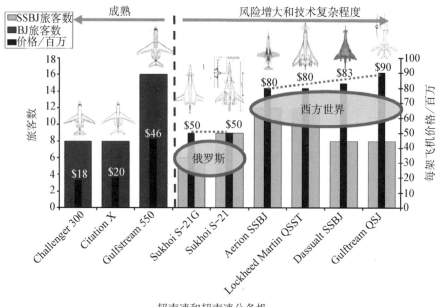

图 7 - 2　超声速和跨声速公务机单机价格的比较

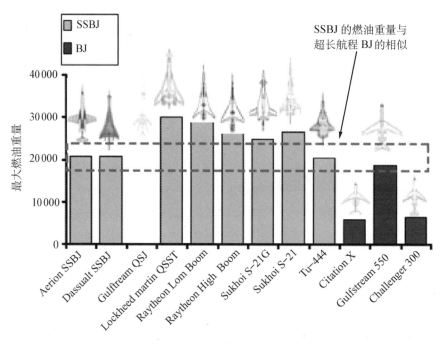

图 7 - 3　最大燃油重量的比较

　　SSBJ 与 Gulfstream - 550 相比,虽然巡航速度大大提升,但飞机单机价格太高(见图 7 - 2);虽然最大起飞重量和燃油重量相当,但航程减小太大,SSBJ 虽可以通过中间加油一次达到同样的航程,尽管在跨洋飞行上仍占有时间优势,但需耗费近 2 倍的燃油(见图 7 - 3)。因此相比于超大航程的 TBJ,即使 SSBJ 所选择的速度合适,具有省时的优点,但它却同样具有单价 2 倍和油价 2 倍的经济性缺点。与中等重量公务机 Challenger - 300 和 Citation - X 相比,两者载重量相当,对于 7 400 km (4 000 n mile)的航程,SSBJ 可获得显著的时间节省,虽仍需付出耗油多和单价贵的经济性代价。因此,中等载重量公务机运营公司可能有兴趣使用 SSBJ。

由此可见,要使 SSBJ 具有市场竞争力,必须选择合适的航程、承载能力、速度和价格,以达到较优的性价比。为此,应尽量不采用高新技术(如新的发动机系统,新机身设计,全程低音爆设计,层流设计等),而采用简单,耗资较少的和有效的设计。据此,文献[2,3]曾提出如下建议:

(1) 目标航程确定为 4 500 n mile,即从纽约飞往莫斯科/伦敦(2 999 n mile)而无需中间停留,从洛杉矶飞往东京(5 202 n mile),中间停一次。

(2) 飞行运营方式要在速度、航程、水陆上空航程比例数等之间,从性能和价格上综合考虑。

(3) 飞行 $Ma = 1.4 \sim 1.8$。

湾流(Gulfstream)公司的 Henne 也在分析公务机市场后指出[4]:

(1) 航程应大于 4 000 n mile。

(2) 小型 SSBJ 的市场价值由其最大时间节约体现。

图 7 - 4 为了现代小型公务机在水面上飞行里程与总航程比例的随机统计数据,结合第一代超声速民用机的经验教训可知,小型 SSBJ 的最大时间价值要求它必须在陆地上也作超声速飞行,即其设计必须能抑制音爆。文献[1]中第 17 章介绍了

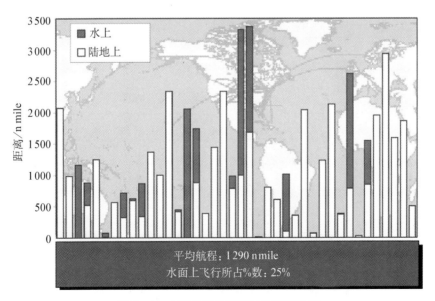

图 7 - 4　小型公务机运行时的统计数据

一种能在超声速和亚/跨声速双飞行阶段状态均有良好性能的超声速公务机的设计。湾流公司则结合其他环保要求提出了"静超声速客机——Quiet Supersonic Jet (QSJ)"的研究方案。文献[2]简单介绍了目前其他在研的几种 SSJ 方案。

7.4　湾流公司 QSJ 方案

湾流公司在设计 QSJ 时考虑了以下 3 项环保要求：

1) 抑制音爆

抑制或减弱音爆的空气动力外形设计目的是要头、尾激波产生的压强突跃(N 形波)传播到地面时成为弱的声信号,图 7-5 表示了 HSCT, Concorde 以及一些设计外形的 SSJ 所产生的音爆到达地面时声信号 Δp 的比较。由图可见,经过精心设计的 QSJ 所产生的头、尾 N 形波都较低,并具有很低频率、近正弦波形的特征。图 7-6 表示了不同巡航飞行重量的飞机所产生的头激波强度的比较,可见 QSJ 的激波强度很弱[5,6]。图 7-7 为采取抑制音爆的气动设计后,其计算和风洞实验得到的 Δp 结果,由图可知,头部压强升可小于 DARPA 要求的 0.3 psf 值[①],峰值为 0.5～0.6 psf 值。图 7-8 表示了将这些音爆强度按可感觉噪声水平(PLdB)和(A)加权噪声水平(dB(A))所做的分析比较,由图可见,经过修型设计产生的噪声比协和号的要低 35 dB 以上,噪声水平仅相当于通常交谈的噪声水平。

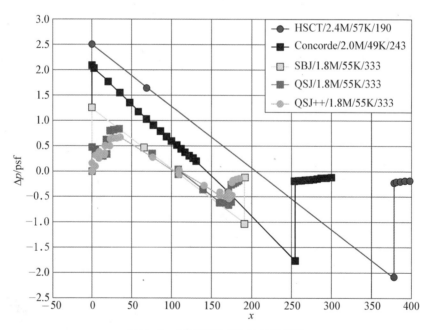

图 7-5　不同外形产生的音爆信号

---

① 　1 psf = 1 ppsf = 1 lbf/ft² = 4.78803×10 Pa。

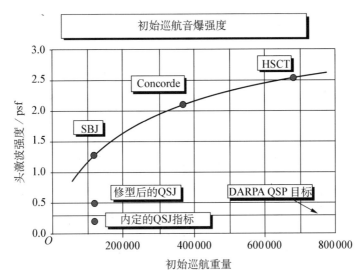

图 7-6 不同重量的飞机产生的头激波强度比较

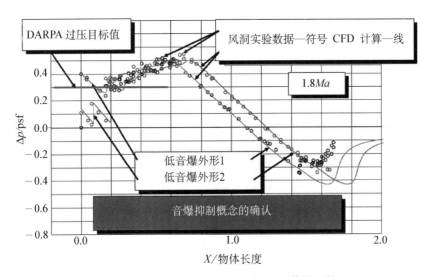

图 7-7 风洞实验和 CFD 得到的 Δp 值的比较

为全面深入地探求抑制音爆的技术,适航机构应尽快地通过空中试飞,出台对音爆的适航规定。

2)在高空中发动机的排污基本不影响臭氧层

目前在机场附近对发动机的 NO_x,未燃的 H_2O 和 CO_2 等排污物的数量都有明确的适航规定,但排污物在高空巡航时对大气的影响却一直并不清楚。最近加强了这方面的研究[7],图 7-9 为亚声速客机、HSCT,QSJ 等排出的 NO_x 对北半球臭氧层厚度影响的年度平均变化的百分数。由图可见,QSJ 对地球臭氧层基本上没有影

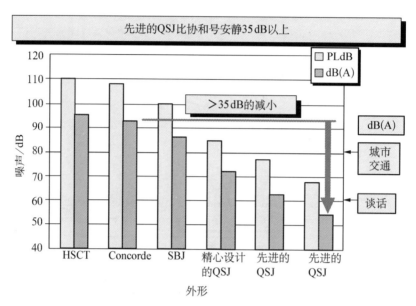

图 7-8　噪声分析的比较

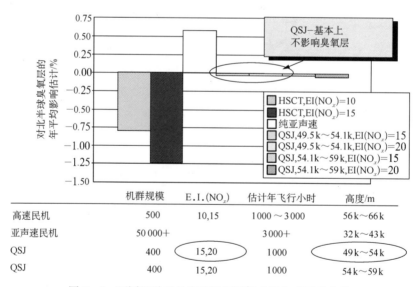

图 7-9　不同机种对北半球臭氧层影响的年度平均变化

响(万分之几的量级),这是由于其尺寸较小和巡航 Ma 数的降低(从 2.8 减至 1.8)决定的,特别是巡航速度的减小,使巡航高度可降低至接近于对臭氧层厚度的影响改变符号的分界高度(14 335 m/47 000 ft)。除了 NO_x 以外,还需将排出的 H_2O 和 CO_2 降至最少,这可通过尽可能降低飞机重量、发动机的单位耗油率和增大 L/D 来实现。

3) 机场周围的噪声满足适航规定

适航规定指出,凡是 2006 年以后生产的新飞机必须满足第四阶段的要求,即比第三阶段的累计噪声小 10 dB。目前亚声速公务机如 Gulfstream - 300/400(GIV - SP)和 500/550(GV)已经实现比第四阶段的要求还要低 10 dB(见图 7 - 10),这意味着将来可运营的 QSJ 所产生的噪声必须不能比现在 GIV/GV 的更大,即比第三阶段低 20 dB 或比第四阶段低 10 dB。只有飞机/发动机的高度综合设计才能达到此标准(见第 3 章讨论静音民用机的一种新概念设计方法和方案)。图 7 - 11 表示了一种 QSJ 设计的噪声性能,表明可以达到比第四阶段的要求还要低 10 dB。

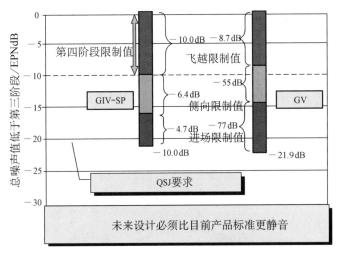

图 7 - 10　QSJ 机场周边噪声限制要求

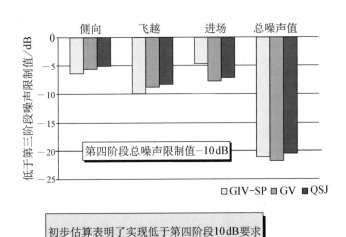

图 7 - 11　QSJ 的噪声性能初步估计

综合了市场要求,上述环保要求后,湾流公司归结出了一个小型超声速公务机的设计目标,见表 7-1。

表 7-1　QSJ 的设计要求

航程	8 890 km(4 800 n mile)
巡航 Ma 数	1.6~2.0(湾流的 QSJ 取 1.8)
最大起飞重量	45 359 kg(100 000 lb)
设计商载	1 600 lb(旅客 8 人)
客舱容积	1 300 ft³
起飞距离	1 981 m(6 500 ft)
发动机寿命	大于 2 000 h
单机价格	7 000 万~9 000 万美元
满足适航要求*	

*其中有关环保要求有:大陆上超声速飞行具有可接受的音爆压强突跃;机场周边噪声要求比第四阶段低 10 dB;巡航飞行时排污对大气影响最小;机场周边排污满足 ICAO 的规定。

　　空气动力外形设计是实现上述设计目标的飞机设计中首要任务之一,而其关键的设计是机翼外形的选择。图 7-12 为两种可供选择的机翼外形,并比较了各自的优缺点,湾流公司综合分析后认为,变后掠方案在"绿色"设计上更有利,因此选择了该方案。图 7-13 为湾流公司的 QSJ 基本外形。

	固定翼	变后掠翼
布局		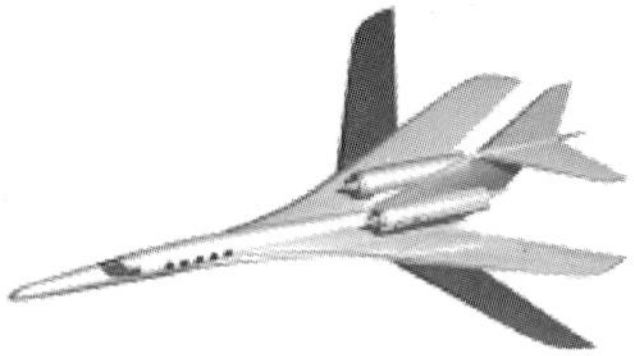
优点	结构简单 结构载荷有利 可装载更多燃油	低速性能好(有利于缩短起飞距离) 噪声更小 改进了亚声速性能 更好的高速性能
缺点	不可接受的机场跑道要求(运营有限制) 较差的亚声速性能	结构复杂 适航认证难 重量代价大

图 7-12　两种空气动力外形的优缺点比较

7.5　2020—2035 年期间的超声速民用机研究

7.5.1　市场分析和设计要求

　　波音基于 20 世纪 90 年代的高速研究(High Speed Research,HSR)和高速民用机(High Speed Civil Transport,HSCT)项目获得的大量空气动力、材料、发动

图 7-13　湾流公司的 QSJ 基本外形

机、结构、声学和系统等技术领域的研究成果和数据,针对未来环保和经济性的苛刻要求,对类似 HSCT 的概念机($Ma = 2.4$,300 座的超声速民用机)重新进行了评估,得出其不可能在可预见的将来成为现实商用产品的结论。

美国的 NextGen 计划将超声速民用机列入未来(2025—2035 年)空中运输计划之内。NASA 在其基础和技术研究中也并未放弃对超声速民用机的研究和对相关先进技术的追求,并自 2005 年以来不断鼓励工业界重新评估超声速民用机适应未来环保要求的可能性,提出所需的关键技术,并给出了 N+2 和 N+3 代民用机研究指南如表 7-2 所示。

表 7-2　NASA 的研究指南

	N+2	N+3
环保目标		
音爆(线性理论的目标)	65～70 PLdB	65～70 PLdB
机场周边噪声(低于第三阶段)	比第三阶段低 10～20 dB	比第三阶段低 20～30 dB
巡航的排污(NO_x,g/kg 燃油)	<10	<5 或更小
性能目标		
巡航 Ma 数	1.6～1.8	1.3～2.0
航程/n mile	4 000	4 000～5 500
商载/旅客数	25～100	100～200
燃油效率/(座-英里/磅燃油)	>3.0	3.5～4.5

针对指南的要求,对比 HSCT/HSR 项目,可知超声速民机要在未来成为现实,必须将噪声、音爆和排污等要求也作为设计的基本要求,即必须:

(1) 对臭氧层没有负面影响。

(2) 满足日益提高的机场周边噪声标准的要求。

（3）音爆不应破坏环境。

（4）满足日益提高的低/高空发动机的排污（包括机场的和的排放）要求。

因此实现低油耗、低噪声、低排污和低音爆的技术进步程度是关键。

除了技术的进步,基于正确的市场需求分析制定发展的战略及路线图也是至关重要的。显然,在超声速民用机的经济性没能达到其亚/跨声速对手的同等水平前（协和号的票价是普通亚声速民用机头等舱的数倍）,其乘客的数量不会很多,至多限于目前选用公务机的旅客和频繁的旅行者。因此在发展未来超声速民用机的战略开始阶段,确定相匹配的商载（旅客数）和航程,是十分重要的。图 7-14 给出了每天旅客数和航程的统计数据,由图可见,当前城市对之间大量旅客的航程为 4 000 n mile,其次为 5 000～7 000 n mile。由此,N+2 超声速民用机的航程首先服务于 4 000 n mile航程的航线,N+3 可取更大的航程。基于此市场分析和波音过去研究的数据确定了 2020—2035 年研究的工程指导,如表 7-3 所示。

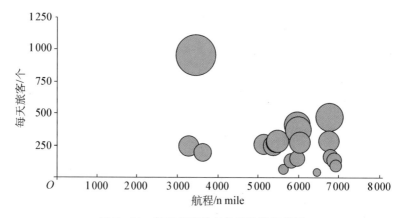

图 7-14　每天旅客数与航程的数据统计

表 7-3　基于市场分析的工程研究指导

市场需求	工程研究指导
二级布置 100～150 个座位（目标～130 个）	100 座（130 座以上最佳）
$Ma = 1.6 \sim 1.8$ 的超声速巡航,为增大应用程度需要其他运行方式（如亚声速飞行,亚超混合飞行）	$Ma = 1.8$ 的设计限制
巡航高度限于 55 000 ft（排污影响）	$< 55\,000$ ft
4 000 n mile 的超声速航程（跨大西洋）为开通亚洲航线需 6 000 n mile	4 000 n mile 最小航程
低于 41 000 ft 不作超声速巡航飞行,低于 39 000 ft 时巡航 $Ma < 0.95$（ATC 限制）	符合 ATC（自动交通控制）的规定
超声速飞行燃油效率 < 3.8 座·海里/磅燃油（超过 N+2 后 1%/年）	研究目标是最经济油耗的飞机

（续表）

市场需求	工程研究指导
音爆尽可能低（小于协和号在水面上的），满足陆地上对音爆的"限制值"，海岸附近和有选择地区的"放松值"	80 PLdB 量级的 100 座飞机和 70 PLdB 量级（或 65～70 PLdB）"低音爆"飞机间的平衡
需求最佳运营方式	技术目标：根据低音爆和高燃油效率随 Ma 数的变化寻求可能的最佳巡航 Ma 数

7.5.2　飞机外形的探索

考虑到近期 SSBJ 可能取得的进步，波音在其概念研究中提出了 N＋2 代的 100 座满足低油耗要求的或满足音爆要求而座位数更少的两种飞机的概念设计方案：B765－072B 和 B765－076E，以及 N＋3 代的同时满足低油耗和低音爆要求的飞机概念设计方案（B765－107B "Icon Ⅱ"）。图 7－15 给出了这 3 种概念飞机可能应用的时间。

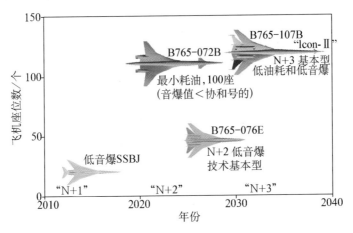

图 7－15　波音三种概念飞机可能应用的时间

1）N＋2 代飞机（2020—2025 年）

图 7－16 为各类超声速民用机在机翼参考面积和起飞最大重量坐标内的位置，参考此种关系，N＋2 代的第一种概念设计飞机（100 座），可利用 NASA HSR/HSCT 已取得的成果，即以 1080－2015（2015－TC）和 1080－2154（2154HISCAT）的飞机外形（见图 7－17 左上端）为初始外形，按照固定起飞总重（$TOGW$）为 300 000 lb，巡航 $Ma=1.8$，座位数为 47 进行多种发动机的匹配设计，最终得到的外形尺寸为初始飞机的 76%。利用波音的 MDA（多学科分析）和 MDO（多学科优化）设计工具对座位数、航程、燃油效率、排污和音爆等参数作多轮综合设计后（见图 7－17），获得了 B765－072B 的超声速客机外形（见图 7－17 的右下端），其燃油效率和排污基本上达到了要求。再通过更高可信度的 MDA/MDO 系统进一步修改，得到了 B765－072B 的最终外形（见图 7－18）。对其航程、座位数、巡航 Ma 数的变化研

究（见图 7-19）表明，若取巡航 $Ma=2$，任何航程和座位数的组合都不能满足燃油效率指标值（figure of merit，FOM）的要求。$Ma=1.8$ 和 $Ma=1.6$ 的曲线类似。由图可知，只有 4000n mile 的航程和 100 座商载的组合超过了 $FOM=3$ 的要求，因此在没有严格的音爆限制下这是最佳航程-座位数的组合。巡航 Ma 数具体取 1.6 或 1.8，则可根据运营成本进一步核定。对此最终外形的音爆校核表明，采用常用的修型技术达到低音爆要求的可能性很小，因此 B765-072B 外形无法在不牺牲其性能的前提下降低其音爆水平。表 7-4 给出了 B765-072B 的性能数据，图 7-20 为其布局示意图。

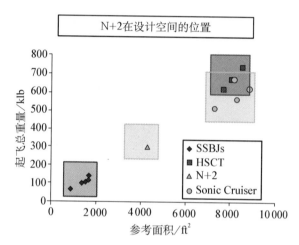

图 7-16   超声速民用机的机翼参考面积与最大起飞重量的关系

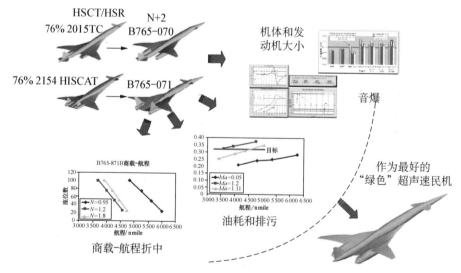

图 7-17   从 HSR 数据出发对 N+2 代飞机的研究

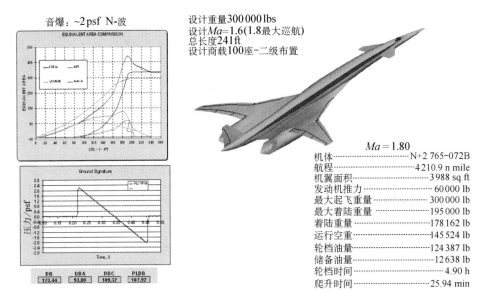

音爆：~2 psf N-波

设计重量300 000 lbs
设计Ma=1.6(1.8最大巡航)
总长度241 ft
设计商载100座-二级布置

Ma = 1.80

机体	N+2 765-072B
航程	4 210.9 n mile
机翼面积	3 988 sq ft
发动机推力	60 000 lb
最大起飞重量	300 000 lb
最大着陆重量	195 000 lb
着陆重量	178 162 lb
运行空重	145 524 lb
轮档油量	124 387 lb
储备油量	12 638 lb
轮档时间	4.90 h
爬升时间	25.94 min

图 7 - 18　初始的 N+2 外形：B765 - 072B

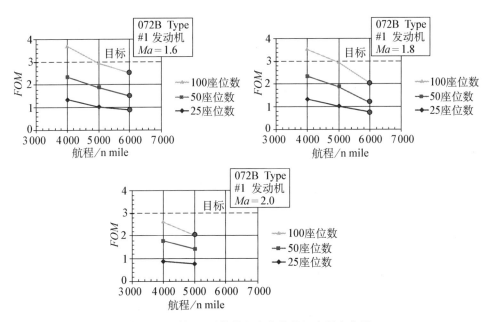

图 7 - 19　航程、马赫数和座位数的组合研究曲线

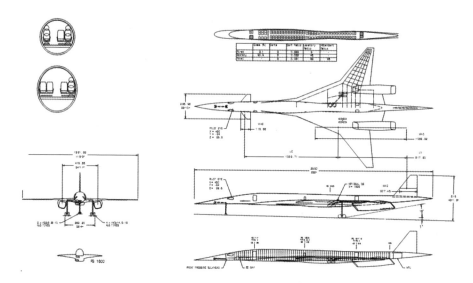

图 7 - 20　B765 - 072B 最终外形的布局示意图

表 7 - 4　B765 - 072B 性能数据

	B765 - 072B
机翼面积/ft^2	4 058
座位数	100
商载/lb	21 000
巡航 Ma 数	1.6
起飞总重/lb	316 786
运行空重/lb	150 240
发动机推力/lbf	64 688
总燃油重量/lb	146 028
轮档燃油重量/lb	126 243
航程/n mile	4 000
燃油效率/(座-海里/磅燃油)	3.17

　　为了降低音爆水平,N+2 的第 2 种概念飞机将起飞总重降至 180 000 lb,乘客座位数减少为 30,提出了 B765 - 076E 外形(见图 7 - 21)。与 B765 - 072B 相比,它采用了翼上布置发动机和短舱,删去大鸭翼的布局。图 7 - 22 为 B765 - 076E 外形所给出的地面声信号,91.5 PLdB,较 B765 - 072B 的 108 PLdB 有了很大改进。表 7 - 5 列出了 N+2 设计的设计指导要求和两个外形所获得的性能。表 7 - 6 给出了两个外形总体设计参数的比较。由表可知,N+2 的两个设计方案中 B765 - 072B 满足性能要求,但没有达到音爆要求。B765 - 076E 虽然音爆水平有了很大改进,但仍未能达到 NASA 的要求,同时性能指标也未达到要求。

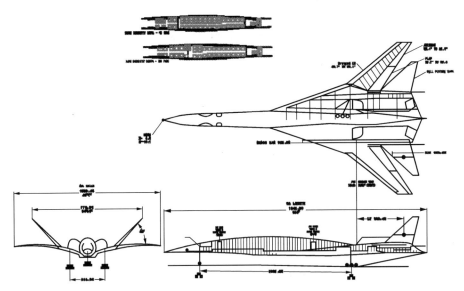

图 7 - 21　B765 - 076E 的外形示意图

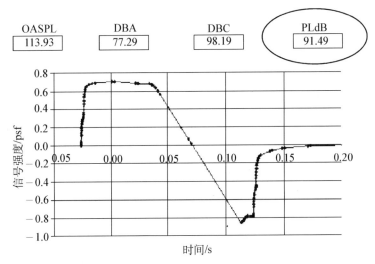

图 7 - 22　B765 - 076E 外形的地面声信号

表 7 - 5　N＋2 研究结果与指导要求的比较

	研究指导设计要求	B765 - 072B	B765 - 076E
环保要求			
音爆(线性理论目标)	65～70 PLdB	～100	～90
机场周边噪声(低于第三阶段)	低于第三阶段 10～20 dB	—15	—18
巡航排污(每 kg 燃油中的 NO_x，g)	有限地考虑	未估计	未估计

（续表）

	研究指导设计要求	B765-072B	B765-076E
性能要求			
巡航 Ma 数	1.6～2.0	1.6	1.6
航程/n mile	4 000～6 000	4 000	3 799
座位数	25～100	100	30
燃油效率/（座-海里/磅燃油）	>3.0	3.17	1.57

表 7-6　具有低音爆超声速民用机 B765-076E 性能和 B765-072B 的比较

	B765-072B	B765-076E
机翼面积/ft²	4 058	2 517
座位数/个	100	30
商载/lb	21 000	6 300
巡航 Ma 数	1.6	1.6
起飞总重/lb	316 786	178 581
运行空重/lb	150 240	88 390
发动机推力/lbf	64 688	41 133
总燃油重量/lb	146 028	84 373
轮档燃油重量/lb	126 243	72 740
航程/n mile	4 000	3 799
燃油效率/（座-海里/磅燃油）	3.17	1.57

文献[8]还指出在 2020—2025 年时间框架内需要开发的一些关键技术：气动/推进/伺服/气弹设计（包含电传控制、多翼面和多输入/多输出设计）；低音爆和低阻特性的外形设计；利用 CFD 及 FEM 和 MDA/MDO 工具的外形优化设计；简单、有效、低噪声的进气道和喷管设计，长寿命发动机材料和降低比燃油消耗的发动机循环；满足低速性能，操纵性，起降距离和噪声限制的设计；确定安全可靠又可实现的适航认证要求（对音爆，载荷，排污等）。

2）N+3 代（2030—2035 年）

由于计划的长期性与时间变数的不确定性，波音委托佐治亚理工学院的宇航系统设计实验室（ASDL）牵头举办了一次对此时间框架内运营、飞机、发动机等的概念和技术的分析研讨会。研讨会采用了 ASDL 研制的交互式修改外形的工具——IRMA（Interactive Reconfigurable Matrix of Alternatives）来选择外形。IRMA 是包括变量矩阵（Matrix of Alternatives），多因素决策（MADM）和趋向理想解的有序择优技术（Technique for Ordered Preference by Similarity to Ideal Solution，TOPSIS）等工具的可应用于概念设计过程的一个系统性方法。通过研讨会的努力得到了如图 7-23 所示的不同研究外形和技术发展方案，以及可供研究的初始外形

（见图 7 - 24）。波音在此基础上,经过大量的分析、设计和综合,最终获得了二级布局的 120 座超声速民用机 Icon Ⅱ B765 - 107B 外形（见图 7 - 25）。表 7 - 7 给出了其性能及与 B765 - 072B 和 B765 - 076E 的比较。表 7 - 8 给出了与要求的目标值的比较,可以看出其各项指标均超过了最低要求,并接近较高要求。文献[8]还指出了改善飞机性能的 10 项（按序排列的）技术（见表 7 - 9）。

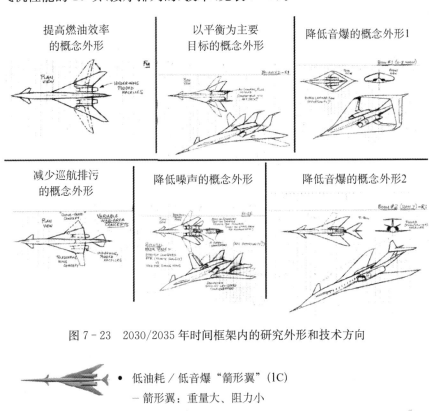

图 7 - 23　2030/2035 年时间框架内的研究外形和技术方向

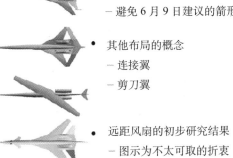

- 低油耗 / 低音爆“箭形翼”(1C)
  - 箭形翼：重量大、阻力小
  - 低油耗、低音爆
- 基于 N+2 低音爆 076 概念 2C
  - 避免 6 月 9 日建议的箭形翼概念 2A 的重量缺点
- 其他布局的概念
  - 连接翼
  - 剪刀翼

- 远距风扇的初步研究结果
  - 图示为不太可取的折衷
  - 更可行的 HSR“助推风扇”三发动机概念

图 7 - 24　可供研究的几种初始外形

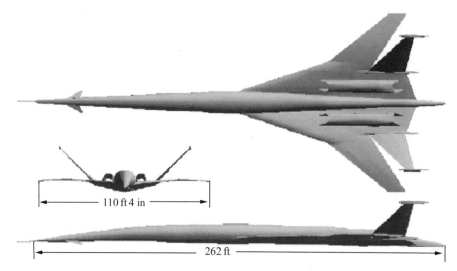

110 ft 4 in

262 ft

图 7 - 25　Icon Ⅱ B765 - 107B 的三视图

表 7 - 7　Icon Ⅱ (B765 - 107B) 与 B765 - 072B 和 B765 - 076E 的性能比较

	B765 - 072B	B765 - 076E	Icon Ⅱ (B765 - 107B)
机翼面积/ft²	4 058	2 517	4 200
座位数/个	100	30	120
商载/lb	21 000	6 300	27 000
巡航 Ma 数	1.6	1.6	1.8
起飞总重/lb	316 786	178 581	300 000
运行空重/lb	150 240	88 390	134 540
发动机推力/lbf	64 688	41 133	68 000
总燃油重量/lb	146 028	84 373	139 416
轮档燃油重量/lb	126 243	72 740	121 057
航程/n mile	4 000	3 799	4 930
燃油效率/(座·海里/磅燃油)	3.17	1.57	4.89

表 7 - 8　Icon Ⅱ (B765 - 107B) 与 N＋3 目标值的比较

项目	最低要求	较高要求	Icon Ⅱ
音爆	70～80	65～75	65～75
噪声	－20	－30	－30
巡航排污	5	＜5	～5
速度/Ma 数	1.3	2	1.6～1.8
航程/n mile	4 000	5 500	4 800～5 900
座位数/个	100	200	50～130
燃油效率/(座·海里/磅燃油)	3.5	4.5	4～5

表 7 - 9　改善飞机性能最重要的 10 项技术

重要性次序	技术名称	对燃油效率带来的好处
1	可靠的设计和取证	>10%
2	主动层流流动控制	↓
3	结构健康管理	5%~10%
4	主动 GLA/MLA	↓
5	小肋(部分应用)	<5%
6	低速高升力装置	↓
7	气动/推进/伺服/气弹(APSE)设计	↓
8	可靠的重心控制	↓
9	被动层流流动控制	↓
10	变形鼓包(控制 C_p 分布)	↓

7.6　欧盟的 HISAC 项目

HISAC 是欧盟第六框架计划下的一个综合项目[9]，其目的是评估多学科优化设计出一个环保的小尺寸超声速运输机(S4TA)的技术可能性。13 个国家的 37 个合作方，包括俄罗斯的 4 个合作方参加了此项目，希望在 4 年内：

(1) 使 S4TA 的环保和飞行性能满足 HISAC 规定的要求。

(2) 对未来超声速飞行的环保适航要求(包括机场周边噪声、排污和音爆)提出建议。

(3) 提出需要且可能的技术及提高这些技术成熟度和进行验证的路线图。

HISAC 项目规定的环保性能要求为：

(1) 噪声：比第四阶段低 10 dB。

(2) 音爆：低于 65 dBA。

(3) 排污：努力达到 ACARE 的建议(在 2020 年达到减少 80% 的 NO_x 和 50% 的 CO_2)。

规定的其他性能为：

(1) 超声速(8 个旅客的正常商载)航程 4 000 n mile。

(2) 机场跑道长度小于 6 500 ft。

(3) 最大着陆重量下的进场速度小于 140 kn(节，1 kn = 1.852 km/h)。

(4) 飞机的等级<25(柔软路面，中等路基)。

HISAC 项目的参与者共同提出了一个参考机型外形以对其在高、低速条件下从数值计算和风洞实验两方面进行评估。图 7 - 26 为其外形示意图，参考机型机身的头部外形已按尽可能小的音爆进行了优化；外形带有鸭翼的水平尾翼，希望参与者能取得不同的平衡布局(从无鸭翼/水平尾翼到有鸭翼或水平尾翼等不同的布局)；机翼的弯扭可根据超声速巡航条件优化取得[10]；两台高涵道比发动机布置于机身后部。根据过去的经验,发动机与机体不同综合对超声速阻力的大小影响很大,HISAC 的研究目的之一是获得这种影响的精确估计,因此还提出了发动机可能布置的几种位置(见图 7 - 27),其中最后一种是无发动机的"滑翔"外形,以作为发动机引起阻力的一个参考。

图 7 - 26　HISAC 的参考机型外形

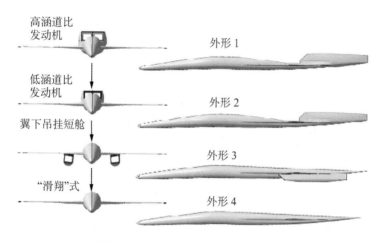

图 7 - 27　4 种可能布置的发动机位置

为了进行高低速实验,HISAC 项目分别设计和制造了高速和低速风洞实验模型,图 7 - 28 给出了 4 种高速实验模型的外形,机翼外形按给定 C_L 值下 $Ma = 1.6$ 时设计。风洞实验则分别在 ONERA S2MA 风洞和 TsAGI T - 128 风洞中进行,实验 Re 数分别为 $4.2 \times 10^6 (Ma = 0.95)$ 和 $7 \times 10^6 (Ma = 1.6)$。图 7 - 29 给出了低速实验模型,低速实验只限于对基本外形,在瑞士的 RUAG LWTE 风洞(7 m × 5 m)中进行,风速 60 m/s。达索公司作为项目负责单位,还用自行研制的 AETHER (3D N - S 解算器)做了数值模拟与风洞实验结果对比[9]。图 7 - 30 给出了高速 $Ma = 1.6$ 时模型 1 和模型 2 外形的空气动力载荷计算值与实验值的比较。由图可见,升

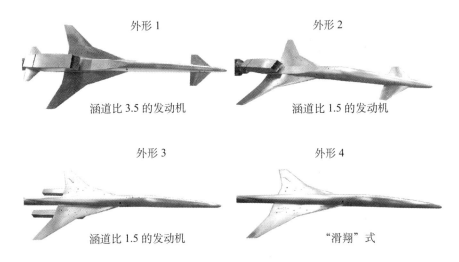

外形 1　　　　　　　　　　　　　外形 2

涵道比 3.5 的发动机　　　　　　　涵道比 1.5 的发动机

外形 3　　　　　　　　　　　　　外形 4

涵道比 1.5 的发动机　　　　　　　　"滑翔"式

图 7 - 28　高速风洞实验模型外形

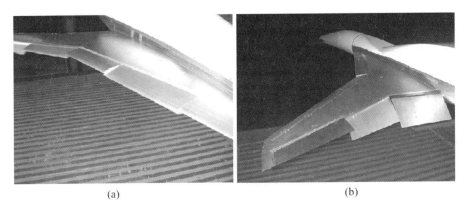

(a)　　　　　　　　　　　　　　　(b)

图 7 - 29　低速风洞实验模型外形

(a) 偏转的前缘缝翼；(b) 和偏转的后缘襟翼

力 C_L 和俯仰力矩系数 C_m 的风洞实验与 CFD 计算值之间吻合得很好,阻力值存在较大差异,但发动机引起的阻力(带发动机的模型 1 和模型 2 的阻力减去"滑翔"式外形的阻力)吻合甚好(见图 7 - 31),相对误差小于 2%。

图 7 - 32 表示了模型 1 着陆外形的低速实验值和 CFD 计算值的比较,可以看出在着陆迎角附近两者吻合很好,但 CFD 计算的失速升力偏低,这是由于计算时外翼出现涡破裂致使流动过早地出现分离所致。图 7 - 33 表示了 $Ma = 0.18$, $\alpha = 18°$ 和 20°时计算的表面等压线恢复,清楚地显示了涡破裂,内外翼剖面的压力分布也证实了这一现象[9]。

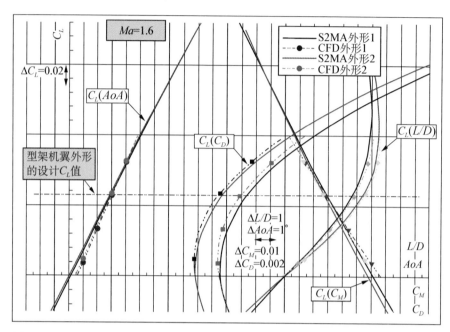

图 7‑30 $Ma = 1.6$ 时模型 1 和模型 2 外形的空气动力载荷计算值与实验值的比较

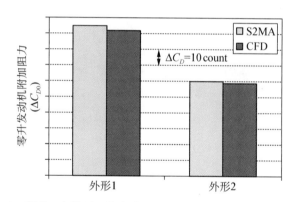

图 7‑31   模型 1 和模型 2 的发动机引起的阻力计算值和实验值的比较

7.7   减小音爆的研究

7.7.1   概述

通常设计的飞机作超声速飞行时,沿飞机轴向随着机身横截面和升力的增大,飞机部件引起的扰动随之增强并沿着更陡的角度传播,这些扰动与上游来的扰动合并,在横截面积接近最大和大部分升力都已形成的轴向某一位置处达到最大值,逐步形成所有扰动波合并成的陡峭的压力升高(N‑波的头激波)。随后,流动沿下游方向不断膨胀,膨胀波的相互合并形成了 N‑波的尾激波,并通过它使流动恢复至周

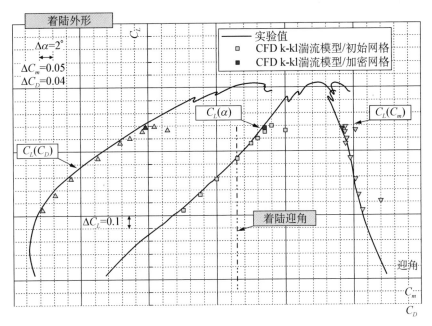

图 7 - 32　$Ma = 0.18$ 时模型 1 外形偏舵面的计算值和实验值的比较

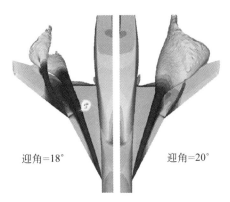

图 7 - 33　$Ma = 0.18$，迎角 $\alpha = 18°$ 和 20° 时模型 1 外形表面等压线恢复

围的压力水平。即在头部附近形成一个突跃式的压强升高，然后线性膨胀，再以第二个突跃式压强升高的形式结束（如图 7 - 5 所示的协和号和 HSCT 的曲线）。音爆即此 N - 波传播至地面人们所感受到的脉冲压强波信号。经典的减轻音爆的设计是设法在头部形成一个可按某一角度传播的中等强度的激波，避免随物体体积和升力增大时扰动的合并。然而这与头部激波最小化的原则相悖，不能实现可接受的低音爆水平。创新性的概念应使头、尾激波都最小化，以尽可能地减小音爆的噪声水平。

7.7.2　湾流公司静音探针（quiet·spike™）的研究

尽管存在着对经济型超声速公务机的需求，但目前的适航条例中明确规定不允许,公众也不接受,在大陆上空作超声速飞行,且 FAA 和 ICAO(International Civil Aviation Organization)/CAEP(Committee on Aviation Environmental Protection),明确宣布过,除非飞行验证证实音爆已得到了有效抑制,否则将不会改变目前的适航规定,因此超声速民用机的研发都应首先致力于减小音爆技术措施的研究。

湾流公司从 2001 年参与 DARPA 的"静音的超声速平台(QSP)"项目起就开始做静音探针项目的工程概念研究,并于 2002 年 8 月在 NASA Langley 的 Unitary Plan Wing Tunnel(UPWT)中做了第一次超声速风洞实验,证实了该探针的低音爆特性[5, 6]。该项目的领导者之一 Howe 表示,设计中在机身头部前安装静音探针可形成一个弱激波或一系列弱激波而大大减小头部过压,并增大过压的升高时间,从而大大减小传到地面的声信号[11]。该项目的创新思想包含:①尽量减小头部激波强度,这可由四段具有不同直径的圆柱通过锥形连接形成的探针来实现;②改善随后的传播特性,使头部的激波系能平行地传播而避免随后的彼此合并,这可由优化探针各段的长度和直径,各锥形过渡的梯度等来实现。2002 年在 NASA 的超声速风洞实验测量了模型下方两倍物体长度处的近场压强值,实验 Ma 数分别为 1.5,1.8 和 2.0[12]。图 7-34 为两段探针在风洞中的照片,压强测量孔位于风洞侧壁。图 7-35 表示了风洞测量值和用 Overflow CFD 计算值的比较,两者的激波位置很吻合。图 7-36 表示了用 Thomas 软件[13]计算由风洞实验和由 CFD 计算所得的压强值传播至 333 倍物体长度处(相当于 165 ft 长的飞机在 55 000 ft 高度处传播至地面的距离)的地面声信号,可见,地面信号都不大。

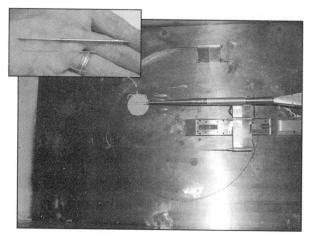

图 7-34　两段探针的风洞实验照片

随后湾流公司又进一步改进,得到了四段式的探针设计,图 7-37 为四段式探针所有离散的激波和对它们作双曲正切(hyperbolic tangent)光滑后引起的地面声信号 Δp 随时间的变化曲线。离散激波信号是将 CFD 计算的近场压强值通过 PCBOOM[14]的计算取得的,由于 PCBOOM 是按压强的突跃来计算激波的,而真空

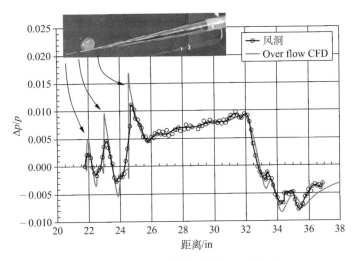

图 7 - 35　风洞/CFD 所得近场压强信号的比较

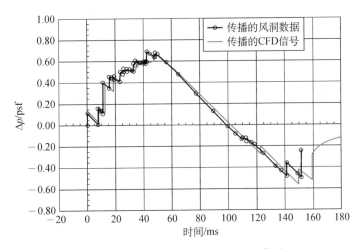

图 7 - 36　传播至地面的风洞/CFD 信号

大气中热黏性效应会使压强的有效升高具有平缓的外形,因此通常都以双曲正切来光滑激波。由图可知,静音探针用 25 ms 提高的 Δp 只有 0.4 psf,远优于单独一个强激波的,这就使噪声水平大大降低,几乎达到了人们可以接受的程度。

图 7 - 38 为装有静音探针(QS)的一个 QSP 的外形,其中图 7 - 38(a)是 QS 伸展出去时的外形,可以看到它几乎有前机身的两倍长,可见若 QS 不能收缩,必将影响公务机在小型机场中的运行和着陆速度为 10 ft/s 的适航要求,因此要求它必须能伸缩以适应高、低速的不同要求;其中图 7 - 38(b)为 QS 收缩后的外形,QS 显然不能收缩于驾驶舱和座舱内,因此只能被设计为可重叠的多段结构,图 7 - 39 为四段式探针的结构示意图,对其要求包括:最小重量,最大弯曲刚度,各段连接处的足够强度与刚度,可靠,无振动等。

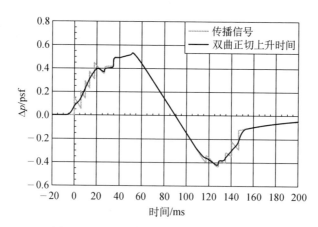

图 7 - 37　四段式探针的压强随时间的变化

图 7 - 38　四段探针伸展的高速外形示意图(a);四段探针收缩的低速外形示意图(b)

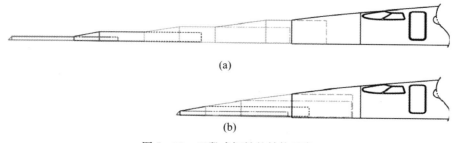

图 7 - 39　四段式探针的结构示意

(a) 伸展时的外形；(b) 收缩时的外形

　　在经过超声速风洞实验,做出满足结构要求的设计,1∶4 模型的动力实验(见图 7 - 40)和 1∶2 模型的伸展/收缩及锁定机构(见图 7 - 41)等系统的运动实验后,湾流公司随后提出了进行空气动力、结构和机构系统、飞行试验平台等三个方面的飞行试验要求/目标(见文献[12]),并于 2004 年启动了和 NASA 的 LaRC 及 DFRC (Dryden Flight Research Center) 合作的音爆外形设计的演示验证(Supersonic Boom Demonstrator, SSBD)研究项目,以速度、性能、飞机长度和强度均符合要求的 F - 15 作为试验飞机,将优化设计的四段式探针(因结构关系,不得不将该优化设计探针的长度缩短约一半)装于 F - 15(见图 7 - 42)进行飞行试验。飞行试验重点是验证结构和机构系统的可行性,并测量近场的压强分布以验证 CFD 的计算。文献[15~24]给出了飞行试验项目设计和试验结果。

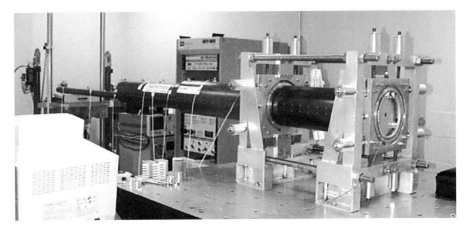

图 7-40　1∶4 探针模型的结构动力实验

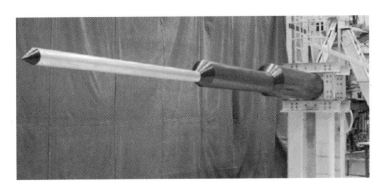

图 7-41　1∶2 探针模型的机构系统实验

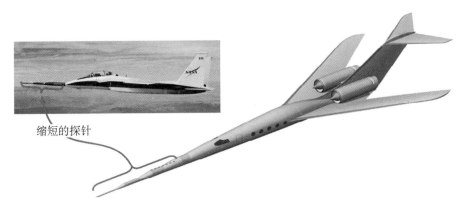

缩短的探针

图 7-42　概念超声速飞机和 F-15 的外形

　　图 7 - 43 显示了 QS 的几何外形,图 7 - 44 为装有 QS 的 F - 15 飞机,图 7 - 45 分别为当 QS 收入和伸展时的飞行照片。飞行试验证实了在真实的自由飞行环境下 QS 各段产生弱激波,并互相并行地传播(见图 7 - 46),验证了低音爆修型设计的理论。图 7 - 47 表示了飞机下方 95 ft 处测得的 $\Delta p / p$ 与 CFD 计算结果的比较,两者很一致。飞行试验还表明在整个飞行试验包线(见图 7 - 48)内飞机是稳定的,测得的飞行载荷都在试验件能承受的范围内,伸展/收缩的机构系统工作正常。飞行试验达到了原先计划的目的,证实了减小音爆设计的概念和技术的正确和可行性。

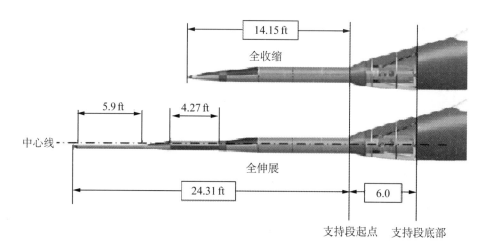

图 7 - 43　装于 F - 15 上的 QS 几何外形

图 7 - 44　装有 QS 的 F - 15 飞机

图 7-45　QS 分别收入和伸展时的飞行照片，$Ma = 0.4$，$H = 15\,000\,\text{ft}$

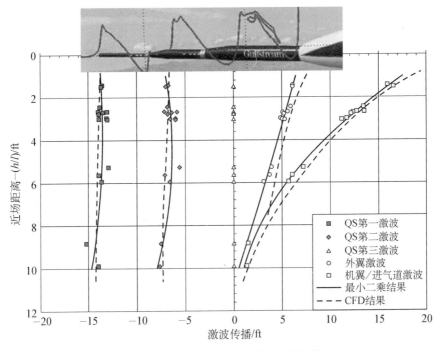

图 7-46　QS 各段产生的激波及其传播

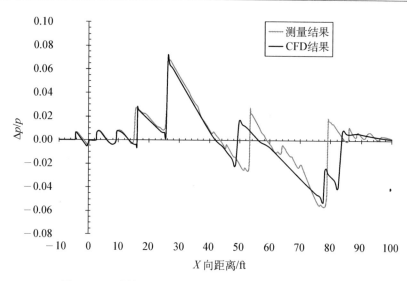

图 7 - 47　计算和测量的比较，$Ma = 1.4$，$H = 40\,000\,\text{ft}$

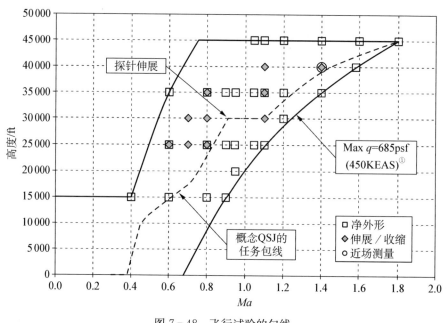

图 7 - 48　飞行试验的包线

7.7.3　非标准大气的影响和美国大陆可能发生音爆的初步估计

Salamone[25]进一步讨论了非标准大气对音爆传播的影响。他采用与全尺寸飞行器有同样近场压强值的旋成体配以 QS 的外形，图 7 - 49 为其一种外形。用 CFD 方法

---

① KEAS 是节当量空速(knots equivalent airspeed)1 kn(节)＝1.852 km/h。

计算得到它们的近场压强值($Ma = 1.8$，$H = 51000\,\text{ft}$），再用广义 Burgers 方程计算其在非标准大气中传播至地面的强度[26, 27]。大气数据取自美国 NOAA(National Oceanic and Atmospheric Administration)的 IGRA(Intergrated Global Radiosonde Archive)数据库。

图 7 - 49　QSJ 外形 1

文献[25]用广义 Burgers 方程方法并考虑了非线性、热黏性效应、分子松弛和扰动风等影响的软件计算了音爆在非标准大气中的传播。图 7 - 50 表示了 N - 波和 QSJ 生成的声波信号在标准大气中传播的比较。可见 QSJ 的声波信号在形状和幅度上都比 N - 波的有了很大改进。由研究得知，人们的烦恼程度和室外音爆的噪声级之间有密切的关系[28]，因此一般选择可感觉声强（PNL）和 A 加权的声爆级（A - weighted Sound Exposuse Level，ASEL）作为比较的标准。表 7 - 10 表示了 N - 波和 QSJ 的噪声指标比较，可见 QSJ2 外形的 PNL 和 ASEL 可比 N - 波的低 40 dB。图 7 - 51 为在非标准大气中可感觉噪声随纬度的变化，图中彩色星号表示可感觉噪声在纬度 45°标准大气中的数值。由图可见绝大多数的噪声水平在非标准大气中都比在标准大气中减小，而不是增大。

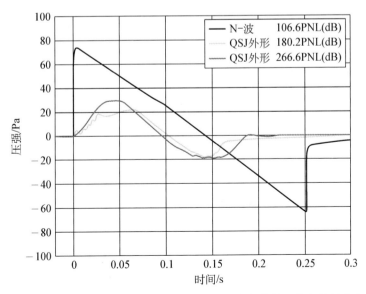

图 7 - 50　通过标准大气声信号传播的比较（距离物体的 2 倍物体长度处）

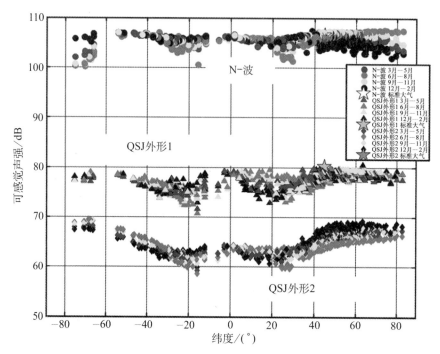

图 7 - 51　非标准大气中信号传播随纬度的分布,★为 45°纬度的值

表 7 - 10　标准大气中传播的声信号噪声级别的比较

信号	PL/dB	ASEL/dB	CSEL/dB
N-波	106.6	92.1	106.0
QSJ 外形 1	80.2	67.1	89.7
QSJ 外形 2	66.6	52.0	90.3

　　文献[25]还对美国大陆上空每天可能发生音爆的次数做了统计性的估计,指出 2008 年 7 月 21 日至 2008 年 11 月 21 日现有各类亚声速大型公务机在全美城市对之间共约 2100 架飞行了 33000 次(一个起落算一次飞行)。由于超声速公务机的航程不应小于 900 n mile,起降距离不应大于 5300 ft,故在上述统计数据中排除这两种可能情况后,可能取代亚声速作超声速飞行的公务机只能有约 683 架飞行 9200 次。图 7 - 52 为每天亚声速和超声速飞行的平均统计数据,可见在大多数工作日中平均为每日 45~50 次超声速飞行。据此,文献[25]计算了美国各大城市平均每天可能发生的超声速声波信号的次数,图 7 - 53 为分布情况,可见各城市平均每天可能只会听到 2 次或更少,只在东北部小范围内平均为 3~5 次。

7.7.4　DARPA 减小音爆外形设计的演示验证(SSBD)

1) QSP 项目

2000 年美国 DARPA 启动的 QSP 项目[29]目的是推动和验证实现长航程超声

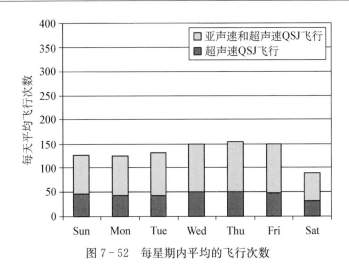

图 7 - 52　每星期内平均的飞行次数

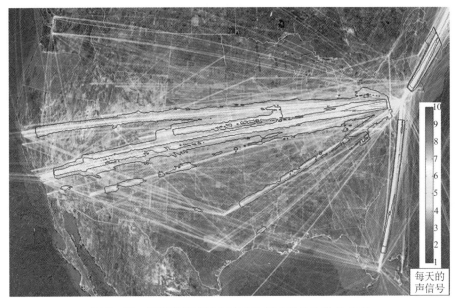

图 7 - 53　计算的超声速声波平均每天发生次数的分布

速飞行的创新设计和技术——极大地减小音爆,减小起飞和着陆噪声,提高飞行效率。图 7 - 54 给出了 QSP,SSBD(Shaped Sonic Boom Demonstration)和 NASA 减小音爆外形设计试验(Shaped Sonic Boom Experiment,SSBE)的概要。原来 QSP的重点在于减小音爆和起降噪声,因此其第一阶段只有一个目标,即实现头激波强度小于 0.3psf(见图 7 - 55)。该项目包括系统集成公司、发动机公司、为发展专门技术的一些小公司和大学。在项目执行的第一年中,三大系统集成商——波音、洛马、格鲁门各自利用 HSR 项目中获得的设计方法和工具及随后发展和改进的计算和优化技术进行了概念设计。在此过程中他们明显感到需要加强研究减小音爆的设计和验证计算工具,然而 QSP 项目第二阶段时工作重心却发生了变化,将军用的需求放在了此系统集成研究更高的优先级上,使低音爆要求的重要性低于最小起飞重量和长航程要求的,围绕减小音爆的最重要项目遂成为修型设计减小音爆的演示验证。此演示验证采用了格鲁门公司的建议。

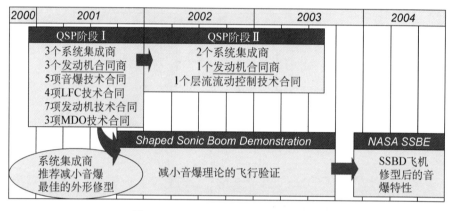

图 7 - 54　QSP,SSBD,SSBE 的概要

图 7 - 55　QSP 项目的要求和目标

2) 格鲁门 NGC(Northrop Grumman Cooperation)的建议

减小音爆的外形设计方法已研究了将近 50 年[30~52],文献[53]对所提出过的理论计算和设计方法做了简单的介绍。Jone[30] 和 Carlson[31] 是最早的研究者,他们根据音爆理论的远场解[32]定义了一种当量物体的外形,可产生具有低过压的脉冲 N-波。Hayes[38]证明了在真实大气中高空处产生的声信号波形将被"冻结(不变)"地传播至地面。George 和 Seebas[39,40]提出了一种理论,给出了为得到最小音爆在等温层大气中应具有的优化的近场信号(即最大过压最小化,并具有平顶式形状)(见图 7 - 56)。1973—1981 年间超声速巡航研究(Supersonic Cruise Research,SCR)项目的很多研究者都提出过用改变激波突跃的上升时间和远场 N-波波谱的方法来降低地面感受到的音爆噪声水平[41~46]。1988 年 NASA 举办的专家研讨会上明确了允许 HSCT 在陆地上空飞行必须解决的三个问题:降低音爆,建立音爆信号可接受的标准,量化大气对信号传播的影响[47]。Maglieri 还提出了优化的近场信号在真实大气中长距离传播还能否保持其波形的问题[52]。

尽管多年的研究获得了很多成果,但却没有一次飞行试验的验证。在 NASA

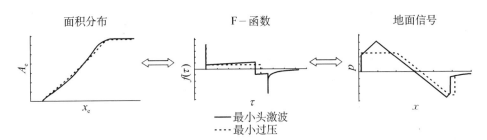

面积分布　　　　　F－函数　　　　　地面信号

——最小头激波
······最小过压

图 7-56　最小过压和最小头激波的等量面积分布，f 函数和地面信号的关系

HSR 项目研究过程中虽曾探讨和研究过飞行试验的问题[54~58]，却都因 HSR 项目的中止而未能实现。在 QSP 的第一阶段，Eagle 航空公司曾建议以其做过很多地面研究的 BQM-34E Firebee Ⅱ无人机(见图 7-57)作为飞行验证平台[59]，他们将该机头部外形加长 40 in，使其音爆信号具有平顶波形(见图 7-58)。NGC 公司准备接受 Eagle 公司的建议，后因种种原因最终放弃了此方案。后 Eagle 公司的 Maglieri 建议以 F5-E 作为试验平台，因其不但有所要求的超声速能力、细长比很大、进气道位置很靠后、运营费用不昂贵、座舱罩为融合式的，且有加长头部的可能，如其改型 F-5F 就加长了约 40 in(见图 7-59)。NGC 最后采用了此建议，于 2001 年 4 月向 DARPA 提出了以 F-5E 为飞行平台的 SSBD 的申请[60]，并于同年 7 月获得了批准。图 7-60 为 F-5E 和初始的 SSBD 外形(使用 CFD 方法对初始外形的头部进行了修改设计)。图 7-61 为 SSBD 项目的目标——实现超声速飞机的音爆在真实大气中具有平顶式的波形。

图 7-57　超声速 BQM-34E Firebee Ⅱ外形

3) F-5E SSBD 项目的实验

NGC 组建的 SSBD 工作团队(SSBDWG)由 QSP 的主要参与者——NASA，Eagle 公司、Wyle 实验室及波音、洛马、湾流和雷神公司等的相关人员组成。他们充分利用各单位的先进计算和设计工具来修改 F-5 的头部设计以期实现项目的要求。

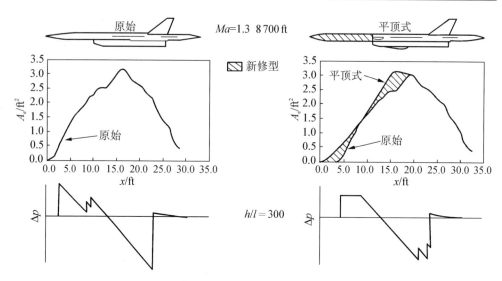

图 7-58　修改前后 Firebee Ⅱ 的地面声信号比较

图 7-59　F-5 E/F 的不同头部外形

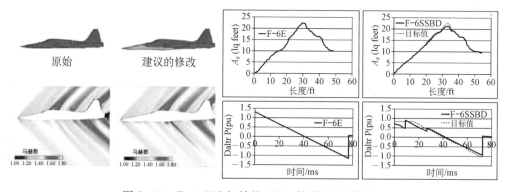

图 7-60　F-5 E 和初始的 SSBD 外形（CFD 结果）

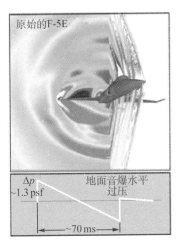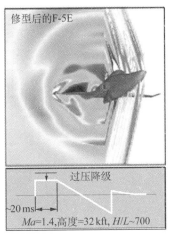

图 7 - 61　SSBD 项目的目标

　　项目的第一阶段包括 CFD 初步设计和风洞实验,即首先采用线性设计工具改变外形(主要针对面积分布),再用非线性计算工具计算该外形的流场压强,两者迭代直至达到所要求的压强分布,再将这样初步设计所得外形的风洞实验放到 NASA 格林 8 ft×6 ft 的超声速风洞中做实验,并将实验结果与 CFD 计算的结果对比(见图 7 - 62)。上述工作的结果表明实验和计算结果很一致。图 7 - 63 表示了 SSBDWG 在第一阶段将近结束时,所获得的外形 SSBD24b 及对其分别在高空和地面所做的 CFD 计算的结果。他们最终得到的飞机外形是 F - 5 SSBD。

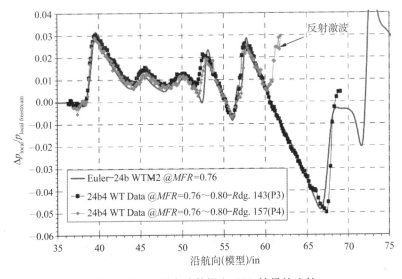

图 7 - 62　音爆实验数据和 CFD 结果的比较

F-5 SSBD-24B

$Ma=1.40, H=30$ kft, $W=12\,500$ lb

MFR(Mass Flow Ratio)$=0.74$,

非线性(CFD)分析

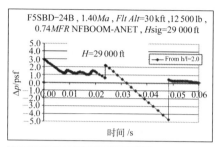

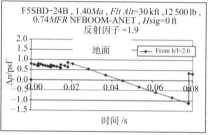

图 7-63　SSBDWG 计算 SSBD24b 外形的结果

　　项目的第二阶段包括详细的设计和生产,保证飞行安全的风洞实验,飞行试验记录和数据分析。为满足飞行安全准则的要求,对 F-5 SSBD 做了地面高、低速风洞实验,10%缩比的低速实验模型(见图 7-64)在 NGC 的 7 ft×10 ft 风洞中进行,5%缩比的高速模型(见图 7-65)在 Arnold AEDC 的 4 ft 超声速风洞中进行,风洞实验测量了空气动力和力矩。对原 F-5E 也做了同样的实验,并将其结果与过去的大量实验数据对比,以验证此项目实验数据的正确性。

图 7-64　低速风洞的实验模型

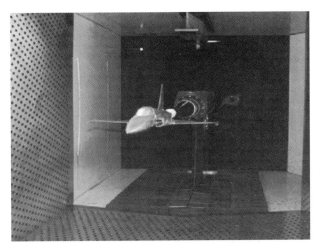

图 7-65　高速风洞的实验模型

随后,由美国海军提供 F-5E 飞机,Grumman 公司负责改形,组装生产,最终得到批准,进行了 F-5 SSBD 的飞行试验。图 7-66 给出了 F-5 SSBD 的头部和整流外形。图 7-67 和图 7-68 分别为 F-5 SSBD 的历史性起飞和首次飞行的照片。

图 7-66　F-5 SSBD 的机头和整流外形

F-5 SSBD 的飞行试验包括飞行包线扩展和音爆数据收集两部分。前者分别在佛罗里达和加利福尼亚完成,音爆试验利用分布式地面测量仪器在爱德华兹空军基地完成,一架 NASA F-15B 飞机测量了 F-5 SSBD 飞行中的近场数据。图 7-69表示了该测量结果及用 CFD 计算所得的近场压强信号,计算中采用 1700 万个网格点数和 N-S 解算器。比较两者可见吻合很好,表明 CFD 工具可用于改善音爆的

图 7-67 F-5 SSBD 的历史性起飞

图 7-68 2003 年 7 月 24 日 F-5 SSBD 的首次飞行

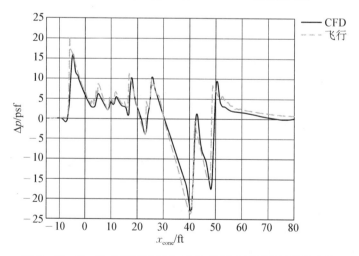

图 7-69 F-15 的测量结果和 CFD 计算近场压强信号的比较

设计[61]。图 7 - 70 表示了 2003 年 8 月 27 日 F - 5 SSBD 和 F - 5E 间隔 45 秒双飞所取得的实验地面信号,以及与 CFD 计算的比较,证实了改进飞机的外形设计可以产生远场较弱水平的音爆信号。2003 年 8 月 F - 5 SSBD 飞行试验成功结束。文献[60~67]给出了相关数据的分析和讨论。F - 5 SSBD 的飞行试验数据给随后的超声速飞机设计提供了很有价值的依据,增强了人们预估和控制音爆的信心。

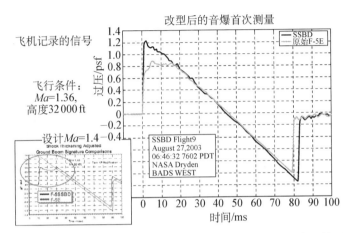

图 7 - 70 飞行试验测得的 F - 5E 和 F - 5 SSBD 的远场信号及 CFD 计算的远场信号

4) NASA 的 SSBE 项目

由于 F - 5 SSBD 飞行试验期间气温较高,飞机只达到了设计 Ma 数范围的下限,所以在 DARPA 项目结束后,NASA 决定接着启动由 NGC 领导制定计划并执行的第二次飞行试验项目,并由 NASA 的 Dryden 中心负责数据的记录。第二次飞行试验有 3 个目标:收集更多 F - 5 SSBD 飞机在设计和非设计飞行状态下的数据;定性地了解湍流对声信号的影响;产生并记录聚集音爆(focus boom)。试验时在 12 500 ft 长的距离上布置了 42 个传感器,其他传感器布置在 1 mile 外的南北两处。2004 年 1 月,F - 5 SSBE 飞行试验项目成功完成,共飞行了 13 次,收集了 1300 个音爆的相关数据,45 个测压记录,完成了对两次冲击机动飞行产生的聚集音爆的数据测量和记录。

7.8 噪声抑制技术的研究

随着世界范围内航线的迅速发展,飞机的噪声污染越发严重;而人类对环境保护却日益重视,遂使 1971 年启用的 FRR Part36 章程中将民用机噪声指标作为飞机适航取证必须遵守的强制性指标。

图 7 - 71 为 1971 年以来飞机适航噪声标准。同时,全球范围内对噪声严格限制的机场也日益增多(见图 7 - 72),因此,有效地降低飞机噪声已成为航空界重要的前沿研究领域和技术难点之一。文献[68]综述了流动和噪声的协调控制技术。

飞机噪声主要来自发动机噪声和机体噪声,民用机广泛采用的涡轮风扇发动机所

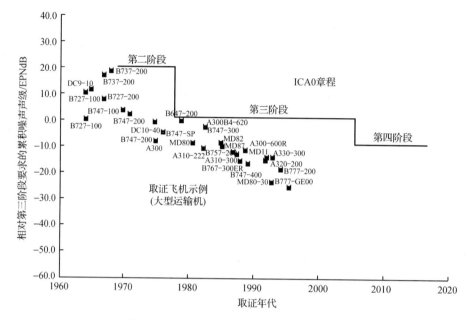

图 7-71 1971—2001 年飞机适航噪声标准

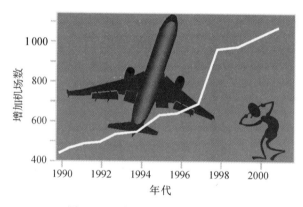

图 7-72 某些机场对噪声的限制

产生的噪声,包括:风扇/压气机噪声,燃烧噪声,涡轮噪声和喷流噪声(见图 7-73)等是飞机主要的噪声源,其中又以喷流和风扇噪声更强。喷流噪声与热喷流速度的 6 次方成正比,随发动机涵道比的提高,相应排气速度的减小,喷流噪声也减小,图 7-74 为不同涵道比发动机各部件的声源强度,可见当代大涵道比涡扇发动机的喷流噪声已降低到与风扇噪声相当的量级。文献[69]深入讨论了发动机产生的噪声及其抑制问题。

机体噪声是由飞机各部件绕流的压强脉动产生的,特别在飞机起飞和进场过程中,启动各种增升装置和收放起落架等非流线形物体时,会产生较强烈的机体噪声。图 3-3 表示了飞机起飞和进场状态下噪声的分布,可见起飞时主要是发动机风扇

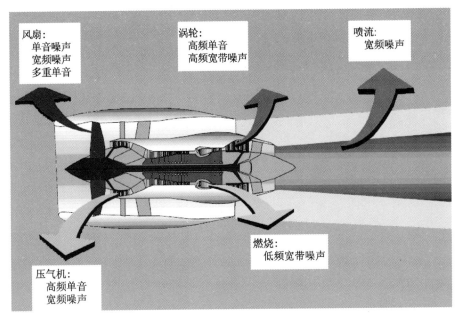

图 7 - 73 涡轮风扇发动机的噪声

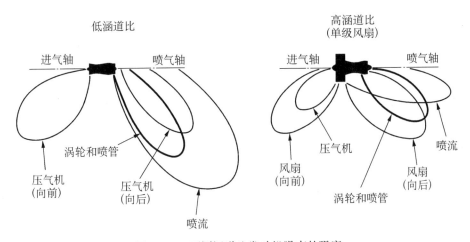

图 7 - 74 不同涵道比发动机噪声的强度

的前、后向噪声和喷流噪声,进场时还有较强的机体噪声。

为实现降噪目标,在设计中应尽可能:①降低发动机的各种噪声,重点是风扇和喷流的;②降低进场时的机体噪声。

本书第 2,3,4 章所介绍的几种未来民航机可能的先进布局形式中都将降低/抑制噪声作为设计的重要内容,特别第 3 章更将降低机场周边的噪声作为主要设计目标之一,目前生产和已投入航线的新型双通道客机 B787 设计中已首次采用了静音技术(QTD)进行设计(见图 1 - 9)。

一种降噪技术的发展始于概念的提出,再分析研究(包括计算机模拟和折衷);概念被证实可行后,需设计制造相应的风洞模型或相应的部件模型在声学风洞或其他相应的设备中进行实验,再通过飞行试验或发动机地面静台架试验进行全尺寸的验证;前者是将部件放到最终的真实飞行环境中验证,后者虽非真实环境,却可以用更低成本试验更多参数的调整和使用条件及状态的变化等所引起的声学上的反映,也可以更有效地孤立一些特殊的噪声源。所以两种验证方式可以互相补充。

7.8.1　QTD(Quiet Technology Demonstrator)2 项目

美国 NASA 通过亚声速飞机(AST)研究计划(1994—2001 年)实现民用机降噪 8 dB 的目标后,又启动了静音飞机技术(QAT)计划,要求进一步降低飞机噪声 5 dB。波音公司于 2001—2002 年与 Rolls-Royce、NASA、American Airline 等合作开展了静音技术验证(QTD)项目的第一阶段 QTD1[70] 研究,又在 2005—2006 年与 General Electric, Goodrich Corporation, NASA 和 All Nippon Airline 等合作开展了该项目第二阶段 QTD2[71, 72] 研究,利用装有 GE90 - 115B 发动机的 B777 - 300ER 飞机进行静音技术飞行验证,主要发展和验证了进气道、发动机喷口、起落架(见图 7 - 75)等降噪技术。

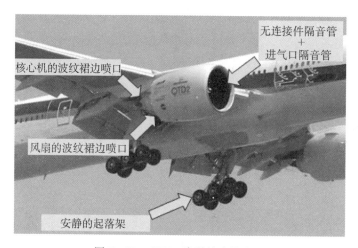

图 7 - 75　QTD2 降噪技术的改进

1) 进气道降噪技术的改进

图 7 - 76 表示了波音公司改进进气道降噪措施的历史。由于连接件不仅减小隔音面积,引起散射,改变声场结构而减小隔音效果,还在气动上增大气流的不均匀度,故早期主要是在结构上努力增大隔音的面积和减少连接件(splice),波音称之为"面积最大最小化(area maximization,AMAX)"。2001 年 QTD1 飞行验证证实了 AMAX 可减小风扇前向辐射的噪声。Goodrich 公司继续发展 AMAX 技术,提出了声光滑进气道(acoustically smooth inlet,ASI)的概念和结构,即消除所有连接件,图 7 - 77 表示了 ASI 进气道和现在使用的进气道的比较。

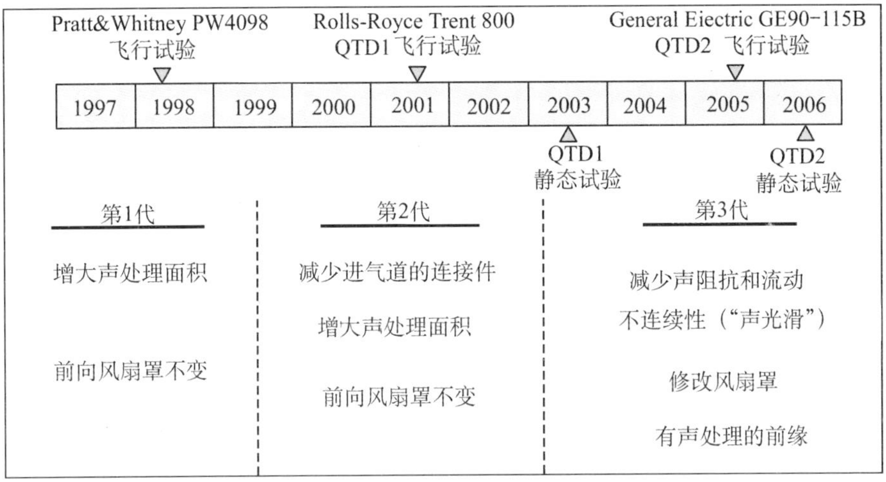

Pratt&Whitney PW4098 飞行试验 ▽	Rolls-Royce Trent 800 QTD1 飞行试验 ▽	General Eiectric GE90-115B QTD2 飞行试验 ▽

1997	1998	1999	2000	2001	2002	2003	2004	2005	2006

QTD1 静态试验 △ （2003）　　　　　QTD2 静态试验 △ （2006）

第1代	第2代	第3代
增大声处理面积	减少进气道的连接件	减少声阻抗和流动
	增大声处理面积	不连续性（"声光滑"）
前向风扇罩不变	前向风扇罩不变	修改风扇罩
		有声处理的前缘

图 7 - 76　改进进气道降噪措施的历史

图 7 - 77　ASI 进气道（右）与现使用的进气道（左）

　　Yu 等具体阐述了 ASI 进气道的设计[73]，图 7 - 78 为由非金属材料组成的双层蜂窝状、具有双自由度（DDOF）的 ASI 进气道结构示意图。ASI 是波音飞机上第一个全尺寸无连接件的试验进气道，也是 QTD2 要验证的进气道降噪关键技术。飞行试验表明，ASI 有效地减小了机场周边和舱内的噪声[73]，比传统进气道在周边噪声上减小 2 EPNdB（有效感觉噪声），飞机爬升时前机身舱内的蜂鸣噪声（buzzsaw）减小 20 方（phon），降低风扇的 BPF（blade passage frequence）单音噪声 10 dB，整个进气道的单音噪声降低 20 dB。Callender 等[74]通过地面静台架上的试验对 ASI 做了深入分析，明确了增大隔音面积主要是减小多重单音噪声，消除连接件则主要减小 BPF 单音噪声。Premo 等对比了不同计算方法的计算结果、静台架实验和飞行试验的结果，指出简化模型可以用来计算散射场，而计算近场结果需采用高阶模型[75]。

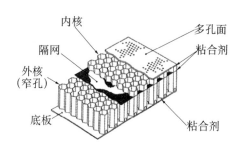

图 7-78 Goodrich 的 DDOF 隔音管结构示意图

2）波纹状裙边喷口（chevron）降噪技术

（1）发动机/机体声综合（propulsion/airframe acoustic integration，PAA）设计的 T-Fan chevron。

起飞时发动机的喷流和周围的绕流掺混，产生相对低频的宽频带噪声，成为起飞时的主要噪声，巡航时超声速的喷流往下游传播，湍流结构和羽流中准周期性的激波腔相互作用，产生激波腔噪声[76]，构成巡航时后机舱内的主要噪声。波纹状裙边喷口[77~79]则是近年来得到广泛研究的降低这两类噪声的技术之一（见图 7-79），其特征是喷口具有三角形锯齿形边缘，且锯齿瓣稍浸入喷流，使喷流流通时在剪切流下游产生流向涡，促成更大尺度的掺混，使位流核心长度和中心处的速度减小，从而降低低频掺混噪声。

图 7-79 风扇和核心机的波纹裙边喷口

（a）周向变化的锯齿瓣（azimuthally varing chevron，AVC）概念。

图 7-80 为波音公司研究 chevron 降噪技术的历史。第一代和第二代喷口分别主要用于相对较低和较高涵道比（BPR）的发动机，主要关注降低低频的喷流噪声，但却同时增大了高频区的噪声。第三代喷口的设计目标是保持低频降噪效果的同时控制高频噪声，第四代喷口的设计还关注了发动机巡航功率时激波腔噪声的降

低,研究了发动机安装于飞机上时相互干扰对噪声的影响,这种发动机/机体的声综合(PAA)影响是 QTD2 中 chevron 设计的一个重要关注点。

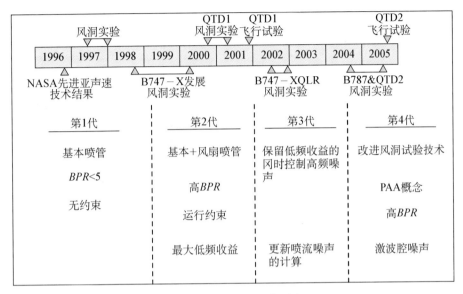

图 7 - 80　波音的研究历史

早期的 chevron 锯齿瓣沿喷管周向均匀分布(R-chevron 喷口),但若考虑到如发动机吊挂于机翼下,则挂架处于喷管的上顶部,会引起绕喷管的流动上下不对称,且机翼前缘附近的上洗进一步加剧此不对称;机翼还会反射喷流辐射的噪声至地面;喷流与襟翼的相互作用不仅产生噪声,也造成喷流上下不对称等等。为实现噪声的最小化,QTD2 项目中的 Mengle 等人在 NASA 研究人员对圆形喷口和常规 chevron 与挂架相互作用研究[80~85]的基础上,提出了锯齿瓣沿周向非均匀分布的 chevron(AVC)概念,即在顶部(靠近挂架)区的锯齿瓣长度长些,浸入喷流深些(这样,虽可降低低频噪声,却同时因增大喷口附近的湍流度而增大高频噪声[86]),并降低喷管产生的推力和喷射系数(discharge coefficient),降低发动机性能,而在远离挂架和襟翼区的底部,锯齿瓣长度短些,浸入喷流浅些(可弥补上述不利因素),此即 T(顶部加强的)- AVC 概念,最初此概念仅用于风扇的喷口,得到 T fan chevron 喷口,后来证明也可用于核心机的喷口。

(b) AVC 的风洞实验。

为验证此概念,Mengle 等对单独喷管(只考虑喷管与挂架、襟翼等多种相互作用)[87],组装于飞机上的喷管(包括喷管、机翼和襟翼等多种相互作用)[88],喷流-襟翼相互作用[89]等在波音低速声学风洞(LSAF)中做了深入细致的实验研究。实验 $Ma = 0.32$,以 NTL3800 双股气流喷管模拟器作为喷流噪声的试验件,可获得最高温度1500℉的主气流和 250℉ 的次气流,双股气流的流量为 30 lb/s。LSAF 和喷管模拟器的详情可见[90]。

　　图 7-81 和图 7-82 为模型安装在风洞中的照片[87, 88]。实验结果表明，带有挂架的涵道比为量级 7 的单独喷管，若核心机喷口为周向均匀分布的常规 R-chevron，则采用 T-fan chevron 的效果优于 R-fan chevron，在典型起飞状态时能降低远场喷流噪声，且在降低低频噪声时，不会带来高频噪声的增大。图 7-83 比较了 T-fan chevron 和 R-fan chevron 相对于圆形喷口的噪声降低。组装于飞机上的风洞实验结果与单独喷管的结果类似，但其效益值要小于单独喷管的[88]。

(a)　　　　　　　　　　　　　　　(b)

图 7-81　在风洞中安装的实验模型照片

(a) 位于自由射流风洞中的喷管；(b) 后向近照

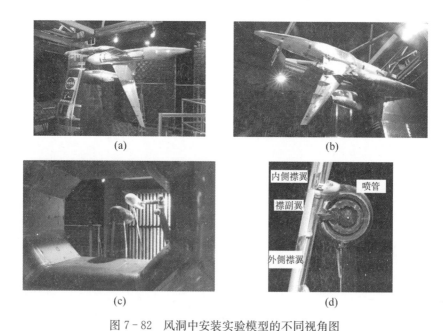

图 7-82　风洞中安装实验模型的不同视角图

(a) 从西侧看；(b) 从东侧看；(c) 从风洞内看；(d) 从后侧向风洞看

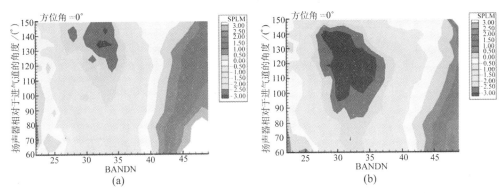

图 7 - 83　T-fan chevron 和 R-fan chevron 相对于风扇圆形喷口的噪声降低

(a) RR 与 bb 之间的 *SPL* 差异；(b) RT 与 bb 之间的 *SPL* 差异

(c) PAA T-fan chevron 对机场周边降噪的飞行试验结果。

PAA T-fan chevron 喷管与核心机不同喷口的组合作为 QTD2 飞行试验的试验部件，构形 2，4，8 的进气道为 ASI，构形 1 是当前生产型飞机的进气道。通过上述不同构形的试飞结果可以确定风扇和核心机的 chevron 作用。图 7 - 84 和图 7 - 85 分别为安装在飞机上的照片。

图 7 - 84　安装在 QTD2 飞机上的 PAA fan 喷管

图 7 - 85　安装在 QTD2 飞机上的 PAA fan 喷管/核心机 chevron 喷管

飞行试验的 PAA 喷管外形组合如表 7 - 11 所示。

表 7 - 11　飞行试验的 PAA 喷管外形组合

外形编号	进气道	喷管	说明
1			圆形喷管（基本外形）
2			PAA chevron＋核心机 chevron

（续表）

外形编号	进气道	喷管	说明
4			PAA chevron＋基本外形核心机
8			带有 ASI 进气道的基本外形

Nesbitt 等讨论了上述 AVC 概念喷管的不同组合对机场周边噪声影响的飞行试验结果[91]。分析比较表明，PAA T-fan chevron 喷管和核心机均匀分布 R-chevron 喷管组合确能在起飞状态下减小高达 2 dB 的低频噪声，而不增加高频噪声[71, 91]，同时也基本上不影响巡航状态的推力系数（减小量＜0.05％）[91]。

（d）PAA T-fan chevron 在巡航状态时减小激波腔噪声的飞行试验结果[92]。

激波腔噪声是巡航状态时机舱内噪声的一部分，减小它可提高旅客的舒适度，同时也可减少机身侧壁内的声衬数量，有利于减轻机体侧壁的重量。

如果喷流是超声速的，而且喷管出口的压强不等于周边气流的压强，这时喷流的平均流动就会出现如图 7-86 所示的激波腔结构，引起激波腔宽频噪声。

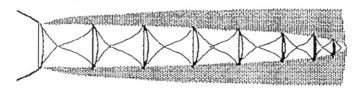

图 7-86　超声速喷流中的激波腔结构

对于激波腔噪声的研究已有几十年的历史[93]。Harper-Bourne 等奠定了早期的研究基础[93]，他们证明了激波噪声的峰值与相邻激波腔发出的噪声之间的结构性相互作用相关，并发展了可计算从收缩喷管流出的单股超声速喷流激波腔噪声的方法。Tam 和 Tanna 等发展和改进了计算方法[94, 95]。Norum 和 Shearin 等测量了 $Ma = 0$ 到 0.4 之间的激波腔静压和噪声[96]。Bhat 等研究了双股喷流的激波腔噪声的声场和流场的特性等[76]。

飞行试验前也曾在 LSAF 风洞中模拟过巡航发动机状态的激波腔噪声，实验喷管的压强比使主喷流（核心机的）为亚声速流，而次喷流（风扇的）为超声速流，于是在下游形成激波腔并产生激波腔噪声。图 7-87 表示了三种喷管（bb、RR 和 RT——喷口符号第一个字母表示核心机的喷口，第二个字母表示风扇的；而符号 b、R 和 T 分别表示圆形喷口，均匀分布的 chevron 喷口，T-fan chevron）在 $Ma = 0.32$，$NPR_{次}$（喷流压强比）$= 2.33$ 和 $NPR_{主} = 1.74$ 时的远场声压水平 SPL（sound pressure level）的比较，由图可知，RT 喷管不仅在此频谱平面中到处都比 RR 安静，还特别在减小激波腔噪声上很有效,差值可达 3 dB。

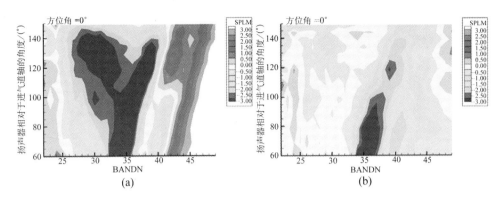

图 7 - 87　不同组合的远场 SPL 的比较,$Ma = 0.32$, $NPR_次 = 2.33$ 和 $NPR_主 = 1.74$

(a) RT 与 bb 之间的 SPL 差异; (b) RT 与 RR 之间的 SPL 差异

飞行试验的 $Ma = 0.84$,平均高度 $H = 35000$ ft。图 7 - 88 和图 7 - 89 分别表示了在机身右侧外表面布置的非定常压强传感器的位置和后机身舱内扬声器的位置。外表面共布有 84 个传感器(其中 56 个集中于发动机噪声的峰值区域内),机舱内布置了 50 个扬声器。Mengle 等讨论了飞行试验中 AVC 的 chevron 喷管对巡航状态产生的激波腔噪声和它对机舱内噪声的影响。图 7 - 90 给出了当超临界的风扇喷流($NPR_次 = 2.37$)和亚临界的核心机喷流($NPR_主 = 1.81$)时三种喷管(8 号-bb, 4 号-bT, 2 号-RT)激波腔噪声的频谱图。图 7 - 90(a)为 bb(8 号)的激波噪声场,倾斜的峰值 SPL 线表明,沿流向下游方向走,峰值 SPL 位于较高的频率。其他数据分析还表明,随着 Ma 数的增大,峰值的频率变低,这是因为激波腔长度随 Ma 数增大而增长。图 7 - 90(b)和(c)分别为 bT(4 号)和 RT(2 号)喷管相比于 bb(8 号)喷管 SPL 的差值分布。由图 7 - 90(a)可见由于 T-fan chevron 喷管的作用,低频激波腔噪声有约 5 dB 的减小,且不增大高频噪声,这种有利效果可保持在 $NPR_次$ 从 2.31 到 2.46 之间。由图(c)可见,附加了核心机的常规均匀分布的 R-chevron,使 RT 组合进一步减小了低频噪声,但它伴随有高频噪声的增大。图 7 - 91 表示了不同发动机状态($NPR_次 = 2.31$, 2.37 和 2.46)下 bT 相对于 bb 的激波噪声谱的差值,图中数据表明 T-fan chevron 可显著降低激波噪声,同时稍微增大高频噪声,这种影响在发动机中间状态下都会存在。图 7 - 92 表示了 T-fan chevron 对激波腔噪声的总体声压水平 OASPL(overall sound pressure level)的综合影响,图 7 - 92(a)是频谱段 17~40 的 OASPL,图 7 - 92(b)则是更窄的谱段 18~25 的 OASPL。图 7 - 92(a)表明 PAA T-fan chevron 可降低 2~3 dB 的噪声,而图 7 - 92(b)表明它的降噪作用主要位于发动机动力的中等状态,当发动机动力最大时噪声会略微增大,但实际飞行时发动机大部分是处于 $NPR_次 = 2.37$ 附近,最大攻率状态仅占很短的时间。

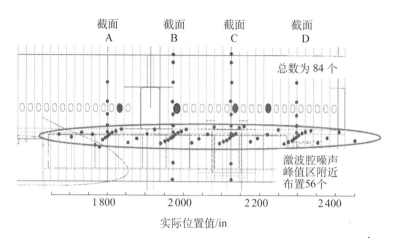

图 7 - 88 在机身右侧表面的非定常压强传感器的布置

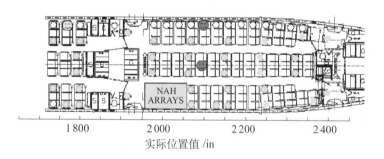

图 7 - 89 后机身机舱内部扬声器的布置

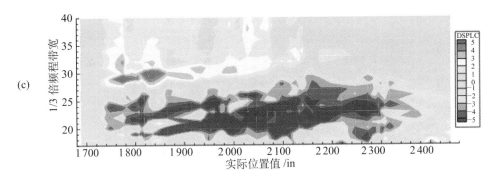

图 7-90　3 种喷管组合的激波腔噪声的 *SPL* 谱图的比较

(a) 8 号(bb)部件的 *SPL* 图；(b) 4 号(bT)部件相对于 bb 件的增量分布；
(c) 2 号(RT)部件相对于 bb 部件的增量分布

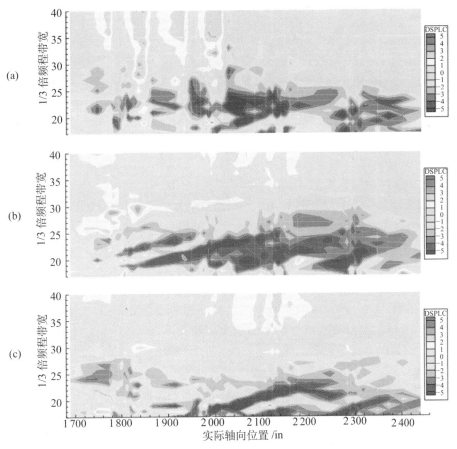

图 7-91　不同发动机状态时 PPA-T chevron 的激波腔噪声
的影响(bT 相比于 bb 件的差值)

(a) $NPR_s = 2.31$；(b) $NPR_s = 2.37$；(c) $NPR_s = 2.44$

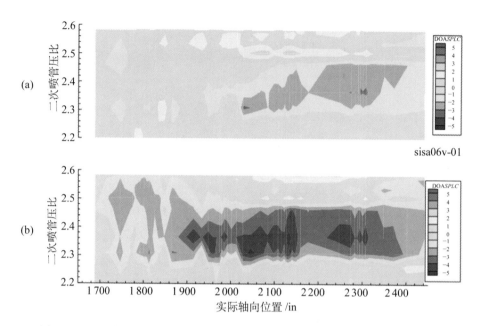

图 7-92　不同发动机动力状态下，部件 4(bT)相对于部件 8(bb)$OASPL$ 的差值

(a) 频谱 17～40 的 $OASPL$；(b) 频谱 18～25 的 $OASPL$

　　舱内测量结果与外部传感器测量的 SPL 结果类似，bT 相比于 bb 可沿整个轴向位置降低低频噪声，而不明显增大高频噪声，其减小的最大峰值可达 2～2.5 dB，但由于高频噪声会略有增大，而使 $OASPL$ 减小约 1～2 dB。

　　上述飞行试验结果与之前 LSAF 风洞测量结果的趋势是一致的。

　　Bultemeier 等讨论了均匀分布的 chevron 的锯齿瓣浸入喷流深浅对激波腔噪声影响的 QTD2 试飞结果[97]。试飞中在：浸入深度、发动机动力状态、轴向位置、频率分布和声波等 5 个方面分别进行了测量。

　　图 7-93 为发动机中间状态下 3 个不全的浸入深度(0.2 in，0.4 in，0.6 in)时相比于基准型(无锯齿瓣)激波腔噪声在机身外部的增量分布图，由图可知，锯齿瓣浸入喷流可降低低频噪声，但也会略微增大高频噪声，增量大小随浸入深度的变化看不出有明显的规律，虽可以看出随着深度的加大，增大了降低低频噪声的效果。图 7-94 表示了发动机中等推力状态时 0.4 in 浸入的 chevron 与无 chevron 的 1/3 倍频程声压级的比较，可见浸入喷流的比无锯齿瓣的激波腔噪声具有较低的低频噪声和稍高的高频噪声。图 7-95 表示了两种不同浸入程度的 1/3 倍频程平均 $OASPL$ 的比较，图 7-95(a)为 17～40 频段，图 7-95(b)为 18～25 频段，可见不同浸入深度的影响不大。

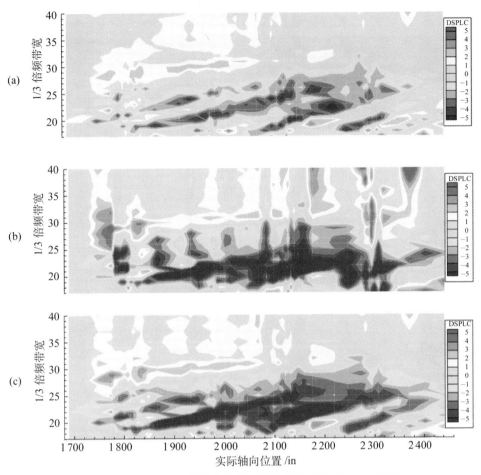

图 7 - 93　发动机中等推力状态下浸入程度对噪声降低的比较

(a) 0.2 in；(b) 0.4 in；(c) 0.6 in

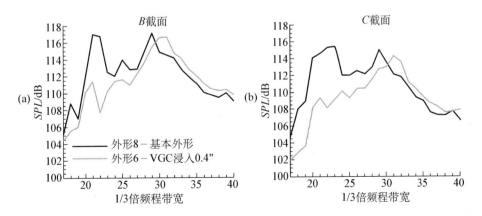

图 7 - 94　发动机中等推力状态下 0.4 in 浸入的 chevron 与无 chevron 的 1/3 倍频程声压级的比较

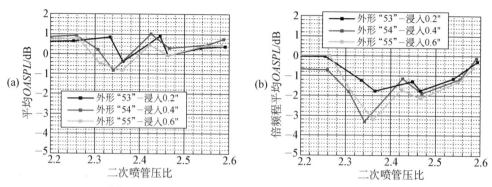

图 7 - 95 不同浸入的 1/3 倍频程平均 $OASPL$ 的比较

(a) 17—40 频段；(b) 18—25 频段

客舱内测量的结果与上述机身外壁测量结果的结论类似。图 7 - 96 表示了带与不带锯齿瓣的 SPL 随频率的变化，可以看到 chevron 降低激波腔噪声主要在 $125 \sim 500\,\text{Hz}$ 频段（频段 17~27），峰值可降低 $2 \sim 3\,\text{dB}$，当超过 $1\,000\,\text{Hz}$ 后基本上没有影响。

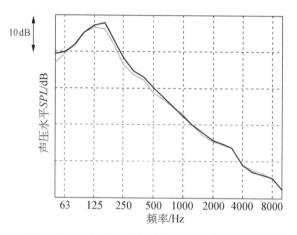

图 7 - 96 带与不带锯齿瓣的 SPL 随频率的变化

（2）可变几何锯齿瓣。

如何解决低速起飞着陆状态要求锯齿瓣浸入喷流大些，而巡航状态要求浸入小些或不进入的矛盾要求？波音在锯齿瓣的结构设计中采用了变形技术（见图 7 - 97）。为可变几何的锯齿瓣（varible geometry chevrons，VGC）安装于发动机风扇喷管后缘的示意图。

VGC 采用一种紧致、轻质、可靠、热敏作用的形状记忆合金（shape memory alloy，SMA）作为致动件，利用它的热敏作用改变锯齿瓣的形状。SMA 受热后诱导材料内部的微结构变化而将热能转换成机械能，它们具有高热能密度和很好的动应变能力。VGC 的设计者采用了一种先进的 $60\%\text{Ni}$ 和 $40\%\text{Ti}$ 重量比组成的镍钛合金，而非常规的 55 - Nitinol 合金。大多数的 SMA 致动件能由起飞和巡航时周围大气温度的变化

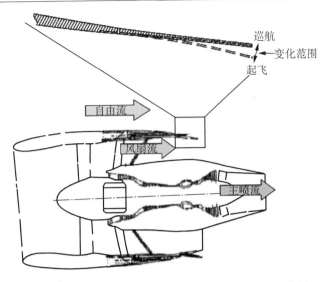

图 7 - 97　装在风扇喷管后缘的 VGC 和发动机的示意图

而驱动,因而能够自动运行。图 7 - 98 为主要构件组合成 VGC 的示意图。每个锯齿瓣的浸入程度必须可被独立控制,按照初步设计要求,它能向外部气流方向偏转 3 in 和向风扇气流方向偏转 6 in,而具有 9 in 的运动行程。每个锯齿瓣中都包含 3 个致动件(见图 7 - 98):热源温度传感器、应变传感器和导线。SMA 致动件紧固于刚性的复合材料基件上,并伸展至反推力装置的导流片上。薄膜热源安装在每个致动件上以控制温度和锯齿瓣的形状。外表有一个保护层。基件上有 3 个应变测量点,测量值与锯齿瓣形状相关联,以提供瓣尖的实时位置值,3 个热电偶监控致动件和基件的温度值。

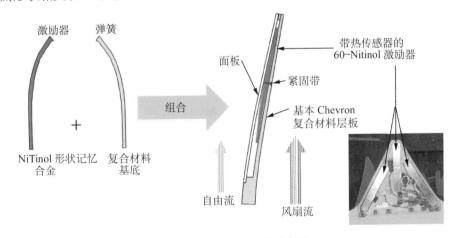

图 7 - 98　VGC 的组装示意图

文献[98~100]具体介绍了 VGC 锯齿瓣及其各部件的设计细节、试飞和发动机静台架实验。图 7 - 99 表示了 VGC 自动运作的记录,左图表示了起飞状态时热风扇喷流加热 SMA,在发动机起动后 500 秒内使瓣尖浸入位移约 0.8 cm,右图表示巡航飞行时瓣尖恢复位置的过程,高空(35 000 ft)的冷空气致动件,使瓣尖在 600 秒内移至适合巡航状态的最佳位置(从 2 cm 回至 0.4 cm)。由于每个锯齿瓣可被独立控制,因此一次飞行中可试验多个 chevron 构形。图 7-100 表示了某种构形瓣尖运动的记录,从各瓣均匀浸入风扇喷流中−0.1,0,0.4 和 0.6 至某个指定的非均匀浸入分布的过程。图 7-101 表示了应变仪测得的与飞行照片的结果比较,两者很一致。飞行试验和发动机静台架试验的成功证实了设计和技术应用的正确性。

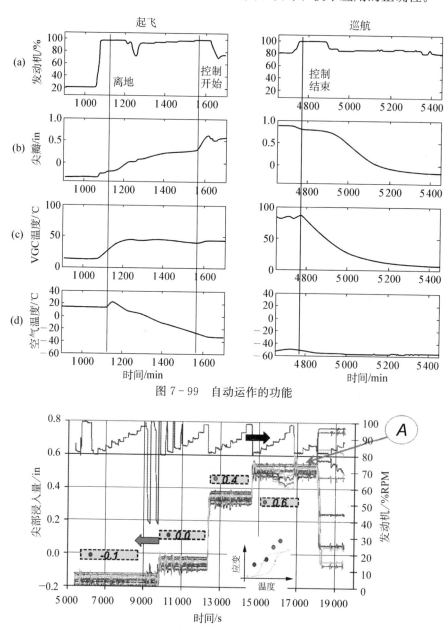

图 7-99　自动运作的功能

图 7-100　飞行中瓣尖的变形

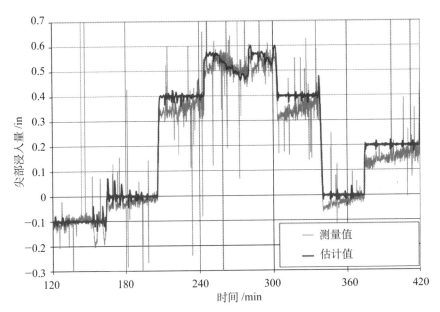

图 7 - 101　应变仪的变形和飞行的照相比较

3）降低起落架噪声的研究

QTD2 项目中在机体噪声研究方面主要研究和验证了降低起落架产生的噪声。

Virginia Tech(VT)大学研究小组按照 NASA 研究合同，早在 2002 年即在其研究稳定性的风洞中对 B777 主起落架的 26％ 比例模型做过气动声学测量[101]，从 2004 年起他们继续为 QTD2 项目提供技术支持，为实现和完成 2005 年的飞行试验，对 B777 主起落架的各种降噪控制概念做风洞实验验证。波音和 Goodrich 公司对通过实验确定可能影响起落架噪声的一些部件[102~104]设计了两种适用于 B777 - 300ER 的 QTD2 飞行试验降噪措施[105]，其中一个是为起落架加装"平底雪橇形"（toboggan）整流板（见图 7 - 102），另一为使着陆时起落架相对气流从原来的上挠姿态改为顺气流（aligned）（见图 7 - 103）。

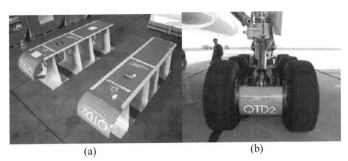

图 7 - 102　为飞行试验设计的 toboggan 整流板

（a）单独整流板；（b）装于起落架上的整流板

(a)　　　　　　　　　　　　(b)

图 7 - 103　B777 - 300ER 起落架机轮着地姿态

(a) 顺气流；(b) 原先上挠式

　　风洞实验结果表明,导线套管、轮子底部、刹车、减震支柱、门/柱的缝隙等是起落架的噪声源。为了减小轮子底部发出的噪声,NASA 研究人员提出了"toboggan"整流板的概念,VT 小组对它的宽度、前部外圆角等参数对减噪的影响做了风洞实验[102](见图 7 - 104)。实验结果表明,前部外圆角对降噪基本没有影响(见图 7 - 105),因此可采用 90°的外形。对 3 种理论计算所得宽度的降噪作用比较(见图 7 - 106)表明,最大宽度的效果最好,但却因太宽而无法应用于实际飞机外形,因此需要确定降噪最佳的实用宽度。波音在轮胎平压和转弯安全分析的基础上确定了"toboggan"允许设计的无因次最大半宽度,并要求对整流板靠近轮胎的边缘部分做柔性处理[105]。Goodrich 据此要求设计了可用于真实飞行试验时的整流板结构,整流板主体为铝板(已申请专利),其靠近轮胎的边缘部分由两块薄铝板之间包含一层具有弹性的硅材料,内为聚酯/玻璃纤维布构成刚性单元这样的夹心结构构成(见图 7 - 107),外表还有一个涤纶织物(的确良)外层,以保证外表的光滑。

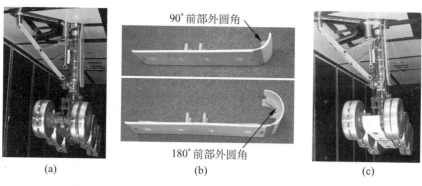

(a)　　　　　　　　　　(b)　　　　　　　　　　(c)

图 7 - 104　原始起落架(a);"toboggan"不同的前部外圆角
(b);装整流板后的起落架外形(c)

　　B777 - 300ER 的主起落架放下时是处于"上挠"姿态,以保证飞机机轮首先着陆,为其他控制系统提供已着陆信号,但理论上飞机以正迎角着陆时起落架应该与来流方向一致才可降低噪声,这也需要验证。幸运的是,原先起落架设计的控制系统与机构可以实现由上挠约3°改为 0°的变化,无需设计修正,在试飞中也实现了顺气流姿态的着陆。

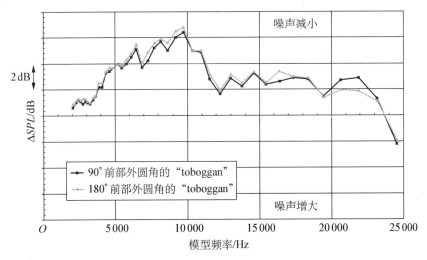

图 7 - 105　不同外形圆角降噪的作用

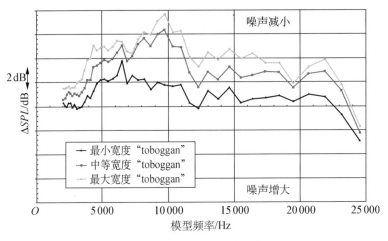

图 7 - 106　不同宽度的降噪作用

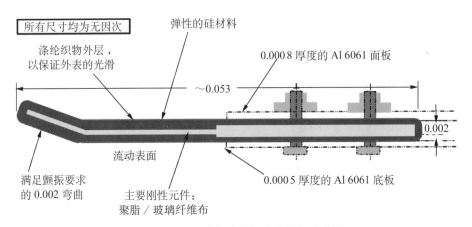

图 7 - 107　整流板边缘部分的结构示意图

Elkoby 等讨论分析了飞行试验中测量的数据[106]，认为总体上数据重复性很好，前起落架，左/右起落架的谱峰值重复性误差约为 2 dB；噪声与速度关联数据值也很好；远场噪声的重复性在 0.5 dB 之内；波束形成（beamforming）结果的重复性约在 2 dB 之内；起落架收起后和放下时的噪声差约为 3 dB，表明起落架与其他机体噪声源同等重要。文献[106]具体分析了发动机慢车状态下襟翼分别偏 0°和 30°时原始起落架（BG）、顺气流姿态起落架（AG）和加"toboggan"整流的起落架（TG）等的噪声测量数据。在两种襟翼状态下远场噪声测量结果并没有显示出 AG 和 TG 有任何降噪的效果，在 0°状态低频噪声甚至增加 2~3 dB，右主起落架（MGR）的两种降噪措施的谱值也不同，AG 与 BG 的差值约为－3~－1 dB，TG 则为＋2 dB，左主起落架（MGL）的 AG 与 TG 则是相同的，两者都比 BG 低 1~2 dB，由于 MGL 和 MGR 数据并不一致，也不能得出 TG 不降噪的结论。相反 AG 的 MGL 和 MGR 的数据是一致的，因此可得到在 1500~3000 Hz 范围内有－3~－1 dB 的降噪效果。30°襟翼状态下两种降噪措施具有基本相同的波束形成结果，其中 MGL 和 MGR 的谱峰值没有显示出噪声的减小，且 30°状态时很难完全分辨出主起落架的噪声源和估计出降噪的数值，这表明由于前起落架和襟翼等所产生的噪声覆盖了主起落架的噪声，而掩盖了降噪效果。此外，也没有获得飞行试验结果和风洞实验结果之间的完全相似，相控阵列扬声器的结果与远场结果之间也存在一些差异。这些结果充分表明研究机体噪声的困难，今后还有大量的工作要做，特别是分辨各噪声源产生噪声的数值。

7.8.2　抑制机体噪声（airframe noise，AFN）的研究

Dobrzynshi 曾指出[107]，机体噪声是由湍流流动与机体相互作用产生的。现代飞机的主要机体噪声源为：起落架、有缝的前缘缝翼、襟翼和前缘缝翼的侧缘、襟翼和缝翼的导轨和导轨空隙、扰流片、起落架的尾迹和襟翼的相互作用等。此外还存在很多"寄生（parasitic）"噪声源，即由起落架的各销钉孔、机翼上多种空穴和孔口等发生的单音和宽带噪声（见图 7-108 和图 7-109）。

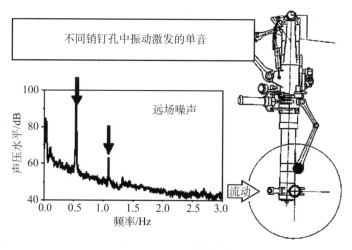

图 7-108　销钉孔产生的单音噪声

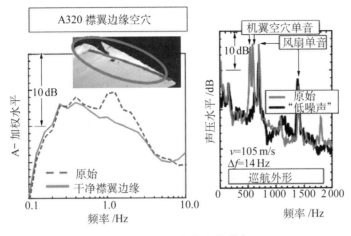

图 7 - 109 空穴产生的噪声

1) 波音等对起落架噪声及降噪的研究

波音公司在 1999 年做了 B777 6.3％模型的噪声风洞实验(见图 7 - 110a),2001 年 NASA 又完成了 26％模型在 Ames 40×80 ft 风洞的实验(见图 7 - 110)[104]。随后波音又在 2001 年完成了对 B777 - 200 飞机的 QTD1 飞行试验。由于 3 种模型的几何真实程度相差很大,3 次实验/试验的雷诺数相差很大($3.2×10^6$,$9×10^6$ 和 $3.5×10^7$)。所得结果中噪声源分布的差异较大,但却都可表明起落架是主要噪声源之一。

在 26％模型的实验中,又采用了 3 种不同几何真实程度的起落架,以研究它们对噪声的影响,图 7 - 111 和图 7 - 112 分别为了它们的几何外形和所产生的噪声水平,由图可知,所产生的低于 1200 Hz 的噪声,去掉起落架并密封起落架舱的外形比简单外形的低 3 dB,更比高保真外形的低 5～6 dB;高于 1600 Hz 的噪声则均主要来自内侧襟翼的外边缘。

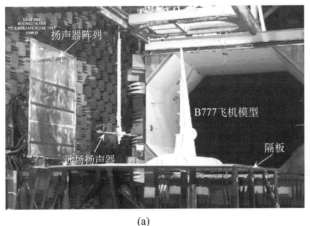

(a)   (b)

图 7 - 110 6.3％模型在波音低速风洞中(a);26％模型在 Ames 40×80 ft 风洞中(b)

(a) (b)

图 7 - 111　高保真度外形(a);简单外形(b)

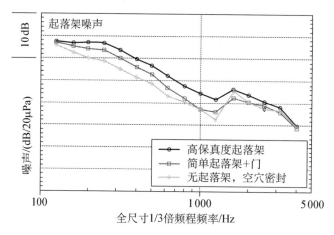

图 7 - 112　3 种外形的噪声比较, $Ma = 0.21$, $\alpha = 6°$

为支持 QTD2,VT 大学的研究小组做了 B - 777 26% 主起落架模型噪声的风洞实验研究及有关降噪措施效果的对比[102],包括 toboggan 的降噪效果(见 7.8.1节)。随后他们还研究了可用于全尺寸外形且满足设计约束(重量、尺寸、价格、可维护性、可检查性、可收放等)的柔软整流装置的降噪效果[108],提出了用弹性膜整流罩于立柱、斜撑、轮底、导管、扭接连杆等组件外,以减弱尾流的相互作用或隐藏部件于气流之外。

图 7 - 113～图 7 - 115 为原始起落架外形和加上该整流罩后的外形。总体降噪的测量结果如图 7 - 116～图 7 - 118 所示。图 7 - 116(a)和(b)分别表示了侧向和纵向相控阵列扬声器测得的降噪效果随频率的变化,图 7 - 116(b)表明,加整流罩后的轮底在纵向所有频率范围内可降 2～5 dB,图(a)表明,加整流罩后的斜撑和立柱组合在侧向大多数频率范围内至少可降 2 dB,最大峰值可达 5～6 dB。图 7 - 117 和图 7 - 118 分别表示了不同材质整流罩和轮底软与硬材料对降噪的影响,由图 7 - 118 可知,采用软材料比固体材料降噪效果更好。随后,他们进一步将原来研

究稳定性的风洞改造成声学风洞[109],图 7 - 119 为附加了一个噪声室的风洞实验段的俯视示意图,并在此改造后的风洞中对降噪的整流罩又重新做了测量比较,实验结果表明,装有 NASA 的 toboggan 和他们的斜撑和立柱整流罩可获得最佳的降噪效果(见图 7 - 120)。此外实验结果还表明,近场的噪声测量会过高估计降噪措施的效果[110]。

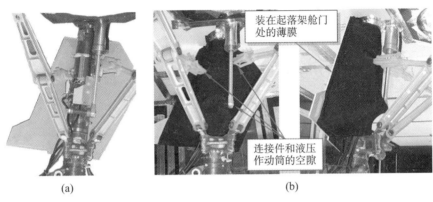

(a)　　　　　　　　　　　　　　　　　(b)

图 7 - 113　原始外形(a);加弹性膜整流罩后的外形(b)

(a)　　　　　　　　　　(b)　　　　　　　　　　(c)

图 7 - 114　原始外形(a);分别为装有加弹性膜的斜撑和主轴(b),(c)

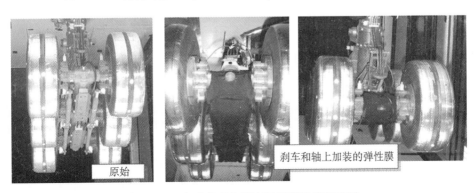

图 7 - 115　加在轮底和刹车轴的弹性膜整流罩

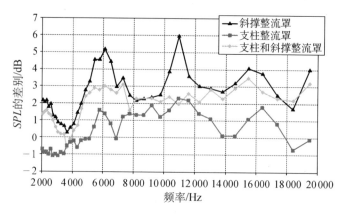

（a）

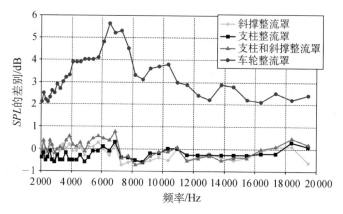

（b）

图 7 - 116 装整流罩后降噪效果随频率的变化

（a）侧向；（b）纵向

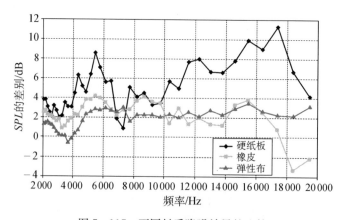

图 7 - 117 不同材质降噪效果的比较

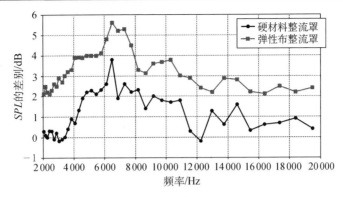

图 7 - 118　软和硬材料降噪效果的比较

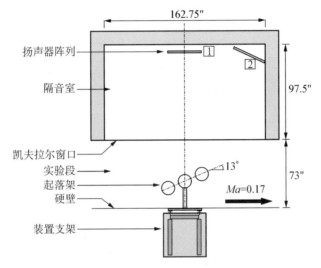

图 7 - 119　附加一个噪声室的风洞实验段的示意图

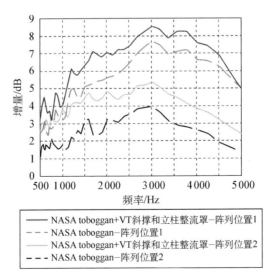

图 7 - 120　最佳降噪效果的整流装置组合

NASA 和波音曾用一个后掠翼模型在 NASA 14 ft×22 ft 亚声速风洞中做过前缘缝翼和后缘襟翼噪声的实验测量,并对可能的降噪措施作了初步的探讨[111]。

2) 空客及其合作者对机体噪声及降噪的研究

通过欧盟第四框架的 RAIN(Reduction of Airframe and Installation Noise)[112, 113] 和第五框架的 Silence(R)[114] 等项目,空客及其合作者也对机体噪声及降噪措施进行了深入研究。

RAIN 项目包括在 DNW - LLF 风洞中测量 A340 全尺寸的主起落架(MLG)和前起落架(NLG)产生的噪声频带范围和数值;A320/A319 的 1/11 比例模型在 CEPRA19 风洞中的实验[115];A320 全尺寸机翼在 DNW - LLF 风洞中的实验;以及 A340 的飞行试验[116]。

(1) A340 的飞行试验验证结果。

Chow 等总结 RAIN 项目和 A340 飞行试验的结果为[113, 116]:

(a) 起落架噪声超过了高升力翼面的噪声。

(b) 起落架噪声主要向前、向后辐射。

(c) 前缘缝翼的噪声大于后缘襟翼的噪声。

(d) 证实了缝翼与襟翼,起落架与襟翼之间相互作用的存在。

(e) 不同部件产生的噪声遵循着不同的速度律:起落架和缝翼为 U^6,襟翼为 U^8,高升力翼面的组合为 $U^{5.5}$。

(2) A320 1/11 比例模型低速风洞的实验研究。

研究者采用 A320/A321 的 12 种构形,以 1/11 比例模型在 CEPRA 低速风洞中,在 30~60 m/s 的不同流速下对机体噪声源做了广泛的实验研究,实验数据用于和飞行试验数据[117]作比较,以讨论尺度效应。考虑到气动噪声与流动条件紧密相关,因此风洞实验中还做了流动显示测量及一个截面上缝翼/机翼/襟翼上的压强测量等。流动显示结果与 A320 飞行试验中绕襟翼的流动录像对比,表明两者流态是相似的。风洞实验测量的主要目的之一是要建立一个机体噪声的数据库,包括远场噪声源的指向性,A320/A321 模型噪声源分布等。

远场噪声测量结果表明:此类尺寸的飞机,其高升力翼面产生的噪声高于起落架的;前缘缝翼和襟翼两者的侧缘产生的噪声在低频和高频区均占有主导地位(见图 7 - 121);在相同偏角下双缝襟翼的噪声要大于

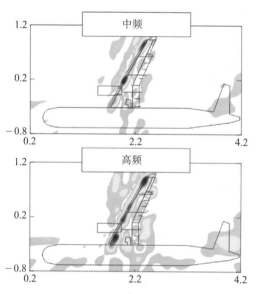

图 7 - 121　A321 模型噪声源分布,缝翼/襟翼打开,起落架收起

单缝襟翼的。模型测量的噪声源分布与后来 A340 飞行试验中得到的是一致的。

（3）A340 起落架(LG)全尺寸模型风洞实验与降噪措施研究。

早在 1995 年 Dobrzyuski 等就首次在 DNW 风洞中做了 A320 的主起落架(MLG)噪声测量[118]，随后又做了 A319 的飞行试验验证[117]，结果表明进行全尺寸的 LG 风洞实验是必要的。于是 RAIN 项目研究者在 DNW - LLF 风洞中做了 A340 前起落架(NLG)和 MLG 的全尺寸模型着陆条件下的实验研究（见图 7 - 122），测量了它们的噪声，取得了噪声源的分布信息，证实了 LG 产生的噪声基本上是宽频带的双极子型。他们研究、设计和生产了降噪措施的部件，将其安装在风洞模型上做风洞实验，评估其降噪效果。图 7 - 123 和图 7 - 124 分别表示了 MLG 和 NLG 的降噪措施，图 7 - 125 表示了 MLG 上的整流装置对降噪的影响，可见在中等频率范围内可降噪 5 dB。

图 7 - 122 DNW 中的 A340MLG 的实验装置

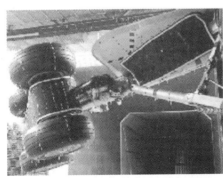

图 7 - 123 A340MLG 的降噪措施

图 7 - 124 A340NLG 的降噪措施

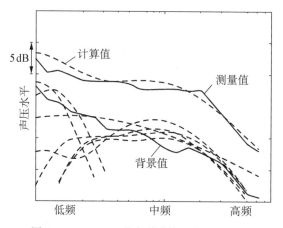

图 7 - 125 MLG 噪声谱计算和实验的比较

JSVR 和 Airbus UK 在 1996 年发展了一种计算 LG 噪声的半经验方法[119]。RAIN 项目的研究者利用对 A320 和 A340 的测量数据进一步改进了此方法。改进后的方法中可计算：立柱引起的低频谱峰值和接头小附件引起的高频宽带谱值，整流件产生的低频噪声，机轮在中等频域引起的噪声峰值，轮毂引起的很窄的中频峰值，轮隙产生的中频宽峰值等。图 7 - 125 表示了 A340 DNW 实验数据与半经验方法计算值的比较，两者吻合较好。

（4）降低高升力翼面噪声的研究。

RAIN 研究者分析前缘缝翼流动后，提出采用空隙填充（cove filler）来消除缝翼后缘流动中的空穴气泡以降低噪声，也可采用后缘刷（brush）来降噪。类似地，可采用刷或多孔的边缘（porous edge）代替部分侧缘来降噪。图 7 - 126 表示了有无填充的远场 OASPL 的测量值比较，可见该技术可总体降噪 2 dB。图 7 - 127 和图 7 - 128 分别为安装在 A320 机翼前缘缝翼的后缘刷和副翼侧缘多孔边缘及侧缘刷。图 7 - 129 表示了缝翼后缘刷对低频至中频的降噪效果，图 7 - 130 表示了高升力面降噪措施对于降低机体噪声的效果。将这些措施安装于半模机翼上，在 LSWT

风洞中进行气动性能的检测,结果表明,C_{Lmax} 减小了 1‰,阻力略微增大,纵、横向力矩变化很小。

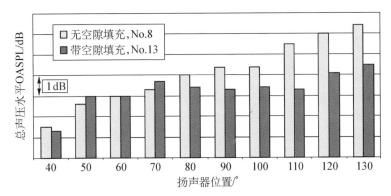

图 7-126　远场噪声(OASPL)的减小(Airbus 德国数据)

图 7-127　A320 机翼前缘缝翼的后缘刷

图 7-128　A320 机翼副翼多孔侧缘和侧缘刷

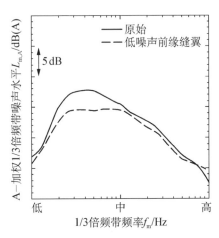

图 7-129　缝翼后缘刷的降噪效果(DLR 结果)

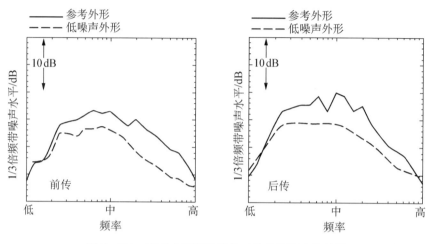

图 7 - 130　高升力面降噪措施对总机体噪声的效果

　　Chow 等指出,在进场条件下增加降噪措施可使机体噪声和全机噪声(包括发动机噪声)降低 2 EPNdB 和 1 EPNdB[113]。

　　(5) Silence(R)对 A340 降噪试飞的研究。

图7 - 131　装有铝合金整流罩的
A340 起落架

　　始于 2001 年的 Silence(R)项目的部分工作是在 RAIN 实验成果的基础上,加上 CFD 的支持,将降低机体噪声的措施具体实施并进行试飞[114]。细节可见文献[120],在起落架上主要是附加了一些整流件并覆盖所有空穴和销钉孔。图 7 - 131 为装有铝合金整流罩的起落架。图 7 - 132表示了 Silence(R)加装整流罩后和原始起落架单音修正感觉噪声(PNLT)场的比较(已扣除发动机噪声并经流速修正后的结果),图中中间曲线表示将所有空穴、孔口密封的原始起落架值,φ 为与飞行方向的夹角。图 7 - 133 为 1/3 倍频程谱内两者 SPL 的比较。可见光滑化处理后的起落架除小于 125 Hz 外可取得约1. 8 EPNdB 的降噪效果。分析各部件的作用可知, MLG 噪声约降低 0. 6 EPNdB,孔口覆盖噪声约降低 0. 7 EPNdB。

　　Silence(R)对高升力面的处理主要是对前缘缝翼支架的光滑化及空穴覆盖。图 7 - 134为处理前后的前缘缝翼支架,图 7 - 135 表示了处理前后高升力装置的 PNLT 声场的比较。Silence(R)也对机翼前缘(如防冰装置孔等)做了处理。

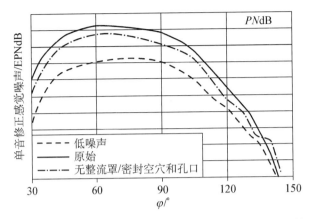

图 7 - 132　Silence(R)的和原始的起落架 $PNLT$ 场的比较

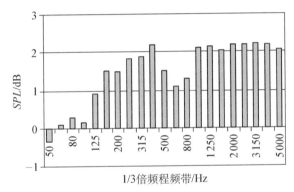

图 7 - 133　Silence(R)的和原始的起落架 1/3 倍频程谱内 SPL 的比较

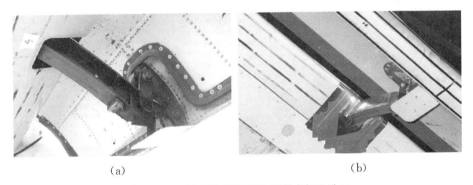

图 7 - 134　处理前后的前缘缝翼支架和孔口

(a) 原始支架；(b) Silence(R)处理后

　　Piet 等的总结意见为：光滑化处理后，就单个部件而言，LG 降噪 1.8 EPNdB，高升力翼面可降噪 0.4 EPNdB；对整个飞机噪声而言，带 CFM 发动机(50% 推力状态)的 A340 - 300 在正常进场条件下可获得 0.4 EPNdB 的降噪效果[114]。

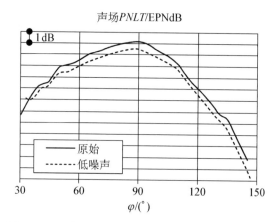

图 7 - 135　高升力翼面改装前后的 PNLT 场的比较

（6）TIMPAN(Technologies to Improve Airframe Noise)项目中起落架降噪的研究。

欧盟第六框架支持的 TIMPAN 项目目的是研究先进的降噪技术,其中包括进一步研究降低起落架部件噪声的设计[121]。改进设计包括:侧向支撑(见图 7 - 136),带有网罩的刹车盖(见图 7 - 137),转向机构整流罩与扭力臂整流罩(见图 7 - 138),选择机轮间距(见图 7 - 139)等。

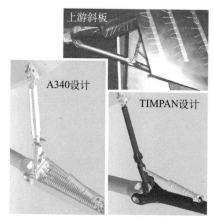

图 7 - 136　TIMPAN 侧向支撑设计和上游斜板

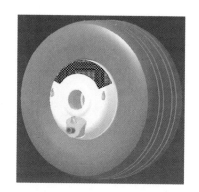

图 7 - 137　带有网罩的刹车盖

主起落架 1/4 模型的风洞实验结果表明,所有实验外形的最优组合相比于 Silence(R)中设计的外形可提供 8 dB(A) OASPL 的降噪效果(见图 7 - 140),最大降噪效果在高频区和前向传播方向中实现。将 3 种设计的起落架(A340 原型,Silence(R)修型,TIMPAN 修型)噪声源的风洞实验所得噪声水平用空客的计算全机噪声的代码折算到全尺寸飞机的进场噪声水平,结果如图 7 - 141 所示(进场条

图 7 - 138　转向机构整流罩和扭力臂整流罩

图 7 - 139　不同机轮间距

件为前缘缝翼 23°,后缘襟翼 32°,起落架下放,常规−3°下滑角,速度 $V_c = 145$ kn,飞机迎角 3°等),计算中不考虑空气动力性能和重量等的差异。由图 7 - 141 可知,TIMPAN 设计的全尺寸主起落架噪声比 A340 的减小 7 EPNdB,比 Silence(R) 设计的进一步减小了 5 EPNdB。TIMPAN 设计的全尺寸总起落架的噪声比 A340 减小了 6.5 EPNdB,达到了项目要求、比 2000 年的水平降低 6 EPNdB 的目标。由于 TIMPAN 起落架的设计使全机噪声(相同的高升力翼面和发动机噪声)减小了 1.5 EPNdB。

(7) 荷兰航空研究院(NLR)降噪的概念性研究。

在 TIMPAN 项目支持下,荷兰航空研究院(NLR)的 Oerlemans 等采用格网外形作为起落架的整流罩,并在 NLR 的小型声学风洞中做了概念性的实验研究[122],研究目的是要寻找能降低噪声的最佳格网材料和几何外形,并了解其引起的阻力。与透气整流罩[123]相仿的格网整流罩可以减

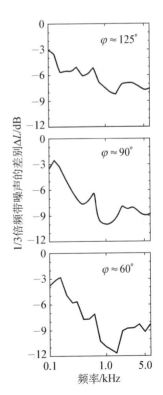

图 7 - 140　TIMPAN 外形比 Silence (R)外形的噪声更小

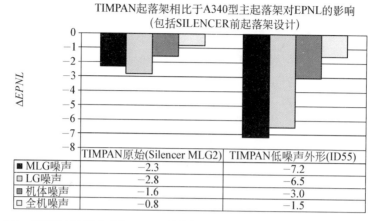

图7-141　TIMPAN 设计,Silence(R)设计相比于 A340/A330 设计的 EPNLdB 的降低

小流过立柱的来流速度,不像固壁整流罩那样会诱导出过大的下游流动速度分量而使噪声增大。此外格网可分割来流,产生小尺度涡而影响噪声产生的机理。实验中采用了包括铝、钢和非金属材料(柔软)等构成的大量格网(见图7-142),所有格网中的网格均为正方形,边长 s 在 0.21 mm 和 6.35 mm 之间,丝的直径在 0.10 mm 和 0.19 mm 之间,多孔性参数 $\beta=(s-d)^2/s^2$ 在 27% 和 84% 之间变化。格网外形包括圆柱(见图7-142),长方柱和椭圆柱。模拟起落架立柱的是 H 型立柱,因为它可产生宽频带噪声,而更接近实际的起落架,不像圆柱主要产生单音噪声。除了单独 H 型立柱的模型外,还有一根垂直 H 型立柱和一根倾斜的 H 型立柱共同组成组合件的模型,以模拟尾迹和物体的相互作用。风速分别为 70 m/s 和 50 m/s(两者的实验结果相似)。噪声结果表示为在模型尺度的频率范围内不作 A 加权的 1/3 倍频程谱,且表示成相对于无格网基本模型的相对量,如图7-143(b)所示,图7-143(a)表示了测量的重复性(图中 BGN 为风洞背景噪声)。由图可见,在大部分频率范围内格网有效地降低了噪声。图7-144 表示了铝合金格网不同参数的影响,可见所有格网都可在中频和低频范围内提供 5~10 dB 的噪声减小,而在高于 10 kHz 时则会使噪声增大,开始增大噪声的频率随格网直径 d 的减小而提高,同样随风速增大,噪声峰值的频率也多少提高(见图7-145)。图7-146 表示了不同格网形状对降噪的影响,圆柱形格网要比长方形格网降噪效果更好,沿流向或横向的格网延伸也起降噪作用,显示出椭圆格网的降噪效果更佳,如横向椭圆可使宽带噪声降低 25 dB,因此格网的形状是很重要的。

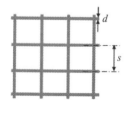 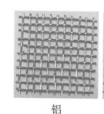   

铝　　　　钢　　　　非金属

图7-142　格网的定义

	TIMPAN原始(Silencer MLG2)	TIMPAN低噪声外形(ID55)
■ MLG噪声	−2.3	−7.2
□ LG噪声	−2.8	−6.5
■ 机体噪声	−1.6	−3.0
□ 全机噪声	−0.8	−1.5

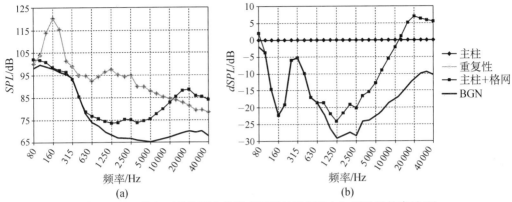

图 7-143　带与不带格网立柱噪声测量的重复性(a)；相对量的表示(b)
（70 m/s，α = 0°）

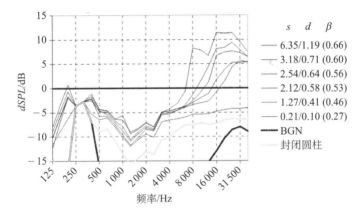

图 7-144　直径 d 和宽度 s 的铝合金格网对单立柱的影响
（70 m/s，α = 0°）

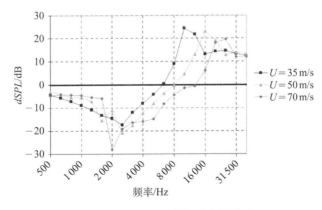

图 7-145　风速对高频噪声的影响
（s = 2.12 mm，d = 0.58 mm，α = -22.5°，铝合金格网）

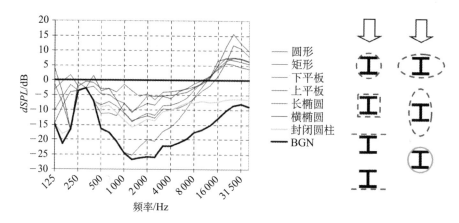

图 7-146 不同格网形状的影响
($s = 2.54\,\mathrm{mm}$, $d = 0.64\,\mathrm{mm}$, $70\,\mathrm{m/s}$, $\alpha = 0°$, 铝合金格网)

图 7-147 表示了 3 个迎角下不同模型的综合测量结果,可以看出无论是单独立柱或组合立柱不同迎角下都取得了低频和中频范围内的明显降噪效果,而且在高频区噪声的增大可以不作为应用格网的一个明显的缺点,因为实际上由于 A 加权和大气的弱化作用,这些频率噪声对远场总噪声水平并不起很大作用。A 加权的 $OASPL$ 可降低 4~21dB(见图 7-147)。空气动力测量表明,对于单立柱,格网对流动阻力的影响很小(小于 10%);对组合件,取决于迎角大小,格网引起的阻力会更大些,但阻力增大对着陆也并非坏事。

Oerlemans 等还讨论了利用空气挡板来降低起落架噪声的概念(见图 7-148),二维半模实验结果表明,垂直吹气时挡板可降噪 3~5 dB,若倾斜吹气则可降噪 5~10 dB[124]。

应当指出,由于作者专业知识的局限,在上述所有降噪讨论的内容中未涉及和讨论气动噪声的测量方法和技术,近年来它们也都有了很大的发展,有兴趣的读者可参阅文献[125]及其他有关的文献。

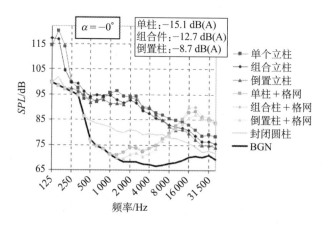

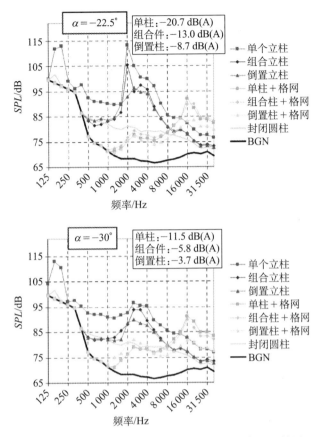

图 7-147　不同迎角(70 m/s)下不同模型综合测量结果

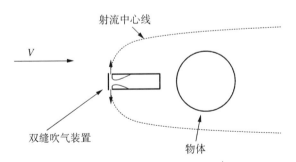

图 7-148　双缝吹气挡板降噪的概念示意图

7.8.3　噪声的计算方法

　　噪声产生的机理十分复杂,从前面的讨论可以看出,直到目前,了解机理,定量地确定噪声值,以及对降噪措施的研究基本上还都是通过风洞实验及实际飞机的飞行试验获取数据的。新型号的设计阶段不能仅依靠对各种模型进行耗费很大又费时的实验,要求较快和较经济地给出数据,帮助设计者做出设计的决断,因此发展计算方法是十分重要的。

20 世纪 80 年代以后很多研究者都做过关于噪声计算方法及所面临挑战的综述[126~129]，尤其是文献[126]，该文献包含着丰富的信息，例如总结出了从测量数据中导出风洞模型/全尺寸飞机机体噪声（AFN）的 *SPL* 和 *OASPL* 随参数变化的规律等。

Tam 曾对计算航空声学（Computational Aeroacustics，CAA）作过综述[130]，指出了 CAA 对数值方法不同于一般 CFD 的要求：

（1）航空声学问题是非定常的，而一般流体力学问题是定常的或仅包含低频的非定常性。

（2）航空声学问题一般具有宽广的频率范围，高频波的数值分辨会给数值求解带来困难。

（3）航空声学问题由于传播距离长，要求数值格式必须有最小的数值耗散和色散。

（4）声波具有相比于平均流小得多的振幅，声强度有时会小 5～6 个量级，为此要正确计算声波，要求数值格式必须具有很小的数值噪声。

（5）传统流体力学问题中流体的扰动随着离开物面距离的增大，很快以指数规律减弱，而声波的减弱很慢，因此后者对有限计算域外边界的处理要求远比流体力学问题严格，不允许声波从外边界处反射回来，而能光滑地传出边界。

（6）航空声学问题是典型的多尺度问题，声源的尺度常和声波波长很不一样，声源区与声波远场区的长度尺度可以相差很大，因此计算方法应设计成在不同计算域内可处理不同的长度尺度。可见从本质上看，航空声学问题非常不同于传统的流体力学问题，因此尽管 CFD 方法目前处理流体力学问题已很成熟，但要用现有的 CFD 方法计算航空声学问题仍很困难，甚至可能会得到很糟糕的结果。为此必须独立地发展 CAA 计算方法。现阶段 CAA 计算方法距实际应用尚有相当的距离。

Farassat 等最近对现有的机体噪声计算方法作了综述[131]。美国 NASA 也正在评估其本身计算飞机噪声的能力[132]。

目前计算气动噪声的方法大致可分为下述四大类：

1）半经验方法

此类方法将可计算机体和发动机部件众多噪声源噪声的模块集成起来，再连接计算声传播的代码来获得远场噪声水平和声波频谱。这些噪声源组合可以沿航迹随时间移动，因此还可获得沿航迹的远场噪声水平。各计算模块均基于实验数据并经过验证，随着时间的推进，还可根据新的实验数据更新，例如 NASA 的 ANOOP（Aircraft noise prediction program）[133]，自 1982 年以来已更新了 25 个版本。ANOOP 可以计算出：①整个飞机系统的噪声值；②各部件的噪声值；③可以评估飞机的降噪技术。图 7-149 为 ANOOP 的计算流程示意图。尽管此类方法的经验性限制了它的用途（若用于其数据库之外的情况，或用于新的外形就会产生很大的误差），但它却是当前唯一能很快给出飞机系统级噪声估计值的方法。表 7-12 给出了 B737 用 ANOOP 计算的 *EPNL* 和进场、侧向和飞越等 3 个适航认证点上测量值的比较，3 个适航认证点的位置示意如图 7-150 所示。

　　Smith 等人的 ISVR[119] 以及波音的 Guo 等的方法[134] 都是计算起落架噪声的半经验方法，图 7-125 表示了 A340 DNW 的实验数据与半经验方法（ISVR）的结果比较。图 7-151 表示了由文献[134]计算的 *OASPL* 分布与 B777 起落架的飞行试验数据的比较，可见计算值较好地捕获了飞

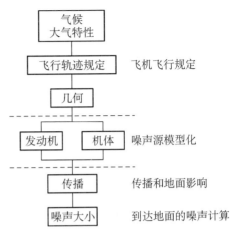

图 7-149　ANOOP 计算流程示意图

行试验数据的趋势。Brooks 等根据实验数据提出了计算襟翼边缘噪声的半经验方法[135]。Guo 等也提出了计算高升力系统噪声的半经验方法[136]。计算与实验结果都很一致。

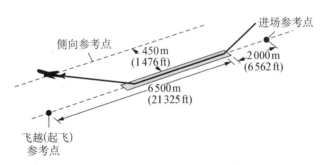

图 7-150　3 个适航认证点的位置

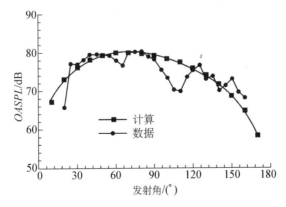

图 7-151　*OASPL* 的计算值与 B777 飞行数据的比较

表 7 - 12　ANOOP 计算的 EPNdB 与适航认证点测量值的比较

	ANOOP	认证数据	计算误差
进场 $EPNL$/EPNdB	95.6 ± 1.3	96.5	-0.9
飞越 $EPNL$/EPNdB	90.8 ± 0.2	86.8	4.0
侧向 $EPNL$/EPNdB	92.3 ± 0.4	93.6	-1.3

2）解析方法

解析方法将流动主控方程重新安排成一个线性波动方程,方程左端包含一个线性波动运算子,描述声波的传播;右端表示产生声音的(气动力)源项,源项可通过测量、计算或采用一个独立的模型来获得。这样将所研究问题中的气动力源和声源分开来(此即 Lighthill 的声比拟方法)。该波动方程的解以积分形式给出源分布的卷积和传播特性[126]。

3）统计方法

与解析方法类似地重新安排主控方程,只是在统计方法中源项是等同于流场内湍流脉动的空间分布的声源,然后用雷诺平均方程解算器计算表征源项的统计特性的长度尺度和时间尺度[129]。

4）数值方法

数值方法则是直接求解重新安排过的主控方程来取得非定常噪声值[129]或是给定源分布求解传播问题[137]。由于前面 Tam 指出的,CAA 问题对计算方法有严格的特殊要求以及目前的计算机水平无法满足 CAA 直接求解的要求,因此目前最通用的方法是采用一种耦合计算技术来计算噪声,即用 CFD 方法计算非定常流动的近场——湍流产生的噪声源,再用声比拟方法——不同的声学积分方法,计算噪声的传播以取得噪声辐射的远场解(CFD/CAA 方法)。下面我们以喷流计算为例对此类方法作一介绍。

(1) 直接数值模拟(DNS)计算方法。

直接数值模拟(DNS)可以不使用湍流模型而直接模拟各种尺度的湍流结构,是当前最精确的 CFD 方法[1],Freund 等曾用 DNS 方法对 $Ma = 1.92$,$Re = 2000$ 的喷流和 $Ma = 0.9$,$Re = 3600$ 的喷流做过计算[138, 139],无论是平均流还是辐射声波的计算结果都与相应的实验结果很一致,充分显示了 DNS 方法解决噪声问题的能力,然而尽管在计算中使用了 2500 万个网格点,也只能模拟 $Re = 3600$ 这样低 Re 数的湍流。由于湍流流动存在着大量不同的时间和长度尺度,要实现在高 Re 数下对它们全部的模拟,需要巨大的非常精细的网格和大量的计算时间,远远超出目前和近期发展的计算机能力,因此 DNS 方法目前只限于很低 Re 数的流动和相对简单的几何外形应用。

(2) 大涡模拟 LES 计算方法。

考虑到湍流流动中存在着组织得相当好的大尺度涡结构,它们有较规则的旋涡运动图形,它们的形态、尺度对同一类型的湍流流动具有普遍性,对湍流中的雷诺应力和各种物理量的输运过程做出主要贡献。大涡与平均运动存在着强烈的相互作用。而随机性很强的小涡主要是通过大涡之间的非线性相互作用间接产生的,它与平均运动或流场边界形状几乎没有关系,因而可近似地看做是各向同性的,对平均运动也只有轻微的影响,主要起黏性耗散作用。将比网格尺度大的大涡运动通过数值求解 N-S 方程直接计算出来,而将比网格尺度小的小涡运动对大尺度运动的影响通过建立模型来模拟,这就是大涡模拟方法(LES)[1]。LES 方法可计算高 Re 数的流动,特别考虑到噪声的产生本质上是一个非定常过程,LES 方法可能会在不远的将来成为噪声研究的一个主要计算工具。目前已有很多研究者应用 LES 方法(耦合或不耦合积分声波传播方法)来计算喷流噪声问题[140~165]。

但这些 LES 计算的研究绝大部分仍是"学院式"的研究,绝大多数只计算了简单的圆形喷流,计算条件集中于 $Ma = 0.9$ 的等温或冷喷流,流向计算只伸展到 17.5 倍喷流直径,这样的计算范围即使对于静止的喷流也是不够的;加上所用的网格数从 300 000~16 000 000,差距如此之大,而研究 LES 的网格收敛性又是非常困难的;在入流处添加宽频三维非定常扰动的做法又会引入很多任意性的数值参数;同时实验中转捩区的测量困难和入流条件的敏感性使得进口区域的验证很难进行;因此现阶段的 LES 计算主要是为了将计算结果与完全发展的湍流实验结果相比较,以验证它对湍流流动的分辨能力。在这些计算研究中,Bogey 和 Bailly[158,160,162],Uzun 和 Lyrinzis[165]的计算是相对 Re 数最高的计算,前者仅用单纯的 LES 计算取得了喷流及出口附近的噪声,而后者耦合声传播的积分计算获得了远场的噪声结果。

计算中 Uzyn 和 Lyrintzis 采用了非耗散的 6 阶紧致格式,在边界处使用了 3 阶一侧紧致格式,邻近边界一层的网格点处使用 4 阶中心差分格式,空间滤波器采用 Visbal 等使用过的 6 阶三对角滤波器[166],时间推进计算采用标准的 4 阶显式 Runge-Kutta 方法,对于局部化动态 Smagorinsky 模型的处理可见文献[167]。图 7-152 表示了计算中入、出流的边界条件和辐射边界条件[168]。由于没有计及喷管的真实几何外形,因此采用在入流边界的下游方向很短距离处速度型上加上一个涡环形式的随机扰动来激发喷流中的三维不稳定性和造成在入流边界下游一个适当距离处喷流的位流核心的破裂[169]。更具体的数值方法的说明可见文献[167]。

远场噪声的确定是将上述 LES 计算获得的近场数据通过如 Kirchhoff 或 Fflowcs Williams-Hawkings(FW-H)的表面积分方法[170~173]积分得到的,即取一个包含所有非线性流动影响和噪声源在内的控制面,对控制面上非线性近似解的所有量作面积分计算。Pilon 和 Lyrintzis[174],Brentner 和 Farassat[175]证明了当积分表面是位于线性波传播区内时,上述两种方法是等价的。Lyrintzis 对这些方法作了综述[170]。另一种积分方式是通过经典的 Lighthill 的声比拟方法[176]作体积积分。

在声比拟方法中 Lighthill 用四级子分布来代替真实的湍流流动,将所有影响归纳入方程

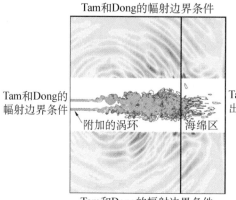

图 7 - 152　边界条件的示意图

$$\frac{\partial^2 \rho'}{\partial t^2} - c_\infty^2 \frac{\partial^2 \rho'}{\partial x_i \partial x_j} = \frac{\partial^2 \tau_{ij}}{\partial x_i \partial x_j}$$

右端应力张量 τ_{ij}（忽略了黏性应力项）的源项中。应当指出右端 τ_{ij} 源项为从湍流流动的信息中建立起来的代表性的声源。对方程作包含整个湍流流动区域（声源）的体积分即可得到远场的噪声[176]。

　　Uzun 和 Lyrintzis 基于上述方法计算了 $Ma = 0.9, Re = 400000$ 的等温湍流圆喷流。计算网格约为 $1.6 \times 10^7 (400 \times 200 \times 200)$，最粗的网格约为当地 Kolmogorov 长度尺度的 400 倍。计算域模拟的范围分别是：流向为 35 倍喷流出口半径（r_0），横向为 ± 15 倍 r_0。在 200 个处理器的 IBM - SP3 计算机上并行计算总计需要 5.5 天（132 小时）的计算时间。计算远场噪声时采用了 FW - H 和 Kirchhoff 的表面积分法及 Lighthill 的体积积分法两类三种方法。

　　表面积分法计算中分别取 3 个离喷流轴 3.9，5.9 和 8.1 r_0 位置的控制面（见图 7 - 153），分别从入流条件下游 1 个 r_0 处开始并延伸至 35 倍 r_0 远的位置处。

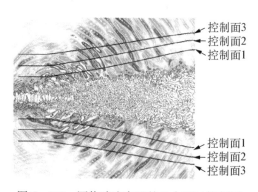

图 7 - 153　围绕喷流布置的 3 个开口控制面

在远场给定 θ 时,沿 60 倍 r_0 圆周上等分 36 个位置处计算远场噪声值,图 7-154 和图 7-155 分别表示了 θ 和 φ 的方向,θ 角从 25°~90°间的间隔值为 5°,φ 角的间隔为 10°。两种表面积分法的计算结果和计算时间几乎完全一样。作为例子,这里仅给出 FW-H 方法的一些典型结果:对控制面 1 的计算,在 136 个处理器的 IBM-SP3 上计算 504 个远场点处的声压历史约需 50 个小时,控制面 2 和 3 的计算时间分别为 59 和 65 个小时。图 7-156 给出了 3 个控制面上远场 $R = 60r_0$,$\theta = 60°$位置处 SPL 的计算结果,可见直到 Strouhal 数(斯特劳哈尔数 $Sr = fD_j/U_0$)为 1.5 之前 3 个控制面计算的 SPL 基本一样,从 1.5 开始控制面 3 的结果迅速下降,到了 $Sr = 2.0$ 时控制面 2 的 SPL 开始迅速下降,这是由于采用同样的网格分布,使在控制面 1 的网格最精细,控制面 3 的网格最粗,因此控制面 1 的计算可以分辨更高的频率。图 7-156 表示了 3 个控制面的截断频率,可见控制面 1 要优于其他两个控制面。图 7-157 表示了 FW-H 方法计算的 $OASPL$(在已分辨的频域积分声波压力谱即可获得 $OASPL$ 值)沿 θ 变化的分布,并与实验结果和其他计算结果的比较。由图可见,尽管计算结果比实验值高几个 dB,但总体上看两者吻合较好,差异则可能是由于计算中采用的强制入流造成的,最近其他研究结果表明了这种强制入流的影响[157, 159, 177]。此外,由于控制面的流向距离只有 $34r_0$,小 θ 角($\theta < 40°$)方向传播的声波无法被精确地捕获,因而计算的 $OASPL$ 值随 θ 的减小而快速下降。

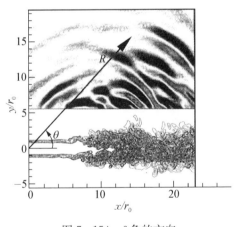
图 7-154　θ 角的方向

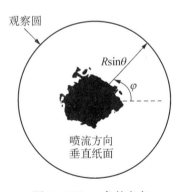
图 7-155　φ 角的方向

体积积分法计算时,积分体积在流向的长度分别取了 $x = 24r_0$,$28r_0$ 和 $32r_0$。图 7-158 给出了取该 3 个长度计算所得 $OASPL$ 在不同 θ 处的值及其与 FW-H 方法所得计算值和实验值的比较。由图可见,积分域由 $x = 24r_0$ 增大至 $32r_0$ 后,$\theta < 60°$ 的 $OASPL$ 降低了 2 dB,$60° < \theta < 80°$ 的降低了 1 dB,$\theta > 90°$ 的降低了 2~3 dB。这意味着体积分时,取更长的流向长度会有噪声更大的相互抵消,积分域取 $x = 32r_0$ 时,$80° < \theta < 120°$ 的 $OASPL$ 呈平坦状,而实验值则随 θ 的增加而连续减小,这种表现出来的寄生效应与 FW-H 面积分计算中封闭控制面计算时呈现的现象类

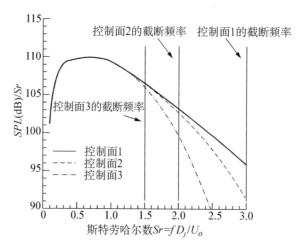

图 7 - 156　FW - H 方法计算的 $R = 60r_0$，$\theta = 60°$ 处的远场结果

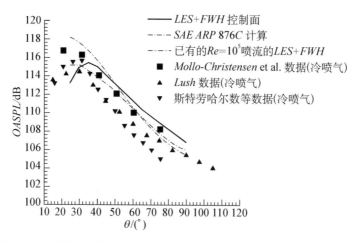

图 7 - 157　LES＋FW - H 方法计算的 OASPL 的结果与其他结果的比较

似。采用更长的流向长度计算，可改进 $\theta > 80°$ 的计算结果。

　　无论是 FW - H 方法，还是 Lighthill 方法计算的远场噪声值总体上都与实验结果比较一致，但后者的计算量却是前者的 40 倍，因此若只需计算远场噪声，采用 FW - H 方法更合适；若要探求近场喷流的湍流与远场噪声的关系，则采用 Lighthill 方法分析更为有效[165]。关于两种方法的深入讨论可见文献[165]。

　　(3) LES/RANS 计算方法。

　　为更好满足工程计算的需求，Shur 和 Spalart 等提出了一种 LES/RANS 的组合计算方法[178]，用它可以计算几种目前已有的降噪措施的效果。

　　Shur 和 Spalart 等将他们已有的 DES 计算方法和代码(NTS)[179] 推广到 LES 方法的计算，采用了相应权值分别为 0.75 和 0.25 的加权 4 阶中心和 5 阶迎风偏置混合的无黏差分格式，2 阶中心的黏性差分格式(虽有其他多种可选用的差分格式)，采用了隐式松弛和隐式时间推进方法，可以在足够大的网格中直接模拟三维非

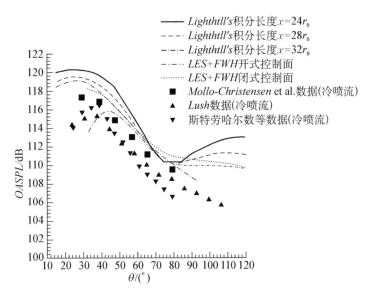

图 7 - 158　3 种流向长度下计算的 $OASPL$ 值随 θ 的变化

定常流动而不采用常规 LES 的亚格子尺度(SGS)模型,但方法中仍保留了多种湍流模型/SGS 模型的模块。为了处理复杂喷管几何外形,采用了多块重叠网格技术。为改进喷流的计算,修改了通常的边界条件。远场噪声计算采用 FW - H 面积积分[180, 181]。图 7 - 159 为喷流噪声计算时的计算网格和 FW - H 表面的示意图。为了验证此改进的 LES 方法的有效性,图 7 - 160 为 $Re_D = 10^4$,$Ma = 0.9$ 时等温喷流中涡度分布的瞬时快照,其中图 7 - 160(a)为改进的 LES 方法的结果,图 7 - 160(b)为采用混合格式的 LES(SA - SGS 模型)结果,图 7 - 160(c)和(d)分别为 5 阶迎风和 3 阶迎风,且不用 SGS 模型的结果。计算网格约为 500000,内外块分别为 $151 \times 13 \times 13$ 和 $171 \times 52 \times 50$。由图可见,改进的 LES 方法即使未在入流中加入人工非定常扰动,其结果也显示出了高 Re 数喷流内区中剪切流的快速卷起、流动的三维性、向湍流的转捩等所有特征,给出了逼真的喷流位流核心形状和完全发展喷流区域中的湍流结构。而其他 LES 的计算结果却并不成功,如图 7 - 160(b)向湍流的转捩明显地推迟了几个直径距离,图 7 - 160(c)和图 7 - 160(d)中由于更大的数值耗散使转捩推迟更显著,而且喷流起始区中表现为更光滑的轴对称旋涡,它们将会过高地估计喷流噪声(可高出 6 dB),特别在侧向。

　　Shur 等利用此改进的数值方法在 1000000 个网格点中对不同喷流 Ma 数、冷热喷流、带外流的喷流(模拟前飞状态)、带 chevron 的喷流以及声速欠膨胀喷流(模拟其中激波腔形成的噪声)等 16 种状态作了模拟计算[182]。表 7 - 13 列出了这些状态,其中 U_j,T_j 和 p_j 分别为喷口处的速度、温度和压强,c_0 为声速,$Ma = U_j/c_0$,Ma 为喷口处真实马赫数,U_{CF} 为飞行(外流)速度,$Re = \rho_j \cdot U_j \cdot D/\mu_j$,$D$ 为出口半径,σ_{min}^{upw} 为数值格式中的加权因子,下标 0 表示周围的空气。计算取得了颇有成效的结果,下面取计算声速欠膨胀喷流宽频激波腔噪声的结果为例加以说明。在巡航飞行时喷流中会存在激

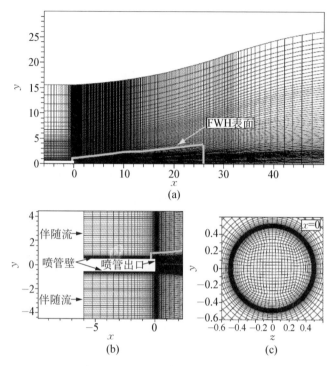

图 7-159 计算网格示意图

(a) 侧视图；(b) 喷管附近；(c) 喷管出口截面

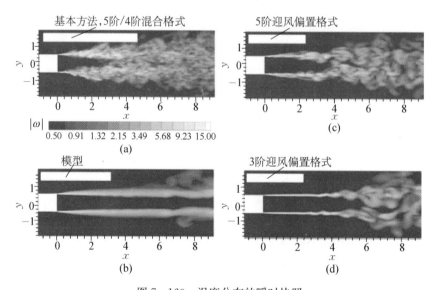

图 7-160 涡度分布的瞬时快照

(a) 改进的方法；(b) SGS 模型；(c) 和(d) 迎风偏置格式

波腔,但捕获该激波和 LES 方法为分辨涡所能允许的数值耗散对数值方法的要求有矛盾,因此以前对喷流的 LES 计算中没有涉及到激波腔的噪声计算。Shur 在此改进方法中在超声速区激波处局部使用限制器来达到捕获激波的目的。图 7 - 161 为密度场的结果,图 7 - 161(a),(b)表示了声速欠膨胀喷流中的密度梯度,图 7 - 161(c),(d)表示密度梯度,图 7 - 161(a),(c)是瞬时值,图 7 - 161(b),(d)是时间平均值。由图可见,采用限制器方法是成功的,清晰地捕获了激波,未出现伪振荡,同时剪切层的转捩依然存在,在动画中可见激波和膨胀波。图 7 - 162 表示了声速欠膨胀喷流和超声速理想膨胀喷流的 OASPL 随不同 θ 角变化的比较,可见侧向激波腔对远场噪声的影响是很强的。图中还给出了计算与实验结果的比较,可见对于中等 θ 角值,两者之间的差异最大可达 4 dB(通常亚声速流只有 1～2 dB)。不过当 $\theta > 90°$ 时(宽频激波腔噪声为主的区域),宽频激波噪声峰值频率的计算和实验结果很一致(见图 7 - 163)。

表 7 - 13　模拟计算的状态

状态号	$Ma = \dfrac{U_j}{c_0}$	Ma	$\dfrac{T_j}{T_0}$	$\dfrac{p_j}{p_0}$	$\dfrac{U_{CF}}{U_j}$	Re	网格	σ_{min}^{upw}	限制器
定常亚声速等温喷流									
1	0.9	0.9	1.0	1.0	0.0	10^4	$(240\times69\times64)+$ $(216\times16\times16)$	0.25	无
2	0.57	0.57	1.0	1.0	0.0	10^4	$(240\times69\times64)+$ $(216\times16\times16)$	0.25	无
3	0.5	0.5	1.0	1.0	0.0	10^4	$(240\times69\times64)+$ $(216\times16\times16)$	0.25	无
4	0.36	0.36	1.0	1.0	0.0	10^4	$(240\times69\times64)+$ $(216\times16\times16)$	0.25	无
5	0.9	0.9	1.0	1.0	0.0	5×10^5	$(240\times69\times64)+$ $(216\times16\times16)$	0.25	无
定常亚声速热喷流									
6	0.9	0.49	3.4	1.0	0.0	10^4	$(240\times69\times64)+$ $(216\times16\times16)$	0.25	无
7	0.5	0.27	3.4	1.0	0.0	10^4	$(240\times69\times64)+$ $(216\times16\times16)$	0.25	无
8	1.25	0.77	2.66	1.0	0.0	5×10^5	$(317\times66\times64)+$ $(297\times16\times16)$	0.25	无
带外流的喷流(模拟前飞状态)									
9	0.9	0.9	1.0	1.0	0.1	5×10^5	$(281\times58\times64)+$ $(261\times16\times16)$	0.3	无
10	0.9	0.9	1.0	1.0	0.2	5×10^5	$(281\times58\times64)+$ $(261\times16\times16)$	0.35	无
11	0.9	0.9	1.0	1.0	0.3	5×10^5	$(281\times58\times64)+$ $(261\times16\times16)$	0.4	无
12	0.9	0.9	1.0	1.0	0.6	5×10^5	$(370\times55\times48)+$ $(350\times12\times12)$	0.5	无
13	1.25	0.77	2.66	1.0	0.21	5×10^5	$(317\times66\times64)+$ $(297\times16\times16)$	0.4	无

（续表）

状态号	$Ma = \dfrac{U_j}{c_0}$	Ma	$\dfrac{T_j}{T_0}$	$\dfrac{p_j}{p_0}$	$\dfrac{U_{CF}}{U_j}$	Re	网格	σ_{min}^{upw}	限制器
带 chevron 的喷流									
14	0.9	0.9	1.0	1.0	0.0	10^4	$(240 \times 69 \times 64)+$ $(216 \times 16 \times 16)$	0.25	无
超声速完全膨胀和声速欠膨胀喷流									
15	1.37	1.37	1.0	1.0	0.0	5×10^5	$(317 \times 66 \times 64)+$ $(297 \times 16 \times 16)$	0.25	有
16	1.37	1.0	1.0	1.61	0.0	5×10^5	$(386 \times 83 \times 48)+$ $(364 \times 12 \times 12)$	0.25	有

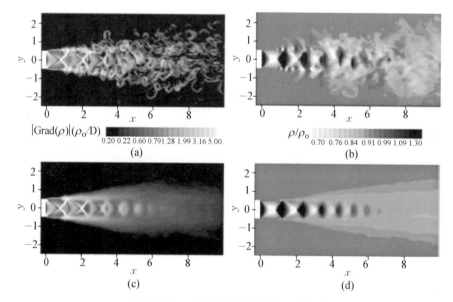

图 7-161　声速欠膨胀喷流的密度场值

（a, b)为密度梯度；(c, d)为密度；(a, c)为瞬时值；(b, d)为时间平均值

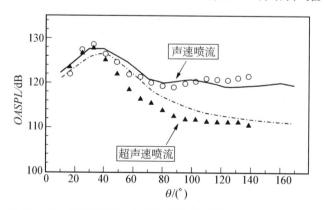

图 7-162　两种喷流的 $OASPL$ 随 θ 的变化，○，▲为实验值

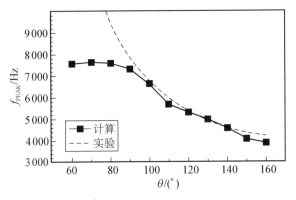

图 7 - 163　宽频激波腔噪声峰值频率的分布

为了进一步向实用化方向发展,Shur 和 Spalart 等将上述改进的 LES 方法又做了进一步的改进[178],用两步 RANS - LES 计算策略,希望再次改进后的 LES/FW - H 数值模拟系统能作为估算降噪概念设计的工具,最终计算真实发动机喷流噪声的精确度在尽可能宽的频率范围内达到 2~3 dB。第一步为轴对称或三维(取决于几何形状)的喷管-羽流耦合的 RANS 计算,三维计算时需加密计算网格到足够精细,使能模拟出喷管的所有边界层。这一计算比完全的 LES 计算经济得多。第二步将喷管出口处的 RANS 计算解作为进流条件对羽流做 LES 计算,注意计算时喷管壁处径向网格要比 RANS 计算的网格稀疏 20 倍左右(不需要分辨黏性次层),这可使边界层的法向网格点数节省 15 个点,于是可以量级性地增大时间积分的步数,从而使 LES 计算更精。尽管 RANS 计算的湍流影响不如 LES 计算的准确,但因上游对喷管出口处的影响较弱,可以这样处理。RANS 计算中湍流模型取自文献[183, 184]。

对于巡航飞行时飞机喷流中的激波腔,可如前所述,在事先指定的区域内将原有混合迎风格式中的 5 阶迎风降为 3 阶迎风,同时局部使用 van Albada 限制器来捕获,同时不改变剪切层的稳定性。但对于复杂外形的喷管,事先无法知道激波拓扑,也就无法指定局部区域,因此再次改进的方法第二点是自动添加限制器。根据 Hill 和 Pullin[185] 的思想,可在不同方向独立地引入限制器,以 i 方向为例:计算($i +$ 1/2)面处无黏通量时,若不等式

$$\frac{|p_{i+1} - p_i|}{\min\{p_i,\ p_{i+1}\}} > \varepsilon$$

成立(式中 p 为压强,ε 取 0.5),则用纯 3 阶迎风格式代替原 5 阶混合格式,同时启用 van Albada 通量限制器。由于在湍流喷流中产生的激波是非定常(脉动)的,因此这种替代算法要同时对($i-1/2$)面和($i+3/2$)面执行。此外为了加速亚迭代收敛,在一个时间步内两次迭代后即"冻结"限制器。

Shur 等将这种改进方法应用于 3 种降噪设计的装置:斜切喷口[186](见图 7 - 164)、风扇气流偏转的双喷管[187](见图 7 - 165),波纹裙边喷口[87~89](见图 7 - 166)。作为

例子在这里只对波纹裙边喷口的计算结果作一简单介绍。采用在锯齿瓣上布以总质量流量为零，瓣数为 N(chev)的源/汇方法，将源/汇的参数与锯齿瓣的长度和角度相联系来模拟波纹裙边喷口的作用，图 7-167 为波纹裙边喷口和源/汇位置的示意图，具体的计算可见文献[178]。图 7-168 给出了不同锯齿瓣数的喷口[188]在 $x/D_0=1$ 处用 RANS 计算得到的及源/汇模拟算得的流向速度等值线的比较，可以看出两者之间吻合得很好。对其中两种外形（SMC003 和 SMC007）做进一步 LES 和噪声计算，其中 SMC003 产生最弱的扰动，实际上并不太影响圆形喷口喷流的空气动力，SMC007 的锯齿瓣会对气动力和噪声产生很大的影响。计算中使用了约 300 万网格点。图 7-169 为 3 种喷口[无锯齿瓣（圆形）的喷口 SMC000，SMC003 和 SMC007]在 $Oxyz$ 平面中涡度的瞬时快照，可见足够大和浸入足够深的锯齿瓣对剪切层的湍流结构影响很大，很快实现了转捩，剪切层很厚，喷流核心很短等，这些都体现了掺混的加强。图 7-170 表示了在 $x/D_0=1$ 处的速度和涡度等值线的快照和平均速度分布。当然计算和实验的流态在定量上比较是很困难的，但定性看是很一致的，这可由图 7-171 的比较加以证实（图中给出了计算和实验的中心平均速度的流向分布比较）。由图可知，两者的喷流核心区长度和速度的衰变速度很一致，也证明了 SMC003 与圆形喷口的速度分布基本一样，而 SMC007 与它们差别很大。

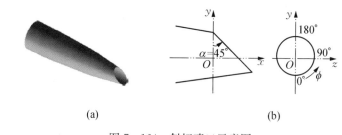

(a)　　　　　　　　　　　　　　　　(b)

图 7-164　斜切喷口示意图

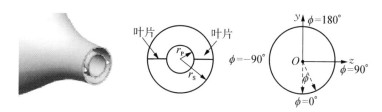

图 7-165　风扇气流偏转的双喷管示意图

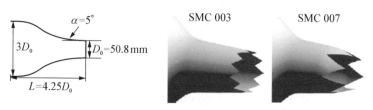

图 7-166　圆形喷口（SMC000）和两种波纹裙边喷口（SMC003 和 SMC007）示意图

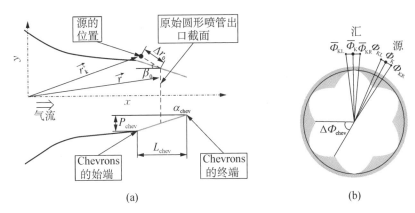

图 7 - 167　波纹裙边喷口和源/汇周向位置

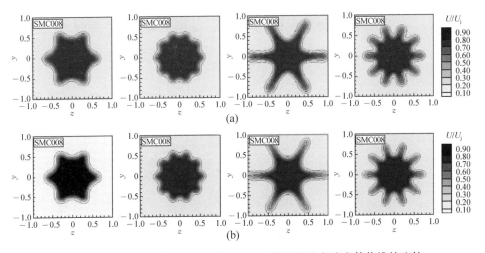

图 7 - 168　不同瓣数喷口在 $x/D_0 = 1$ 处截面的流向速度等值线的比较

(a) RANS 计算；(b) 参数模拟计算

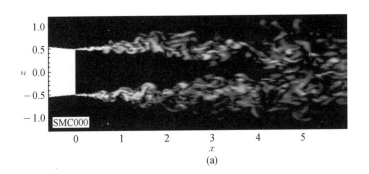

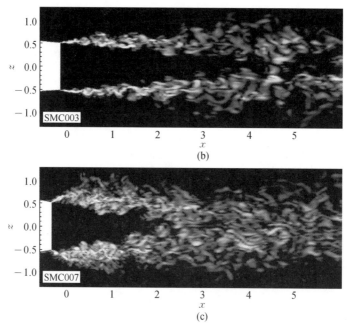

图 7 - 169　*XZ* 平面上涡度分布的快照

（a）圆形喷口；（b）和（c）波纹裙边喷口

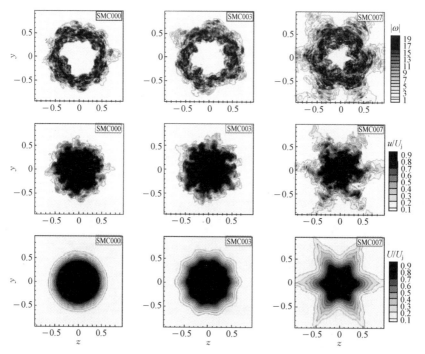

图 7 - 170　$x/D_0 = 1$ 处的速度（中）和涡度（上）等值线的快照及平均速度等值线（下）

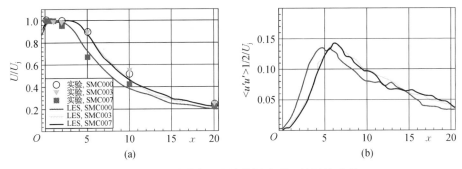

图 7-171　圆形喷口和波纹裙边喷口的平均速度

(a) 和它的均方根脉动；(b) 的计算和实验结果的比较

图 7-172～图 7-174 为 4 个角度的 1/3 倍频程谱(1/3-octave SPL)，等值线图，及 $OASPL$ 随 θ 变化的分布。可见 SMC003 喷口的喷流产生的噪声非常接近圆形喷口 SMC000 的，仅在峰值方向局部降低了些低频噪声，在 $\theta = 90°$ 方位处频谱稍微移向高频区。而 SMC007 喷管在低频谱区和峰值方向($\theta = 130° \sim 150°$)的 $OASPL$ 降低都很显著，而在 $\theta < 130°$ 时产生了比 SMC000 和 SMC003 产生的高得多的高频噪声，频谱的峰值也相应地移向高频方向(SMC000 和 SMC003 的 $Sr_{max} \approx 0.5 \sim 0.6$，而 SMC007 的 $Sr_{max} \approx 1 \sim 1.5$)。图中也给出了 3 种喷口各自的实验值，各自的计算值和实验值总体上都吻合得很好，其中 SMC007 的吻合得最好。在 $\theta = 150° \sim 160°$ 时，$OASPL$ 的计算值和实验值相差约 2.5 dB，而 SMC000 和 SMC003 在 $\theta = 160°$ 时 $OASPL$ 的相差值达 3.5 dB，且 $OASPL$ 的最大峰值位置比实验值偏离约

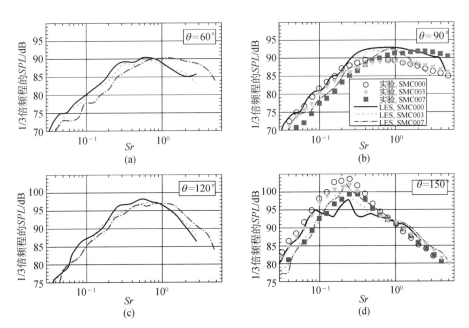

图 7-172　40 倍有效直径处的圆形和波纹裙边喷口的 1/3-octave SPL

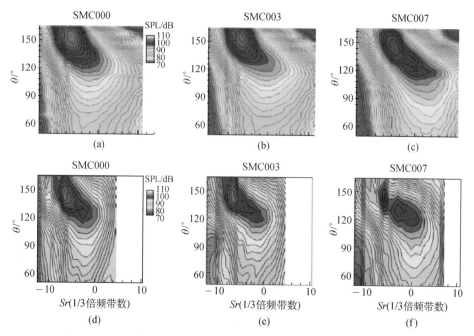

图 7 - 173　40 倍有效直径处圆形和波纹裙边喷口的 1/3-octave *SPL*
"极角-频率"等值线图的计算(下)和实验(上)值比较

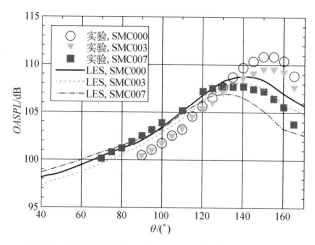

图 7 - 174　40 倍有效直径处圆形和波纹裙边喷口的 *OASPL* 计算与实验值的比较

10°,而 SMC007 则要小得多。总体上对 SMC007 的数值模拟捕获了实验中观察到的波纹裙边喷口引起的绝大多数现象,从定量上看两者吻合程度也都是很可接受的。

(4) RANS 的计算。

由于 CFD 技术日趋成熟,学术界和工程界开始常规地应用 RANS/声比拟法于噪声场的计算。例如 Hunter 等将包含温度修正的二方程 k - ε 湍流模型和各向异性雷诺应力模型的 RANS - PAB3D 解算器和 Lighthill 的声比拟方法结合而形成

Jet3D,不仅可用于对流场和喷管几何形状无限制的三维噪声计算,且已被发展成为气动声学的设计和分析工具之一[189]。文献[190]深入地介绍了它的理论方法、背景和验证说明。作为 Jet3D 应用的例子,图 7 - 175 表示了不同形状喷管(见图 7 - 176)的全尺寸外形在 $Ma = 0.28$ 飞越状态下计算的 $EPNL$ 结果。由图可知,对于无 chevron 的喷管,1(无挂架)和 6(带挂架)计算和实验的结果吻合很好,计算值位于

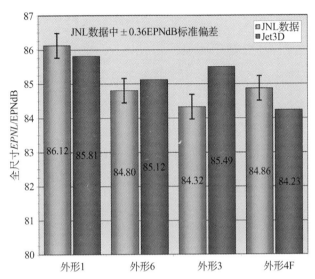

图 7 - 175　$Ma = 0.28$,飞越状态下 $H = 305\,\mathrm{m}$ 地面侧向
距离 $450\,\mathrm{m}$ 处的全尺寸计算 $EPNL$ 的比较

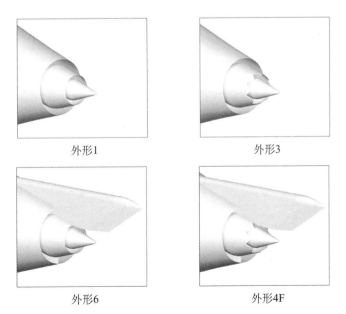

图 7 - 176　不同形状的喷管

JNL(Jet Noise Laboratory)风洞测量值的标准偏差±0.36 EPNdB 之内,而对有 chevron 的喷管 3(无挂架)和 4F(带挂架)计算和实验的结果相比,3 偏大了 1.17 EPNdB,4F 低估了 0.63 EPNdB,这表明要捕获 chevron 的全部影响,Jet3D 还需进一步改进[191,192]。

Lockard 等人将 RANS 解算器——CFL3D 和 FW-H 方法结合运用于机体噪声的计算,此方法采用 CFL3D 代码计算流场,完成流场计算后,再用 Fflowcs Williams-Hawkins 方程解算器积分近场数据,求得远场噪声值[193]。

(a) 起落架干扰流场形成噪声的机理研究。

NASA 的 Khorrami 和 Lockard 等的研究小组采用前后串列圆柱(tandem cylinder)作为起落架绕流中相互干扰机理研究的简化模型,并同时在 NASA 的 BART(Basic Aerodynamic Research Tunnel)风洞中和 QFF(Quiet Flow Facility)中分别做流场的气动性能测量和声学测量,图 7-177 为安装在两风洞中的模型。图 7-178 为前后串列圆柱的示意图,并将计算结果和实验结果作了对比。此项研究工作尚在进行中。Lockard 等曾采用不同的网格数进行流场计算并分别与实验作对比,探讨必要的网格规模以及最佳的展长距离。在文献[194]中,Lockard 等生成了二维的多块结构网格(见图 7-179),并沿展向拓展成三维网格,形成了 3 类网格结构:①细网格 F_{xyz} 在展向有 $3D$(D 为圆柱直径)和 $6D$ 长度的两种网格,展向长度为 $6D$ 的 F_{xyz} 总网格数为 $80\,000\,000$;② 每个方向减半的网格 M_{xyz} 在展向有 $3D$,$6D$ 和 $18D$ 长度的 3 种,$18D$ 长度的 M_{xyz} 网格数为 $30\,000\,000$;③ 混合网格 $M_{xy}F_z$(这种网格可使两圆柱间尾迹区内的网格各向等距),在展向有 $3D$,$6D$ 和 $18D$ 长度的 3 种,$18D$ 长度的 $M_{xy}F_z$ 网格数为 $60\,000\,000$。数值模拟分几个步骤进行,首先建立定常解作为基本的平均流动解,在此解上加一个小扰动(不超过自由流速的 3%)以加速建立三维非定常流的结构。图 7-180 表示了不同网格中的非定常密度等值线的比较,可以看出尽管网格不同,反映的流动结构有差异,但都反映出了三维计算结果中

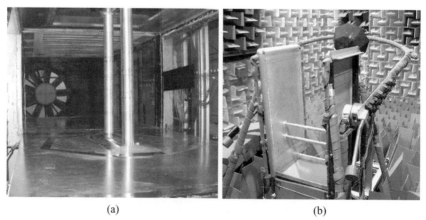

(a)　　　　　　　　　(b)

图 7-177　位于 BART 和 QFF 中的前后串列圆柱

(a) BART；(b) QFF

描述的流动结构较细致,与实验结果[195]类似,而过去的二维数值模拟仅能捕获最大尺度的涡结构。各种展长的网格计算结果表明,所有解的表面 C_p 都很一致,并与实验结果吻合,而平均速度型相差较大,展长为 18D 的 M_{xyz} 网格中的解与实验结果吻合得最好(见图 7 - 181(a)),可见展长似乎起着主要作用;但图 7 - 180(b)却表明展长 18D 的 $M_{xy}F_z$ 网格的计算结果与实验结果相差最大,F_{xyz} 网格解也随着展长增大而更偏离实验值。细微的比较可发现,网格解和展向长度间存在着复杂的关系[194]。表 7 - 14 给出了不同网格解的涡脱落频率,尽管彼此之间差别不大,但却呈现了随网格变精细而更多偏离实验值的趋势。可见尚需继续研究流场解的精确求解。

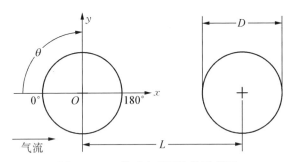

图 7 - 178 前后串列圆柱的示意图

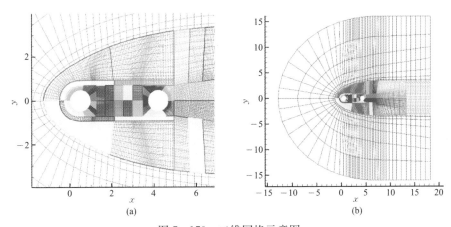

图 7 - 179 二维网格示意图

(a) 近场;(b) 全网格

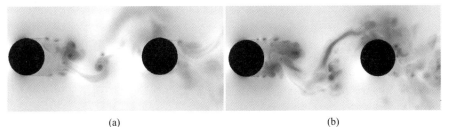

图 7 - 180 瞬时密度等值线图

(a) 展长为 3D 的 M_{xyz} 网格;(b) 展长为 3D 的 F_{xyz} 网格

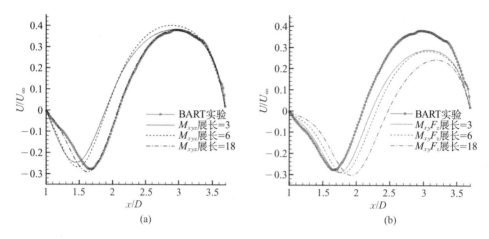

图 7-181　圆柱间沿 $y = 0$ 的平均速度型比较（BART 实验值取自文献[195]）

(a) M_{xyz} 网格；(b) $M_{xy}F_z$ 网格

表 7-14　前圆柱 $\theta = 90°$ 处测得的涡脱落频率

	实验	M_{xyz}	$M_{xy}F_z$	F_{xyz}
频率/Hz	178	166	163	157
Sr 数	0.232	0.219	0.215	0.207

注：每类网格解的值与展长无关。

噪声计算结果表明，下游（后）圆柱上的压强脉动值要比前圆柱上的高出 10～15 dB，从而对噪声辐射起主要作用。图 7-182 为圆柱附近计算所得的 SPL 等值线图，图 7-182(a)表明，最强的近场压强脉动位于后圆柱表面上 ±45° 处和在前圆柱后剪切流卷起的区域中；图 7-182(b)表明，最主要的辐射方向是沿后圆柱的下游方向。Lockard 等利用 FW-H 的积分解算器取得了不同观察点的噪声信号，图 7-183 表示了 A，B 和 C 三个位置（见图 7-184）3 类网格计算取得的 PSD（压强谱密度）与频率的关系，并与实验值相比较。由图可见，总体上计算与实验的结果吻合很好，其中 F_{xyz} 网格解获得的峰值最好，尽管它比实验值占有更宽的频率范围。展长 18D 计算的噪声水平与实验值吻合得很好。所有超过 2 kHz 的计算值都低于实验值，这与气动计算所得表面压强的结果一致，因此最有可能的原因是网格和时间步长的影响。

有关 tandem cylinder 的计算和实验的文献还有[196～202]。

近年来 Vatsa 等应用非结构网格 CFD 解算器 FUN3D 求解了 tandem cylinder 外形[203]和 Gulfstream G-550 前起落架的非定常流场[204]，并利用 FW-H 解算器由所得流场解数据取得远场噪声解。

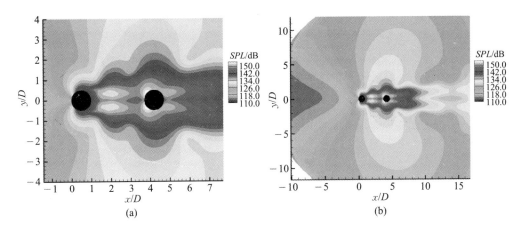

图 7 - 182　展长为 6D 的 F_{xyz} 网格中计算所得的 SPL 等值线

(a) 近视图；(b) 远视图

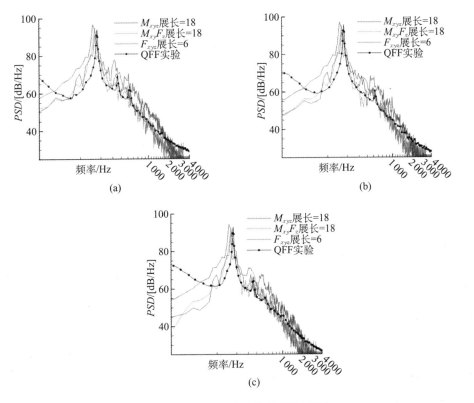

图 7 - 183　A, B, C 点处的 FH - W 解

(a) A 点；(b) B 点；(c) C 点

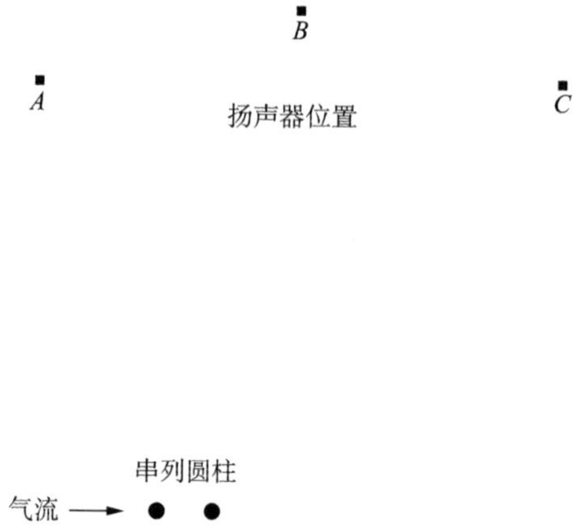

B

A　　　　　　　　扬声器位置　　　　　　　C

串列圆柱

气流 ——→ ● ●

图 7 - 184　A，B，C 测点位置与圆柱的关系

（b）前缘缝翼噪声的机理研究。

风洞实验和飞行试验的结果均表明，在进场条件下前缘缝翼所产生的噪声是很突出的，但 Dobrzynki 认为其 $OASPL$ 值与速度是 $(Ma)^{4.5}$ 的关系[205]，而 Guo 则认为是 $(Ma)^5$ 的关系[136, 206]，Mendoza 也认为是 $(Ma)^5$ 的关系，但在某些中频至高频的频域内则是 $(Ma)^4$ 和 $(Ma)^5$ 之间的关系[207]，因此前缘缝翼产生噪声的机理研究很有意义。Khorrami 等通过计算认为缝翼噪声测量的高频峰值来源于缝翼后缘厚度不为零时所拖出的旋涡[208, 209]，低频时的宽频噪声与缝翼凹形空穴中非定常涡结构邻近区域（gap 区域）流动的相互作用有关[210~212]。取模型展长很小（如 1 in）的一段来计算三维流动，结果[213]大大改进了（相比过去二维流动计算[214]）与 PIV 实验结果[215]的吻合程度。Rakhshani 等和 Imamura 等也都采用不同于 Khorrami 等所使用的计算方法证实了三维脉动对决定凹形空穴中非定常流动的重要性[216, 217]。Rakhshani 等计算和实验采用的几何模型是麦道三翼段的 30P/30N（即前缘缝翼和后缘襟翼各偏 30°）的多段翼型[218]，针对进场条件前缘缝翼和后缘襟翼的缝隙（gap）分别为基本翼弦长的 2.95% 和 1.27%，重叠区分别为 -2.95% 和 0.25%。实验的 $Ma = 0.17$，基于基本弦长的 $Re_c = 1.71 \times 10^6$。实验在 NASA 的 BART 风洞中完成。三维流动的计算方法与前述计算 tandem cylinder 的方法相同，即用 CFL3D 计算流场细节，计算远场噪声时采用 FW - H 方法[193]。计算的过程也同样是先建立定常解作为基本的平均流动解，然后加上一个小扰动（不超过自由流的 3%）以加速建立非定常流结构。一旦实现足够的流动非定常后（至少几百个时间步后）撤销此小扰动，然后经过至少 30000 个时间步后在缝翼的凹形空穴中形成非定常流动。

随后，Rakhshani 等采用此方法进一步探讨各种因素的影响。Lockard 等将原计算的展长从 1 in（37.3% 缝翼弦长）增大至 6 in（226% 缝翼弦长），研究展长对近场的非定常性和远场噪声的影响[219]。结果表明，展长取 2 in 左右（即 80% 的缝翼弦长），对于捕获缝翼凹形空穴非定常流动的特征就足够了。文献[220]取 2 in 展长进一步计算和探讨了横向流的影响,他们在来流基础上叠加了展向速度,形成两个不同自由来流(见表 7-15)的方式进行计算,计算结果表明,非定常脉动和噪声主要是与流动垂直前缘的速度而不是与合速度相关联。但这种计算方式同时改变了 Re 数和 Ma 数,无法独立研究 Re 数和 Ma 数的单独影响。NASA 的 LTPT(Low Turbulence Pressure Tunnel)风洞实验中测量的结果表明,Re 数超过 7.2×10^6 后噪声随 Re 数的变化相对地不敏感[221],但上述计算中的 Re 数相对较低(1.7×10^6),因此 Lockard 等作了 Ma 和 Re 数影响的计算[222],Ma 数分别取 0.13,0.17,0.21 和 0.25,Re 数取 1.209×10^6,1.710×10^6 和 2.418×10^6。计算结果表明,在 $Re = 1.71 \times 10^6$ 时所计算的 4 个 Ma 数范围内近场压强脉动近似可表示为 U_∞^4 的规律,而远场噪声则可表示为 U_∞^5 的规律。在 $Ma = 0.17$ 时研究 Re 数变化的影响未获得有意义的结果,但总体上计算的重复性很好,今后应进一步探讨实用的 Re 数和迎角的影响[222]。

表 7-15　两种计算的状态

	$|V_\infty|$	β	U_∞	W_∞	$Re_c \times 10^{-6}$
原始状态	0.17	$0°$	0.17	0.0	1.71
状态 1	0.208	$35.26°$	0.17	0.1202	1.396
状态 2	0.17	$45°$	0.1202	0.1202	2.4183

7.8.4　小结

由上可知,在进场条件下,主要机体噪声源自气流与起落架和主升力翼面的相互作用。这时的绕流十分复杂,部件间相互干扰作用很大,人们对噪声产生的机理还认识得很不够。

近二十年来,面对日益严酷的限噪要求,主要民机制造大国都投入了大量研究力量,做了多方面尝试并取得了相应的成果,在降噪措施上也做了多种探索,但要真正应用于新民机的设计还有一定距离。

由于测量技术的进步,上述大量研究是通过风洞实验,试飞验证进行的。实验和试飞所需的高昂费用和漫长周期要求研究者努力发展计算的方法和手段。计算航空声学(CAA)对数值方法和计算机的要求都很高,目前尚难以用 CAA 精确地计算噪声,而只能是应用 CFD 计算技术形成 RANS/CAA 或 LES/CAA 混合方法来探讨噪声的产生机理,取得噪声的相关数据。近年来这方面的进展十分迅速。事实证明,将数值计算、风洞实验、试飞验证三者紧密结合,实行从基础研究,应用研究到技术发展的研究路线是可以取得降低机体噪声的设计的,图 6-2 给出的波纹裙边喷口的设计研究即为一例。

由于民机外形的高度复杂性,进一步发展和完善半经验方法和代码,仍是民机外形设计当务之急的任务。

参考文献

[1]　朱自强,陈迎春,王晓璐,等. 现代飞机的空气动力设计[M]. 北京:国防工业出版社,2011.

[2]　Chudoba B, Wleman G, Roberts K, et al. What price supersonic speed? -a design anatomy of supersonic transportation-part1 [R]. AIAA - 2007 - 851,2007.

[3]　Chudoba B, Oza A, Roberts K, et al. What price supersonic speed? -an applied market research case study-part2 [R]. AIAA - 2007 - 848,2007.

[4]　Henne P A. Case for small supersonic civil aircraft [J]. Journal of Aircraft, 2005,42(3): 765 - 773.

[5]　Howe D C. Engine placement for sonic boom mitigation [R]. AIAA - 2002 - 148,2002.

[6]　Howe D C. Sonic boom reduction through the use of nonaxisymmetric configuration shaping [R]. AIAA - 2003 - 929,2003.

[7]　Dutta M, Patten K, Wuebbles D. Parametric analysis of potential effects on stratospheric and trophospric ozone chemistry by a fleet of Quiet Supersonic Business Jets (QSJs) projected in a 2020 atmosphere. Study Report. Department of Atmospheric Sciences. University of Illinois at Urbana-Champaign, 2002.

[8]　Welge H R, Nelson C, Bonet J. Supersonic vehicle systems for the 2020 to 2030 timeframe [R]. AIAA - 2010 - 4930,2010.

[9]　Buyeau A, Johan Z, Merlet A, et al. Numerical aerodynamic assessment and experimental validation of innovative supersonic business jet concepts [R]. AIAA - 2008 - 7181,2008.

[10]　Daums L, Heron N, Johan Z, et al. Aerodynamic deign process of a supersonic business jet [R]. AIAA - 2006 - 3549,2006.

[11]　Howe D C. Improved sonic boom minimization with extendable nose spike [R]. AIAA - 2005 - 1014,2005.

[12]　Howe D C, Simmons F, Freund D. Development of the Gulfstream Quiet Spike™ for sonic boom minimization [R]. AIAA - 2008 - 124,2008.

[13]　Thomas C L. Extrapolation of sonic boom pressure signatures by the waveform parameter method [R]. NASA - TND - 6832,1972.

[14]　Plotkin K J, Grandi F. Computer models for sonic boom analysis: PCBoom 4, CABoom, BoomMap, CORBoom [R]. Wyle Report, WR - 02 - 11,2002.

[15]　Cowart R A, Grindle T. An overview of the Gulfstream/NASA Quiet Sprike™ flight test program [R]. AIAA - 2008 - 123,2008.

[16]　Freund D, Howe D C, Simmons F. Quiet Spike™ prototype aerodynamic characteristics from flight test [R]. AIAA - 2008 - 125,2008.

[17]　Cumming S, Smith M, Frederick M. Aerodynamic effects on a 24-ft multi-segmented telescoping nose boom on an F - 15B airplane [R]. AIAA - 2007 - 6638,2007.

[18]　Mona C, Cox T, Mc Werter S. Stability and controls flight test results of a 24-ft telescoping nose boom on an F - 15B airplane [R]. AIAA - 2008 - 126,2008.

[19]　Simmons F, Freund D, Knight M. Quiet Spike™ prototype morphing performance during flight test [R]. AIAA - 2008 - 127,2008.

[20]　Simmons F, Freund D, Spivey N D, et al. Quiet Spike™: the deign and validation of an extendable nose boom prototype [R]. AIAA - 2007 - 1774,2007.

[21] Herrera C Y, Pak C. Build-up approach to updating the Mock Quiet Spike™ beam model [R]. AIAA - 2007 - 1776,2007.

[22] Freund D, Simmons F, Spivey N D, et al. Quiet Spike™ prototype flight test results [R]. AIAA - 2007 - 1778,2007.

[23] Howe D C, Waith K, Haering E. Quiet Spike™ near-field flight test pressure measurements with CFD comparions [R]. AIAA - 2008 - 128,2008.

[24] Cowart R A, Freund D, Simmons F, et al. Lessons learned-Quiet Spike™ flight test prototype program [R]. AIAA - 2008 - 130,2008.

[25] Salamone J. Recent sonic boom propagation studies at Gulfstream aerospace [R]. AIAA - 2009 - 3388,2009.

[26] Hamito M F, Blackstock D T. Nonlinear acoustics [M]. Academic Press, San Diego, 1998.

[27] Cleveland R O. Propagation of sonic boom through a real, stratified atmosphere [D]. Ph. D. Dissertation, University of Texas at Austin, 1995.

[28] Sullivan B M. Human response to simulated low-intensity sonic booms [C]. Proceedings of Noise-Conf. , pp:541 - 550, Maryland, 2004.

[29] Wlezien R, Veitch L. Quiet supersonic platform program [R]. AIAA - 2002 - 143,2002.

[30] Jones L B. Lower bounds for sonic bangs [J]. Journal of Royal Aeronautics Society, 1961, 65:433 - 436.

[31] Carlson H W. The lower bound of attainable sonic-boom overpressure and design methods of approaching this limit [R]. NASA - TND - 1494,1962.

[32] Whitham C B. On the weak propagation of weak shock waves [J]. Journal of Fluid Mechnics, 1956,1(3).

[33] Carlson H W. Influence of airplane configuration on sonic boom characteristics [J]. Journal of Aircraft, 1964,1(2):82 - 86.

[34] McLean F E. Some nonasymtotic effects on the sonic boom of large airplanes [R]. NASA TND - 2877,1965.

[35] McLean F E, Shrout B L. Design method for minimization of sonic boom pressure field disturbance [J]. Journal of Acoustical Society of America, 1966,39(5, part2):S19 - S25.

[36] Ferri A, Ismaii A. Report on sonic boom studies, part1, analysis of configurations [R]. NASA SP - 180:73 - 88,1968.

[37] Ferri A. Airplane configurations for low sonic boom [R]. NASA SP - 225:255 - 275,1970.

[38] Hayes W D, Haefili R C, Kulsvud H E. Sonic boom propagation in a stratified atmosphere with computer program [R]. NASA CR - 1299,1969.

[39] George A R. Lower bounds for sonic booms in the mid-field [J]. AIAA Journal, 1969, 7(8):1542 - 1545.

[40] George A R, Seebass R. Sonic boom minimization including both front and rear shocks [J]. AIAA Journal, 1971,9(10):2091 - 2093.

[41] Kane E J. A study to determine the feasibility of a low sonic boom supersonic transport [R]. NASA CR - 2332,1972.

[42] Carlson H W, Barger R W, Mack R J. Application of sonic boom minimization concepts in supersonic transport design [R]. NASA TND - 7218,1973.

[43] Niedzwiecki A, Ribner H S. Subjective loudness and annoyance of filtered N-wave sonic booms [J]. Journal of Acoustical Society of America, 1974,16(3):702 - 705.

[44] Darden C M. Minimization of sonic boom parameters in real and isothermal atmosphere [R]. NASA TND - 7842,1975.

[45] Darden C M. Sonic boom minimization with noise bluntness relaxation [R]. NASA TP - 1348,1979.

[46] Mack R J, Darden C M. A wind tunnel investigation of the validity of a sonic boom minimization concept [R]. NASA TP - 1421,1979.

[47] Darden C M, Clemans A, Hayes W D, et al. Status of sonic boom methodology and understanding [R]. NASA CR - 3027,1988.

[48] Leatherwood J D, Sullivan B M. A loudness calculation procedure applied to shaped sonic booms [R]. NASA TP - 3134,1991.

[49] Shephered K P, Sullivan B M. Laboratory studies of effects of boom shaping on subjective loudness and acceptability [R]. NASA TP - 3269,1992.

[50] Darden C M. High speed research: sonic boom, vol 2 [R]. NASA CP - 3173,1992.

[51] McCurdy D A. High speed research: 1994 sonic boom workshop: configuration design, analysis and testing [R]. NASA CP - 1999 - 209699,1994.

[52] Maglieri D J, Sothcott V E, Keefer T N Jr. Feasibility study on conducting overflight. measurements of shaped sonic boom signatures using the Firebee BQM - 34 RPV [R]. NASA CR - 189715,1993.

[53] Pawlowski J W, Graham O H, Boccadoro C H, et al. Origins and overview of the shaped sonic boom demonstration program [R]. AIAA - 2005 - 5,2005.

[54] Stansbery E G, Baize D G, Maglieri D J. In-flight technique for acquiring mid-and far-field sonic boom signatures [R]. NASA CP - 1999 - 209699, pp:249 - 268,1994.

[55] Lux D, Ehernberger L J, Moes T R, et al. Low-boom SR - 71 modified signature demonstration program [R]. NASA TM - 104307, pp:237 - 248,1994.

[56] Morgenstern J M, Bruns D B, Camacho P P. SR - 71 a reduced sonic boom modification design [R]. NASA CP - 1999 - 209699, pp:149 - 218,1994.

[57] Fouladi K. CFD predictions of sonic boom characteristics for unmodified and modified SR - 71 configurations [R]. NASA CP - 1999 - 209699, pp:219 - 236,1994.

[58] Haering E A, Ehernbeger L J, Whitmore S A. Preliminary airborne measurements for the SR - 71 sonic boom propagation experiment [R]. NASA TM - 4307,1995.

[59] Maglieri D J, Bobbitt P J, Henderson H R. Proposed flight test program to demonstrate persistence of shaped sonic boom signatures using Firebee BQM 34E RPV. Eagle Aeronautics, Inc. respose to DARPA RFI-advanced supersonic program, 2000.

[60] Meredith K B, Dahlin J H, Graham D H, et al. Computation fluid dynamics comparison and flight test measurements of F - 5E off body pressures [R]. AIAA - 2005 - 6,2005.

[61] Haering E A Jr, Murry J E, Purifoy D D, et al. Airborne shaped sonic boom demonstration pressure measurements with computation fluid dynamics comparison [R]. AIAA - 2005 - 9,2005.

[62] Graham D H, Dablin J H, Page J A, et al. Wind tunnel validation shaped sonic boom demonstration aircraft design [R]. AIAA - 2005 - 7,2005.

［63］ Graham D H, Dablin J H, Meredith K B, et al. Aerodynamic design of shaped sonic boom demonstration aircraft ［R］. AIAA - 2005 - 8,2005.

［64］ Poltkin K, Haering E, Murray J, et al. Ground data collection of shaped sonic boom demonstration aircraft pressure signatures ［R］. AIAA - 2005 - 10,2005.

［65］ Poltkin K, Martin M L, Maglieri D J, et al. Poushover focus booms from the shaped sonic boom demonstrator ［R］. AIAA - 2005 - 11,2005.

［66］ Morgenstern J M, Arslan A, Pilon A, et al. F - 5 shaped sonic boom demonstrator's persistence of boom shaping reduction through turbulence ［R］. AIAA - 2005 - 12,2005.

［67］ Kandil O A, Bobbitt P J. Comparison of full potential equation, propagation code computations with measurements from the F - 5 shaped sonic boom experiment program ［R］. AIAA - 2005 - 13,2005.

［68］ Joslin R D, Thomas R H, Choudhari M M. Synergism of flow and noise control technologies ［J］. Progress in Aerospace Sciences, 2005,41:363 - 417.

［69］ 乔渭阳. 航空发动机气动声学［M］. 北京:北京航空航天大学出版社,2010.

［70］ Bartlett P, Humphreys N, Pillipson P, et al. The joint Rolls Royce/Boeing quiet technology demonstrator program ［R］. AIAA - 2004 - 2869,2004.

［71］ Herkes W H, Olsen R F, Stefan V. The quiet technology demonstrator program: flight validation of airplane noise reduction concepts ［R］. AIAA - 2006 - 2720,2006.

［72］ Herks W, Nesbitt E, Callender B, et al. The quiet technology demonstrator program: static test of airplane noise reduction concepts ［R］. AIAA - 2007 - 3670,2007.

［73］ Yu J, Nesbitt E, Chien E, et al. QTD2(Quiet Technology Demonstrator 2) intake design and validation ［R］. AIAA - 2006 - 2458,2006.

［74］ Callender B, Janardan B, Vellenberg S, et al. The quiet technology demonstrator program: static test of an acoustically smooth inlet ［R］. AIAA - 2007 - 3671,2007.

［75］ Premo J, Breard C, Lan Justin. Predictions of the inlet splice effects from the QTD2 static test ［R］. AIAA - 2007 - 3544,2007.

［76］ Bhat T, Gang V, Guthrie A. Acoustic and flow field characteristics of shock-cell noise from dual flow nozzles ［R］. AIAA - 2005 - 2929,2005.

［77］ Janardan B A, Hoff G E, Barter J W, et al. AST critical propulsion and noise reducation technologies for future commercial subsonic engines-separate flow exhaust system noise reduction concept evaluation ［R］. NASA CR - 2000 - 210039,2000.

［78］ Mengle V G. Relative clocking of enhanced mixing devices for jet noise benefit ［R］. AIAA -2005 - 996,2005.

［79］ Mengle V G. Jet noise characteristics of chevrons in internally mixed nozzled ［R］. AIAA - 2005 - 2934,2005.

［80］ Bhat T R S. Experimental study of acoustic characteristics of jet from dual flow nozzles ［R］. AIAA - 2001 - 2183,2001.

［81］ Hunter C, Thomas R H, Abdol-Hamid K, et al. Computational analysis of the flow and acoustic effects of jet-pylon interaction ［R］. AIAA - 2005 - 3083,2005.

［82］ Elkoby R. Full scale propulsion airframe acoustics investigation ［R］. AIAA - 2005 - 2807, 2005.

［83］ Massey S, Thomas R H, Abdol-Hamid K, et al. Computational and experimental flow field analysis of separate flow chevron nozzles and pylon interaction [R]. AIAA - 2003 - 3212,2003.

[84] Hunter C, Thomas R H. Development of a jet noise prediction method for installed jet configurations [R]. AIAA - 2003 - 3169,2003.

[85] Thomas R H, Kinzie K. Jet-pylon interaction of high bypass ratio separate flow nozzle configurations [R]. AIAA - 2004 - 2827,2004.

[86] Bridges J, Brown C. Parametric testing of chevrons on single flow hot jets [R]. AIAA - 2004 - 2824,2004.

[87] Mengle V, Elkoby R, Brusniak L, et al. Reducing propulsion airframe aeroacoustic interactions with uniquely tailored chevrons: 1 isolated nozzles [R]. AIAA - 2006 - 2467, 2006.

[88] Mengle V, Elkoby R, Brusniak L, et al. Reducing propulsion airframe aeroacoustic interactions with uniquely tailored chevrons: 2 installed nozzles [R]. AIAA - 2006 - 2434, 2006.

[89] Mengle V, Elkoby R, Brusniak L, et al. Reducing propulsion airframe aeroacoustic. interactions with uniquely tailored chevrons: 3 jet-flap interaction [R]. AIAA - 2006 - 2435,2006.

[90] http://www. boeing. com/commercial/techsvcs/boeingtech/bts_acoub. html [EB/OL].

[91] Nesbitt E, Mengle V, Czech M, et al. Flight test results for uniquely tailored propulsion-airframe aeroacoustic chevron: community noise [R]. AIAA - 2006 - 2438,2006.

[92] Mengle V, Gang V W, Nesbitt E, et al. Flight test results for uniquely tailored propulsion-airframe aeroacoustic chevron: shockcell noise [R]. AIAA - 2006 - 2439,2006.

[93] Harper-Bourne M, Fisher M J. The noise from shock waves in supersonic jets [R]. AGARD CP - 131:1 - 13,1973.

[94] Tam C K W, Tanna H K. Shock associated noise of supersonic jets from convergent-divergent nozzles [J]. Journal of Sound and Vibration, 1982,81:337 - 358.

[95] Tam C K W. Stochastic model theory of broadband shock associated noise from supersonic jets [J]. Journal of Sound and Vibration, 1987,116:265 - 302.

[96] Norum T D, Shearin J G. Shock structure and noise of supersonic jets in simulated flight to Mach 0. 4 [R]. NASA TP - 2785,1988.

[97] Bultemeier E J, Gang V, Premo J, et al. Effect of uniform chevrons on cruise shockcell noise [R]. AIAA - 2006 - 2440,2006.

[98] Calkins F T, Bulter G W, Mabe J H. Variable geometry chevrons for jet noise reduction [R]. AIAA - 2006 - 2546,2006.

[99] Mabe J H, Calkins F T, Bulter G W. Boeing's variable geometry chevron, morphing aerostructure for jet noise reduction [R]. AIAA - 2006 - 2142,2006.

[100] Calkins F T. Memory alloy based morphing chevrons: full scale static engine test [R]. AIAA - 2007 - 3438,2007.

[101] Ravetta P A, Burdisso R A, Ng W F. Wind tunnel aeroacoustic measurements of a 26% scale 777 main landing gear model [R]. AIAA - 2004 - 2885,2004.

[102] Ravetta P A, Burdisso R A, Ng W F, et al. Screening of potential control devices at

Virginia Tech for QTD2 flight test [R]. AIAA - 2007 - 3455,2007.

[103]　Jaeger S M, Burnside N J, Soderman P T, et al. Microphone array assessment of an isolated 26% scale, high fidelity landing gear [R]. AIAA - 2002 - 2410,2002.

[104]　Horne C, James K D, Arledge T K, et al. Measurements of 26% scale 777 airframe noise in the NASA Ames 40 - by - 80 foot wind tunnel [R]. AIAA - 2005 - 2810,2005.

[105]　Abeysinghe A, Whitmire J, Nesthus D, et al. QTD2 main landing gear noise reduction fairing design and anslysis [R]. AIAA - 2007 - 3456,2007.

[106]　Elkoby R, Brusuiak L, Stoker R, et al. Airframe noise test results from the QTD2 flight test program [R]. AIAA - 2007 - 3457,2007.

[107]　Dobrzynski W. Almost 40 years of airframe noise research-what did we achieve? [C]. 14th Aeroacoustics conference, Vancouver, May, 2008.

[108]　Revetta P A, Burdisso R A, Ng W F. Noise control of landing gears using elastic membrane-based fairings [R]. AIAA - 2007 - 3466,2007.

[109]　Remillieux M C, Camargo H E, Ravetta P A, et al. Novel Kevlar-walled wind tunnel for aeroacoustic testing of a landing gear [J]. AIAA Journal, 2008,46(7):1631 - 1639.

[110]　Remillieux M C, Camargo H E, Revetta P A, et al. Noise reduction of a model-scale landing gear measured in the Virginia Tech aeroacoustic wind tunnel [R]. AIAA - 2008 - 2818,2008.

[111]　Strett C L, Casper J H, Lochhard D P, et al. Aerodynamic noise reduction for high lift device on a swept wing model [R]. AIAA - 2006 - 212,2006.

[112]　Dobrzynski W, Chow L C, Guion P, et al. An European study on landing gears airframe noise sources [R]. AIAA - 2000 - 1971,2000.

[113]　Chow L C, Mau K, Remy H. Landing gear and high lift devices airframe noise research [R]. AIAA - 2002 - 2408,2002.

[114]　Piet J F, Davy R, Elias G, et al. Flight test investigation of add-on treatments to reduce airframe noise [R]. AIAA - 2005 - 3007,2005.

[115]　Pavy R, Moens F, Remy H. Aeroacoustic behavior of a 1:11 scale airbus model in the open anechoic wind tunnel CEPRA 19 [R]. AIAA - 2002 - 2412,2002.

[116]　Piet J F, Micheal V, Bohning P. Localization of the acoustic sources of the A340 with a large phased microphone array during flight tests [R]. AIAA - 2002 - 2506,2002.

[117]　Micheal P P, Dobrzynski W, Buchholz H, et al. validation a semiempirical airframe noise prediction method through dedicated A319 flyover noise measurements [R]. AIAA - 2000 - 2470,2000.

[118]　Dobrzynski W, Buchholz H. Full-scale noise testing on airbus landing gears in the German Dutch wind tunnel [R]. AIAA - 95 - 1597,1995.

[119]　Smith M G, Chow L C. Predicction method for aerodynamic noise from aircraft landing gear [R]. AIAA - 98 - 2228,1998.

[120]　Piet J F, Chow L C, Laporte F, et al. Flight test investigation of high lift devices and landing gear modifications to achieve airframe reduction [C]. Proceeding of European congress on computation methods in applied science and engineering, Jyvaskyla, 24 - 28, July, 2004.

[121]　Dobrzynski W, Chow L C, Smith M, et al. Experimental assessment of low noise landing

gear component design [R]. AIAA – 2009 – 3276,2009.

[122] Oerlemans S, Sandu C, Malin N, et al. Reduction of landing gear noise using meshes [R]. AIAA – 2010 – 3972,2010.

[123] Boorsma K, Zang X, Molin N. Perforated fairings for landing gear noise control [R]. AIAA – 2008 – 2961,2008.

[124] Oerlemans S, Bruin A. Reduction of landing gear noise using an air curtain [R]. AIAA – 2009 – 3156,2009.

[125] Mueller T. (ed.) Aeroacoustic mearsurements, Springer, 2002. ISBN 3 – 540 – 41757 – 5.

[126] Crighton D G. Aircframe noise, in aeroacoustics of flight vehicles. Vol. 1 Hubbard H H (ed.) Acoustical Society of America, 1995.

[127] Lockard D P, Lilley G M. The airframe noise reduction challenge [R]. NASA TM – 2004 – 213013,2004.

[128] Singer B A, Yueping Guo. Development of acoustics tools for airframe noise calculations [J]. Inernational Jurnal of Computational Fluid Dynamics, 2004,18(6):455 – 469.

[129] Meng Wang, Freund J B, Lele S K. Computational prediction of flow generated sound [J]. Annual Review of Fluid Mechanics, 2003,38:647 – 669.

[130] Tam C K W. Computational aeroacoustics: An overview RTO AVT Symposium on Ageing mechanisms and control [C]. Part A-Developments in computational aero-and hydro-acoustics. Manchester, UK, Oct., 2001 and published in RTO – MP – 079(I).

[131] Farassat F, Casper J H. Towards an airframe noise prediction methodology: survey of current approaches [R]. AIAA – 2006 – 210,2006.

[132] Dahl M D. A process for assessing NASA's capability in aircraft noise prediction technology [R]. AIAA – 2008 – 2813,2008.

[133] Zorumski W E. Aircraft noise prediction program theoretical manual, part1&2 [R]. NASA TM – 83199, 1982.

[134] Guo Y P. A semi-empirical model for aircraft landing gear noise [R]. AIAA – 2006 – 2627,2006.

[135] Brooks T F, Humphreys W M. Flap edge aeroacoustic measurements and predictions [J]. Journal of sound and vibration, 2003,261:31 – 74.

[136] Guo Y P, yamamoto R J, Stoker R W. Component-based empirical model for high lift system noise prediction [J]. Journal of Aircraft, 2003,40:914 – 922.

[137] Singer B A, Lockard D P, Lilley G M. Hybrid acoustic prediction [J]. International Journal of Computer and Mathmatics with Application, 2003,46:674 – 669.

[138] Freund J B, Lele S K, Moin P. Direct numerical simulation of a Mach 1. 92 turbulent jet and its sound field [J]. AIAA Journal, 2000,38(11):2023 – 2031.

[139] Freund J B. Noise sources in a low Reynolds number turbulent jet at Mach 0. 9 [J]. Journal of Fluid Mechnics, 2001,438:277 – 305.

[140] Mankbadi R R, Hayder M E, Poninelli L A. Structure of supersonic jet flow and its radiated sound [J]. AIAA Journal, 1994,22(5):897 – 906.

[141] Lyrintzis A S, Mankbadi R R. Prediction of the far-field jet noise using Kirchhoff's formulation [J]. AIAA Journal, 1996,1(2):1 – 4.

[142] Chyczewski T S, Long L N. Numerical prediction of the noise produced by a perfectly

expended rectangular jet [R]. AIAA - 96 - 1730,1996.

[143] Morris P J, Wang Q, Long L N, et al. Numerical predictions of high speed jet noise [R]. AIAA - 97 - 1598,1997.

[144] Morris P J, Long L N, Bangalore A, et al. A parallel three dimensional computational aeroacoutics method using nonlinear disturbance equations [J]. Journal of Computational Physics, 1997,133:56 - 74.

[145] Morris P J, Long L N, Scheidegger T E, et al. High speed jet noise simulations [R]. AIAA - 98 - 2290,1998.

[146] Gamet L, Estivalezes J L. Application of large eddy simulations and Kirchhoff method to jet noise prediction [J]. AIAA Journal, 1998,36(12):2170 - 2178.

[147] Choi D, Barber T J, Chiappetta L M, et al. Large eddy simulation of high Reynolds number jet flows [R]. AIAA - 99 - 230,1999.

[148] Boersma B J, Lele S K. Large eddy simulation of a Mach 0. 9 turbulent jet [R]. AIAA - 99 - 1874,1999.

[149] Morris P J, Long L N, Scheidegger T E. Parallel computations of high speed jet noise [R]. AIAA - 99 - 1873,1999.

[150] Morris P J, Scheidegger T E, Long L N. Jet noise simulations for circular nozzles [R]. AIAA - 2000 - 2080,2000.

[151] Bogey C, Bailly C, Jure D. Computation of the sound radiated by a 3 - D jet using large eddy simulation [R]. AIAA - 2000 - 2009,2000.

[152] Boluriaan S, Morris P J, Long L N. et al. High speed jet noise simulations for nonlinear nozzles [R]. AIAA - 2001 - 2272,2001.

[153] Zhao W, Frankel S H, Mongeau L. Large eddy simulations of sound radiation from subsonic turbulent jet [J]. AIAA Journal, 2001,39(8):1469 - 1477.

[154] Constautinescu G S, Lele S K. Large eddy simulation of a near sonic turbulent jet and its radiated noise [R]. AIAA - 2001 - 376,2001.

[155] Debonis J R, Scott J N. Large eddy simulation of a turbulent compressible round jet [J]. AIAA Journal, 2002,40(7):1346 - 1354.

[156] Morris P J, Long L N, Scheidegger T E, et al. Simulations of supersonic jet noise [J]. International Journal of Aeroacoustics, 2002,1(1):17 - 41.

[157] Bodony D J, Lele S K. Influence of inlet conditions on the radiated noise of high speed turbulent jets [J]. International Workshop on LES for acoustics, DLR Gottingen, Germany, 2002.

[158] Bogey C, Bailly C. Direct computation of the sound radiated by a high Reynolds number, subsonic round jet [M]. //CEAS workshop from CFD to CAA, Athens, Greece, 2002.

[159] Bogey C, Bailly C. LES of a high Reynolds, high subsonic jet: effects of the inflow-conditions on flow and noise [R]. AIAA - 2003 - 3170,2003.

[160] Bogey C, Bailly C. LES of a high Reynolds, high subsonic jet: effects of the subgrid modellings on flow and noise [R]. AIAA - 2003 - 3557,2003.

[161] Bogey C, Bailly C. Jet noise prediction of cold and hot subsonic jets using large eddy simulation [R]. AIAA - 2004 - 3022,2004.

[162] Bogey C, Bailly C. Investigation of subsonic jet noise using LES: Mach and Reynolds

number effects [R]. AIAA – 2004 – 3023,2004.

[163] Anderson N, Eriksson L E, Davidson L. A study of Mach 0. 75 jets and their radiated sound using large eddy simulation [R]. AIAA – 2004 – 3024,2004.

[164] Debonis J R. A large eddy simulation of a high Reynolds number Mach 0. 9 jet [R]. AIAA – 2004 – 3025,2004.

[165] Uzun A, Lyrintzis A S, Blaisdell G A. Coupling of integral acoustics methods with LES for jet noise prediction. In Raman G editor. Jet Aeroacoustics Multi-Science publishing Co. LTD, 2008.

[166] Visbal M R, Gaitonde D V. Very high order spatially implicit schemes for computational acoustics on curvilinear meshes [J]. Journal of Computational Acoustics, 2001,9(4): 1259 – 1286.

[167] Uzun A. 3 – D large eddy simulation for jet aeroacoustics [D]. Ph. D. thesis, school of Aeronautics and Astronautics, Purdue University, 2003.

[168] Bogey C, Bailly C. Three dimensional non-reflective boundary conditions for acoustic simulations: far field formulation and validation test cases [J]. Acta Acoustica, 2002,88(4): 463 – 471.

[169] Bogey C, Bailly C, Juve D. Noise investigation of a high subsonic moderate Reynolds number jet using a compressible LES [J]. Theoretical and computational Fluid Dynamics, 2003,16(4):273 – 297.

[170] Lyrintzis A S. Surface integral methods in computational aeroacoustics-from the (CFD) near field to the (Acoustic) far field [J]. International Journal of Aeroacoustics, 2003,2(2): 95 – 128.

[171] Kirchhoff G R. Zur Theorie der lichtstrahlen [J]. Annalen der physik und chemie, 1883,18: 663 – 695.

[172] Flowcs Williams J E, Hawkings D L. Sound generation by turbulence and surfaces in arbitrary motion [C]. Proceedings of the Royal Society of London, Series A:Mathematical and Physical Sciences, 1969,264(1151):321 – 342.

[173] Crighton D G, Doweling A P, Fflowcs Williams J E, et al. Modern methods in analytical acoustics: lecture notes, Springer-Verlag, London, 1992.

[174] Pilon A R, Lyrintzis A S. Development of an improved Kirchhoff method for jet aeroacoustics [J]. AIAA Journal, 1998,36(5):783 – 790.

[175] Brentner K S, Farassat F. Analytical comparison of the acoustic analogy and Kirchhoff formulation for moving surfaces [J]. AIAA Journal, 1998,36(8):1379 – 1386.

[176] Lighthill M J. On sound generated aerodynamically: I. General theory, Proceedings of the Royal Society of London, Series A:Mathematical and Physical Sciences, 1952, 211 (1107):564 – 587.

[177] Lew P, Uzun A, Blaisdell G A, et al. Effects of inflow forcing on jet noise using large eddy simulation [R]. AIAA – 2004 – 516,2004.

[178] Shur M L, Spalart P R, Strelets M K, et al. Analysis of jet-noise-reduction concepts by large-eddy simulation. In Raman editor [M]. Jet Aeroacoustics Multi-Science publishing Co. LTD, 2008.

[179] Strelets M Kh. Detached eddy simulation of massively separated flows [R]. AIAA – 2001 –

879,2001.

[180] Shur M L, Spalart P R, Strelets M Kh, et al. Towards the prediction of noise from jet engine [J]. International Journal of Heat and Fluid Flow, 24(4):551 - 561,2003.

[181] Shur M L, Spalart P R, Strelets M Kh. Noise prediction for increasingly complex jets. Part Ⅰ. Methods and tests. In Raman editor. Jet Aeroacoustics Multi-Science publishing Co. LTD, 2008.

[182] Shur M L, Spalart P R, Strelets M Kh. Noise prediction for increasingly complex jets [M]. //Part Ⅱ. Applications. In Raman editor. Jet Aeroacoustics Multi-Science publishing Co. LTD, 2008.

[183] Gulyaer A N, Kozlov V E, Secundov N. An universal one-equation model for turbulent viscosity [J]. Fluid Dynamics, 28(4):484 - 494,1993.

[184] Shur M L, Spalart P R, Zaikov L, et al. Comparative numerical testing of one-and two-equation turbulent models for flows with separation and reattachment [R]. AIAA - 95 - 863,1995.

[185] Hill D J, Pullin D I. Hybrid tuned center-difference-WENO method for large eddy simulation in the presence of strong shocks [J]. International Journal of Computational Physics, 2004,194:435 - 450.

[186] Viswanathan K. Nozzle shaping for reduction of jet noise from single jet [J]. AIAA Journal, 2005,43(5):1008 - 1022.

[187] Papamoschou D. New method for jet noise reduction in turbofan engines [J]. AIAA Journal, 2004,42(11):2245 - 2253.

[188] Bridges J, Brown C A. Parametric testing of chevrons on single flow hot jets [R]. AIAA - 2004 - 2824,2004.

[189] Hunter C A, Thomas R H. Development of a jet noise prediction method for installed jet configuration [R]. AIAA - 2003 - 3169,2003.

[190] Hunter C A. Approximate jet noise prediction method based on Reynolds-averaged Navier-Stokes computational Fluid Dynamics simulation [D]. D. Sc. Dissertation, The George Washington University, 2002.

[191] Thomas R H, Kinzie K W, Pao S P. Computational analysis of a pylon-chevron core nozzle interaction [R]. AIAA - 2001 - 2185,2001.

[192] Massey S J, Thomas R H, Abdol-Hamid K S, et al. Computational and experimental flowfield analysis of separate flow chevron nozzles and pylon interaction [R]. AIAA - 2003 - 3212,2003.

[193] Lockard D P. A comparison of Fflowcs Williams-Hawkings solver for airframe noise applications [R]. AIAA - 2002 - 2580,2002.

[194] Lockard D P, Khorrami M R, Choudhari M M, et al. Tandem cylinder noise predictions [R]. AIAA - 2007 - 3450,2007.

[195] Jenkins L N, Neuhart D H, Mc Ginley C B, et al. Measurements of unsteady wake interference between tandem cylinders [R]. AIAA - 2006 - 3202,2006.

[196] Khorrami M R, Lockard D P, Choudhari M M, et al. Simulation of bluff body flow interaction for noise source modeling [R]. AIAA - 2006 - 3203,2006.

[197] Jenkins L N, Khorrami M R, Choudhari M M, et al. Characterization of unsteady flow

structures around tandem cylinders for component interaction studies in airframe noise [R]. AIAA - 2005 - 2812,2005.

[198] Khorrami M R, Choudhari M M, Lockard D P, et al. Unsteady flowfield around tandem cylinders as prototype component interaction in airframe noise [J]. AIAA Journal, 2007, 45(8):1930.

[199] Neuhart D H, Jenkins L N, Choudhari M M, et al. Measurements of the flowfield interaction between tandem cylinders [R]. AIAA - 2009 - 3275,2009.

[200] Redonnet S, Lockard D P, Khorrami M R, et al. CFD - CAA coupled calculations of a taudem cylinder configuration to assess facility installation effects [R]. AIAA - 2011 - 2841,2011.

[201] Zdravkovich M M. Flow induced oscillations of two interfering circular cylinders [J]. Journal of Sound and Vibration, 1985,4:511 - 521.

[202] Zdravkovich M M. Review of flow interference between two circular cylinders in various arrangement [J]. Journal of Fluid Engineering, 1977,99:618 - 633.

[203] Vatsa V N, Lockard D P. Assessment of hybrid RANS/LES turbulence models for aeroacoustics applications [R]. AIAA - 2010 - 4001,2010.

[204] Vatsa V N, Lockard D P, Khorrami M R. Application of FUN3D solver for aeroacoustics simulation of a nose landing gear configuration [R]. AIAA - 2011 - 2820,2011.

[205] Dobrzynski W, pott-Pollenske M. Slat noise source studies for farfield noise prediction [R]. AIAA - 2001 - 2158,2001.

[206] Guo Y P, Joshi M. Noise characteristics of aircraft high-lift systems [J]. AIAA Journal, 2003,41(7):1247 - 1256.

[207] Mendoza F, Brooks T. Aeroacoustic measurements of a wing/slat model [R]. AIAA - 2002 - 2604,2002.

[208] Khorrami M R, Berkman M E, Choudhari M M. Unsteady flow computations of a slat with a blunt trailing edge [J]. AIAA Journal, 2000,38(11):2050 - 2058.

[209] Singer B A, Lockard D P, Brentner K S. Computational aeroacoustic analysis of slat trailing edge flow [J]. AIAA Journal, 2000,38(9):1558 - 1564.

[210] Khorrami M R, Singer B A, Berkman M E. Time-accurate simulations and acoustic analysis of slat free shear layer [J]. AIAA Journal, 2002,40(7):1284 - 1291.

[211] Khorrami M R, Singer B A, Lockard D P. Time-accurate simulations and acoustic analysis of slat free shear layer:part II [R]. AIAA - 2002 - 2579,2002.

[212] Choudhari M M, Khorrami M R, Lockard D P, et al. Slat cove noise modeling: a posteriori analysis of unsteady RANS simulations [R]. AIAA - 2002 - 2468,2002.

[213] Choudhari M M, Khorrami M R. Effect of three-dimensional shear layer structures on slat cove understeadiness [J]. AIAA Journal, 2007,45(9):2174 - 2186.

[214] Khorrami M R, Choudhari M M, Jenkius L M. Characterization of unsteady flow structures near leading edge slat: part II 2 - D compatations [R]. AIAA - 2004 - 2802,2004.

[215] Jenkis L M, Khorrami M R, Choudhari M M. Characterization of unsteady flow structures near leading edge slat: part I PIN measurements [R]. AIAA - 2004 - 2801,2004.

[216] Rakhshani B, Filippone A. Three dimensional CFD analysis of slat noise [R]. AIAA - 2008 - 15,2008.

[217] Imamura T, Enomoto S, Yokokawa Y, et al. Three-dimensional unsteady flow computations around a conventional slat of high lift devices [J]. AIAA Journal, 2008,46 (5):1045 - 1053.

[218] Klausmeyer S M, Lin J. Comparitive results from a CFD challenge over a 2D three-element high-lift airfoil [R]. NASA TM - 112858,1997.

[219] Lockard D P, Choudhari M M. Noise radiation from a leading edge slat [R]. AIAA - 2009 - 3101,2009.

[220] Lockard D P, Choudhari M M. The effect of cross flow on slat noise [R]. AIAA - 2010 - 3835,2010.

[221] Choudhari M M, Lockard D P, Macaraeg M G, et al. Aeroacoustic experiments in the Langley low-turbulence pressure tunnel [R]. NASA TM - 211432,2002.

[222] Lockard D P, Choudhari M M. The variation of slat noise with Mach and Reynolds numbers [R]. AIAA - 2011 - 2910,2011.

第8章　多学科综合和优化设计

8.1　引言

正如文献[1]所指出的,从发明飞机到 20 世纪 90 年代,已形成了追求飞得更高、更快和更远的技术驱动型飞机产品的设计模式,即 George Cayley 设计模式,其特点为:①在早期设计中根据粗略和简单分析所得的数据做出决策;②花费大量时间根据多学科的建议,调解矛盾修改设计;③设计、制造、运行和支持基本上是分离的。随着性能要求的提高,产品变得更复杂且涉及多个学科,坚持这一设计模式必将导致更高的风险、更高的价格以及更长的周期。在军机产品方面,军方已强烈要求能以较低的价格获得较高性能的产品,如美国在确定研制新一代轻型战机 F-35 时第一要求是"买得起"。在民机方面,航空公司已将直接运行成本、飞机价格、维护性和环保性 4 个购机关键因子作为未来购机因子中最重要的因子。因此,从 20 世纪 90 年代开始,无论是军机或民机产品都已从原先的技术驱动型设计过渡到市场驱动型(要求性能好,且风险、成本和周期都最小)设计。

技术的发展,尤其是计算机和计算技术的发展,也提供了这种过渡的条件。于是,从 20 世纪 90 年代开始出现了对更加综合性的现代化设计方法和模式的探索,提出了如并行工程(concurrent engineering, CE)、虚拟产品(virtual product, VP)[2, 3] 以及综合的产品和过程发展(intergrated product and process development, IPPD)[4] 等概念。这种新型综合设计模式的特点是高保真的数字表述、以模拟为基础的设计和虚拟产品概念的应用(见图 8-1);要求在早期同时考虑设计、工艺、支持等方面的要求和约束限制,提高早期的设计知识和设计自由度,减少后期设计中的改变(见图 8-2),较早地利用更多知识完成成本/性能的折中。其核心思想是将模拟、模型化、计算和设计工具结合在一起,将复杂系统作为一个整体来设计。其关键技术是数字化、高性能的各学科数值模拟和多学科的综合和优化设计方法。

到目前为止,民机多学科综合和优化设计关注的重点还主要集中于气动和结构两大学科,并已取得很大的进步。然而民机的两大主体部件——机体和发动机,却始终是分别由各自的研究、设计和制造单位按型号需求彼此协调与配合地进行研制和开发,机体设计人员将研制成功的发动机安装在机体上,努力克服和解决机体/发动机相互作用的不利影响。这种分离模式仍无法应对未来民机高性能和高环保的

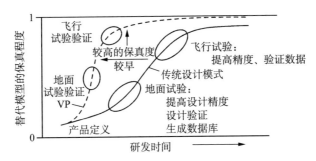

图 8-1　尽早进行高保真设计对飞行器设计流程的有利影响

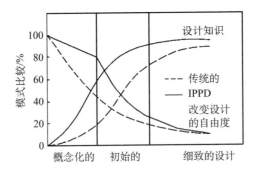

图 8-2　传统设计模式和 IPPD 设计模式的比较

要求,而必须探讨如何在民机研制中实现发动机/机体综合设计(propulsion-airframe integration, PAI)。事实上在军用高速飞行器上已经应用了这种设计方法,例如在高超声速巡航飞行马赫数时吸气式发动机的设计整体上是融合于机体设计中的,飞行器前体表面对发动机进气道的进气起着外部预压缩作用,机体中部包含着内部进气道、燃烧室和内部喷管,后体为燃烧后气流的外部膨胀面,可见飞行器下表面构成了整个发动机流动通道的一部分;又如超声速飞机设计中充分利用发动机进气道外流来提供有利的干扰升力和降低干扰阻力,反过来机体(机身或机翼)又被用来预压缩进入发动机的气流以改善发动机性能等。而在亚声速民机设计中还很少见到 PAI 的应用,主要的努力方向还是减少或消除相互干扰的不利影响。当然将 PAI 技术应用于民机必须回答学术性和技术性质疑的两个问题:①是否破坏任何基本定律? 是否工作效果与预测的一致? 能否被验证? ②现实的考虑,如是否经济、安全和可靠? 是否满足适航条例和各种运行能力? 等等。显然还需努力提高其技术成熟性,使其达到可应用于飞机设计的技术成熟度等级。

　　鉴于此,美国 NASA 航空学术委员会发布了机体-发动机相互协调的综合设计(synergistic airframe-propulsion interactions and intergrations, SnAPII)[5]白皮书,综述了 SnAPII 的相关技术,建议和推动对 PAI 的进一步研究,以革新未来的空中交通,在保证飞行安全的条件下,提高空运能力,降低空运成本,减少排污,降低噪声,缩短洲际旅行时间。

8.2　机体/发动机相互协调的综合设计（SnAPII）

8.2.1　SnAPII 技术概述

1）动力增升技术

利用发动机提供的二次流增大绕机翼流动的环量，从而增加升力和最大升力，缩短起降距离，减小噪声足迹，增大商载及航程和减小着陆速度等。其具体实施可分为三类：环量控制翼型，吹气襟翼和增强/喷气机翼。

（1）环量控制翼型（circulation control airfoil，CCA）。

普通翼型的后缘是尖锐的，上表面的流动不可能以有限的速度绕过尖后缘流向下翼面。在某个确定的迎角下，绕翼型的流动会在后缘处分离，从而决定了该翼型能达到的最大升力值。若将后缘变成圆弧形，且在翼型内部有一个腔室或管道，上表面的后缘前开有一个小缝，由腔室通过内管道可从此缝喷射一定的气流，即形成了环量控制翼型[6]。缝道处无吹气时分离点 S_1 位于上表面，若缝道处沿表面切线方向有吹气，且吹气速度大于气流的速度，上表面的边界层和缝道喷流之间会产生湍流掺混，增大边界层的能量，使气流能保持附体地绕过后缘，到达下表面后才出现分离点 S_1，按照无黏理论，此分离点 S_1 与下表面的流动分离点 S_2 是重合在一起的，但对于真实的黏性流体，两者不重合，形成一个"死水区"（见图 8-3）。

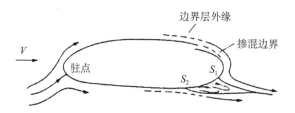

图 8-3　环量控制翼型的流动示意图

只有正确认识上述湍流掺混的机理并将其模型化，才能恰当地估计环量控制翼型（CCA）的性能。

CCA 是通过柯恩达效应（Coanda effect）改变绕流流场的。以所示的后缘为例介绍一下 Coanda 效应。由缝道处沿其表面切向出发的二维壁面射流沿凸曲面流动，在表面附近具有边界层性质，但在离表面较大距离处变成了自由射流。射流沿曲面表面的转角与射流出发的缝道高度、射流速度和后缘曲面（Coanda 表面）的几何形状等有关，在某种条件下甚至可达 180°。这种流线的很大偏转相当于翼型有一个很大的气动型弯曲，类似于机械式的高升力系统的效果（见图 8-4）。射流能保持与曲面表面附体靠的是射流中的压强和绕曲面形成的离心力平衡，这就是柯恩达效应。CCA 正是利用 Coanda 效应这种控制流动的能力来达到增大环量，增加升力的，这种控制称为环量控制（CC）。环量控制可使原来后缘的驻点从上翼面移到下翼面,同时也使前缘的驻点从前缘移至下翼面(见图 8-5)。增大射流的速度会使前后驻点更靠近,形成更大的环量。在理想情况下(例如圆柱)两个驻点合并形成一个奇点,若忽略射流的推力影响,这时给出了极限的升力系数 4π。

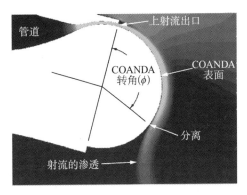

图 8-4　后缘处的 Coanda 效应示意图

　　CCA 是很诱人的一个概念,因此研究者在过去六七十年里对其进行了持续的研究。1986 年 NASA 举行过一个环量控制讨论会[7, 8],讨论明确了 CCA 基础研究和技术应用研究的方向。随后的大量实验和计算研究[9~12]集中于讨论后缘形状、缝道高度和吹气速度的影响,即后缘曲率半径和翼弦长之比(r/c)、缝道高度和翼弦长之比(h/c)、缝道高度和曲率半径之比(h/r)以及 Coanda 表面形状等对性能的影响。一般来说后缘半径愈大,Coanda 效应对升力的影响愈显著,对高升力构形愈有利,但钝后缘使巡航状态的阻力增大,为同时满足起飞、着陆和巡航状态的要求需要做很好的折中。

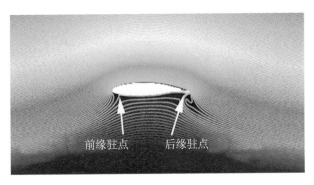

图 8-5　Coanda 效应对流线的影响

　　环量控制机翼(CCW)概念应用于实际飞机的研究也开始较早。为估计高升力的效果,David Taylor Naval Ship Research & Development Center(DTNSROC)于 1968 年启动过 A6/CCW(circulation control wing,环量控制机翼)验证飞机的计划[13, 14]。图 8-6 表示了 A6/CCW 飞机有别于 A6 的修改,表 8-1 给出了 A6/CCW STOL 飞机性能的提高。随后他们又进一步发展了将 CCW 和上表面吹气(upper surface blown, USB)联合应用的增升系统方案[13, 14],减小了 A6/CCW 翼型后缘的曲率半径,以减少对巡航效率的影响。飞行试验结果证实了推力转向可达 165°,最大平衡升力可为常规最大升力的 200%。将 CCW 应用于 B737 飞机的计划也于 1993 年启动,但没有做飞行试验。图 8-7 表示了 B737 的 1/8 模型风洞实验的升力和阻力极曲线值与 B737/CCW 计算值的比较[15, 16]。

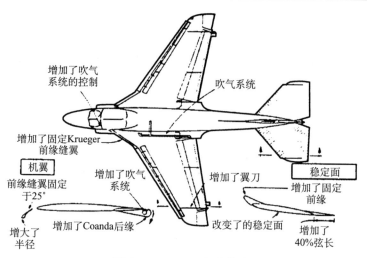

图 8-6　CCW 飞机的修改

表 8-1　A-6/CCW STOL 性能的提高

	A-6(30°襟翼偏角)	A-6/CCW
增大 85%	2.1	3.9($C_\mu = 0.30$)
着陆速度降低 35%	118kn($C_L = 1.49$)	76kn($0.75p_{max}$, $C_\mu = 0.14$, $C_L = 2.78$)
着陆边界减小 65%	2450ft	900ft
起飞速度降低 30%	120kn($C_L = 1.41$)	82kn($0.6p_{max}$, $C_\mu = 0.04$, $C_L = 2.16$)
起飞边界减小 60%	1450ft	600ft
典型运行重量($E = 28\,000$ lb)	45000lb	58000lb
下商载增大 75%		

注:基于 $TOGW = 35\,700$ lb, $LGW = 33\,000$ lb 的飞行验证结果,修正至海平面标准。
　　C_μ 为吹气的动量系数。

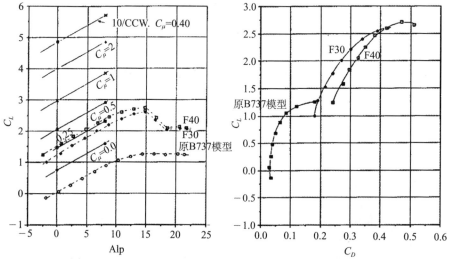

图 8-7　B737 的 1/8 模型风洞实验的升力和阻力极曲线值与
B737/CCW(F30,F40)计算值的比较

Yaros 等[5]总结了 CCW 的优缺点,优点为:

可能使 C_{Lmax} 增大 4 倍;可减少零件数,降低成本;可改进飞机的机动和控制能力;可降低性能对 Re 数的敏感度;减小了尾迹涡的影响,提高了跑道使用率。

缺点为:

可能增大飞机巡航时的底阻;由于从发动机引出气流会降低推力(估计为 5%);增大了结构的复杂性,可能引起重量增大,并降低安全性;可能形成非轴对称的事故;与平衡相联系的升力损失常会引起大的俯仰力矩;可能会有突然的机翼失速特性。

因此在设计环量控制飞机时必须综合考虑,尽量避免或抑制其缺点,折中起降性能和巡航效率以选择合适的钝后缘曲率半径,并做成本/获利分析。

NASA 始终关注并推动着环量控制技术的研究。

2004 年举行的 NASA/ONR 环量控制专题讨论会[12]认为,当时的 CFD 能力尚无法精确地计算环量控制翼型的性能;且为验证 CFD 方法的实验数据库也不足。这就指出了随后工作的方向。

Joslin 和 Jones 于 2006 年组织编辑和出版了"环量控制技术应用"的专题论文集[17],全面汇集了至 2006 年前的研究成果。论文集中包括 Englar 对环量控制技术的历史和应用的系统总结(主要叙述了在传统航空领域,如在固定翼飞机和直升机等中的应用)[18],Gaeta 等关于其在热交换器方面的应用[19],Englar 的在汽车上的应用[20],Englar 的在通用航空和竞技飞行器中的应用[21],Day 的在非航空上的应用[22],Frith,Wood 的在飞行控制上的应用[23],Manro 等的在降低噪声上的应用[24]等,其余的都是有关环量控制的实验和计算研究的综述。这些成果充分显示了环量控制(CC)的作用,但 CFD 能力不足的问题仍未很好解决(见图 8-8)。采用某些湍流模型,如 Menter SST k - ω 和带有旋转和曲率修正的 Spalart-Allmaras (SARC)[25],也只是在某些条件下可得到合理的计算值,而用其他模型的计算结果随参数变化很敏感;此外,CFD 计算的结果存在着随吹气的增大而变差的趋向。有人认为上述现象主要与湍流模型和计算网格有关[26~28],当然二维实验中随吹气的增大也会增大三维效应。同时,尽管已做过不少实验并取得了一定数量的实验数据,但大多数还集中于讨论后缘形状、缝道高度和吹气速度。Jones 等指出,实验中必须十分仔细地研究对环量控制性能影响最大的参数 C_μ[29]。图 8-9 表示了 C_l 随 C_μ 变化的实验曲线,可见存在着两个分别被称为分离控制区和超环量控制区的区域,两者有不同的控制效率,取

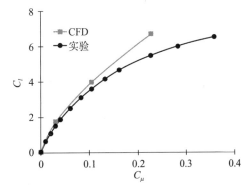

图 8-8　用 RANS 计算的 C_l-C_μ 曲线与实验结果的比较

决于射流特性和后缘表面的几何形状,但如何从一个区过渡到另一个区的却并不十分清楚,需对多种不同后缘几何形状做实验以进行系统的研究,如图 8 - 10 所示,为此,NASA 制订了一系列的实验计划。

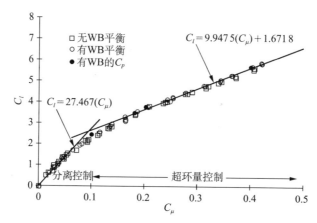

图 8 - 9 壁面吹气(WB)对 CC 的影响——两个 CC 区域

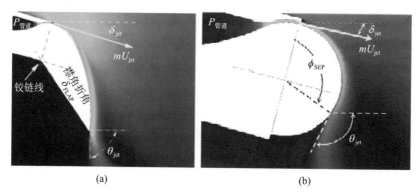

图 8 - 10 两个 Coanda 效应的表面例子

(a) 襟翼外形;(b) 圆柱表面

Jones 等综述了 NASA 将 CFD 应用于 CC 的验证实验计划[30]。图 8 - 11 为其 4 个不同复杂程度的验证计划,分别是基础性单元实验算例,二维翼型的标准算例,三维半翼展机翼的子系统算例和三维混合融合体/机翼系统算例。文献[30]讨论了为减少 CFD 模拟时可能会出现的不确定性而对这 4 个层次验证实验的测量要求。

二维标准算例将用同样的模型分别在大小和速度类似的 NASA BART 风洞和 Georgia 大学的 MTF(model test facility)风洞中实验,前者侧重于确定前缘驻点、射流分离点位置和不同吹气条件时的射流轨迹;后者侧重于系统测定如缝道高度、迎角和 C_μ 对 CC 模型高升力性能的影响。图 8 - 12 给出了二维模型的说明,它具有椭圆形前缘和可以准确测定射流分离的大半径的钝后缘,前缘和后缘

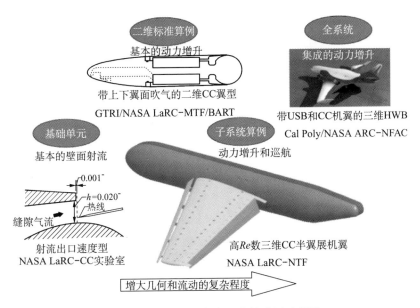

图 8-11　4 个不同复杂程度的验证示意图

都可吹气的缝道(前后缘两处吹气可控制阻力特性)。二维实验要特别注意风洞壁的影响,如图 8-8 所示的大升力时 CFD 估计的升力大于实验测量的结果就可能与风洞壁的影响有关。图 8-13 和图 8-14 分别表示了 CFD 计算的风洞地板和天花板及侧壁与模型交接对流场的影响,可见风洞壁影响可使升力系数减小约 10%。

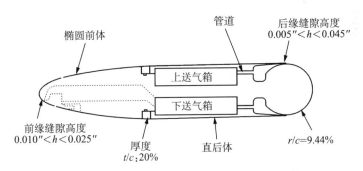

图 8-12　NASA/GTRI 的二维 CC-E0020EJ 翼型

图 8-15 为半翼展三维机翼标准算例的模型,机翼翼型为 NASA TMA-0712 超临界翼型,在后缘简单襟翼转折处布以上翼面的吹气缝道,机翼展弦比为 9.5。此模型将在 NASA 的国家跨声速风洞(NTF)和 LaRC 的 14 ft×22 ft 亚声速风洞中进行实验。在 NTF 中的实验条件限于 $-50°$F 和 5 个大气压,使在 $Ma = 0.2$ 时,达到 $Re = 1.5×10^7$ 和 $Ma = 0.8$ 时 $Re = 3.0×10^7$,并专门设计和增加了供低速流和高速流工作的两个温度可控供气系统[31]。

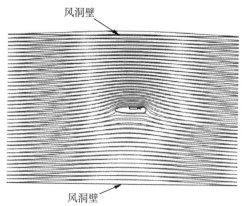

图 8-13　2D CFD 计算的有、无风洞地板和天花板的流场，$AR = 3.26$，$C_\mu = 0.115$，$NPR = 1.2$，$C_l = 4.87$(无地板，蓝色)，$C_l = 4.43$(有地板，红色)，$h/c = 0.0023$，风洞高／翼弦长 $= 4.88$，CC-E0020EJ 翼型

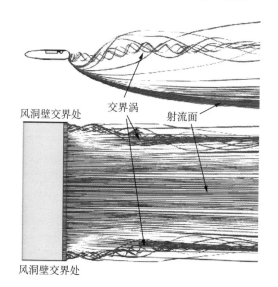

图 8-14　3D CFD 计算的模型与侧壁交界处的流动，$AR = 3.26$，$C_\mu = 0.23$，$NPR = 1.4$，$C_l = 5.09$，$h/c = 0.0023$，CC-E0020EJ 翼型

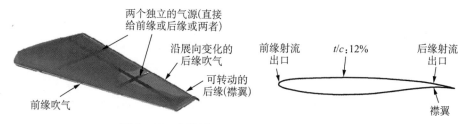

图 8-15　半翼展 TMA-0712 三维机翼模型

图 8-16 和图 8-17 分别表示了用非结构网格流场解计算得到的 NASA TMA-0712 翼型在 $Ma = 0.78$, $NPR = 1.25$ 和 $Ma = 0.20$ 时高升力构型($C_L \approx 6.0$) 流场等 Ma 数线的分布。作为子系统层次 CFD 验证算例的另一个例子是 NASA LaRC，AFRL，Northrop Grumman Systems Corporation(NGC)合作于 2007 年 4—7 月在 LaRC 14 ft×22 ft 亚声速风洞中做的 HWB STOL 全模型(见图 8-18)低速($q = 30$ psf，$Ma = 0.143$)高升力和吹气襟翼的风洞实验[32,33]。此处 HWB 外形是将翼身融合体外形进一步结合高升力和 CC 控制技术一起而形成的外形，希望实现 STOL 的目的。HWB 的概念在于中心体产生飞行器的 1/3 总升力，其余 2/3 升力由包含内部吹气的机翼(见图 8-18)产生。

 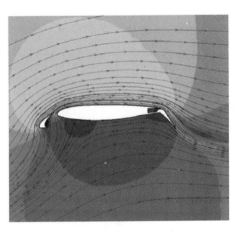

图 8-16　NASA TMA-0712 翼型在 $Ma = $ 0.78，$NPR = 1.25$ 时计算的流场 等 Ma 数图　　图 8-17　NASA TMA-0712 翼型在 $Ma = $ 0.20 时高升力构型计算的流场等 Ma 数图

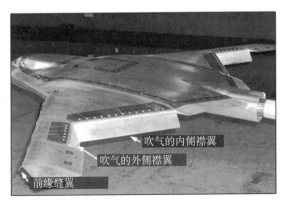

图 8-18　HWB STOL 模型

CFD 验证的最后一个算例是应用 CC 和 OTW 技术的 CESTOL 飞机模型(见

6.8节),图8-19为CESTOL飞机的示意图。通过上述4个层次的CFD实验验证步骤不但可形成一个巨大的数据库,也可促进采用动力增升和环量控制的风洞实验和CFD能力的提高。

图8-19 应用CC和OTW技术的混合翼身融合体外形示意图

在NASA资助下,为了能直接比较新技术和传统高升力系统的Extreme-STOL (ESTOL)性能,Alley等设计了一架无人机(UAV)[34](见图8-20),包含两副机翼,其一为带有前缘和后缘(双曲率襟翼)吹气的CEETA(cruise efficient ESTOL transport aircraft)技术的机翼,发动机位于机翼之上(即采用了CCW+OTW技术,图8-21表示了CEETA技术的说明);另一为带有30%富勒襟翼的传统技术的机翼,其发动机吊挂于机翼之下。图8-22分别为两种技术的机翼布局形式,采用与X-48B相同的发动机。计划于2010年秋天进行飞行试验。

图8-20 Alley等设计的无人机外形示意图

(2)吹气襟翼(blown flaps)。

吹气襟翼是动力增升技术的另一类具体实施[35],依靠发动机的部分引气或部

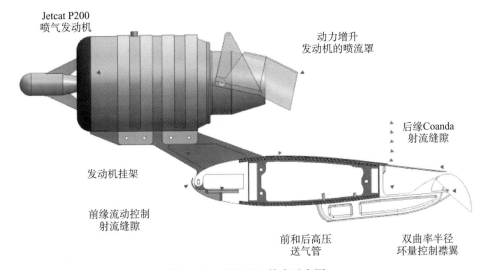

图 8-21　CEETA 技术示意图

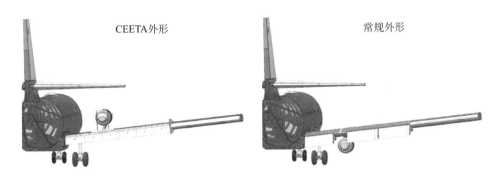

图 8-22　两种技术的机翼布局形式

分喷流通过机翼后缘襟翼内部，或襟翼上表面，或下表面喷出，以增大机翼环量或部分偏转推力下倾等实现升力的增大，可以大大增加 C_{Lmax}，提高短距起降能力。图 8-23 表示了各种技术可能达到的 C_{Lmax} 随机翼展弦比的变化，由图可知，平面机翼的 C_{Lmax} 小于 1.5，有机械增升装置的 C_{Lmax} 在 2.0 附近，边界层吹气（blowing boundary layer，BLC）可使之达到 4.0 左右，若要使其大于 4.0，则需增大环量或增大直接升力。吹气襟翼大致可分为外部吹气和内部吹气两大类，后者通过内部管道射出，加速绕襟翼的流动，图 8-24 为几种内部吹气襟翼系统的示意图；前者借助于发动机与襟翼的相对位置来增大升力，一般存在着：YF-14 研究机验证过的 USB（upper surface blown）系统和 YF-15 研究机验证过的 UTW（under the wing）系统（见图 8-25）两大类。由于 USB 中机翼可以屏蔽发动机喷流的噪声，一般来说 USB 系统具有较好的噪声性能。

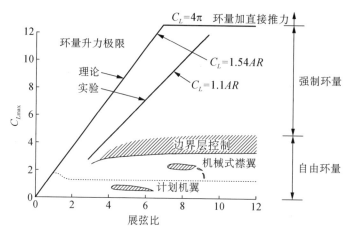

图 8-23 各种技术可能达到的 $C_{L\max}$ 随机翼展弦比的变化

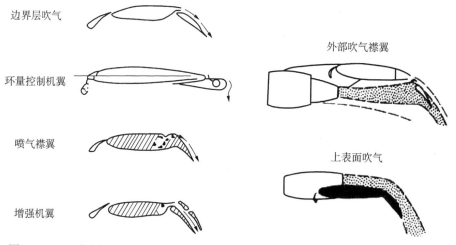

图 8-24 几种内部吹气襟翼系统的示意图　　图 8-25 两种外部吹气襟翼系统

图 8-26 比较了两种吹气系统的性能。图中还比较了推力转向技术的性能(推力转向是另一种动力增升概念的具体实施,它使发动机直接产生升力而并不增大机翼环量),由于在给定的推力水平下,内部吹气系统能给出最大的机翼环量增值,故具有更好的空气动力效率。但用于外部吹气系统的发动机比用于内部吹气系统的发动机具有相对低的风扇压强比,可提供更大的静推力,因此两种吹气系统的总体性能差别不大,选择哪一种取决于飞机的总体设计。

吹气襟翼的概念也由来已久。早在 1920 年间开始用其研究 BLC,并在 20 世纪 40~50 年代开展了系统的研究。例如用 B367-80(改装的 B707 样机)验证了 BLC 的高升力系统[36]效益,飞行试验中当速度为 73 kn 时 C_l 已至少为 3.3,而 B707 在速

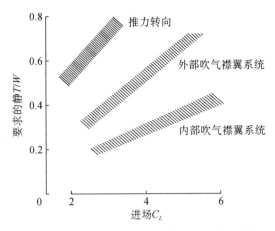

图 8 - 26 两种吹气系统和推力转向性能的比较

度为 102 kn 时 C_l 仅为 1.7。同样,早在 1932 年就已提出内部吹气系统的概念,到了 20 世纪 60 年代,Hunting 喷气襟翼研究机在 NASA Langley 中心 7 ft×10 ft 低速风洞中测得的 C_l 大于 6.0,而飞行试验中测得的 C_l 高达 9.0[37]。图 8 - 24 中的增强机翼概念是另一种喷气襟翼,它在襟翼上装了"护罩(shroud)",通过引射系统加速吹气气流而增大升力,改装成增强机翼的 DeHavilland C - 8A 的 $C_l = 5.5$[38]。尽管取得了很有意义的增升效果,但只有 C - 17 是唯一一架应用了动力增升技术的现役运输机,且其目的是利用动力增升来增大商载,而非提高其起降性能。

由于未来的民机对起降性能要求很高,仅仅依靠当前常规高升力系统很难满足其要求,因此 NASA 正试图利用 PAI 技术达到,提出了针对 N+2 代要求的 100 座支线飞机的目标以推动 CC 概念和 OTW(over the wing)外部吹气动力增升概念的联合,完成 CESTOL 飞机的研制计划(见 6.8 节)。

综上所述,吹气襟翼的优点在于可提高 STOL 性能,扩大飞机飞行能力,包括更陡轨迹的起降,高的爬升率,高的机动性等,这样可降低对机场附近空域和机场面积的要求,减小噪声,改进防坠毁能力,提高生存率。当然这同时也会给发动机推力带来损失,增大了综合设计的难度,并且提高了机构设计的复杂程度。

2) 其他技术的概念

文献[5]还提出了 PAI 的其他一些概念,包括可用于军机 V/STOL 的引射/增强机翼(ejector/augmentor wing)和喷气机翼(jet wing),提高巡航效率的层流流动控制和自然层流翼型(见第 5 章),可用于船舶的 Griffith 翼型(见图 8 - 27),可用于巡航导弹的边界层进气道(见图 8 - 28)[39],以及利用超声速和高超声速飞行的激波/动力有利干扰的概念等,在此不再赘述。

最后需要指出值得关注的两点:①矢量推力技术。这在军机设计和制造中已有了充分的应用,如二维和三维(轴对称)的矢量喷管,未来民机为了进一步增大升力、

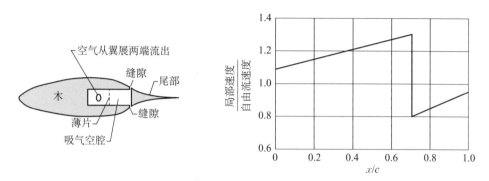

图 8-27　Griffith 翼型、边界层抽吸和压强分布

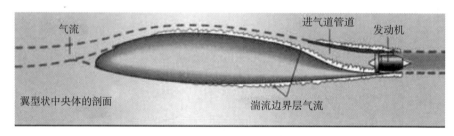

图 8-28　可用于巡航导弹的边界层进气道概念

提高机动性和降低噪声,有可能应用该项技术(如第 4 章所述),因此需要提高其安全性和成熟度;②翼梢修型技术,包括翼梢吹气[40](见图 8-29)。它不仅可以增大展弦比,而且可扩散原有的翼梢涡,有利于机场的高效运行。修型技术还包括翼梢发动机[41, 42](见图 8-30)。

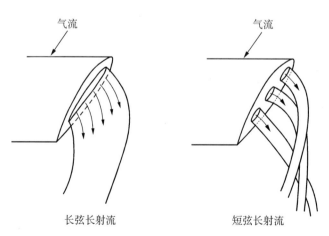

长弦长射流　　　　　　　　短弦长射流

图 8-29　翼梢吹气示意图

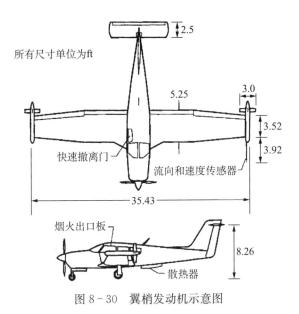

图 8 - 30　翼梢发动机示意图

8.2.2　应用 SnPAII 技术于常规民机布局和翼身融合体布局可能获益的估计

Yaros 等采用简单方法分析了长航时宽体常规布局（LRWB）和翼身融合体布局（BWB）的民机应用 SnPAII 的相关技术后可能获得的收益。表 8 - 2 给出了两种布局 1995 年技术水平估计的性能参数。图 8 - 31 和图 8 - 32 分别为基本外形。图 8 - 33～图 8 - 40 为应用 SnPAII 技术后可能得到的新外形。LRWB1 增加了 BLI 短舱；LRWB1B 在 LRWB1A 上再添加翼梢发动机，用来提供巡航时 LFC 的动力能量和起降时 CCW 所需的动力能量，翼梢发动机同时可减弱翼梢涡作用，可降低飞机废阻并提高机场安全运行程度；LRWB2 与 LRWB1B 很相似，但舍弃了翼梢发动机和 LFC 技术，而使用了发动机引气，采用前掠翼布局以减少内部引气所需的零件；LRWB3 的机身剖面采用了 Goldschmeid 翼型形状，翼梢仍有发动机，分别在巡航时用于 BLC 和着陆时减弱翼梢涡；LRWB4 的翼梢发动机采用先进的管道桨扇发动机；LRWB5 采用全翼展的吹气襟翼和翼梢发动机，巡航时采用吹气襟翼调整升力分布，着陆时由于翼梢涡强度减弱，可锁定翼梢发动机。表 8 - 3 给出了各种方案相对于基本外形在性能上的改进。

表 8 - 2　1995 年技术水平下两种飞机的性能参数

参数	LRWB	BWB
设计的起飞重量/lb	590 000	1 345 200
零燃油时的重量/lb	368 245	734 500
旅客座位数	305	800
设计航程/n mile	6 300	8 500

（续表）

参数	LRWB	BWB
海平面时的爬升率	3 030	2 900
起飞长度/ft	11 000	10 000
着陆长度/ft	12 500	8 500
全寿命成本（美分/座·英里）	3.7	2.7
预测飞机价格	1.28 亿美元	1.92 亿美元

图 8-31　LRWB 外形示意图

图 8-32　BWB 外形示意图

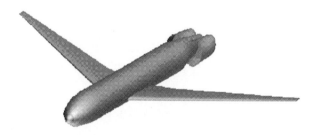

图 8-33　LRWB1A 外形示意图

图 8-34　LRWB1B 外形示意图

图 8-35　LRWB2 外形示意图

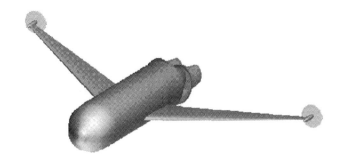

图 8-36　LRWB3 外形示意图

图 8-37　LRWB4 外形示意图

图 8 - 38　LRWB5 外形示意图

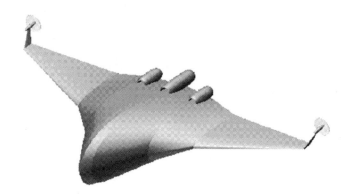

图 8 - 39　BWB1 外形示意图

图 8 - 40　BWB2 外形示意图

　　BWB1 是在中心体部分使用了 Goldschmeid 翼型概念,在翼梢有发动机作为 LFC 的能源。BWB2 除了有翼梢发动机外,还有吹气襟翼系统,以提高起飞和着陆性能。此外,为了控制和平衡阻力,BWB2 使用了矢量推力概念,表 8 - 4 给出了两种 BWB 改进方案相对于 BWB 基本外形性能的改进。

表 8 - 3　　LRWB 各种方案相对基本型性能的改进（%）

参数	1A	1B	2	3	4	5
起飞重量	−12	−15	−10	−17	−9	−10
爬升率	+28	+45	+30	+57	+10	+23
巡航升阻比	+13	+22	+15	+34	+8	+9
燃油重量	−16	−23	−17	−30	−11	−12
起飞长度	−25	−70	−38	−36	−22	−40
滚转速度	—	−50	−50			−50
着陆长度	−1	−80	−80	—	—	−84
着陆速度	—	−50	−36	+2	+9	−50
全寿命成本	−6	−7	−4	−8	−4	−5

表 8 - 4　　BWB 两种方案相对基本型性能的改进（%）

参数	1	2
起飞重量	−18	−9
爬升率	+38	+20
巡航升阻比	+60	+26
燃油重量	−44	−23
起飞长度	−41	−29
滚转速度	—	−50
着陆长度	+30	−68
着陆速度	—	−50
全寿命成本	−8	−4

从表 8 - 3 和表 8 - 4 可以看出使用 SnPAII 技术后的 LRWB 布局形式和 BWB 布局形式都有了较大的性能改进，证实了 SnPAII 技术的使用会推动未来民机的创新型设计。

8.2.3　使用 SnPAII 技术的可能的革新型布局形式

为了促进人们对使用 SnPAII 技术的创新思维，Yaros 等还给出了使用该技术可能产生的革新型布局。这里仅给出几个例子供读者参考。图 8 - 41 为一种前掠式翼身融合体，图中还示出了可能使用的矢量推力控制、层流控制、边界层进气道以及环量控制机翼等技术；图 8 - 42 为一种分布式发动机的 STOL 支线飞机，图中标注着可能使用的技术；图 8 - 43 为一种使用 Goldschmied 融合式的连翼机；图 8 - 44 为一种使用 SnPAII 技术的双机身布局形式。

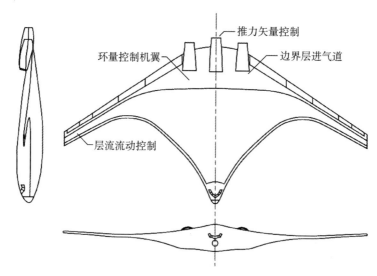

图 8 - 41　前掠式翼身融合体布局的三视图

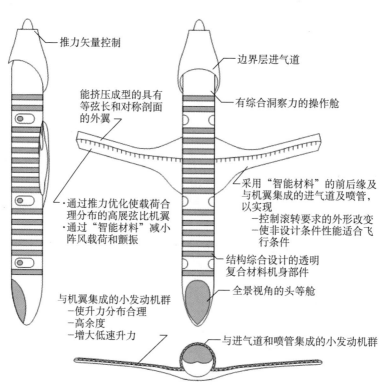

图 8 - 42　分布式发动机的 STOL 支线飞机的三视图

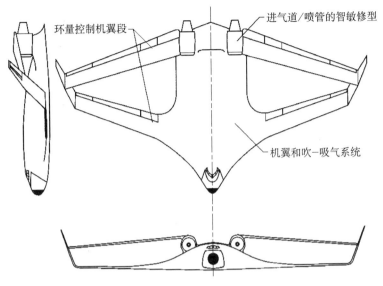

图 8-43　融合式连翼机布局形式的三视图

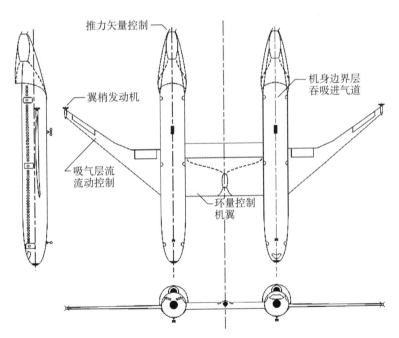

图 8-44　使用 SnPAII 技术的双机身布局形式的三视图

8.3　多学科优化设计（MDO）

8.3.1　MDO 方法

多学科优化设计方法和软件是 IPPD 的另一关键性方法和工具。MDO 是一种设计产品的方法,它同时考虑不同学科的设计变量和它们之间的相互作用,充分利用其相互耦合可能产生的协同效应,并应用有效的设计/优化策略和分布式计算机网络系统,来组织和管理整个系统的设计过程,以获得系统的整体优化解。

MDO 方法可以通过实现各学科的模块化并行设计来缩短设计周期,通过学科之间的耦合来挖掘设计潜力,通过系统的综合分析来进行方案的选择和评估,通过多学科的综合考虑和设计来提高可靠性,并降低研制费用。总之,通过 MDO 方法的应用,使图 8-2 的理论曲线和设计自由度曲线发生合理的改变。

在飞机设计中,优化设计最早来源于结构学科,随着计算机的高度发展和科学技术的进展,现已发展成多学科的优化设计。如伺服气弹机翼的设计是目前飞机多学科分析和优化的前沿热门课题,包括如图 8-45 所示的在气动力、载荷、结构动力、重量、控制、飞行力学和发动机等之间进行综合和折中[43]。若能实现这种多学科分析和优化设计,人们就可以实现包括主动控制,结构剪裁和气动外形综合设计的自适应机翼的设计(见图 8-46)。设计自适应机翼的主要目的是为了改进飞行性能和操纵品质,扩大飞行包线(见图 8-47)。图中垂直方向表示抖振的限制,水平方向是结构的限制,更好的综合设计可产生更大升力使边界上移,也可允许更大速度使边界右移。

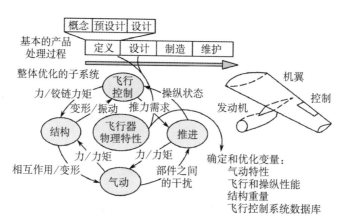

图8-45　带有发动机短舱的伺服气弹机翼的多学科模拟和优化过程

MDO 于 20 世纪 80 年代逐渐形成一个研究领域,Sobieszczanki-Sobieski 是此方向研究的先驱者和倡导者[44~46]。随后 MDO 方法不仅受到学术界,还引起了航空航天工业界的重视,美国 AIAA/NASA/USAF/OAI 等于 1986 年联合召开了第一届大型 MDO 学术会议,自此以后每两年举行一次会议至今。1991 年 AIAA 的MDO 技术委员会发表了第一个白皮书[47],它阐述了 MDO 研究的必要性和迫切性、MDO 的定义、研究内容以及发展方向。NASA-Langley 中心在经过对 9 个航空航天工业公司的调研后成立了 MDO 分部(MDOB),它的任务包括确认、发展和展示MDO 方法,及时将有前途的 MDO 方法向工业界推广,促进 NASA、工业界和高校对 MDO 的基础研究,并以 HSCT(高速民机——第二代超声速民机)为对象进行

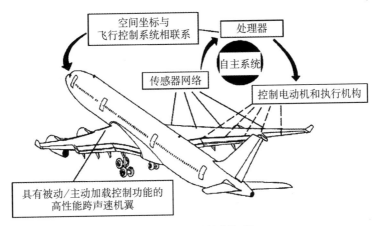

图 8-46　主动控制机翼

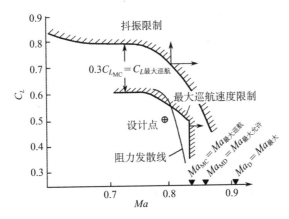

图 8-47　自适应机翼可扩大飞行包线的范围

MDO 的研究。该项目是目前国际上飞行器设计的 MDO 方法研究最深入影响也最大的项目,从 1992 年开始,先后经历了 HSCT2.1(1994 年),HSCT3.5(1997),HSCT4.0(2001)三个版本,其模型最初只考虑 5 个设计变量,6 个约束,采用简化模型,每轮循环约 3 天。HSCT4.0 不仅考虑了气动、结构、动力、控制等传统的飞行器设计学科,也考虑了操作、成本、可支撑性等新的学科,形成了 FIDO,CJOpt 等 MDO 软件框架[48]。MDOB 还研究了 MDO 的框架结构[49]。

1998 年 MDO(第 7 次)学术会议邀请了 10 个工业界代表作了报告,讨论工业界相关的设计工作与过程、经验和需求。原麦道的 Giesing 作了工业界 MDO 的应用和需求的综述报告[50]。他从工业界需求出发给出了一个“MDO 元素”的分类表,在 Sobieski 原先从研究出发给出的分类表[51]中补充了“管理和文化应用(management and cultural implementation)”的元素,其中包括组织结构、运行和培训问题等,并提出要在设计中成立一个 MDO 小组,各学科工作者一起工作,来确定相互交叉的界面,此元素对实际飞机设计中能实现 MDO 是十分重要的。Giesing 结合各邀请报告的 MDO 工作详细分析和介绍了各元素,并提出了工业界为实行 MDO 的要求,概括起来为:

(1) 由于如图 8-48 所示分析方法的高保真程度与 MDO 程度的矛盾关系,目前尚不能做到高保真度分析方法和完全的 MDO 的耦合,而必须应用近似分析方法或修正,图 8-49 为目前常用的 3 种近似或修正方法,包括常用的局部近似方法如泰勒级数或变分法,也包括普通的全局近似方法如响应面和神经网络等。其中响应面技术可成为连接各学科软件或各学科专家通信的一种简单方法,因此目前 MDO应用中常用此类方法。图中的修正过程是指虽采用保真度较低的近似分析方法或软件,但不时地用高保真度软件或试验结果对其进行修正。图中第三类近似方法又称为降阶法,具体做法为首先对高保真数值结果进行分析拟合得到相对简单的解析表达式,然后在设计中使用这些简单的解析式。

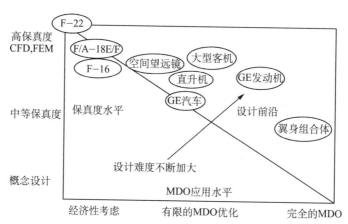

图 8-48 MDO 水平和保真程度的相对关系

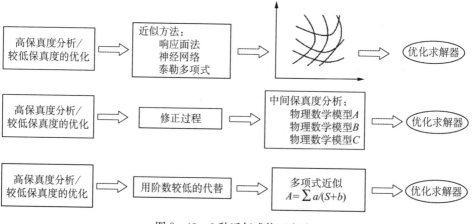

图 8-49 3 种近似或修正方法

（2）目前十分需要一个成熟、有效、灵活、健壮,适用于工业界使用力度的商用 MDO 框架和算法。

（3）MDO 的计算工作量十分巨大,对计算资源要求高,可能必须依靠并行计算技术,这也是 Langley MDO 的研究工作直接与美国高性能计算和通信项目（HPCCP）联系在一起的原因之一。

欧洲在 MDO 的研究上从一开始就重视在欧盟范围内的合作。面临环境、能源、工艺革新和工程技术人员流失而形成的匮乏等对欧洲航空工业界的冲击和形成的瓶颈,为了维持其航空业的竞争力,必须保持其产品的创新力,并降低其飞机的设计、制造和运行的成本,即产品必须是一个最优的设计。意识到 MDO 的重要性后,在 1996 年启动了其第一个 MDO 项目,主要目标包括：飞行器全寿命周期的初步设计阶段的集成问题；并行的 MDO 方法；信息技术和设计技术的进一步融合。开展了：①可为 MDO 集成的包括气动、气动弹性、结构/尺寸、控制等主要学科的各种精度的模型研究、灵敏度计算方法、优化方法等研究；②数据交换、可视化、人机交互等计算科学中相关技术的研究。该项目于 1998 年结束,取得了很大成功。为了应付人才的匮乏,必须最大限度地整合欧盟范围内不管处于何处的人才和计算资源。这意味着必须允许分布式设计,于是正在开展着包含学校、研究机构和工业公司在内的由欧盟支持的 MOB（a computational design engine incorporating multidisciplinary design and optimization for blended wing body configuration）研究项目[52]。其目的是要提供方法和工具,形成一个有效的、联合的分布式 MDO 设计系统,使所有合作伙伴的团队都可使用其中位于异地的合作机构的软件包。系统内同样具有“快—但是—简单”和“正确—但是—复杂”的不同层次的分析计算模块,目前系统正围绕研制一种大型复杂的民机或运输机的翼身融合体构形的产品来验证其有效性。

俄罗斯的“多学科设计优化方法环境”（indirect optimization on the basis of self-organization, IOSO）[53, 54]也可用于求解各类 MDO 问题。

文献[48]介绍了飞行器多学科优化设计的理论、方法及设计中的技术问题如面向 MDO 的建模、近似方法、灵敏度分析、设计空间的搜索策略、优化过程和信息环境等,有兴趣的读者可参阅该书。下面简略介绍一些 MDO 方法在飞机设计中应用的实例。

8.3.2　概念设计的多学科优化设计

如图 8-2 所示,新的 IPPD 设计模式希望尽可能早地利用高保真度的数值模拟和 MDO 设计方法,以便在概念设计阶段获得更多产品的知识和有更大的设计自由度,实现多学科之间的设计、分析和优化更加平衡和一体化,缩短详细设计阶段的时间,并给出更加合理的设计。本书第 2,3,4 章说明了这一未来民机设计中的特点。

需要指出,上述优化设计中的学科仍是传统的学科,随着环保要求的提高,需考虑噪声等学科。此外,至此注意的中心集中在设计环境中的技术方面,没有涉及经济性的问题,但是最终重要的是产品的物理结构以及随后的使用经历,目前紧张的经济环境更要求设计过程中尽早考虑工艺性和价格。图 8 - 50[55]表明了在产品发展过程尽早考虑价格的重要性,由图可见,概念设计的完成就决定了全寿命周期价格的 70%,降低价格的可能性仅有 35%,图 8 - 51 为空客 320 量级(150 座和 2800 n mile航程)民机的 DOC 剖分示意图,可以看出,燃油费用仅占 12%,维护等项目的费用占 DOC 的成分却约为它的四倍。这些告诉我们在概念设计中需要引入费用的模型,并将它和其他学科的模型一起进行综合优化设计[55]。

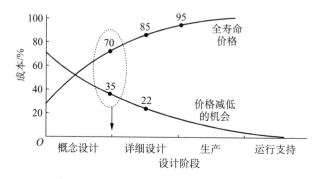

图 8 - 50   成本在产品不同设计阶段的影响

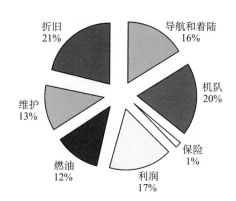

图 8 - 51   A320 量级(150 座和 2800 n mile 航程)民用机的 DOC 剖分示意图

8.3.3   波音公司的 MDOPT 软件

在美国空军实验室和波音的共同资助下,波音公司从 1998 年至 2002 年研发了一个多学科优化软件 MDOPT[56],目前其第一文本仅包含气动力、结构、稳定性和控制(S&C)三个学科,但可以进一步开发,增加学科数,此系统采用图形用户界面(GUI),高精度计算分析方法和数值优化方法耦合,可进行健壮的优化研究。并可用于平衡和折中产品性能和产品成本。

图 8 - 52 为系统结构示意图,包含 MDO 管理,内部模块间通信机构(ICF),数据管理系统(DMF)和三个学科分析的模块(随着学科数增加可扩大模块数)。实际

上它是在原有的 3DOPT 系统上改进发展而得的,图 8-53 表示了 3DOPT 的主要组成和优化过程,也表示了 MDOPT 完成优化时所要求经历的步骤,即首先将几何参数输入系统,产生几何外形的图形和表面网格,下一步用户定义设计变量和选择设计试验,对试验的每一设计点产生一个几何扰动,运行每一种学科分析代码,执行几何约束,将结果数据存储于数据库,以这样方式形成了可以内插的响应面(IRS)的近似模型,然后在 IRS 模型上完成优化计算,最后输出优化外形。

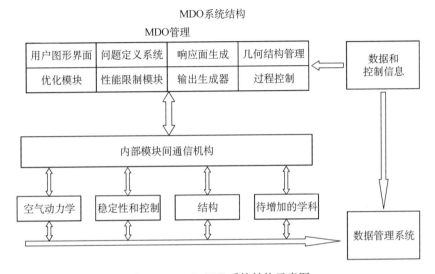

图 8-52　MDOPT 系统结构示意图

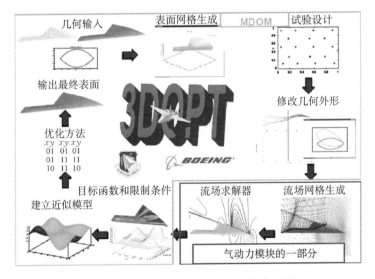

图 8-53　3DOPT 的主要组成和优化过程

图 8-53 为空间网格的生成和流场解的计算独立出来成为 MDOPT 气动力模

块的一部分,同样建立了结构分析和稳定/控制分析的模块,各模块内都采用了优化过程的并行化措施,使此系统可运行于大型多处理器的计算装置作并行计算。用户一旦输入原始数据,系统可以自动运行。现取空气动力学模块作为三个学科的一个例子作一具体说明,它提供了空气动力计算的五种功能:建立空间网格,流场求解,气动/结构相互作用,建立气动数据库和性能分析,基本职能是在系统内提供数据库中的气动力数据。气动力模块包含 4 种分析计算方法:线性方法(PanAir),全位势方法(TWING),单区网格的 N-S 方程方法(TLNS3D)和多块重叠网格的 N-S 方程方法(OVERFLOW)。可以计算单区网格的单独翼或翼身组合体(TWING 和TLNS3D),多块重叠网格的翼/身/尾(PanAir 和 OVERFLOW),也可以多种方法混合使用,例如用 PanAir 产生如升力线斜率 C_{La} 和舵面效率 $C_{M\delta}$ 等稳定和控制所需的气动力系数,而用 OVERFLOW 获得升力,阻力和俯仰力矩。图 8-54 为空气动力计算过程的示意图。对结构模块、稳定/控制模块以及 MDOPT 的深入说明可见文献[56]。

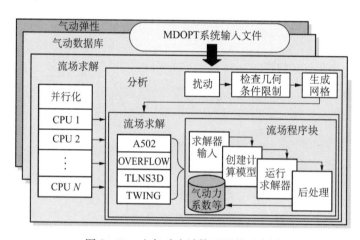

图 8-54　空气动力计算过程的示意图

作为 MDOPT 系统进行多学科分析/优化计算的例子,图 8-55 描述了一个优化问题[56],它是给定飞行剖面(高空巡航,低空突防和释放武器,高空返回巡航)寻求最大航程的优化问题。其中 SeaTac 是初步设计的一个工具,用来计算各部件的重量。优化计算中飞行剖面分析代码要求平衡状态时的升阻比数据,系统通过PanAir 提供稳定和控制气动系数如 C_{La}(升力线斜率)和 $C_{M\delta}$(舵面效率),2 或 4 次运用 OVERFLOW(N-S 方程解)计算翼/身/尾外形提供飞行剖面所经历 Ma 数中每一 Ma 时的升力、阻力和俯仰力矩系数,并用数据拟合方法来形成极曲线,系统自动完成性能计算所需气动数据的计算。优化算例中采用 2 点或 4 点,以及考虑或不考虑导数共四种方式形成极曲线,进行优化计算。表 8-5 给出了优化计算结果,其中 8 点极曲线表示最后利用 8 个点的方式形成极曲线数据来计算每种优化外形的性能,表示优化的结果,原始外形的航程值为 804 n mile,可见必须使用 4 点方式才能取得优化效果。

目标：
　　在给定的任务剖面内最大化航程
　　使用 SEATAC 计算各部件重量
限制条件：
　　最大重量　　　　　　机身不变
　　展长固定　　　　　　升力系数固定
　　稳定性和控制需求　　发动机燃油消耗固定
设计变量：
　　机翼剖面的最大厚度位置(3个)，扭角分布(3个)，弯度分布(12个)
　　梢根比(1个)，机翼面积(1个)，共20个

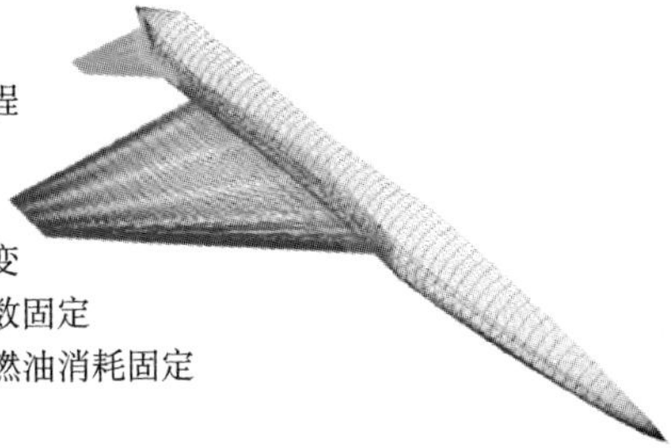

图 8-55　一个优化问题

表 8-5　MDOPT 优化计算结果

	二点,无导数		四点,无导数		二点,有导数		四点,有导数	
	原始	8 点	原始	8 点	原始	8 点	原始	8 点
航程/mile	1229	599	842	850	819	720	882	822
飞行时间/min	301.91	164.76	217.81	218.45		214.24		216.34
总燃料/lb	6241.7	6241.4	6238.9	6238.5		6085.2		6071.7
剩余燃料/lb	329.3	328.6	326.1	326.5		317.8		319.3

8.3.4　民机多学科优化设计举例

1) 类 A380 机翼的双学科优化

作为 MDO 在类 A380 大型民机中应用的例子，Vander Velden 等给出了一种可用于亚声速大型民机初步设计中气动/结构 MDO 设计的工具[57]。在给定最大起飞重量下使结构＋燃油重量最小的优化目标下，将优化方法耦合气动和结构分析方法用来快速折中机翼平面形状、厚度和升力分布。优化设计表明机翼内段应承受更多载荷，图 8-56 表示了优化前后升力分布的比较。优化减少了机翼弯矩，因而减少了机翼重量；优化使抬头力矩增大，造成尾翼向下载荷的减少；机翼和尾翼引起的诱导阻力之和与理想的椭圆分布诱导阻力没有区别，此结果与 A380 最后设计的机翼内段头部下垂的结果很类似。优化设计使机翼的后掠角增大几度，厚度比变化不大。优化设计完成后，为了验证设计确实改善了性能，Velden 等利用 Point-AEROPT(N-S)软件又做了包括 130 个机翼变量和三个典型运行工况的深入设计。最后优化收敛得到的外形确实比参考外形同样软件计算的阻力低 5%，总体重量减小 10 t(10000 kg)。

2) 基于高可信度分析的多学科优化设计方法

日本三菱公司和 Tohoku 大学尝试了用他们合作研制的基于高可信度分析工具的 MDO 系统设计巡航机翼[58]。

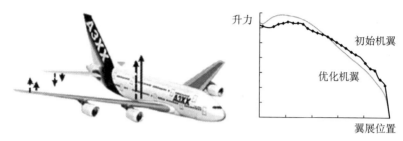

图 8-56　大型飞机机翼优化前后升力分布的比较

（1）基于高可信度分析的 MDO 系统。

在系统中高可信度分析工具主要包括作气动分析的雷诺平均 N-S 解算器（TAS）[59,60]，作结构强度分析的 NASTRAN™，以及其他一些商用软件。基于这些分析工具和多目标优化遗传算法形成的 MDO 系统对跨声速民机的三维机翼外形作了优化设计。

优化的目标函数为在给定航程下的轮档耗油量最小，最大起飞重量最小，以及巡航马赫数和最大运行马赫数下的阻力差最小。

几何定义中假定平面形状不变，结构外形中前后樑的位置不变，因此设计变量为机翼 3 个位置处的翼型、机翼扭转和上反角等参数。翼型用有 9 个设计变量的修正 PARSEC[61] 方法（见图 8-57）确定，机翼的扭转和上反角分别规定于 6 个和 2 个展向位置（机翼的折点和翼梢）处，表 8-6 给出了具体的设计变量，共 35 个。

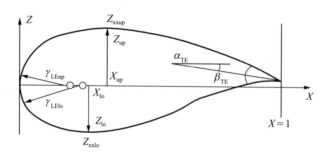

图 8-57　修正 PARSEC 翼型表示法

表 8-6　设 计 变 量 表

序列号	设计变量	半翼展位置处/%
1～9	PARSEC 翼型的 x_{up}，z_{up}，z_{xxup}，	35.5
10～18	x_{lo}，z_{lo}，$z_{xx_{lo}}$	55.5
19～27	α_{TE}，β_{TE}，$\gamma_{LE_{lo}}$／$\gamma_{LE_{up}}$	77.5
28～33	扭转角	19.3，27.2，35.0，55.5，77.5，96.0
34，35	上反角	35.0，96.0

优化的约束条件为:①为防止陡峭的失速特性而限制翼型前缘附近 Δy 的展向分布;②后梁高度必须大于安装控制面所要求的高度;③梁处上下翼面沿展向应单调变化(不能振荡变化);④升力系数随 Ma 数的变化必须是单调的(为了满足升力发散马赫数 MLD(Lift Divergence Mach number)的目标值);⑤计算出的装载燃油所需的体积必须小于机翼能装载燃油的体积。前两项是对几何的约束,后三项是对飞行条件的约束。

优化方法的计算流程。考虑到遗传算法可能获取总体优化解、可并行计算、可直接应用高可信度分析解算器而无需作任何修改,以及对计算中可能出现的噪声不敏感等优点,优化设计采用了自适应区域多目标遗传算法(Adaptive Range Multi-objective Genetic Algorithm, ARMOGA)[62]。这是基于群体的统计分布,在 N 代计算后重新初始化而具有区域(范围)自适应性,使搜索区域更合理的一种有效的多目标优化算法。

优化器在每一代中产生 8 个个体,并对每个个体作气动力和结构特性计算:

(a) 用 NASTRAN 在强度和颤振要求约束下对型架外形作机翼重量最小的结构优化计算。

翼盒模型主要由代表机翼蒙皮梁、翼肋等的壳块单元组成,其他如控制面等子系统用集中质量块表示。在 $4.5g$ 向上的阵风条件下由 Euler 解算器算得压强分布,据此静载荷用 NASTRAN 计算翼盒单元上的应力。颤振计算中用偶极子格网法计算非定常空气动力,用 p-k 方法求得临界颤振速度。结构优化过程中的

$$强度约束: \frac{\sigma_i}{F_i} = \text{const} \tag{8-1}$$

$$颤振约束: \frac{\partial v_F}{\partial t_i} = \text{const} \tag{8-2}$$

式中:σ_i 表示翼盒第 i 个单元的应力,F_i 为该单元的允许应力,v_F 为几个飞行条件下的临界颤振速度。迭代改变翼盒单元的厚度直到收敛为止。厚度变化公式为

$$t_i^{新} = t_i^{原}/(\gamma_{\min})_i \tag{8-3}$$

$$t_i^{新} = t_i^{原}\sqrt{\dfrac{\dfrac{\partial v_F}{\partial t_i}}{\dfrac{\partial v_F}{\partial t_i}\bigg|_{目标}}} \tag{8-4}$$

式中:$\gamma_{\min}$ 表示最小强度因子。还需考虑如下的一些限制:

$$\begin{bmatrix} \sigma_{压缩} \\ \sigma_{拉力} \\ \sigma_{剪切} \end{bmatrix} < F \tag{8-5}$$

$$v_F < v_{F_{要求}}$$

$$t_i > t_{\min}$$

图 8-58 表示了优化原始外形的收敛历史曲线。

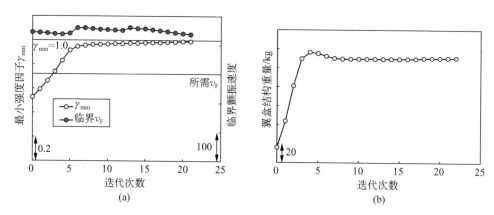

(a)

(b)

图 8-58　优化原始外形的收敛历史曲线

(a) 强度因子/临界颤振速度；(b) 翼盒结构重量

(b) 用 Euler 方程解算器和 NASTRAN 在 3 种飞行条件下作 1g 的静气动弹性迭代计算。结构和气动计算网格间的交换由自行研制的 FLEXCFD 界面代码完成。图 8-59 为气弹计算的流程图；图 8-60 为气动计算的非结构网格和有限元计算的翼盒壳块单元的示意图。

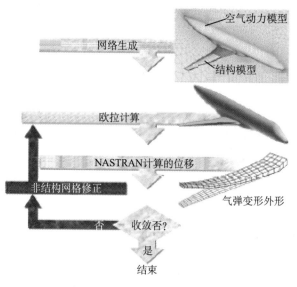

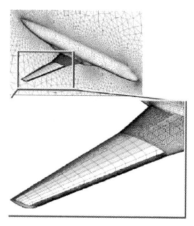

图 8-59　气弹计算的流程图

图 8-60　气动计算的非结构网格和有限元计算的翼盒壳块单元的示意图

（c）用 N - S 方程解算器对 1g 外形作气动力计算。

（d）用上述计算所得特性作性能计算,估算目标函数值——轮档耗油量,最大起飞重量和阻力发散值。

（e）优化器通过遗传算子（如选择、杂交、变异等）产生下一代的新个体。图 8 - 61 为 MDO 过程的流程图。

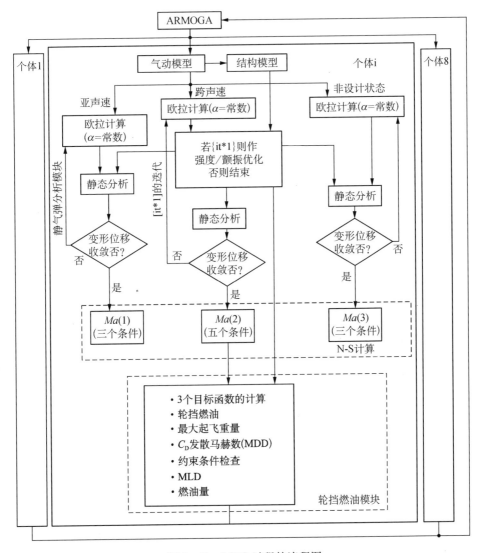

图 8 - 61　MDO 过程的流程图

（2）优化计算结果。

计算中选择群体为 8,在一代中约完成了 70 次 Euler 和 90 次 RANS 的计算,每次计算分别需约 NEC SX - 5 或 5X - 7 的 1 小时和 9 小时。每 5 代后进行一次群体的再选择。首先完成了 17 代的计算，在所有取得的计算结果中选出 8 个非主控解（Non-dominated），对它们进一步又作了 2 代计算，总共 19 代的计算经历了几个月，而进化计算仍尚未收敛，可见计算规模之大。这样的计算量无法应用于工程实践，必须进一步改进方法以提高计算效率。但从已得的计算结果还是可以看出优化设计的效果的。

图 8-62 表示了目标函数在三维设计空间中的结果。将其投影至二维平面（见图 8-63 和图 8-64），可见轮挡耗油量和发散两个目标函数间已形成有效解阵面，可对它们进行折中，而轮挡耗油量和最大起飞重量之间尚未形成有效解阵面，无法进行折中。从已取得的有效解阵面中任取一个解与原始外形比较，可知减小了 5.5个阻力单位，由于阻力减小，尽管存在结构重量的损失，仍使轮挡耗油量减少了 1%。图 8-65 为两种外形的极曲线比较。

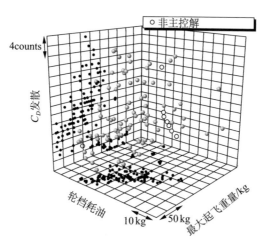

图 8-62　目标函数在三维设计空间中的结果

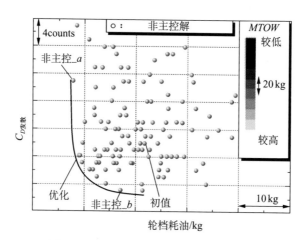

图 8-63　目标函数在二维平面投影图 I

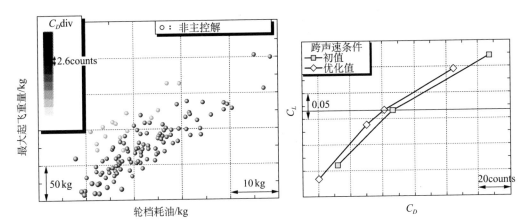

图 8-64　目标函数在二维平面投影图 II　　　图 8-65　两种外形的极曲线比较

文献[58]深入讨论了提高计算效率的 3 项措施，它们是：

(a) 翼型的几何表示方法。PARSEC 方法表示的翼型无法包含全部设计空间中的优化解，在比较了 PARSEC，PARSEC＋最小二乘法和 NURBS(非均匀有理 B样条)等 3 种方法后，证明 NURBS 可比 PARSEC 更好地表达外形。

(b) 改进网格生成方法。

(c) 提高优化计算的效率。优化计算时，不直接采用高可信度的分析计算方法，而采用 Kriging 模型[63, 64]，通过最大或然估计进行插值以获得所要求的目标值，即利用高斯函数估计随机过程的趋势，在样本点间作插值以确定未知点值。Kriging模型不如多项式模型那样存在显式表达式且需花费更多的计算时间，但却适用于非线性和多模态函数的表示。

(3) 基于 Kriging 模型的有效优化设计方法。

(a) Kriging 模型简介。

Kriging 模型将未知函数表示为

$$y(\boldsymbol{x}) = f(\boldsymbol{x}) + z(\boldsymbol{x}) \tag{8-6}$$

式中：$\boldsymbol{x}$ 为 m 维向量(m 个设计变量)，$f(\boldsymbol{x})$ 为回归函数，最终表示 y 的确定性总体值，一般取常数 β[65, 66]。$z(\boldsymbol{x})$ 为在未知点($\boldsymbol{x}$)处偏离总体值的局部随机值，其均值为 0，方差为 σ^2，协方差为

$$\text{cov}(z(x^i), z(x^j)) = \sigma^2 \boldsymbol{R}[R(x^{(i)}, x^{(j)})] \tag{8-7}$$

式中：$\boldsymbol{R}$ 为 $(n_s \times n_s)$ 阶，对角线为 1 的对称相关矩阵，$R(x^{(i)}, x^{(j)})$ 是在 n_s 个样本值中任意两个 x^i 和 x^j 之间的相关函数，可由使用者规定，文献[65]和[66]讨论了几种可用的函数形式，通常采用高斯函数：

$$R(x^i, x^j) = \exp\left[-\sum_{k=1}^{n_{\text{dv}}} \theta_k \mid x_k^i - x_k^j \mid^2\right] \tag{8-8a}$$

式中：n_{dv}是设计变量数，θ_k是未知相关参数矢量 $\boldsymbol{\theta}$ 的第 k 个分量。一般用一标量参数 θ 代替 $\boldsymbol{\theta}$ 即可给出足够好的结果[66~68]（下面会具体介绍如何求 θ）。于是式(8-8a)可写成：

$$R(x^i, x^j) = \exp\left[-\theta \sum_{k=1}^{n_{dv}} \mid x_k^i - x_k^j \mid^2\right] \tag{8-8b}$$

Kriging 模型对未知点处 y 的预估值为

$$\hat{y}(\boldsymbol{x}) = \hat{\beta} + \boldsymbol{r}^{\mathrm{T}}(\boldsymbol{x})\boldsymbol{R}^{-1}(\boldsymbol{y} - \beta\boldsymbol{I}) \tag{8-9}$$

式中：$\boldsymbol{I}$ 为单位矢量，$\boldsymbol{r}(\boldsymbol{x})$ 和 $\boldsymbol{R}$ 都依赖于未知参数值，$\boldsymbol{r}(\boldsymbol{x})$ 为 n_s 维的相关矢量：

$$\boldsymbol{r}(\boldsymbol{x}) = [R(\boldsymbol{x}, \boldsymbol{x}^1), R(\boldsymbol{x}, \boldsymbol{x}^2), \cdots, R(\boldsymbol{x}, \boldsymbol{x}^{n_s})] \tag{8-10a}$$

即矩阵 $\boldsymbol{R}$ 可写成：

$$\boldsymbol{R} = \begin{bmatrix} R(x^1, x^1) & \cdots & R(x^1, x^{n_s}) \\ \cdots & \cdots & \cdots \\ R(x^{n_s}, x^1) & \cdots & R(x^{n_s}, x^{n_s}) \end{bmatrix} \tag{8-10b}$$

用广义的最小二乘方法可得到隐含地依赖于参数 θ 的如下预估值 $\hat{\beta}$ 和 $\hat{\sigma}^2$：

$$\hat{\beta} = (\boldsymbol{I}^{\mathrm{T}}\boldsymbol{R}\boldsymbol{I})^{-1}\boldsymbol{I}^{\mathrm{T}}\boldsymbol{R}^{-1}\boldsymbol{y} \tag{8-11}$$

$$\hat{\sigma}^2 = (\boldsymbol{y} - \boldsymbol{I}\hat{\beta})^{\mathrm{T}}\boldsymbol{R}^{-1}(\boldsymbol{y} - \boldsymbol{I}\hat{\beta})/n_s \tag{8-12}$$

θ 值可通过最大或然估计法获得，并归结于求解：

$$\max\left(\frac{1}{2}\right)[n_s\ln \hat{\sigma}^2 + \ln \mid \boldsymbol{R} \mid] \tag{8-13}$$

$$0 \leqslant \theta \leqslant \infty$$

的一维优化问题。这样 $\hat{y}(\boldsymbol{x})$ 的 Kriging 模型就完全确定了。文献[69]则采用了文献[70]和[71]提出的一种迭代更新 θ 值的方法求得所要求的 θ 值。

（b）方差的泛函分析（AVOVA）和 EI（Expected Improvement）准则。

采用近似模型除提高优化计算效率外还可表示目标函数和设计变量的直接联系，对近似模型作方差的泛函分析[72]（functional analysis of variance）可定量确定各设计变量对目标函数和约束函数的重要性，从而删除那些影响较小的设计变量，改变设计空间，进一步减少计算时间，这对于大规模的复杂工程问题是很有意义的。

然而采用 Kriging 近似模型有可能会错失全局最优点，如图 8-66 所示的实际目标函数和用 8 个样本点给出的 Kriging 模型的变化曲线，Kriging 模型给出的最小

值位于 $x = 9$ 附近,而实际目标函数的最小值位于 $x = 4$ 附近,因此现有的 Kriging 模型不能保证获得全局最小值。图 8-67 表示 Kriging 模型的预估值及其标准误差的分布。在 $x = 9.5$ 处,因附近有较多样本点,故标准误差很小,这样置信节就非常短;而在 $x = 3.5$ 处,因附近无样本点,故标准误差很大,这一点处的置信节就非常宽,节中实际最小值小于目前 Kriging 模型预测的最小值,故 $x = 3.5$ 成为全局最小值点的概率很大。为了稳健地找到全局最小值点,必须同时考虑 Kriging 模型的预估值及其不定性。这一概念可表示于 EI 判据中,即某点在设计空间中成为最优点的概率,将 EI 值最大的点作为附加样本点即可改进模型而稳健地找到全局最优值。

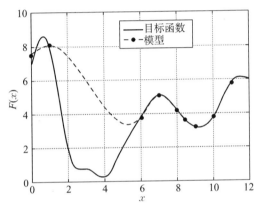

图 8-66 实际目标函数和用 8 个样本点给出的 Kriging 模型的变化曲线

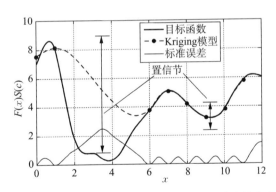

图 8-67 Kriging 模型的预估值及其标准误差的分布

(c) 优化算例。

文献[58]以跨声速翼型的双目标优化设计作为算例:

目标 1:C_d 在 $C_l = 0.75 (Ma = 0.70)$;

目标 2:C_d 在 $C_l = 0.67 (Ma = 0.74)$ 下最小化;

约束条件为:$t/c > 11\%$。

目标 1 和 2 分别处于设计和非设计条件。翼型用 NURBS 的 26 个设计变量表示。Kriging 模型的初始 26 个样本点是按拉丁超立方技术分布选取的。MOGA 算法中群体和代数分别取 512 和 100。图 8-68 表示第一轮 EGO(有效全局优化)后两目标值 EI 的分布。再取目标 1 的最大 EI 点、目标 2 的最大 EI 点和两者的中间点作为增加的样本点,作下一轮的 EGO。如此重复进行。图 8-69 表示不同 EGO 时的非主控解分布,图 8-70 为初始样本点时和补充样本(最终为 89)点后的目标函数值分布,可见目标值随 EGO 轮数的增加而逐渐减小,表明 Kriging 模型的更新是正确和有效的。

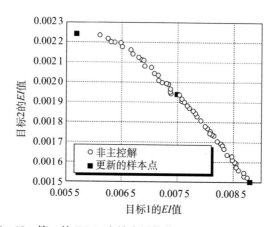

图 8-68　第一轮 EGO(有效全局优化)后两目标值 EI 的分布

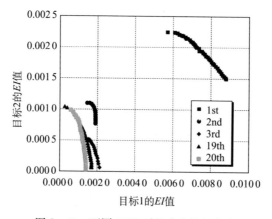

图 8-69　不同 EGO 时的非主控解分布

　　图 8-71 表示了设计翼型的几何外形和压强分布,显示了设计翼型的低阻特性。

　　改进的 MDO 设计系统最近还被用于翼身组合体带翼梢小翼的优化设计[73]。

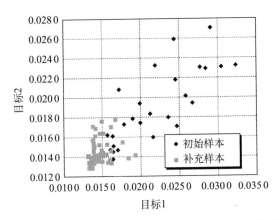

图 8-70 初始样本点时和补充样本(最终为 89)点后的目标函数值分布

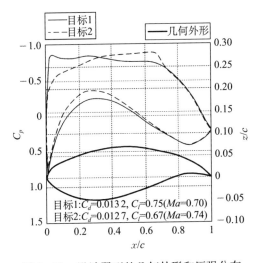

图 8-71 设计翼型的几何外形和压强分布

8.3.5 MDO 应用的现状和未来

　　文献[74]不仅扼要地回顾了多学科优化发展的历史,概述了 MDO 的理论与框架,并描述了 MDO 的现状和发展趋势,特别是工业界应用 MDO 所取得的成绩、特点和趋势。MDO 在工业界中已不仅应用于详细设计中,更逐渐扩展应用于概念和初步设计中;相应地不仅应用于采用较高保真度模型的部件设计中,更过渡应用于采用较低保真度模型的系统级设计中。图 8-72 表示了波音公司从研制 707 到 787 到未来型号中应用 MDO 的发展情况。表 8-7 给出了航空工业界应用 MDO 取得成绩(获利)的一些实例[74]。

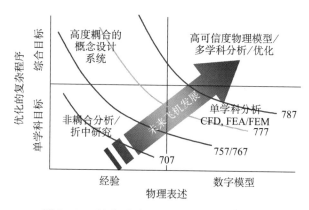

图 8-72 波音系列型号中 MDO 发展的趋势

表 8-7 应用 MDO 获利的实例

部件	获利
垂尾方向舵	大大提高垂尾的效率
短舱部件	15％的减重和噪声的降低
飞行试验	周期从一般 2～3 年减缩至 1 年

在 MDO 应用于系统级设计即初步设计阶段时,必须充分考虑生产加工和下游即详细设计阶段的要求和信息。Dassault 公司正在研究探讨这种多阶段(multistage)的 MDO 过程。他们应用在详细设计阶段产生的 Lagrange 算子向进行初步设计的工程师们传达重要的下游约束。

文献[74]也讨论了工业界对 MDO 进一步发展的需求方向,包括:①充分利用无约束纤维取向(不局限于 0°,90°,45°)复合材料的优点;②最小化制造和工具的价格;③综合电磁效应的优化;④全寿命周期商业的优化;⑤多级而非单级的 MDO方法;⑥设计真正创新的外形(如 BWB)。

文献[74]通过对 European Framework Programs(FP)中 FP4～FP6 中 MDO研究的介绍进一步表明了 MDO 研究的复杂性及政府的支持对 MDO 研究持续发展的必要性。

(1) FP4 中的 MDO 项目:多学科设计,航空飞行器的分析和优化(1996 年 1 月1 日—1997 年 12 月 31 日)。目的是利用包括 CFD、有限元结构分析等一系列当代先进的基于模型的设计和分析方法,建立起新的有效的多学科设计方法,形成 MDO的能力,以支持早期的设计决策。用于项目中的参考机种——类 A380。

项目表明,以小时计的飞机的并行多学科计算为两个重要的过程提供了基础。一为多学科分析(MDA),即按协调的标准对飞机性能做多学科估算使对任何原因提出的设计变化的效果可快速地做出评估;另一为多学科设计(MDO),即根据工程师给定的设计变量和约束采用优化方法反复应用 MDA 过程,发展出新的和改进的设计。

项目特别在两个关键领域中作出了贡献,即建立了:①多模型生成器(multi-model-generator),可为高保真模拟飞机的空气动力、结构、气弹等性能所需的复杂分析模型快速而系统地生成不同的外形;②综合的产品模型(integrated product model),起技术数据模型器和浏览器(TDMB)的作用,提供了一种结构数据建模方法及实际数据交换和访问服务,能有效地定义和管理大量多学科技术数据。正是这些进展使现代化仿真工具才实际上可以反复应用并系统地评估设计变化的多学科影响。

(2) FP5:针对 BWB 外形进行多学科设计和优化(MOB)的计算设计工具(CDE)(2000 年 1 月 3 日—2003 年 1 月 21 日)。目的是建立能支持分布式团队对复杂的航空航天产品做多学科设计优化并通过 BWB 飞机的再设计证明该方法的一系列工具。其两个特点是:①设计过程的分布式特性要求各学科专家能将自己的软件工具和设计方法融入跨欧洲或跨全球的一个总体系统中去;②单一的 MDO 系统不能完成复杂的设计,设计的复杂性要求灵活的方法和多层次设计的能力,包括不同水平保真度的分析工具、能选择不同的优化算法、设计软件运行在分布的系统中。FP5 开发的包括结构、气动力、气动弹性、飞行力学和气动伺服等的 CDE 能满足这样的要求。图8-73为欧洲 MOB 的 CDE 架构示意图。通过将 CDE 应用于 BWB 外形,证实了 CDE 的有效性。

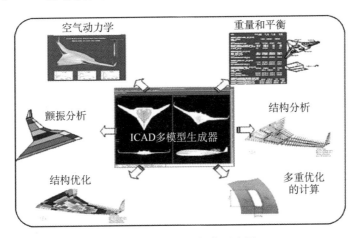

图 8-73　CDE 的架构示意图

(3) FP6:通过虚拟航空合作企业实现价值的提升(VIVACE)(2004 年 1 月 1 日—2008 年 1 月 1 日)。目的是对实现欧洲航空战略研究的三个目标做出贡献:①采用先进的电子分析、设计、制造和维护过程,以及先进的方法和工具等使新产品推向市场的时间减半;②增大供应链进入网络的集成性;③大量降低企业运营费用,使客户稳定、持续地减少差旅费。共分为三个子项目:SP1 推进机翼设计;SP2 推进发动机设计;上述两项目注重于产品而非 MDO 的过程。SP3 则注重于设计过程的各个方面,如"基于知识的工程化(knowledge based engineering)","决策目标设计(design to decision objectives)","工程数据管理(engineering data management)","大型企业的分布式信息系统基础设施(distributed information system infrastructure for large enterprise)","不同类合作企业的协作中心(collaboration hub for heterogeneous enterprise)"和 MDO 等。作为初步结果,图 8-74 为机翼 MDO 过程集成的初步结果。

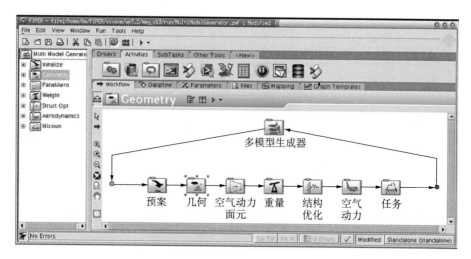

图 8-74　机翼 MDO 的流程示意

上述 MDO 发展的现状和在航空领域应用的发展趋势充分表明未来高质量航空产品的研制必须采用 MDO 方法及相应的工具。

参考文献

［1］　朱自强,陈迎春,王晓璐,等. 现代飞机的空气动力设计[M]. 北京:国防工业出版社,2011.

［2］　Hirschel E H. Towards the virtual product in aircraft design [C]. Processing of NDF 2000 - Towards a new fluid dynamics with its challenges in aerospace engineering, CNRS, Paris, Nov 2008.

［3］　Hirschel E H. CFD-from solitary tools to components of the virtual product [C]. Proceeding of based world user CFD conference in applied CFD. Freiburg, Germany, May 19 - 23,1996:24,1 - 24,9.

［4］　Raj P. Aircraft design in 21st century: implications for design methods [R]. AIAA - 98 - 2895,1998.

［5］　Yaros S F, Sexstone M G, Huebner L D, et al. Synergistic airframe-propulsion interactions and integration [R]. NASA TM - 1998 - 207644,1998.

［6］　Nielson J N, Biggers J C. Recent progress in circulation control aerodynamics [R]. AIAA - 87 - 0001,1987.

［7］　Nielson J N. Proceeding of circulation-control workshop [R]. NASA CP - 2432,1986.

[8] Riddle D W, Eppel J C. A potential flight evaluation of an upper-surface-blowing/circulation-control-wing concept [R]. NASA CP-2432,1986.

[9] Wood N, Nielson JN. Circulation control airfoils past, present, and future [R]. AIAA-85-204,1985.

[10] Englar R J. Circulation control pneumatic aerodynamics: blown force and moment augmentation and modification: past, present, and future [R]. AIAA-2000-2541,2000.

[11] Liu Y, Sankar L N, Englar R J, et al. Numerical simulations of the steady and unsteady aerodynamic characteristics of a circulation control wing airfoil [R]. AIAA-2001-704,2001.

[12] Jones G S, Joslin R D. Proceedings of the 2004 NASA/ONR circulation control workshop [R]. NASA CP-2005-213509,2005.

[13] Englar R J. Development of theA-6/circulation control wing flight demonstrator configuration [R]. DTNSRDC Report ASED-79/01,1979.

[14] Pugliese A J, Englar R J. Flight testing the circulation control wing [R]. AIAA-79-1791,1979.

[15] Englar R J, Smith M J, Kelly S M, et al. Application of circulation control to advanced subsonic transport aircraft, part 1: airfoil development [R]. AIAA-93-644,1993.

[16] Englar R J, Smith M J, Kelly S M, et al. Application of circulation control to advanced subsonic transport aircraft, part 2: transport application [J]. Journal of Aircraft, 1994,35 (5).

[17] Joslin R D, Jones G S(editors). Application of circulation control technology, Vol. 214 of Progress in Astronautics and Aeronautics, AIAA Inc. , 2006.

[18] Englar R J. Overview of ciuculation control pneumatic aerodynamics: blown force and moment augmentation and modification as applied primarily to fixed-wing aircraft, Chapt 2, pp:23-68, In Joslin R D, Jones G S (editors). Application of circulation control technology, Vol. 214 of Progress in Astronautics and Aeronautics, AIAA Inc. , 2006.

[19] Gaeta R J, Englar R J, Blaylock G. Aerodynamic heat exchanger: a novel approach to radiator design using circulation control [C]. Chapt 14, pp:383-398, In Joslin R D, Jones G S (editors). Application of circulation control technology, Vol. 214 of Progress in Astronautics and Aeronautics, AIAA Inc. , 2006.

[20] Englar R J. Pneumatic aerodynamic technology to improve performance and control of automotive vehicles [C]. Chapt 13, pp:357-382, In Joslin R D, Jones G S(editors). Application of circulation control technology, Vol. 214 of Progress in Astronautics and Aeronautics, AIAA Inc. , 2006.

[21] Englar R J. Application of advanced aerodynamic technology in ground and sport vehicles [R]. AIAA-2008-6731,2008.

[22] Day T R. Coanda effect and circulation control for nonaeronautical applications [C]. Chapt 24, pp:599-613, In Joslin R D, Jones G S(editors). Application of circulation control technology, Vol. 214 of Progress in Astronautics and Aeronautics, AIAA Inc. , 2006.

[23] Frith S P, Wood N J. Use of ciuculation control for flight control [C]. Chapt 12, pp. 337-353, In Joslin R D, Jones G S(editors). Application of circulation control technology, Vol. 214 of Progress in Astronautics and Aeronautics, AIAA Inc. , 2006.

[24] Manro S E, Ahuja K K, Englar R J. Noise reduction through ciuculation control [C]. Chapt 6, pp: 167 - 187, In Joslin R D, Jones G S(editors). Application of circulation control technology, Vol. 214 of Progress in Astronautics and Aeronautics, AIAA Inc. , 2006.

[25] Shur M L, Strelets M K, Travin A K, et al. Turbulence modeling in rotating and curved channels: assessing the Spalart-Shur correction [J]. AIAA Journal, 2000, 38 (5): 784 - 792.

[26] Swanson R C, Rumsey C L, Anders S G. Progress towards computational method for circulation control airfoils [R]. AIAA - 2005 - 89, 2005.

[27] Lee-Rausch E M, Vatsa V N, Rumsey C L. Computational analysis of dual radius circulation control airfoils [R]. AIAA 2006 - 3012, 2006.

[28] Slomski J F, Chang P A, Arunajatesan S. Large-eddy simulation of a circulation control airfoil [R]. AIAA - 2006 - 3011, 2006.

[29] Jones G S, Yao C, Allen B G. Experimental investigation of a 2 - D supercritical circulation control airfoil using particle image velocimetry [R]. AIAA - 2006 - 3009, 2006.

[30] Jones G S, Lin J C, Allen B G, et al. Overview of CFD validation experiments for circulation control application at NASA [C]. International Powered Lift Conference, London, 2008.

[31] Milholen W E, Jones G S, Cagle C M. NASA high-Reynolds number circulation research-overview of CFD and planned experiments (Invited) [R]. AIAA - 2010 - 344, 2010.

[32] Collius S W, Westra B W, Lin J C, et al. Wind tunnel testing of powered lift, all wing STOL model [C]. International Powered Lift Conference, London, 2008.

[33] Lin J C, Jones G S, Allen B G, et al. Flow-field measurement of a hybrid wing body model with blown flaps [R]. AIAA - 2008 - 6718, 2008.

[34] Alley N R, Steele J, Neidhoefer J C, et al. Development of a cruise-efficient extreme-STOL-capable demonstrator UAV [R]. AIAA - 2010 - 3450, 2010.

[35] Deckert W H, Franklin J A. Powered-lift aircraft technology [R]. NASA SP - 501, 1989.

[36] Grazter L B, ODonnell T J. Development of a BLC high lift system for high-speed airplanes [J]. Journal of Aircraft, Nov. -Dec, 1965.

[37] Harris K D. The Hunting H. 1326 jet-flap research aircraft assessment of lift augmentation devices [R]. AGARD - LS - 43 - 71, 1971.

[38] Herry Q C, Robert I C. A flight investigation of the STOL characteristics of an augmented jet flap STOL research aircraft [R]. NASA TMX - 62334, 1974.

[39] Smith L H. Wake ingestion propulsion benefits [J]. Journal of Propulsion and Power, 1993, 9(1): 74 - 82.

[40] Mineck R E. Study of potential aerodynamic benefits from spanwise blowing at the wingtip [R]. NASA TP - 315, 1995.

[41] James P C Jr, Flechner S G. Exploratory wind-tunnel investigation of a wingtip-mounted vortex turbine for vortex energy recovery [R]. NASA TP - 2468, 1985.

[42] Willim A K, James P C Jr, Paul S H, et al. Wingtip vortex turbine investigation for vortex energy recovery [R]. SAE TP - 901936, 1990.

[43] Hajela P. Soft computing in multidisciplinary aerospace design new directions for research

[J]. Progress in Aerospace Sciences，2002，38：1 - 21.

[44] Sobieszczanskv-Sobieski J. A linear decomposition method for optimization problems-Blueprint for development [R]. NASA TM 83248，1982.

[45] Sobieszczanskv-Sobieski J. Optimization by decomposition：A step from hierarehic to uon-hierarchic systems [R]. 2nd NASA/Air force symposium on recent advances in multidisplinary analysis and optimization，Hampton，VA，1988，NASA TM 101494，NASA CP - 3031.

[46] Sobieszczanskv-Sobieski J. The sensitivity of complex，internally system [J]. AIAA Journal，1990，28(1)：153 - 160.

[47] AIAA Multidisciplinary design optimization technical committee. Current of the art on multidisciplinary design optimization (MDO) [C]. An AIAA white paper. ISBN 1 - 56347 - 021 - 7，1991.

[48] 王振国，陈小前，罗文彩，等.飞行器多学科设计优化理论与应用研究[M].北京：国防工业出版社，2006.

[49] Salas A O，Townsend J C. Framework requirements for MDO application development [R]. AIAA - 98 - 4740，1998.

[50] Giesing J P，Barthelemy JF M. A summary of industry MDO applications and needs [R]. AIAA - 98 - 4737，1998.

[51] Sobieszczanskv-Sobieski J. Multidisciplinary design optimization：an emerging new engineering discipline in advances is structural mechanics [A]. Herkvitch Jedited，Kluwer Academic Publishers，Doordrecht，488 - 496，1995.

[52] F Reng，Morris A J. MOB：A European distributed multidisciplinary design and optimization project [R]. AIAA - 2002 - 5444，2002.

[53] Egorov I N，Kretinin G V，leshchenko I A，et al. IOSO optimization toolkit-novel software to create better design [R]. AIAA - 2002 - 5514，2002.

[54] Egorov I N，Kretinin G V，leshchenko I A，et al. The main features of IOSO technology usage for multi-objective design optimization [R]. AIAA - 2004 - 4610，2004.

[55] Price M，Raghunathan S，Curran R. An integrated systems engineering approach to aircraft design [J]. Progress in Aerospace Science，2006，42：331 - 376.

[56] LeDoux S T，Herling W W，Fatta G J，et al. MDOPT - A multidisciplinary design optimization system using higher order analysis codes [R]. AIAA - 2004 - 4567，2004.

[57] Van der Velden A，Kelm R，Kokan D，et al. Application of MDO to large subsonic transport aircraft [R]. AIAA - 2000 - 0844，2000.

[58] Takenaka K，Obayashi S，Nakahashi K，et al. The application of MDO technologies to the design of a high performance small jet aircraft-lesson learned and some practical concerns [R]. AIAA - 2005 - 4797，2005.

[59] Nakahashi K，Ito Y，Togashi F. Some challengers of realistic flow simulations by unstructured grid CFD [J]. Journal of Aircraft，2002，39(4)：621 - 629.

[60] Ito Y，Nakahashi K. Direct surface triangulation using stereolithography data [J]. AIAA Journal，2002，40(3)：490 - 496.

[61] Oyama A，Obayashi S，Nakahashi K，et al. Aerodynamic wing optimization via evolutionary algorithms based on structured coding [J]. Computation Fluid Dynamics

Journal, 2000,8(4):570 - 577.

[62] Sasaki D, Obayashi S, Nakahashi K. Navier-Stokes optimization of supersonic wings with four objectives using evolutionary algorithm [J]. Journal of Aircraft, 2002, 39 (4): 621 - 629.

[63] Simpson T W, Mauery T M, Korte J J, et al. Comparison of response surface and Kriging models for multidisciplinary design optimization [R]. AIAA - 1998 - 4755,1998.

[64] Giunta A A, Watson L T. A comparison of approximation modeling techniques: polynomial versus interpolating models [R]. AIAA - 1998 - 4758,1998.

[65] Koehler J R, Owen A B. Computer experiments. Handbook of statistics(Ghosh S and Rao C R eds.) [M]. Elsevier Science, New York, 1996, pp:261 - 308.

[66] Sacks J, Welch W J, Mitchell T J, et al. Design and analysis of computer experiments [J]. Statistical Science, 1989,4(4):409 - 435.

[67] Booker A J, Conn A R, Dennis J E, et al. Global modeling for optimization [R]. "Boeing/ IBM/Rice Collaborative Project". ISSTECH - 95 - 032, The Boeing Company, Seattle, 1995.

[68] Osio I G, Amon C H. An engineering design methodology with multistage Bayesian surrogates and optimal sampling [J]. Research in engineering design, 1996,8:189 - 206.

[69] Jeong S, Murayama M, Yamamoto K. Efficient optimization design method using Kriging model [R]. AIAA - 2004 - 0118,2004.

[70] Mardia K V, Marshall R J. Maximum likelihood estimation of models for residual covariance in spatial regression [J]. Biometrika, 1984,71:135 - 146.

[71] Donald R J, Matthias S, William J W. Efficient global optimization of expensive black-box function [J]. Journal of Global Optimization, 1998,13:455 - 492.

[72] Shinkyn J, Mitsuhiro M, Kazuomi Y. Efficient optimization design method using Kriging model [R]. AIAA - 2004 - 0118,2004.

[73] Takenaka K, Hatanaka K, Yamazaki W, et al. Multidisciplinary design exploration for a winglet [J]. Journal of Aircraft, 2008,45(5):1601 - 1611.

[74] De Week O, Agte J, Sobieszczanski-Sobieski J, et al. State-of-the art and future trends in multidisciplinary design optimization [R]. AIAA - 2007 - 1905,2007.

附　录　1

A. 飞机型号

A380

A350XWB

A320ENO

B787

B747 - 8

B737 MAX

B757

BTW SSTOL 运输机

C 系列飞机

C919

Concorde(协和号)

CESTOL 飞机

Challenger300

Citation - X

F - 5E

F - 15

EET

Gulfstream550

Hondajet

Jetstar

LTV XC - 142(倾斜机翼验证机)

MC - 21

N+1,N+2,N+3 代民机

SAX - 40

X - 48B, C

X - 21 A(WB - 66)

XV - 15

YF - 15

YC - 14

YC - 17

B. 计算软件

3DOPT

AETER

AirExodus

ANOOP

AVL

CDE

CFL3D

EDGE

elsA

EMENS

FASTFLO

FLEXCFD

FLOPS

Flower

Gridtool

IRMA

LMAS
MADM
MCARF
MDOPT
MSES
Multi-Model-Generator
NASTRAN
NEPP
NPSOL
NTS
Optimega
OVERFLOW
PanAir
PCBOOM

Point-AEROPT(N - S)
Q - 3D
TAS
TASOPT
TAU
TDMB
TLNS3D
TOPSIS
TWING
UNS3D
USM3D
VGRID
XFoil
ZEN

C. 湍流模型

k - ε 模型
k - ε LEA 模型
k - ω SST 模型
Launder-Reece-Rodi(LRR)模型
SA - LSA 模型
SA - RC 模型
Spallart-Allmaras(SA)模型

Spelziala-Sarker-Gatski(SSG)模型
SST 模型
TNT 模型
雷诺应力模型
全微分雷诺应力模型(DRSM)
显式代数雷诺应力模型(EARSM)

附　录　2

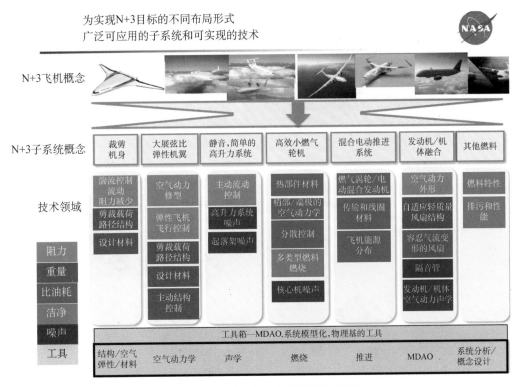

图 1-29　N+3 代飞行器研究的概览

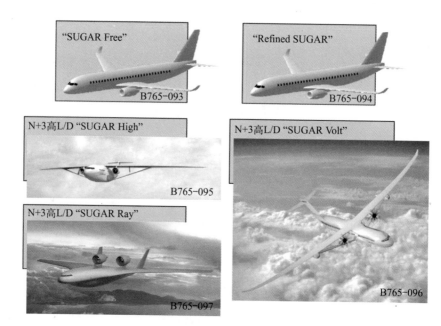

图 1-31　研究的 5 种外形

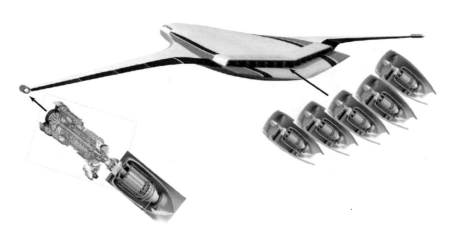

图 1-51　NASA 的 N3-X 飞机方案

图 1-52　三代民机的想象外形

X-48B验证过的临界飞行控制技术

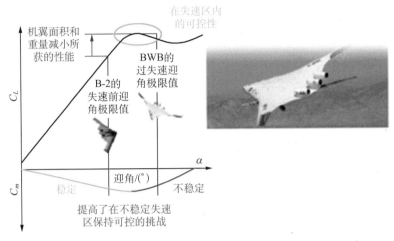

图 2 - 40 大迎角性能的改进

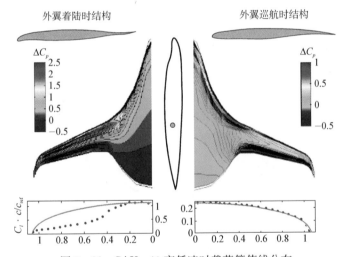

图 3 - 11 SAX - 40 高低速时载荷等值线分布

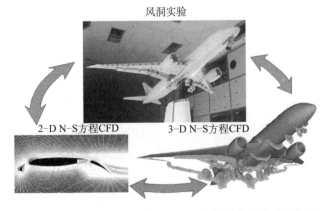

图 6 - 1 高升力设计中要加强 CFD 和风洞实验的互补作用

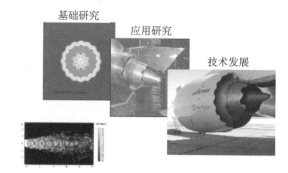

图 6-2　发动机的裙边设计可降低环境噪声

图 6-3　使用 CFD 预测全机起降噪声示意图

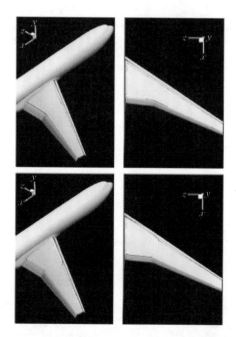

图 6-82　迎角 $\alpha = 10°$ 时上表面计算和给
定的层流区的比较

图 6-114　BTW SSTOL 运输机

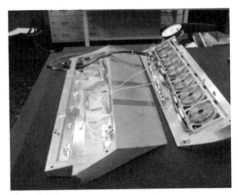

图 6-139　AFC 激振器的内部结构

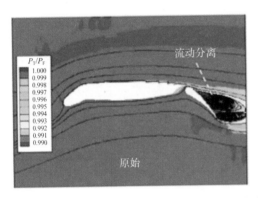

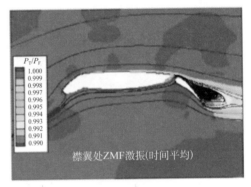

图 6-165　$\alpha = 8°$ 时计算的总压流场比较

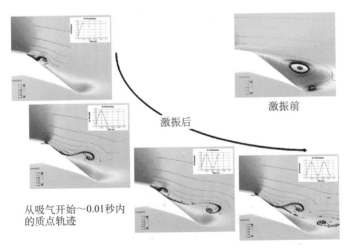

图 6-171　$\alpha = 11°$，$\delta_f = 25°$ 极限环获得后的短时间尺度的流场

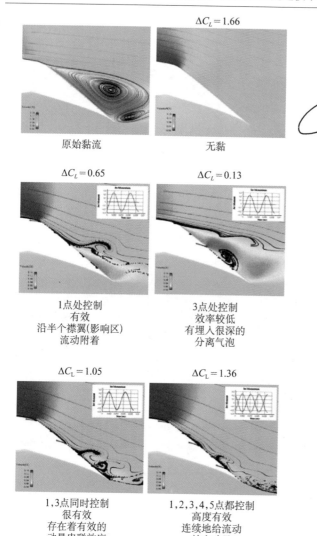

图 6-176 不同位置控制的瞬时流线图

图 6-194 飞行试验中 MAFC 使 XV-15 机翼上的流动再附

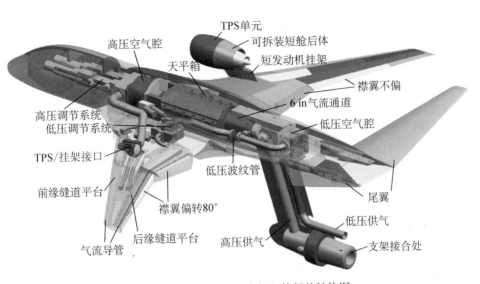

图 6-208　AMELIA 内部和外部的结构图

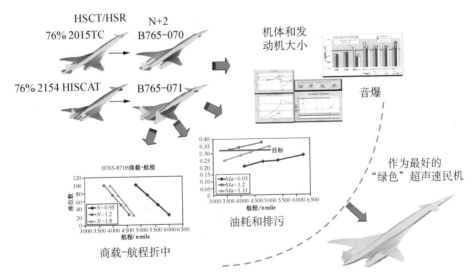

图 7-17　从 HSR 数据出发对 N+2 代飞机的研究

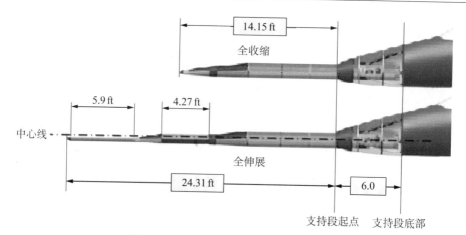

图 7 - 43　装于 F - 15 上的 QS 几何外形

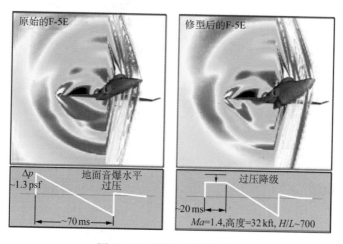

图 7 - 61　SSBD 项目的目标

图 7 - 75　QTD2 降噪技术的改进

图 7-79　风扇和核心机的波纹裙边喷口

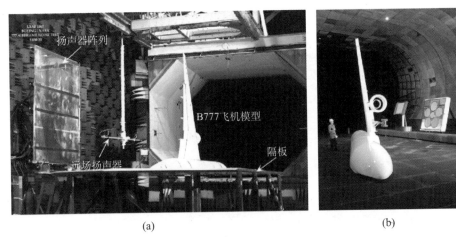

(a)　　　　　　　　　　　　　　(b)

图 7-110　6.3％模型在波音低速风洞中(a)；26％模型在 Ames 40×80 ft 风洞中(b)

(a)　　　　　　　　(b)　　　　　　　　(c)

图 7-114　原始外形(a)；分别为装有加弹性膜的斜撑和主轴(b)，(c)

图 7-122　DNW 中的 A340MLG 的实验装置

图 7-128　A320 机翼副翼多孔侧缘和侧缘刷

图 8-19　应用 CC 和 OTW 技术的混合翼身融合体外形示意图

缩 略 语

AAT	Advanced Acoustic Treatment	先进的声学处理
ACEE	Aircraft Energy Efficiency	飞机节能项目(项目)
ADVINT	Adaptive Flow Control Vehicle Integrated Technology	自适应流动控制综合技术(项目)
AFC	Active Flow Control	主动流动控制
AFN	Airframe Noise	机体噪声
AMAX	Area Maximization	面积最大最小
ANOOP	Aircraft noise prediction program	飞机噪声预测程序(软件)
APU	Auxiliary power unit	辅助动力装置
ARC	Ames Research Center	艾姆斯研究中心
ARMOGA	Adaptive range multi-objective genetic algorithm	自适应区域多目标遗传算法
ASDL	Aerospace System Design Lab	宇航系统设计研究室
ASEL	A-weight Sound Exposure Level	A加权的声爆级
ASI	Acoustically Smooth Inlet	声光滑进气道
AVC	Azimuthally varing chevron	周向变化的锯齿瓣
AWIATOR	Aircraft Wing with Advanced Technology Operation Research	采用先进技术的飞机机翼研究(项目)
BART	Basic Aerodynamic Research Tunnel	基础气动研究风洞
BLI	Boundary Layer Ingestion	吸入边界层
BPF	Blade Passage Frequence	叶片通道频率
BPR	Bypass Ratio	涵道比
BWB	Blended Wing Body	翼身融合体
CAA	Computational Aeroacoustics	计算航空声学
CAEP	Committee of Aviation Environmental Protection	航空环境保护委员会
CC	Circulation Control	环量控制
CCA	Circulation Control Airfoil	环量控制翼型
CCW	Circulation Control Wing	环量控制机翼
CE	Concurrent Engineering	并行工程
CEETA	Cruise Efficient ESTOL Transport Aircraft	高效巡航超短距起降运输机(项目)

CESTOL	Cruise Efficient Short Take-Off and Landing	高效巡航短距起降
CFD	Computational Fluid Dynamics	计算流体力学
CFWT	Compressible flow wind tunnel	可压缩流风洞
CI	Cost Index	成本指标
CLEEN	Continuous Lower Efficiency Emission and Noise	持续降低能耗、排放和噪声(项目)
CNT	Carbon Nanotube	碳纳米管(复合材料)
DFRC	Dryden Flight Research Center	德赖登飞行研究中心
DMF	Data Management Facility	数据管理系统
DOC	Direct operational cost	直接运行成本
DPW	Drag Prediction Workshop	阻力预测研讨会
EET	Energy Efficient Transport	节能运输机
EGO	Efficient Global Optimization	有效全局优化
EI	Expected Improvement	期望的改进(准则)
ELFI	European Laminar Flow Investigation	欧洲层流流动研究(项目)
EPNdB	Efficient Perceived Noise dB	有效感觉噪声
EPNL	Efficient Perceived Noise Level	有效感觉噪声级
ERA	Environmentally Responsible Aviation	对环境负责的航空(项目)
ETW	European transonic wind tunnel	欧洲跨声速风洞
FAA	Federal Aviation Administrator	(美)联邦航空局
FLOPS	Flight Optimization System	飞行优化系统
FOM	Figure of Merit	指标值
FP	European Framework Program	(欧洲)框架计划
GRC	Glenn Research Center	格林研究中心
GUI	Graphics Users Interface	图形用户界面
HiLiftPW-I	High lift prediction workshop	高升力计算研讨会
HLFC	Hybrid Laminar Flow Control	混合层流流动控制
HPCCP	High performance computing and communication program	高性能计算和通讯(项目)
HSCT	High speed civil transport	高速民机
HSR	High speed research	高速研究(项目)
HWB	Hybrid Blended Wing body	混合翼身融合体
HWT	High Wing Transport	高单翼运输机
ICAO	International civil aviation organization	国际民用航空组织
ICF	Inter Communication Facility	内部模块间通信机构
IGRA	Integrated Global Radiosonde Archive	全球综合探空资料馆
IOSO	Indirect Optimization on the basis of self-organization	多学科优化方法环境
IPPD	Integrated Product and Process Development	综合的产品和过程发展
IRMA	Interaction Reconfigurable Matrix of Alternatives	交互式修改外形的变量矩阵(工具)
IRS	Interpolated Responsible Surface	内插的响应面

JAA	Joint Aviation Authorities	（欧洲）联合航空局
JNL	Jet Noise Laboratory	喷气噪声实验室
LaRC	Langley Research Center	蓝利研究中心
LDI	Lean Direct Injection	精益直接注入
LEFT	Leading Edge Flight Test	前缘飞行试验
LENRPS	Low Energy Nuclear Reaction Propulsion System	低能核反应推进系统
LTO	Landing and Take Off	着陆和起飞
LFC	Laminar Flow Control	全层流流动控制
LMAS	Lockheed Martin Aeronautical System	洛克希德马丁航空系统
LNG	Liquidized Natural Gas	液化燃气
LSAF	Low Speed Acoustic Facility	（波音）低速声学风洞
LTPT	Low-turbulence Pressure Tunnel	低湍流度压力风洞
MADM	Multi-Attibute Decision-Making	多因素决策
MAFC	Micro adaptive flow control	微自适应流动控制
MDO	Multi-disciplinary Optimization	多学科优化
MEMS	Micro Electro-Mechanical System	微机电系统
MLD	Lift Divergence Mach number	升力发散马赫数
MOB	A computational design engine incorporating multi-disciplinary design and optimization for blended wing body configuration	翼身融合体多学科设计和优化的计算设计（项目）
MOGA	Multi-objective Genetic Algorithm	多目标遗传算法
MTF	Model Test Facility	模型试验风洞
NACRE	New aircraft concept research	新飞机概念研究（计划）
NextGen	Next Generation Air Transportation System	新一代航空运输系统
NFAC	National Full-scale Aerodynamics Complex	（美国）国家全尺寸风洞
NLFC	Natural Laminar Flow Investigation	自然层流流动控制
NOAA	National Oceanic and Atmospheric Administration	国家海洋和大气管理署
NRA	NASA Research Announcement	NASA 的研究指南
NTF	National Transonic Facility	（美国）国家跨声速风洞
OAG	Official Airline Guide	官方航班指南
OASPL	Overall Sound Pressure Level	总体声压水平
OpenMDAO	Open Multi-disciplinary Analysis and Optimization	开放式多学科分析优化工具
OTW	Over The Wing	机翼上部
PAA	Propulsion/Airframe Acoustic Integration	发动机/机体声综合
PAI	Propulsion-Airframe Integration	发动机/机体综合设计
PIV	Particle Image Velocimetry	粒子图像测速
PNLT	Perceived Noise Level Tone	单音修正感觉噪声
PNL	Perceived Noise Level	可感觉声强
PRSEUS	Pultruded Rod Stitched Efficient Unitized Structure	拉挤棒缝合高效组合结构
PSC	Preferred System Concept	先进系统的概念
QAT	Quiet Aircraft Technology	静音飞机技术
QFF	Quiet Flow Facility	静音流风洞

QS	Quiet Spike	静音探针
QSJ	Quiet Supersonic Jet	静超声速客机
QSP	Quiet Supersonic platform	静音超声速平台
QTD	Quiet Technology Demonstrator	静音技术验证(项目)
RAIN	Reduction of Airframe and Installation Noise	机体及其装置噪声的减少(项目)
REVCON	Revolutionary Vehicle Concept Program	革新性飞机概念(项目)
SAI	Silent Aircraft Initiative	静音飞机预案
SAT	Subsonic Aircraft Technology	亚声速飞机研究(项目)
SAX	Silent Aircraft eXperiment	静音飞机概念机
SBW	Strut-Braced Wing	支撑机翼
SCR	Supersonic Cruise Research	超声速巡航研究(项目)
SFW	Subsonic Fixed Wing	亚声速固定翼(项目)
Silence(R)	Significantly Lower Community Exposure to Aircraft Noise	大幅减少飞机产生的噪声(项目)
SMA	Shape Memory Alloy	形状记忆合金
SnAPII	Synergistic Airframe-Propulsion Interaction and Integrations	机体-发动机相互协调的综合设计
SOFC	Solid Oxide Fuel Cell	固态氧化燃料电池
SPL	Sound Pressure Level	声压水平
SSBD	Shaped Sonic Boom Demonstrator	音爆外形设计的演示验证
SSBE	Shaped Sonic Boom Experiment	音爆外形设计试验
SSBJ	Supersonic Business Jet	超声速公务机
STV	Subscale Tested Vehicle	缩比模型试验机
SUGAR	Subsonic Green Aircraft Research	亚声速绿色飞机研究
TASOPT	Transport Aircraft System Optimization	跨声速飞机系统优化
TBJ	Transonic Business Jet	跨声速公务机
TI	Tolerance Intervals	公差区间
TIMPAN	Technologies to Improve Airframe Noise	减少机体噪声的技术(项目)
TOGW	Take-off gross weight	起飞总重量
TOPSIS	Technique for ordered preference by similarity to ideal solution	趋于理想解的有序择优技术
TRL	Technology Readiness Level	技术成熟度
UDF	Unducted Fan	开式风扇
UPWT	Unitary Plan Wing Tunnel	一维设计风洞
USB	Upper surface Blown	上表面吹气
UTW	Under the Wing	机翼下
VGC	Varible Geometry Chevrons	可变几何锯齿瓣
VP	Virtual Product	虚拟产品
ZMB	Zero Mass Blowing jet	零质量吹气射流
ZMF	Zero-net Mass Flux	零质量射流

索　引

大飞机出版工程
书　目

一期书目（已出版）

《超声速飞机空气动力学和飞行力学》（俄译中）

《大型客机计算流体力学应用与发展》

《民用飞机总体设计》

《飞机飞行手册》（英译中）

《运输类飞机的空气动力设计》（英译中）

《雅克-42M和雅克-242飞机草图设计》（俄译中）

《飞机气动弹性力学及载荷导论》（英译中）

《飞机推进》（英译中）

《飞机燃油系统》（英译中）

《全球航空业》（英译中）

《航空发展的历程与真相》（英译中）

二期书目（已出版）

《大型客机设计制造与使用经济性研究》

《飞机电气和电子系统——原理、维护和使用》（英译中）

《民用飞机航空电子系统》

《非线性有限元及其在飞机结构设计中的应用》

《民用飞机复合材料结构设计与验证》

《飞机复合材料结构设计与分析》（英译中）

《飞机复合材料结构强度分析》

《复合材料飞机结构强度设计与验证概论》

《复合材料连接》

《飞机结构设计与强度计算》

《飞机材料与结构的疲劳与断裂》（英文版）

三期书目

《适航理念与原则》

《适航性：航空器合格审定导论》（译著）

《民用飞机系统安全性设计与评估技术概论》

《民用航空器噪声合格审定概论》

《机载软件研制流程最佳实践》

《民用飞机金属结构耐久性与损伤容限设计》

《机载软件适航标准DO－178B/C研究》

《运输类飞机合格审定飞行试验指南》(编译)

《民用飞机复合材料结构适航验证概论》

《民用运输类飞机驾驶舱人为因素设计原则》

四期书目

《航空燃气涡轮发动机工作原理及性能》

《航空发动机结构》

《航空发动机结构强度设计》

《风扇压气机气动弹性力学》(英文版)

《燃气轮机涡轮内部复杂流动机理及设计技术》

《先进燃气轮机燃烧室设计研发》

《燃气涡轮发动机的传热和空气系统》

《航空发动机适航性设计技术导论》

《航空发动机控制》

《气动声学基础及其在航空推进系统中的应用》(英文版)

《叶轮机内部流动试验和测量技术》

《航空涡轮风扇发动机试验技术与方法》

《航空轴流风扇压气机气动设计》

《燃气涡轮发动机性能》(译著)

后期书目

《飞机客舱舒适性设计》(译著)

《上海民用航空产业发展研究》

《政策法规对民用飞机产业发展的影响》

《民机空气动力设计先进技术》

《民用飞机设计及现代飞行计划理论》

《商用运输类飞机专业技术词汇》

《动态系统可靠性分析:高效方法及航空航天应用》(英文版)

《特殊场务条件下的民机飞行试验概论》